策略管理
STRATEGIC MANAGEMENT
PRINCIPLES AND PRACTICE, 2e

Barry J. Witcher・Vinh Sum Chau　著

何志峰　審閱

楊愼淇　譯

CENGAGE
Learning

Australia・Brazil・Mexico・Singapore・United Kingdom・United States

策略管理 ／ Barry J. Witcher, Vinh Sum Chau 原著；楊
慎淇譯. -- 初版. -- 臺北市：新加坡商聖智學習，
2016.05
　　面；　公分
　譯自：Strategic Management : Principles and Practice,
2nd ed
　　ISBN 978-986-5632-72-4 (平裝)

1. 策略管理 2. 企業管理

494.1   105004786

策略管理

© 2016 年，新加坡商聖智學習亞洲私人有限公司台灣分公司著作權所有。本書所有內容，未經本公司事前書面授權，不得以任何方式（包括儲存於資料庫或任何存取系統內）作全部或局部之翻印、仿製或轉載。

© 2016 Cengage Learning Asia Pte. Ltd.
Original: Strategic Management: Principles and Practice, 2e
　　　By Barry J. Witcher・Vinh Sum Chau
　　　ISBN: 9781408065006
　　　©2014 Cengage Learning
　　　All rights reserved.

1　2　3　4　5　6　7　8　9　2　0　1　9　8　7　6

出 版 商	新加坡商聖智學習亞洲私人有限公司台灣分公司
	10349 臺北市鄭州路 87 號 9 樓之 1
	http://www.cengage.tw
	電話：(02) 2558-0569　　傳眞：(02) 2558-0360
原　　　著	Barry J. Witcher・Vinh Sum Chau
審　　　閱	何志峰
譯　　　者	楊慎淇
執行編輯	曾怡蓉
印務管理	吳東霖
總 經 銷	台灣東華書局股份有限公司
	地址：100 台北市重慶南路 1 段 147 號 3 樓
	http://www.tunghua.com.tw
	郵撥：00064813
	電話：(02) 2311-4027
	傳眞：(02) 2311-6615
出版日期	西元 2016 年 5 月　初版一刷

ISBN 978-986-5632-72-4

(16SMS0)

審閱序

　　「策略管理」是商學及管理學院重要必修課程之一，也是包含政治、外交、社會、國防軍事等學門愈來愈重視的學科之一。在組織資源有限的條件之下，任何需要消耗資源的活動都必須要經過縝密的規劃、資源分配以及有效率的執行力，才能發揮最大效果，這就是學習「策略管理」的初衷。

　　策略管理的應用層面極廣，從最微觀的個人生涯規劃策略，大到國際組織的合作競爭策略，這中間層級還包括組織策略管理、企業策略管理、國家發展策略……等不同的分析單位，這也是策略管理能夠變成跨領域跨學門學科的原因。策略管理始於分析策略環境、策略規劃過程、策略執行階段、策略評估與修正反饋，該學科需要嚴謹的邏輯推理與詳實的分析規劃能力。當前許多組織除了常見的執行長（CEO）、財務長、營運長之外，幾乎都設置有「策略長」的職位，帶領組織從事中長期策略規劃與執行的重要任務。

　　由於策略管理的重要性與日俱增，在大學商管教育中相關的教科書與參考書籍也相當豐富，本書是其中深具特色的著作之一。本書有以下特色：

- 邏輯清晰、精簡扼要：策略管理已經是巨大的學門，不少教科書動輒超過千頁，雖然內容豐富，但難以在有限學分時數教授完畢。本書內容極為精簡，原文僅有三百多頁，卻仍然有完整架構，且理論與實務個案兼備，即使僅有兩學分課程，也足以完整學習策略管理的菁華。
- 書寫風格流暢、易於閱讀：本書在精簡扼要的篇幅中，作者以異於一般教科書制式風格來撰寫本書，原文內容行雲流水，一旦開卷即不忍釋手。本書譯者也盡可能以較為貼近原著者的文字風格翻譯，因此即使是一般企業界人士閱讀此書，也能深刻領略策略管理之意涵。

　　原文作者 Barry Witcher 活躍於歐洲商管學界，有相當豐富的策略實務諮商顧問的經驗；另一位年輕作者 Vinh Sum Chau 除了也在歐洲學界之外，還多了豐富的亞洲實務經驗（特別是在中國），讓本書的實務專欄豐富許多。

　　本書分四大部分共十一章，應足以在一學期全部教授完畢，為了讓本地讀者更能深刻理解實務個案，本書在翻譯過程，在若干章節除了原來實務個案之外，還另

外編寫本地個案或專欄等，以提高課堂討論的參與度。除了可做為教科書素材之外，本書也適合一般讀者進修研讀，或做為組織教育訓練之補充教材。

　　本書譯者與編審已盡力忠於原著並維持文字流暢與可讀性，惟疏失在所難免，還望各界先進不吝指正，以供再版時修正之參考。

何志峰

於國立台北商業大學

2016 年 5 月

目次

審閱序 i

第一篇　策略管理及其目的／3

第 1 章　策略管理概論 4

　策略管理／5

　　商業場景：比較任兩個組織，你將看出他們在策略上的

　　　相異點／5

　　競爭觀點 1.1：何謂策略管理？／6

　策略管理模式／7

　策略管理的責任／9

　　實務作法 1.1：eBay 策略長的角色／9

　策略和策略管理／10

　策略觀點／11

　　實務作法 1.2：中國的策略／12

　策略層級／13

　策略規劃／14

　　實務作法 1.3：聯邦快遞的制勝策略／15

　長期規劃／16

　突發策略／17

目次

策略管理

邏輯的漸進主義／19

　　競爭觀點 1.2：理性的策略規劃難度高／20

策略規劃的普及／22

最佳策略規劃實務／23

策略變革／24

改善和營運效能／24

競爭優勢／25

由外而內思考／26

由內而外思考／26

策略領導／28

　　競爭觀點 1.3：策略管理的目的和範圍／29

本章小結／29

延伸閱讀／30

課後複習／31

討論問題／31

　　章後個案 1.1：納爾遜的觸碰／32

　　章後個案 1.2：策略在哪裡？／34

Contents

第 2 章　目的 38

　目的／39

　　商業場景：從目的開始，找出重要的事情／39

　願景的陳述／42

　　實務作法 2.1：零售銀行顧客至上／43

　使命的陳述／44

　利害關係人／44

　　競爭觀點 2.1：目的的陳述符合目的嗎？／47

　價值觀的陳述／47

　　實務作法 2.2：目的陳述的案例／48

　組織文化／51

　　競爭觀點 2.2：安隆：與公司價值脫勾的惡例？／53

　企業形象與識別／55

　群體迷思／56

　企業倫理／56

　企業社會責任／58

　企業責任／59

　公司治理／60

競爭觀點 2.3：董事會控管管理者？／62

合作和夥伴關係／63

社會企業家、社會經濟或第三部門／63

實務作法 2.3：使命，不是只為利潤存在／64

公部門／65

本章小結／66

延伸閱讀／66

課後複習／67

討論問題／67

章後個案 2.1：惠普試圖改變核心價值／68

第二篇　策略目標與分析／75

第 3 章　目標 76

目標的本質／76

　商業場景：由目標帶出目的／77

一般的目標管理／79

目標和策略管理／81

　競爭觀點 3.1：目標哪裡出了問題？／82

關鍵成功因素／83

Contents

平衡計分卡／84

　實務作法 3.1：企業的抱負視同目標，可用以定義工作方式／87

　實務作法 3.2：飛利浦電子及策略計分卡／88

績效管理的計分卡：特易購的導引輪盤／89

如何讓計分卡具有策略性？／90

策略地圖／91

管理平衡計分卡／95

　競爭觀點 3.2：平衡計分卡難以管理嗎？／96

非營利事業和公部門的平衡計分卡／97

　實務作法 3.3：平衡計分卡應用於非營利組織：維吉尼亞大學圖書館／98

策略平衡計分卡與其他計分卡的關係／99

　競爭觀點 3.3：平衡計分卡真的有用嗎？／99

本章小結／100

延伸閱讀／101

課後複習／102

討論問題／102

策略管理

目次

　　　章後個案 3.1：構建納米比亞國家衛生策略之平衡計分卡／103

　　　章後個案 3.2：平衡計分卡模式在策略管理的應用／108

第 4 章 外部環境..112

　外部環境／112

　　　商業場景：看見全貌……／113

　PESTEL 架構／114

　　　實務作法 4.1：大都會／119

　黑天鵝和結構性突襲／120

　　　競爭觀點 4.1：KISS（保持簡單，笨拙）或深思？／121

　策略風險管理／123

　產業生命週期／123

　產業的獲利能力和五種競爭力量／126

　　　實務作法 4.2：零售銀行的進入障礙／133

　　　實務作法 4.3：網路業的五種競爭力量／135

　　　競爭觀點 4.2：時至今日，五力仍與之攸關嗎？／136

　　　競爭觀點 4.3：策略應該維持長期穩定，還是應該

　　　　　　　　　　有所改變？／137

　超競爭／137

Contents

策略群組／138

藍海策略／141

策略配適／142

本章小結／142

延伸閱讀／143

課後複習／143

討論問題／144

　　章後個案 4.1：PESTEL 如何塑造萊雅／144

第 5 章　內部環境..150

內部環境／151

　　商業場景：運用「你是誰」的策略，管理正宗的中國食物／

　　151

策略的資源基礎觀點／152

　　實務作法 5.1：在麥當勞建立策略資源／153

VRIO 架構／154

　　競爭觀點 5.1：在企業或組織裡發現競爭優勢了嗎？／155

獨特能力／156

核心競爭力／157

策略管理

目次

實務作法 5.2：谷歌的 RBV 策略／158

策略套牢／159

動態能力／160

精實作業／162

及時生產管理／163

實務作法 5.3：豐田生產系統／164

全面品質管理（TQM）／165

競爭觀點 5.2：品質具策略性嗎？／168

績效卓越模式／169

標竿學習／171

競爭觀點 5.3：通用汽車公司和豐田生產系統／173

組織學習／174

利用 SWOT 分析進行策略決策／175

本章小結／178

延伸閱讀／179

課後複習／180

討論問題／180

章後個案 5.1：日產利用動態能力管理核心競爭力／180

Contents

第三篇 策略／187

第 6 章 事業層級策略 188

事業層級策略／188

商業場景：策略涉及內部連結與客製化活動／189

競爭優勢和一般性策略／190

成本領導策略／191

全產業差異化的一般性策略／192

成本集中和差異化集中的一般性策略／194

實務作法 6.1：健全食品超市的策略／195

一般性策略彼此互斥／196

價值鏈／196

一般性策略與資源基礎觀點／199

將價值鏈延伸至供應鏈／201

策略門檻／202

競爭觀點 6.1：一般和混合策略／203

商業模式／204

實務作法 6.2：推特的策略蔚然成形／205

互補性／207

競爭觀點 6.2：競爭策略與非競爭策略／209

本章摘要／209

本章小結／210

延伸閱讀／210

課後複習／211

討論問題／211

　　章後個案 6.1：瑞安航空的策略／211

　　章後個案 6.2：差異化策略──如何與眾不同？／217

第 7 章　公司層級策略..222

公司層級策略／222

　　商業場景：機會帶給企業成長，但也因為企業的選擇，

　　因此管理其來有自⋯⋯／223

企業綜效和企業發展／224

產品擴張矩陣／226

先驅者、分析者、防衛者和反應者／229

　　競爭觀點 7.1：組織可以（應該）成長和茁壯？／231

合併和收購／231

　　競爭觀點 7.2：併購有用嗎？／234

Contents

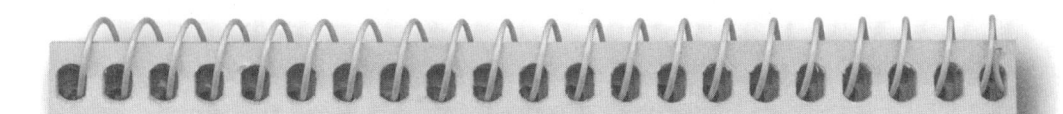

實務作法 7.1：惠普整合康柏／237

相關和非相關多角化／238

競爭觀點 7.3：相關多角化比非相關多角化更好？／239

策略組合分析／240

成長—占有率矩陣／240

GE—麥肯錫九宮格矩陣／243

策略事業單位／245

縮小範疇和策略重組／246

多角化與核心能力／246

集團管理和相關多角化／247

特許經營／249

實務作法 7.2：易通集團的商業模式／250

本章小結／251

延伸閱讀／251

課後複習／252

討論問題／252

章後個案 7.1：通用電氣的公司策略／253

目次

第 8 章　全球層級策略..................................258

　　全球化和全球層級策略／259

　　　　商業場景：世界是平的／259

　　全球化／260

　　　　競爭觀點 8.1：全球化好嗎？／261

　　國家競爭優勢／262

　　移往海外營運的供應面因素／265

　　需求面的全球層級策略／267

　　　　競爭觀點 8.2：全球策略或區域策略？／269

　　微型多國籍企業和天生全球化組織／273

　　　　實務作法 8.1：小型企業重生／274

　　新興市場中的企業策略／275

　　國家的文化／276

　　　　實務作法 8.2：南韓財閥轉型為全球公司／277

　　資本主義的多樣性／279

　　　　實務作法 8.3：雷諾—日產聯盟／280

　　策略聯盟和夥伴關係／282

　　競合（競爭與合作）／283

Contents

以技術為基礎的策略平台／284

私募股權公司／285

競爭觀點 8.3：國家文化重要嗎？／286

本章小結／287

延伸閱讀／288

課後複習／288

討論問題／289

章後個案 8.1：塔塔鋼鐵的全球策略管理／289

第四篇　以行動落實策略管理／297

第 9 章　落實：組織策略 298

組織結構／299

商業場景：適合石油公司的結構／299

競爭觀點 9.1：策略重要還是落實重要？／301

功能性組織的問題／303

實務作法 9.1：不要以專業化進行組織編制／304

流程組織／305

縮編／307

網絡／308

系統和系統思維／308

　實務作法 9.2：透過組織編制實現成功／309

麥肯錫的 7S 架構／310

軟硬兼施的策略管理／311

策略構形／312

協同管理／312

內部市場／313

　競爭觀點 9.2：彈性組織和一般策略資源／313

鬆散結合的策略管理／314

策略規劃——回顧／315

　競爭觀點 9.3：競爭對結構的重要性／315

本章小結／316

延伸閱讀／317

課後複習／317

討論問題／318

　章後個案 9.1：豐田的跨功能結構／318

第 10 章　執行：策略績效管理……………………324

策略執行／325

Contents

商業場景：將細節追蹤納入一般變革當中／325

策略檢視／326

策略管理的檢視輪盤／326

策略績效管理／328

實務作法 10.1：策略實施的準備／332

競爭觀點 10.1：福特與豐田／333

方針管理／336

實務作法 10.2：豐田的方針管理：由下而上的決策／337

電腦統計分析／城市統計／338

實務作法 10.3：破窗理論用於整頓地下經濟／341

首相傳遞小組／342

競爭觀點 10.2：目標有用嗎？／343

策略控制的槓桿／344

競爭觀點 10.3：何謂策略控制？／346

本章小結／349

延伸閱讀／349

課後複習／350

討論問題／350

章後個案 10.1：全錄的服務 FAIR 方針管理／351

第 11 章　策略領導 360

領導者／361

商業場景：古代的智慧型領導者／361

實務作法 11.1：組織可以沒有老闆，但一定要有很多的

領導者／362

策略領導／364

領導的四個能力／365

轉型領導和交易型領導／366

魅力型領導或願景型領導／366

競爭觀點 11.1：鼓舞人心的領導者和微觀管理／368

實務作法 11.2：馬雲──中國互聯網的教父／369

參與型領導或幕後型領導／371

領導和管理有別／371

競爭觀點 11.2：轉型領導或管理主義？／375

管理是一種專業／376

領導、規模和組織成長／376

領先的策略變革／378

Contents

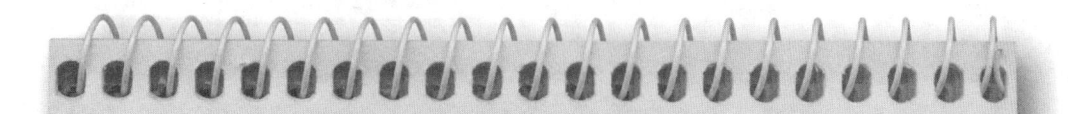

競爭觀點 11.3：領導者和伊卡洛斯弔詭／379

組織可能並不完美，但仍然需要管理／380

實務作法 11.3：紐約的領導作為／381

本章小結／382

延伸閱讀／382

課後複習／383

討論問題／383

章後個案 11.1：史蒂夫‧賈伯斯和蘋果／384

詞彙表／388

索引／400

組織裡的每個人或多或少都會參與策略管理的活動，但落實策略管理主要是組織高階管理者的責任，只有高階管理者才具備策略管理知識的廣度，站在至高點透視組織的整體樣貌，以進行監督管理。

策略管理及其目的

1

1　策略管理概論

2　目的

第1篇主要是簡單介紹策略管理的概念（第1章），並以策略是商業流程管理的起始點來說明其角色與目的（第2章）。

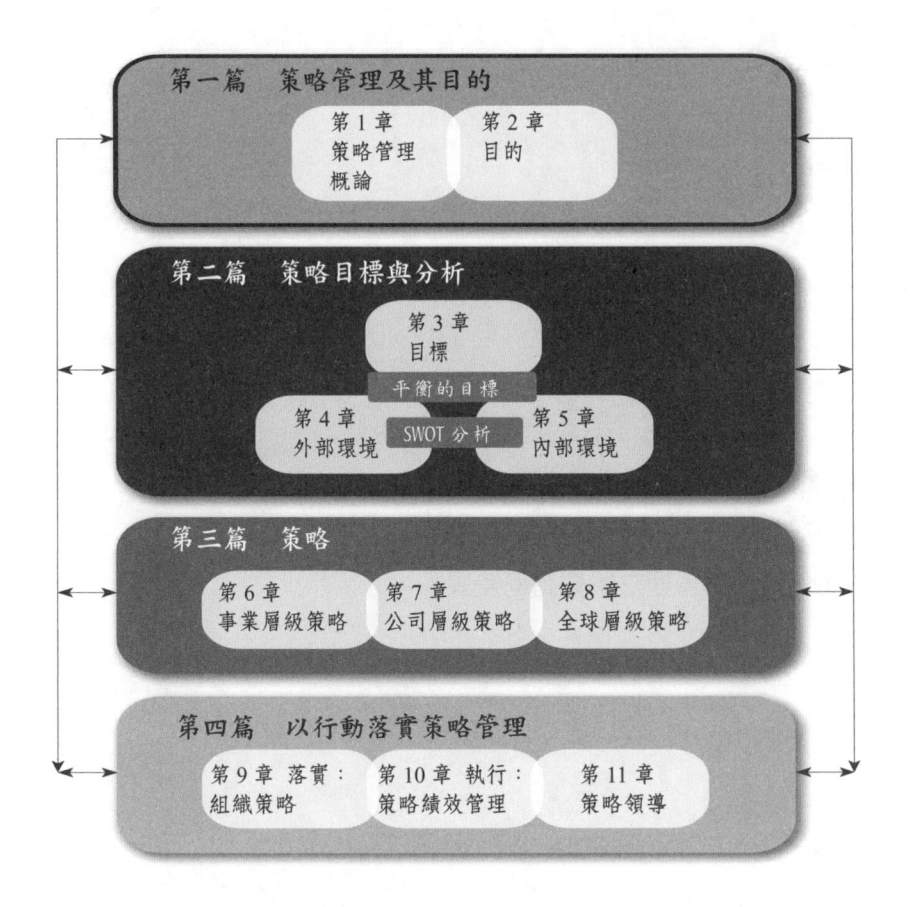

第一篇　策略管理及其目的
- 第1章 策略管理概論
- 第2章 目的

第二篇　策略目標與分析
- 第3章 目標
- 平衡的目標
- 第4章 外部環境
- SWOT分析
- 第5章 內部環境

第三篇　策略
- 第6章 事業層級策略
- 第7章 公司層級策略
- 第8章 全球層級策略

第四篇　以行動落實策略管理
- 第9章 落實：組織策略
- 第10章 執行：策略績效管理
- 第11章 策略領導

第 1 章
策略管理概論

學習目標

1. 策略管理議題概論
2. 策略管理的基本模式
3. 策略觀點
4. 策略規劃相對於
   - 長期規劃
   - 突發策略
   - 邏輯漸進主義
   - 現代化的策略規劃
5. 策略變革、改善和營運成效,以及競爭策略的意義
6. 由外而內和由內而外對策略管理之影響有何差異

策略管理

策略管理（strategic management）是指組織在面對長期目的、總體目標和策略的要求下，對組織進行管理並引導方向。組織進行策略管理的一個基本原則是，組織應該以其所掌握的資源為基礎，建立自己的優勢，以能夠主動地適應變革，並影響所處的環境，因此在經過一段很長時間之後，能夠掌控自己的命運。策略管理是組織最具挑戰性，也可以說是最重要的功能。

商業場景

比較任兩個組織，你將看出他們在策略上的相異點

顧客為何會持續購買並體驗公司的產品和服務，主要奠基於策略。策略應該要能夠將組織的價值差異化，以有別於競爭對手。所謂價值，就是顧客（和其他利害關係人）購買和使用產品和服務後，所得到的滿意和利益。

　　成功的秘訣不在於每件事都要追求卓越，而是在組織為顧客創造獨一無二的價值。這件事情對所有的組織來說相當重要。以下就以英國國民西敏寺銀行（National Westminster Bank, NatWest）和匯豐銀行（HSBC）所提供的差異化服務為例進行說明。

　　國民西敏寺銀行以「助人的銀行業務」和「在地的銀行」為基礎，形成在地為主的策略，該銀行以提供貼心的服務為重，而在分行的每個出入口，都明顯展示客戶服務規章。匯豐銀行的策略則是跟「榮耀全球多元性」做連結。該銀行強調客戶便利性的重要性並重視具有彈性、能與國際接軌並可節約成本的線上流程。這種差異已被視為是「虛與實」的競爭。

　　當然，所有的零售銀行都會提供基本的綜合金融服務，而且也樂見線上服務所帶來的方便性，但這也是變相鼓勵一些銀行裁撤分行，以降低成本。匯豐銀行就是如此，除了裁撤分行之外，還將未裁撤的分行改採自動化服務。

　　國民西敏寺銀行的策略就是提供個人化服務，而匯豐銀行的策略則是講求便利性與成本的服務。

英國國民西敏寺銀行和匯豐銀行所提供的差異化服務策略

競爭觀點 1.1

何謂策略管理？

曾任美國雷根總統演講撰稿人的彼得・羅賓森（Peter Robinson）寫了一本有關他在史丹福大學（Stanford University）就讀時期的書，書中談到策略管理給他：

……一種不知道它是什麼主題的感覺。一篇由明茲伯格（Mintzberg）撰寫，名為『雕琢策略』（crafting strategy）的文章提到，管理者應制定他們的企業策略，就像工匠在製作陶器的時候，摒棄刻意分析而憑感覺和直覺來決定自己要怎麼做……明茲伯格以陶器的製作來比擬大公司的經營。

翻開大學的策略教科書以及所開設的課程，你可以看到各種令人困惑的名稱，包括企業政策、企業策略、競爭策略，或者只是策略。但這些名稱的內容強調的是策略思維和領導能力，而不是策略管理。

這些差異至少有一部分來自存在於社會科學和企業管理觀點涵蓋範圍的不同。舉例來說，明茲伯格等學者以大象來比喻策略，並且主張策略有十個不同的學派，因為每一個學派看到大象不同的部位。這樣的說法在某種程度上來說有些諷刺，因為假如策略就是要看到整件事的全貌，而這個全貌又像大象一樣大，實在有困難。因此，一個較新的、以歐洲為主的策略實踐學派興起，採用微觀的角度，來看人們如何在細部的實務作法上制定策略。該學派的官方網站說明了其作法著重於建構組織日常活動及策略性成果的過程和落實。

一般來說，從企業和管理文獻可知，策略有許多種定義。在許多引用的分類法中，明茲伯格和昆恩（Mintzberg & Quinn）認為策略包括五種含義（稍後討論）。

1. 策略可以是一項計畫。
2. 策略可以是一種模式。
3. 策略可以是一個定位。
4. 策略可以是一種觀點。
5. 策略可以是一種手段。

《哈佛商業評論》（*Harvard Business Review*）的編輯在最近一篇文章當中，提出科學必須帶進策略的藝術裡的觀念，正如期刊內容所述，「實證的嚴謹與創造性思維的結合」（to marry empirical rigour with creative thinking）。也許製作陶器的時代將快要結束。

👁 問題：你如何定義策略管理這個研究議題？

策略管理模式

策略管理流程的基本成分如下：目的—目標—策略—執行—評估—策略領導（POSIES 模式；詳圖 1.1）。

目的（purpose）是組織存在的主要和基本原因，若要瞭解整個組織，可以先從瞭解目的開始。組織高階管理者與目的息息相關，並會經由願景、使命和價值觀等目的陳述進行溝通（詳第 2 章）。

圖 1.1　策略管理過程的 POSIES 模型

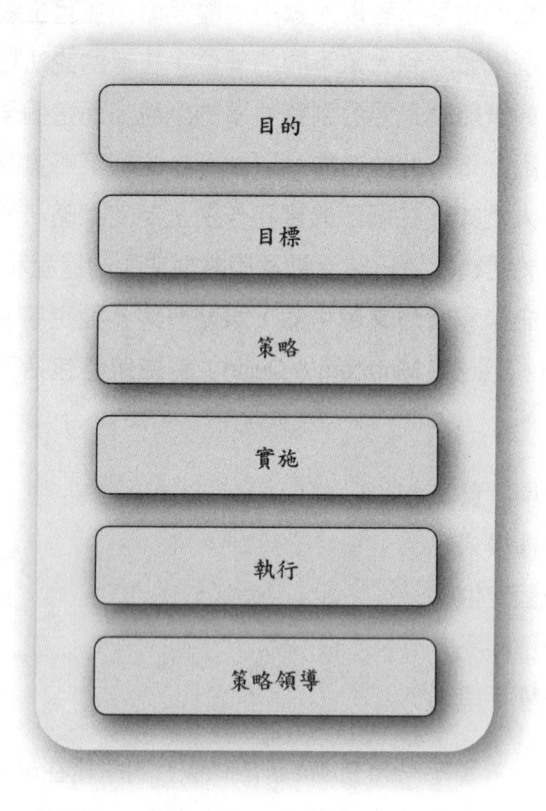

```
┌─────────────────┐
│      目的       │
└─────────────────┘
┌─────────────────┐
│      目標       │
└─────────────────┘
┌─────────────────┐
│      策略       │
└─────────────────┘
┌─────────────────┐
│      實施       │
└─────────────────┘
┌─────────────────┐
│      執行       │
└─────────────────┘
┌─────────────────┐
│    策略領導     │
└─────────────────┘
```

　　目標（objectives）是組織想要的策略成果。成果好壞的責任在於高階管理者。目標可以協助並引導高階管理者做好組織的策略管理（詳第 3 章）。

　　策略（strategy）是一種訴求長期的方法和政策，引導組織持續營運，藉以達成組織的目的和目標。策略的性質因許多原因而有不同。策略可以是基於外部環境（詳第 4 章）或內部環境（詳第 5 章）而來的組織需求。另外，依組織規模，所處產業和市場的不同，例如單一事業（詳第 6 章），多元事業的組織（詳第 7 章），或是全球性組織（詳第 8 章），也可能有不同的策略。

　　實施（implementation）包括建立適當的組織架構來實現組織的策略（詳第 9 章）。**執行**（execution）是指在日常管理中，進行策略的傳達和溝通（詳第 10 章）。**策略領導**（strategic leadership）則是管理者進行策略性管理組織的風格和一般作法。領導風格和期望水準，對其他組織層級如何能夠有策略性的運作，有重要的影響（詳第 11 章）。

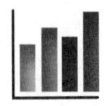

策略管理的責任

策略管理的責任在組織的高階管理者身上。對組織目的、目標和策略進行管理，是組織領導者和高階管理者的工作。雖然組織內的每個人或多或少都會參與，但是高階管理者大部分的時間都花在策略管理的工作上（見圖1.2）。組織其他層級的人，大部分的時間則花在日常管理（daily management），做一些典型的作業性和功能性的例行工作。然而，策略管理實質上，是一個由上而下的指導過程，必須要去促進由下而上的決策制定和回饋，使作業層級和功能層級的目標和策略具可行性且能夠推動。

實務作法 1.1

eBay 策略長的角色

執行長綜理全公司的經營管理，並對策略決策負責。但許多大公司都設有策略長一職。擔任 eBay 策略副總裁的 J.F. Van Kerckhove 即是其中一例。在他看來，良好的策略管理必須在由上而下和由下而上的組織策略發展方式之間取得適當的平衡。這必須依賴組織的集體智慧，並且釐清策略背後的主要假設：

> 策略的制定通常會經歷明確的規劃里程碑，因此策略發展是一項持續的工作，有時清晰，有時模糊。策略長可以在較正式的策略流程中進行協調並注入知識，並且培養更自發性的環境，以利策略的發展與創造。後者通常根植於與事業單位或是第一線（前台）的實驗和學習做緊密的結合。像我們這樣一個快節奏的行業，能夠擁有從事業領域快速學習的能力，才是公司真正的競爭優勢。

問題：規劃專家講求長期規劃的想法改變了嗎？

📊 圖 1.2　組織的利害關係人

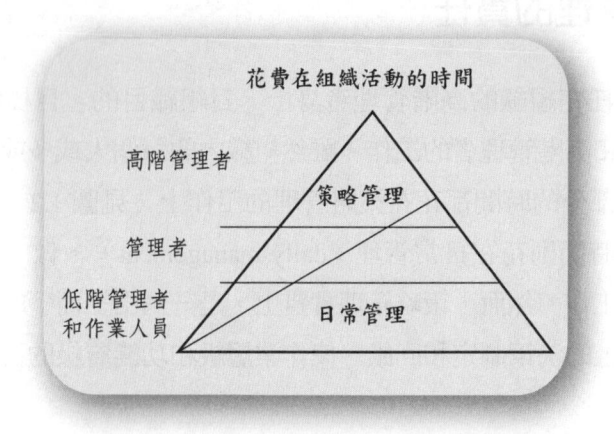

```
                    花費在組織活動的時間
                          ╱╲
          高階管理者     ╱    ╲
                      ╱  策略管理╲
          管理者     ╱────────────╲
                  ╱              ╲
      低階管理者 ╱    日常管理      ╲
      和作業人員╱_____╲
```

策略和策略管理

　　策略是一種企業管理的理念，這一種策略的現代觀點自 1950 年代之後開始發展。商業歷史學家艾爾弗雷德・錢德勒（Alfred Chandler）和洛克希德電子儀器公司（Lockheed Electronics）的高階管理者伊戈爾・安索夫（Igor Ansoff）是主要的兩位貢獻者。錢德勒認為策略是可以瞭解美國大型企業用來管理成長結構的概念。他認為策略可以代表企業目標的類型，包括總體目的和目標，以及為達成這些總體目的與目標的主要政策和計畫。安索夫出版了第一本談論企業策略的書。不同於錢德勒，他認為目標和策略（其中可包括政策和計畫）彼此之間相輔相成：策略是用來達成目標的，但如果找不出策略，則必須改變目標，使目標更明確。

　　安索夫較狹隘地將策略視為達成目標的手段，這種作法基本上較為務實，也可有效理解策略管理流程。若採比較廣義的觀點，則會將策略視為一種管理議題，而不僅是策略管理流程的一部分。

　　實務界通常會區分策略「是什麼」（what）和「是如何」（how）這兩件事。前者是關於策略的內容，包括策略的目標為何以及必須達成什麼結果，而後者是關於策略管理的過程，用以達成目標。學者有時候還會加上第三個構面，脈絡（context），也就是策略的原因。

策略觀點

　　一般而言，策略的應用層面很多，大部分取決於使用者的背景。就策略的意義來說，一般可區分為兩大類：一種是技術性的意義，有關策略是用來做什麼，例如策略的五種意義；另一種是議題性的意義，有關策略議題如何被認定，例如策略的十個學派。策略的五種意義包括：

- 策略是一項計畫（plan），是有意識的行為意向，目的在於達成目標。
- 策略是一種模式（pattern），是有意或無意產生的一致性行為模式。
- 策略是一種定位（position），是相對於對手和潛在對手在環境中的位置。
- 策略是一種觀點（perspective），是組織內共享的一種使命感。
- 策略是一種手段（ploy），是達成特定目標的一種策劃（例如以智取勝）。

　　從上述這幾種策略的含義來看，有助於釐清策略到底是在做什麼、應該做什麼。當然，這些含義不應該限制管理者思考，而是要讓管理者知道應該要如何應用策略，使管理工作更為容易。

　　明茲伯格等學者認為策略有十個學派。他們把策略管理描述成一隻大象，並且認為每個學派只看到這隻大象的一部分。前三個學派屬規範性學派，他們著重於策略應該如何制定和落實。指示性學派通常會利用組織層級來指導和控制中階管理者，而這些人又會再指導低階員工。剩下的屬於描述性學派，主要的焦點在於探討策略的性質是如何訂定與形成的，通常取決於組織行為者的本質和他們之間的關係。

1. 設計學派：此學派認為策略制定是一種概念形成的過程，通常會達成組織內部能力和外部機會之間的契合。
2. 規劃學派：策略制定是一個正式的程序；通常涉及策略規劃及一連串步驟的落實。
3. 定位學派：策略制定是一種分析的過程，涉及維持產業競爭地位的通用策略。
4. 創業型學派：策略制定是一種前瞻和直覺的過程，通常反應在領導者的外向性格上。

5. 認知學派：策略制定是一種策略家思考的心智過程。
6. 學習型學派：策略制定可視為一種逐步演進過程，舉例來說，涉及邏輯漸進主義、以資源為基礎的策略觀點。
7. 權力學派：策略制定可視為一種協商的過程，包括權力遊戲。
8. 文化學派：策略制定可視為一種集體的過程，包括社會和文化程序。
9. 環境學派：策略制定可視為一種對事件的反應，而環境是策略制定過程中的核心角色。
10. 構形學派：策略是從一種組織結構轉型成另一種組織結構的過程。

　　策略管理採局部觀點的看法，似乎掩蓋了應該全盤瞭解其過程的這個想法。關於「策略是什麼」這一個問題，也許是個哲學性的爭論。當然，實務上，並沒有人可以正確回答哪一種觀點比較好。的確，要達成「策略是什麼」這個問題的共識可能會有問題。就策略十學派來看，可能就是以不同的方式來定義策略，就像不同人有不同看法一樣。策略的五個定義和十學派帶來的意涵是，策略的定義會根據決策當時的背景以及企業關心的功能領域不同，特別是組織的層級和分工，而有差異。

實務作法 1.2

中國的策略

北京市國有資產經營有限責任公司（Beijing State-owned Assets Management Co., Ltd, BSAM）設立於 2001 年 4 月，是一家由北京市政府獨資的國營企業。

　　該企業設立的目的是為了管理國有資產的營運，並經由 (1) 處置非核心資產；(2) 吸引財務和產業投資人；以及 (3) 擴展到具獲利性和高科技領域等作法，增加金融資本。中國正經歷根本的經濟變革；許多國營企業需要財務重組，清理不良貸款並改善企業資產的整體品質。

　　BSAM 董事長李祁青（Li Qiqing）說，該公司的角色是：

身為一家公司，我們按照最高的國際標準，致力於加速現代化的腳步。為了實現我們的目標，我們將進一步擴編優質員工並尋求與國際知名公司進行技術和財務合作，以擴展事業投資計畫。我們會注意公司治理，而新管

理系統結合創新、忠誠、勤奮和團隊精神的企業文化，我們深信這一模式必定會廣為流行於中國。相信在所有的合作下，BSAM 將會是創造北京美好未來的重要關鍵，我們的企業夥伴和全體員工將有信心一起面對明日的挑戰。我們的策略有以下五項：

1. 委託不同的財務機構進行股權管理，以發展為大型的控股公司。經由一對一的金融服務，快速提供投資人所需資金。
2. 加強國際合作，並與國外公司建立策略聯盟，扮演投資人角色，或是提供先進技術、專業管理知識或國際網路。
3. 從事大型企業的國有資本經營，以獲得投資的最大利益。
4. 僱用國際化和專業化人才。
5. 發展一般的企業價值觀和文化，例如在公司治理方面，重視董事會成員和經理人品行與當責，以提高內部控制的改革和透明度。

◎ 問題：這五大策略將如何幫助公司實現其角色？

策略層級

在 POSIES 模式裡，「策略」被認為是從整體的觀點來看組織。但策略也是有層級的，存在於不同的組織階層內。圖 1.3 所說明擁有多項事業的公司就是一個例子：公司策略會影響事業策略，事業策略又會影響部門策略，而作業層級策略將影響團隊和個人策略。

不同層級的策略相互影響的方式，在不同的組織是不一樣的。舉例來說，一個公司策略有可能會被正式展開成為多個子策略，並向下傳遞，使較低階層的部屬能夠遵循。或者是當低階策略與公司策略兩者間的連結鬆散時，即公司策略只是做為發展低階策略的原則或參考，那麼公司策略對低階策略而言，就僅是指引方向的一種非正式的影響。另外，組織也會有促進共同合作的策略需求，因而發展出跨功能策略或是跨部門政策。

值得注意的是，策略一詞在組織內的任一個地方隨處可見。功能性策略，例如

圖 1.3　策略層級

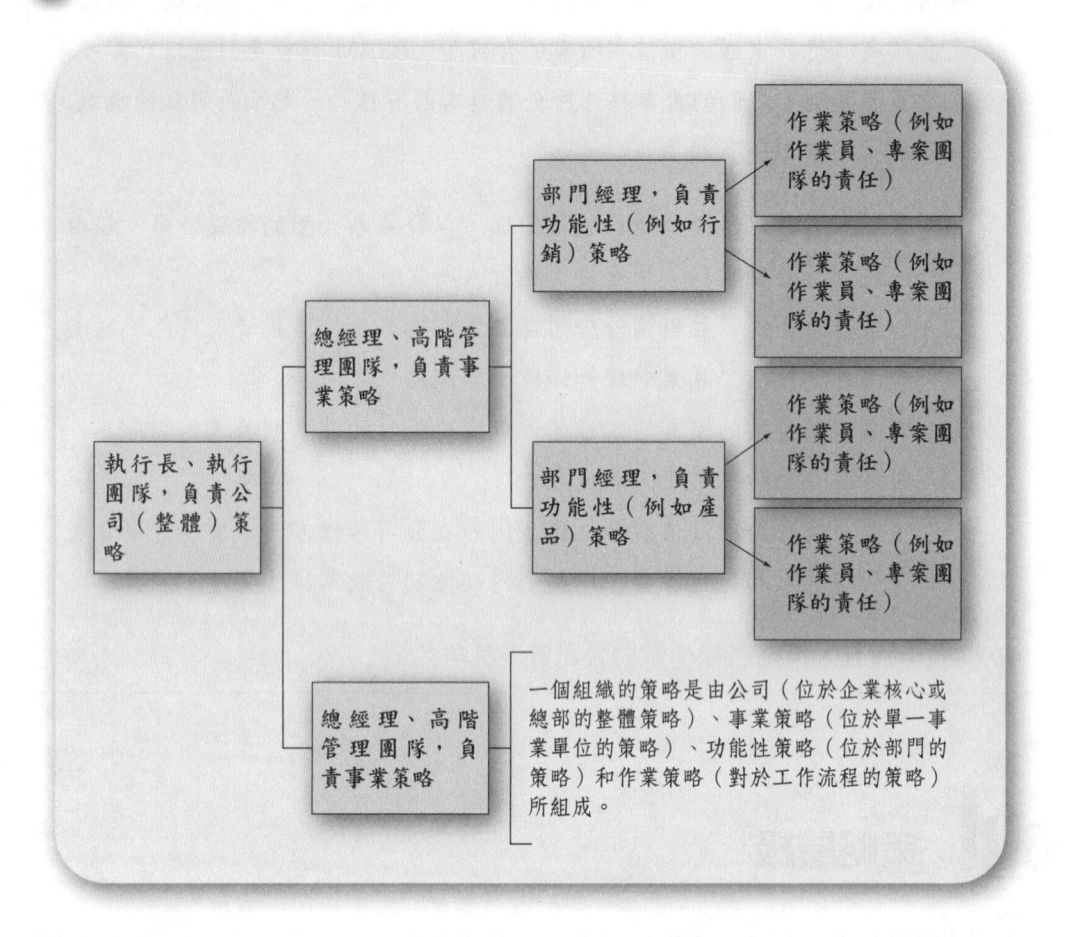

```
執行長、執行           總經理、高階管           部門經理，負責           作業策略（例如
團隊，負責公           理團隊，負責事           功能性（例如行           作業員、專案團
司（整體）策           業策略                   銷）策略                 隊的責任）
略
                                                                       作業策略（例如
                                                                       作業員、專案團
                                                                       隊的責任）

                                              部門經理，負責           作業策略（例如
                                              功能性（例如產           作業員、專案團
                                              品）策略                 隊的責任）

                                                                       作業策略（例如
                                                                       作業員、專案團
                                                                       隊的責任）

         總經理、高階           一個組織的策略是由公司（位於企業核心或
         管理團隊，負           總部的整體策略）、事業策略（位於單一事
         責事業策略             業單位的策略）、功能性策略（位於部門的
                                策略）和作業策略（對於工作流程的策略）
                                所組成。
```

行銷策略或是財務策略，只用於公司內部的相關專業領域上，實際內容包括策略是什麼、策略如何運用、策略用在什麼地方以及誰來使用策略。然而，策略管理最重要需考量的部分是總體策略，因為總體策略應會影響所有其他的策略。高階管理者透過策略規劃，讓公司的總體策略能對組織較低階層產生方向性的影響。

策略規劃

策略規劃（strategic planning）是指在某一段特定的時間內，針對為了達成組織的目的、目標和策略，所設計安排的一連串活動，並進行責任歸屬與資源配置等

策略管理概論 第 1 章

> **idea 實務作法 1.3**
>
> ## 聯邦快遞的制勝策略
>
> 聯邦快遞（FedEx）的策略是以最快速、最便宜的方式來傳遞包裹的想法為基礎。因此該公司將包裹運載到一個中繼站。在那裡，他們將包裹分類，將相同寄送目的地的包裹集中至同一架班機一起運送。聯邦快遞的創辦人 Fred Smith 在談及他的軸輻策略（hub-and-spokes）時，回憶道：
>
> > 我只簡單地用一個數學公式，解決關於如何連接許多點對點的情況，……如果不以總合觀點來看待交易的話，效益是很低的。將所有交易統整在一起，100 個點對點的運送次數不是 9,900 次，而是只有 99 次。
>
> 👁 問題：從這樣的策略看得出訴求長期或者是變革嗎？

管理的過程。當然，「規劃」幾乎可以被應用在所有的功能和行動方向上。但是「策略」這個字，則意指這一種規劃的形式適用於組織整體，而不是組織的某一部分，像是財務、人力資源、行銷或作業等功能領域。漢威公司（Honeywell）事業層級的策略規劃作法，就是一個相當典型的例子：

1. 回顧事業基礎，質疑基本假設，看看組織的願景、價值觀、使命和核心能力是否依舊恰當，並確認有沒有違反價值觀的行為。
2. 進行情境分析。
3. 進行現況分析。
4. 發展議題，以辨識出關鍵領域並推導出行動說明書。
5. 從行動說明書當中，發展出策略性行動並加以排序，同時檢視這些行動是否違反事業基礎、是否符合情境和現況。

從上可知，漢威所使用的步驟與之前提到的 POSIES 策略管理模式相類似。從 POSIES 模式的順序可以看出，策略管理是由分開的步驟所組成的分類過程。實務上，這些策略管理的元素彼此相互糾結且相互連結。

目的─目標─策略在本質上相對穩定，而且持續地共同對組織進行策略引導，

並且受到長期的監督和檢視。相較之下，實施─評估─策略領導則訴求短期，因為這些項目是以行動為核心，重視行動方案的細節；以作業階層經驗測試長期目標和策略時，整個組織就會將這些事務規劃至年度規劃週期內以進行管理。

目的─目標─策略是策略發展的過程。其中，組織領導者負責分析和診斷會影響和決定關鍵成功因素的情境，這將包括瞭解組織的外部和內部環境（見第4章與第5章）。策略發展的過程是策略規劃的起始點，並依優先順序分配資源與責任。

組織進行策略規劃的基本理由就是要取得管理變革的能力。彼得‧洛朗厄（Peter Lorange）在其經典著作《企業規劃》（*Corporate Planning*）一書中，描述策略規劃是一個策略決策制定的工具，通常做為激勵和支持策略變革之用。他指出策略規劃有四種角色：

- 配置公司的稀有資源，例如可自由支配的資金、可跨領域支援的重要管理人才以及持久性的技術知識。
- 協助企業調適環境的機會和威脅，找出相關的選項，並提供能夠有效契合環境的策略。
- 協調策略性活動，以反映內部的優勢和劣勢，達成有效的內部營運。
- 建立一個能從策略決策結果進行學習的組織，藉此改善組織的策略方向，塑造系統化的管理發展作法。

長期規劃

策略規劃從過去長期規劃的決定形式，轉變成為一種更重視中期的寬鬆形式已有一段時日。其中，策略是隨著時間的經過被塑造，而不是受到規則式的驅動。安索夫在1960年代的著作中提到，策略規劃者在公司策略上，扮演重要的角色。從事策略規劃的專家會分析策略的要素並詳列計畫的工作順序：他們主要的任務是「規劃這個計畫」

（plan the plan）。另外專家們也會觀察趨勢，以便預測事件，有時預測的時間點甚至是長遠的未來。這個特性就顯示出長期規劃的特色。它涉及長期的目標設定和預算，而且通常以組織的成長歷史做為基礎，進行一連串的預測，因此策略目標將落入充其量只以組織過去的表現，進行固定幅度的改善而已。策略規劃的過程通常是樂觀的，但當不可預見的變化出現時，就不容易做調整。

長期預測總是很困難的。1980 年代中期，幾乎沒有人預測手機會快速成長。麥肯錫管理顧問公司（McKinsey）使用在 1984 年為美國電話公司 AT&T 所做的一份報告中預測，2000 年將會有 100 萬支手機出現，而實際上的數字高達 7.41 億支。

然而，就算長期規劃的不確定性相當高，但如果組織未來要進行投資，長期規劃還是有其必要性；例如，當企業需要興建廠房或開發新市場或新技術，通常需要花費數年的時間準備，才能商業化。除了產出一個可靠的長期計畫有技術上的困難之外，接下來如何有效管理也是一大問題。變革的規劃必然受組織政治的影響，這往往有可能滿足既得利益者，而不是全體組織的未來需求。例如，有權力的人可以運用計畫，來強化他們的地位或是提高所屬群體的自主性，如薪資與工作保障、預算共享。如果發生這種情況，那麼計畫就不會被視為行動指導而認真看待，反而萌生敷衍了事（going-through-the-motions），或者會出現將規劃的過程當成是條列式的項目逐項打勾（tick-the-boxes）就算完成的心態。結果將造成策略背離高階管理者所預想的狀況。

突發策略

當組織的意圖策略在實施過程中改變時，亨利‧明茲伯格（Henry Mintzberg）和吉姆‧沃特斯（Jim Waters）認為，會有新策略出現來修正已規劃的策略。而隨著時間過去，最後真正實現的策略會是與高階管理者原來所想的不一樣的策略。因此，實務上，企業所實現的策略是高階管理者深思熟慮的策略以及公司突發策略之共同產物。**深思熟慮的策略**（deliberate strategy）是高階管理者為了讓組織其他層級落實所設計、規劃的策略。**突發策略**（emergent strategy）則是在實施深思熟慮策略時，高階管理者沒有事先預見的策略。

亨利‧明茲伯格特別重視傳統智慧，即制定策略時要先規劃，再實行。

🔲 1.4　意圖策略變成已實現策略

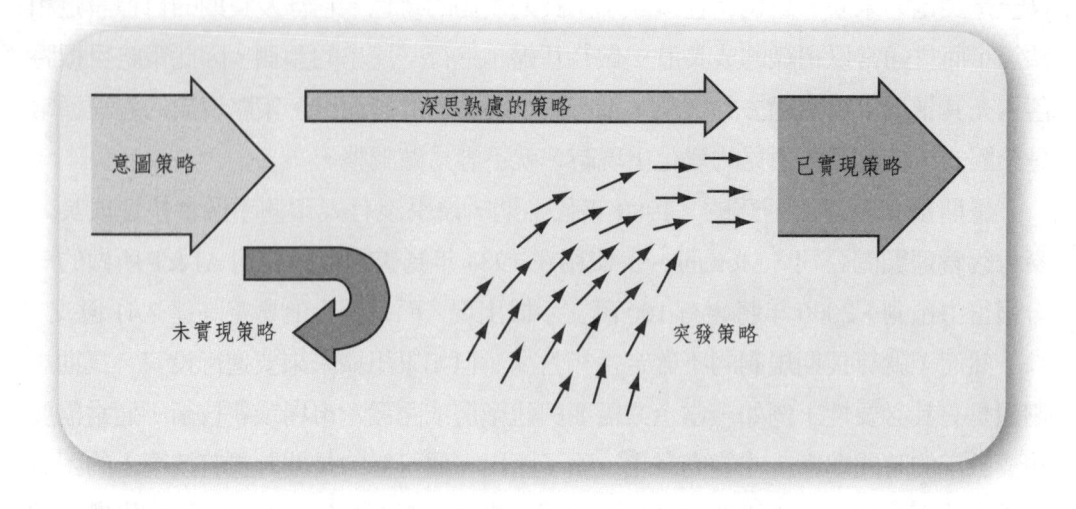

```
意圖策略 → 深思熟慮的策略 → 已實現策略
未實現策略
突發策略
```

實際上，任何有關於策略制定的著作皆描述策略的形成是一個深思熟慮的過程。我們會先思考，然後再採取行動。我們先制定，然後再落實。如此的進展似乎非常合理。但為什麼會有人希望以不同的方式進行呢？

我們的製陶工匠在工作室裡揉捏陶土，製作出像雕塑般的圓片。陶土用棍子一桿，一塊圓形的陶土就出現了。何不做一個圓形花瓶呢？一個想法接著另一個想法，直到一個新的形狀成形。行動驅動思考；策略就此浮現。

業務員外出到府拜訪一個客戶。向客戶介紹的產品不完全正確，然後他們一起做了一些修正。業務員返回公司後，提出修改的建議；來來回回兩到三次之後，他們終於做對了。一個新產品出現了，最後開拓了一個新的市場。該公司改變了策略方向。

在規劃階段，「先有策略才有落實」的想法與明茲伯格等眾多學者組成的策略古典或設計學派有關。另一種觀點是，策略程序或學習學派的學者相信，策略的形成是經過策略的制定和落實兩者互相更迭的一種學習過程，因此一段時間後，模式就出現。策略的過程較重視的本質，偏向工藝勝於科學（詳競爭觀點 1.2：本田效應）。

亨利‧明茲伯格在其知名著作《策略規劃的興衰》（*The Rise and Fall of Strategic Planning*）中提出策略規劃的三個基本謬誤：

1. 預先決定：規劃者相信自己能夠準確地預測，但是這只是一種讓自己心安的錯覺。
2. 脫離：規劃者相信自己是專家，自認為想法客觀，可以提供有價值的專業知識，但這只會拉大與客戶的距離，且被認為對產品漠不關心。
3. 形式化的謬論：規劃者相信透過分析和建構就可以有創新和差異性，但這只會榨乾熱情和直覺。

在管理科學的文獻中，對於管理者如何深思熟慮並理性地做決策，長期存在著疑慮。赫伯特・西蒙（Herbert Simon）嘗試從更真實的角度來看，認為管理者受到**有限理性**（bounded rationality）的限制。因為決策問題的複雜度、決策的時間限制以及缺乏決策之必要資訊等原因，都會使管理者在制定一個完全理性的決策時受到限制。人類所制定的決策從來都不完美。管理者所制定的決策，如果能夠得到一個夠好的結果，那麼就應該滿足。西蒙稱之為「滿意解」，係指滿意和足夠的結合。管理者的認知能力有限，因此策略規劃應該要有彈性，也就是策略規劃是一種漸進的過程，中間涵蓋很多的摸索，而且無法對所有內容做預先的確認，因此難以遵循先有策略，才有落實的想法。

邏輯的漸進主義

對許多組織而言，策略的落實可能是按照原先的計畫進行，也可能是在意外的情況下發生。這可能是策略管理不善的結果，但這也會是地方層級的管理者們面對問題時，會有的實務和漸進反應。美國早期有關公部門策略的文獻指出，若從黑暗面來看，策略可以說是由許多無關的問題、解決方案和資源混在一起的垃圾。若從光明面來看，策略則是透過一連串漸進式的決策，隨便應付過去的結果。

布賴恩・昆恩（Brian Quinn）在其《變革策略》（*Strategies for Change*）一書中，提出了**邏輯漸進主義**（logical incrementalism）的概念。這個概念是說低階管理者透過執行幾個小步驟，有邏輯的回應當地環境，因而形成了策略。然後經過一次一次的累積，漸漸凝聚成組織的整體模式之後，高階管理者將引導組織進行實際的策略變革。公司層級會經由事業部來部署其意圖策略（詳圖1.5），而低階管理

圖 1.5 策略部署以及漸進式的修正

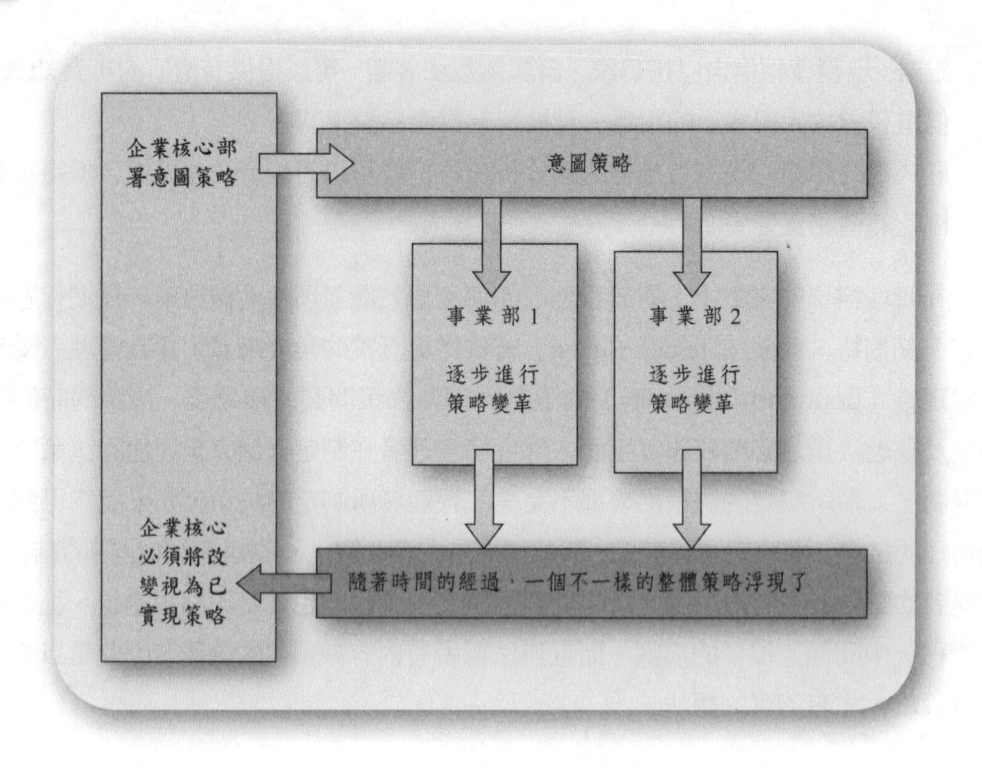

```
企業核心部        →    意圖策略
署意圖策略
                         ↓        ↓
                      事業部1    事業部2
                      逐步進行   逐步進行
                      策略變革   策略變革
                         ↓        ↓
企業核心       ←    隨著時間的經過，一個不一樣的整體策略浮現了
必須將改
變視為已
實現策略
```

者在回應當地的環境與情況時，則伺機逐步落實公司策略。例如，組織可能需要探索真正可能擁有的資源與人員為何，特別是地方層級現有的策略和計畫更應該考慮進來。組織也可能需要向關鍵人士爭取或達成協議。實際結果是公司策略可能需要改變，而且必須與已實現策略一同運作。為了能夠有效地做到這一點，需要組織全面性的回饋，高階管理者也需要做系統性的檢視，以瞭解組織如何實施和改變其策略。

競爭觀點 1.2
理性的策略規劃難度高

2012年9月，適逢《哈佛商業評論》（*Harvard Business Review*）創刊90周年，當時該刊物做了所謂「管理世紀」回顧的專題。在這個專題內容當中，有

一系列的文章討論有關策略規劃這個議題，其中由四位作者合寫的一篇文章中寫道，管理所面臨的挑戰是把策略藝術變科學、將實證的嚴謹與創造性思維做結合，但這不太容易。

羅伯特・麥克納馬拉（Robert McNamara）是在福特汽車（Ford）、美國政府和世界銀行（World Bank）採用策略規劃思維的先驅者。他相信人類的理性，但就在 2009 年生命結束前，他開始對此存疑。以下是從埃羅爾・莫里斯（Errol Morris）所做的有關麥克納馬拉的紀錄片以及訪問稿當中所節錄的內容：

> 各國領導人熱愛生命勝過死亡的這個關鍵性假設成立，才會有相互確保摧毀核武的核能政策存在。在古巴導彈危機期間，麥克納馬拉發現，不論是古巴領導人或是美國軍方，兩邊都有人因為意識形態的原因而願意面對數百萬人死亡的悲劇。
>
> 「這就是這麼接近」，含淚的麥克納馬拉公然地對著莫里斯的攝影機鏡頭，打量著他的拇指和食指間這一吋的空間，就這一吋的距離，使他對於拯救理性的信念產生困惑。

最完美的策略規劃，在理論上應該是最理性而且是基於最佳數據和分析而得到的結果，但在面對人類行為的不理性則無法適用。

計畫可能僅是意圖的陳述，但是因為必須要配合後面的追隨者，所以就需要快速改變。本田效應（The Honda Effect）一詞出自於帕斯卡（Pascale）的一篇文章標題，係指組織能否從策略的經驗和所發生的意外事件上學習的能力，而不是僅著眼於預先決定的目標與規劃上。帕斯卡認為在美國，本田高層在銷售大型機車的意圖策略有挫敗的經驗，而這個策略最後也被證實不可靠。日本人自覺對小型自行車有意想不到的需求，因此推出了一個銷售的新策略。日本人證明他們自己擅長策略的調適……持續性的調整……並強調企業策略方向的演進應該是逐步地調整一直到整個事件透明化。

但是梅爾（Mair）的結論則認為，這些研究只有部分代表性，而且所提出的很多事證都有錯誤，比較具支持性的證據卻被忽略了。

◉ 問題：策略規劃真有成功的可能性嗎？

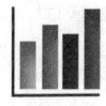

策略規劃的普及

根據管理顧問公司，貝恩公司（Bain and Company）每年的管理實務調查研究結果顯示，80% 到 90% 大型國際組織都會使用策略規劃，而且一般都滿意策略規劃的運作方式：

實務界通常會說，策略規劃是他們最常使用並且相當滿意的管理技術。其中一家曾參與調查的企業認為，策略規劃可以用來減緩日常營運面臨緊急問題的情形。我們利用策略規劃的過程來挑戰傳統的思維並對於時間和金錢的配置重新訂定方向。

從我們的研究當中，我們認為策略規劃的本質從 20 多年前就開始改變了。在一般情況下，現在很少做長期規劃，反而是運用策略管理的情形比較多。通用電氣（General Electric）多年來一直在策略管理思維的演進中，扮演重要的角色。在策略管理的過程中，正式計畫的角色就是訂定整體目標和策略，並將之展開成為子目標與當地策略，以便落實與評估。

明茲伯格的想法也類似，他認為正式規劃的角色就是闡述並實施組織已經擁有的整體策略。他舉了一個連鎖超市的例子：

規劃並沒有為這家公司帶來一個意圖策略。因為在老闆的腦中，早已經有一個可以做為未來願景的策略……規劃反而是該公司意圖策略的銜接、辯證和闡述。規劃不是用來決定是否要擴大購物中心，規劃只是排程而已。換句話說，規劃只是安排：它不是用來構想一個意圖策略，只是用來闡述已構想好的意圖策略而已。

然而，根據明茲伯格的主張，領導者與他們遠大的策略之間仍有脫節之處，而且作業層級也必須瞭解策略帶給他們的意義是什麼。策略規劃的形式要能夠使高階管理者瞭解組織如何管理策略。

最佳策略規劃實務

美國具有影響力的波多里奇卓越績效架構（Malcolm Baldrige Performance Excellence Framework）依照一套管理原則和元素，定義出最佳策略規劃實務。其中的管理原則包括：

1. 所有任務必須妥善規劃。
2. 計畫必須落實，這樣才能使人們按照計畫進行工作。
3. 工作必須監督並追蹤進度。
4. 當計畫有任何偏差時，必須考慮採取必要行動。
5. 組織必須具備架構和管理系統，以確保上述工作能夠實際運作。
6. 每個人都必須參與這些架構和系統。

前4項原則遵循PDCA（計劃—執行—檢查—行動）循環（屬一般管理原則，詳第5章），而原則5是有關必要的組織支持，原則6則是關於建立一個良好的企業文化。除了這些原則的實施之外，該架構指出有效的策略計畫必須具備六大部分：

- 明確的策略。
- 行動計畫必須源自於策略。
- 認知與瞭解短期計畫和長期計畫之間的差異。
- 發展公司策略時，必須要考慮外部環境和內部策略性資源。
- 落實行動計畫時，必須要考慮組織的關鍵流程和績效衡量作法。
- 要有相關策略計畫的監控和評估組織績效的方法。

波多里奇沒有制定策略規劃的特定方法，該架構只提供了一套原則以及一項計畫該有的元素。實務上，策略規劃有許多形式，但通常令規劃者感到困擾的是做策略計畫時，到底有什麼工作要做。廣義來說，可能包括以下三種：策略變革、改善和營運效能，以及競爭優勢。

策略變革

策略變革（strategic change）是轉型變革。主要目的是為了促進組織達到一個更高的績效水準。這可能需要新的途徑，例如改變現有的目的、目標和策略。策略變革的工作重點在於將精力與資源投注在幾個關鍵成功因素或優先事項上，藉此帶領組織邁向一個理想的境界。通常，組織會設計一個實現願景的策略來指導變革的方向，當該計畫有許多目標要達成時，可保有少數目標，讓高階管理者能夠進行管理。通用電氣的前執行長傑克‧威爾許（Jack Welch）強調保有簡單的重要性：

> 策略其實是很簡單的。你選擇一個大方向，然後落實……你不應該把策略弄得太複雜。你想的愈多、深入的數據和細節愈多，你就愈把自己綁死，無法做事情……策略是行動的大略方向，你必須經常根據市場情況的改變，加以重新檢視和重新定義。它是一個反覆的過程……

依照明茲伯格的觀點，實務界的看法是：

> 策略是簡單地把事情放進一個人的頭腦裡面，以一種有意義的方式來賦予事情的意義。策略為你帶來方向感，代表你和你的組織所要前進的方向，帶領組織向前邁進。

組織偶爾才會有重大的策略變革。通常只發生在當外部環境有機會與威脅，或是內部環境需要做徹底改變的時候。願景的策略是動態的，可能涉及組織現有策略和商業模式的根本改變。然而，大部分的組織策略相對穩定，不太會隨時間經過任意調整，這樣才能提供組織一個整體的參考框架，因此在制定決策時，才能與維持及改善既定策略有效性之需要具有一致性。

改善和營運效能

改善式的變革（improvement change）是漸進的，而且通常是配合維持和提高生產力與客戶價值等日常管理活動之所需。願景式變革和改善式變革之間的不同是造

成策略規劃令人困惑的原因。某一所大學最近推出了為期五年的策略計畫。該計畫針對教育機構劃分成九大核心領域，也為一般教育界呈現一個可針對教育事業利害關係人創造價值的商業模式。這些領域包括教學、研究、就業、企業和企業家精神、社區參與、國際化、教職員發展，財務和資產管理等。在這所有的領域裡面，都有尋求改善的地方，所以每個領域都有其目標，而且大部分領域的目標都高達 15 個以上，與策略和目的個數都差不多。加總起來，該計畫總共約有 800 個目標、策略和目的。該計畫的整體目的是為了提高學校的優勢地位，每個管理者都將該計畫當成是願景來做規劃。

雖然計畫當中的許多目標會傳遞至作業層級，但整體數量對任何組織來說太過龐大以致於無法有效管理，高階管理者也無法全盤瞭解並監督。在計畫當中，特定的目標如何配適一系列的策略，以及策略要如何執行以協助目標達成都令人質疑。目前有許多的策略計畫，特別是非營利機構的策略計畫，都出現這種情形。學校都會表列最佳實務改善作法，而且若是執行後具有成效的話，往後的營運成效會更好，甚至於比競爭對手還要好。然而，這樣做可能不足以保持競爭優勢。高階管理者還必須主動對重要的變革進行管理，將努力和資源投入這些能夠明顯影響組織、將組織帶往新定位的活動上。

競爭優勢

競爭優勢（competitive advantage）係指能夠提供特定組織獲取高於平均水準的利潤以及優於競爭對手所提供之顧客價值水準的基礎。若要做到這一點，組織必須擁有一個獨特且具有持續性的策略。競爭策略的目的是為了協調和整合組織活動當中，數以百計的差異，而使組織有別於競爭者。所謂的差異，並不是指在類似的活動中，比競爭者做的更好，以實務來說，而是像客戶關懷或是有效地使用技術來降低成本。對組織來說，這些都是重要的考量，但這些都偏向營運成效，而非競爭策略，因為競爭者也可以做這些事情。

競爭策略是執行不同於競爭對手的活動，或者是以不同的方式執行與競爭對手相似的活動。這是策略規劃的真正問題。不像行銷只單看如何設計行銷組合以滿足目標市場區隔，策略規劃則是要看如何以有別於競爭對手的方式來滿足目標市場，

而且要讓競爭對手難以模仿或因成本過高而放棄模仿。管理問題在於如何做出不一樣的活動，以及策略如何整合管理這些保持競爭優勢的活動。

然而，競爭策略和營運成效兩者都是成功的策略管理所必需的條件，假如組織缺乏一個整體的管理系統來進行整合或調整，那麼策略可能會失敗。這種二分法，部分反映出兩種傳統的策略管理主導思維。其一是以市場為基礎的觀點，著重於外部因素對策略決策方向影響的重要性，另外一個則是以資源為基礎的觀點，注重內部影響力的重要性。

由外而內思考

過去30年來，最知名的策略學者非哈佛商學院（Harvard Business School）的麥克・波特（Michael Porter）教授莫屬。他基於策略應該如何保有組織在所屬產業競爭地位的相關想法，將策略管理定義為競爭力差異的管理。波特的思維奠基於一個建立完善的產業組織傳統，其歷史至少可以回溯自1960年代，同時他重視外部環境，視其為策略成功的一項重要影響因素。這種影響力的方向是**由外到內**（outside-in）的，也就是從外部環境而來，特別是競爭環境（見圖1.6），這種由外到內的思維有時也被稱為以市場為基礎的觀點。

主要的影響領域依序包括以外部環境為起始點，決定產業的吸引力，設計並制定在所屬產業獲取高於平均報酬的策略，以及能夠管理組織活動以維持選定策略的價值鏈。由外而內思考的目的是為了找出外部環境的機會和威脅，並運用典型的SWOT分析，以利組織配適環境並於環境中定位，使其能夠持續維持高於平均的報酬，抵擋對手的競爭。

由內而外思考

在策略管理裡，與由外而內成對比的思維是以內部為中心，稱之為以資源為基礎的觀點，其中所謂的資源，特別係指個別組織的策略性資源。這是一種**由內而外**（inside-out）的策略思維方式，它的起源可以追溯自伊迪絲・彭羅斯（Edith

◨ 圖 1.6　由外而內和由內而外的思維對策略的影響

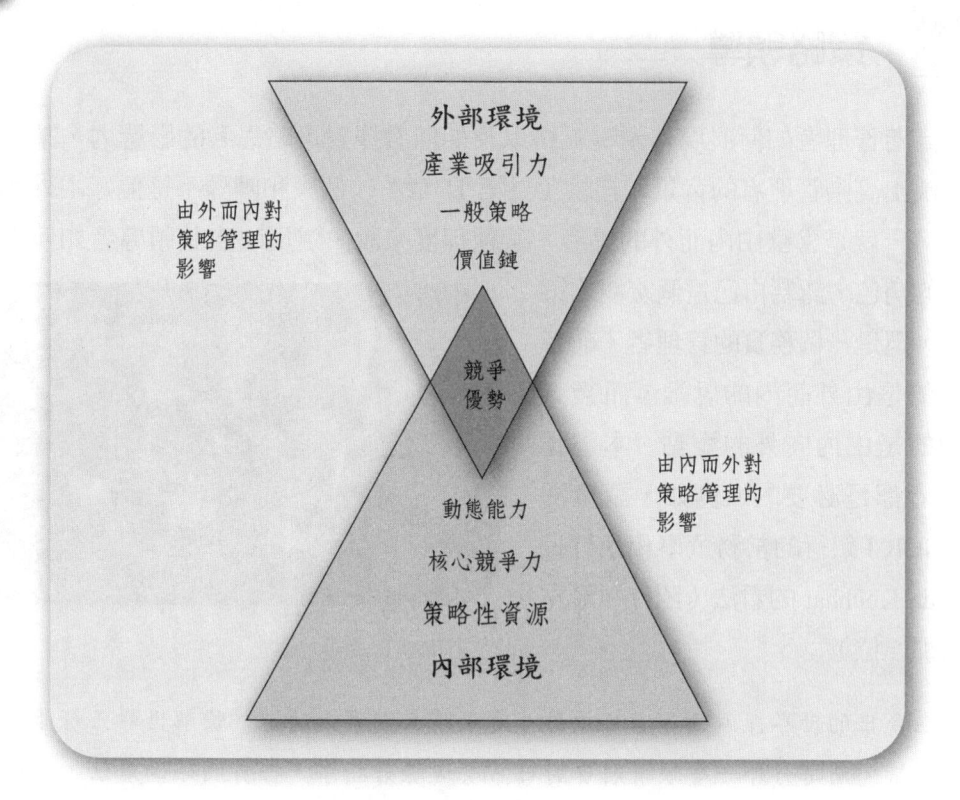

```
           外部環境
          產業吸引力
  由外而內對   一般策略
  策略管理的
    影響     價值鏈

           競爭
           優勢
                    由內而外對
                    策略管理的
                      影響
          動態能力
         核心競爭力
         策略性資源
           內部環境
```

Penrose）的經濟學時代。時至今日，許多學者對於策略管理的主導理論基礎為何，仍未有共識。由內而外的核心想法是策略性資源是企業所特有、競爭者難以瞭解和模仿的資源，因此以資源為基礎的觀點強調內部環境更勝於外部環境，並且認為對策略的影響方向是由內向外的。

　　影響力（見圖1.6）來自於內部環境與策略性資源的配置和發展、核心流程和核心競爭力的整合與調整，以及動態能力的發展。由內而外思考的目的，實質上是為了建立一個框架，以利組織整頓核心事業領域的學習能力，為顧客創造價值。這樣做的目的是為了達成策略性資源的內部配適，使其能夠持續獲得高於平均的報酬。

策略領導

高階管理者如何展現其領導風格以及如何發揮對策略思考的影響力，某種程度反映出高階管理者的背景和經驗（見第 11 章）。個人和團隊不是偏好由外到內的思考，就是喜歡由內而外的思考。某種程度來說，這反映出該領導者如何看待自己的角色，認為自己是個宏觀的策略家，還是一個務實的管理者。前者採用的是由外而內的思維，而後者採用的是由內向外的觀點。本書認為兩者都是必要的。例如，請參閱印度 ICICI 銀行的常務董事和執行長 Chanda Kochhar 的看法（照片中最左邊的那一位）：

在今日的世界裡，領導者必須用一隻眼睛來觀察大趨勢，瞭解世界正發生什麼事情，同時另外一隻眼睛則要對日常營運瞭若指掌，擁有明確的看法。我必須貼近現實，而且同時在心裡牢記大局，也就是在做策略性思考的同時，也要顧及執行面，這就是 CEO 工作的本質。你不需要管好團隊中的所有小事，也不需要約束團隊裡的每一個人。但同時，你也不能全神貫注於願景和夢想……這很重要，我必須馬上深入思考決策是如何執行的本質並確認事情的進展如我想要的一樣快。

競爭觀點 1.3
策略管理的目的和範圍

策略管理這個學門一直被克萊格（Clegg）等人批評的理由是，它應該是更具有包容性並且涵蓋諸如策略管理在公民社會中的角色、工會參與，或者是被剝奪者缺乏策略管理等議題。策略管理之所以成為一門學科，主要在於策略管理有助於瞭解和改善管理實務，並且在看待事情時，更關注策略變革而不是社會轉變。

已故的策略學者蘇曼德拉・戈沙爾（Sumatra Ghoshal）認為，根本的問題在於一個單一的意識形態如何在過去50年占據人們的思維。他觀察到，管理研究聲稱已經取得了真相，但他認為，其中一部分都是基於不實際和偏差的分析而來。不同於物理科學理論，管理理論是屬於自我實踐型的理論，也就是說，當一個管理概念獲得足夠的重視之後，管理者的行為將會依照理論而改變。然而，研究重視所謂的「科學」方法，試圖發現模式和法則來解釋公司績效，忽視人類意向的重要性。

吉布森・伯勒爾（Gibson Burrell）和加雷思・摩根（Gareth Morgan）則認為，企業和管理研究既是詮釋性和主觀性的研究，也是功能性和客觀性的研究，並且所關注的主要是保存企業真實的觀點。

◉ 問題：將策略管理視為一門管理學科是否太過狹隘？

本章小結

1. 策略管理是一種管理程序，包括總體目的、目標、策略、策略的實施和執行以及策略領導。
2. 組織應該以其所掌握的資源為基礎，建立自己的優勢，以能夠主動地適應變革，並影響所處的環境，因此在經過一段很長時間之後，能夠掌控自己的命運。
3. 策略階層要透過策略規劃進行調整。
4. 每個人都應參與策略管理，但策略管理主要是組織高階管理者的責任。

5. 策略規劃有許多形式，但它已經變得不那麼具決定性，而是比過去更具方向性：
   - 長期規劃是一種決定性規劃的例子。
   - 制定策略時，必須考慮突發策略和邏輯漸進主義。
   - 現代化的規劃通常比長期規劃更有計畫性。
6. 策略是一種管理過程，在過程中可扮演三種角色：
   - 策略變革與願景有關。
   - 改善和營運效能。
   - 競爭策略。
7. 策略思維的影響有兩個方向：由外到內（以市場為基礎）和由內向外（以策略性資源為基礎）。前者關注的是與客戶、競爭對手和其他組織以外的外部關係。後者則和該組織的內部能力有關，包括經營方法和管理哲學。
8. 策略領導的風格決定兩種影響力之間的平衡。

延伸閱讀

1. 推薦知名策略學者和顧問理查・羅曼爾特（Richard Rumelt）的書：Rumelt, R. (2012), *Good Strategy, Bad Strategy* (paperback edition), London: Profile Books. 羅曼爾特認為，策略的核心工作大多相同，包括發現關鍵因素、設計協調的方法、重視執行的動作。詳情請參閱羅曼爾特的部落格 strategyland.com。

2. Porter, M. E. (1996), 'What is Strategy?' *Harvard Business Review*, November-December, 61–78，是一篇學術性文章，建議全體學生都必須閱讀。

3. Carter, C., Clegg, S. R. and Kornberger, M. (2008), *A Very Short, and Fairly Interesting and Reasonably Cheap Book about Studying Strategy*, London: Sage. 是一本雖由學者所撰寫，但類型卻非常不同的策略書籍，從書名就可看出內容相當有趣而且價格便宜。

4. 若想瞭解策略管理的歷史以及主要學者的想法，請參閱 Moore, J. I. (2001), *Writers on Strategy and Strategic Management* (2nd edit. 2 edn), London: Penguin Business。

課後複習

1. 何謂策略管理？
2. 策略管理的主要成分是什麼？
3. 策略管理是誰的工作？
4. 為什麼突發策略對規劃很重要？
5. 漸進式觀點的優點和缺點是什麼？
6. 願景變革、商業模式和競爭策略在策略上有何不同？
7. 對由外而內和由內而外兩種思考方式來說，外部環境的重要性為何？
8. 在策略管理中，為什麼參與式管理對領導者很重要？

討論問題

1. 請找一個你在工作上所認識的人並請教他 (1) 策略對他來說代表什麼意義；(2) 策略如何幫助他完成工作。請整理你所得到的結論。試比較一份普通的工作和領導者的策略性工作，兩者之間有什麼不同。
2. 約翰‧藍儂（John Lennon）所演唱的歌曲當中，有一句歌詞是說：「生活就是當你忙於其他計畫時，所發生在你身上的事情。」你相信規劃嗎？
   請思考策略規劃對組織有何幫助，並以不同的組織背景為例進行比較。例如
   - 中小企業；
   - 服務業；
   - 多國籍企業；
   - 公部門組織。

   請思考不同目的、不同經營範圍和規模以及不同管理本質的組織，有何不同的實務作法？
3. 請找幾家你熟悉的商店或賣場，如超市等，比較彼此之間的產品和服務有何不同。確認和比較這些賣場所遵循的公司整體方案為何、彼此之間有何不同以及不同的原因。這些組織所使用的策略，各有什麼主要特點？

為了有助於討論,請先到各公司官網以及產業觀察家(例如業界人士)的部落格查找相關資料。另外,思考這些零售商的客戶與競爭對手的客戶有何不同,也相當有幫助。

章後個案 1.1

納爾遜的觸碰

策略在20世紀儼然已成為一個商業和管理的觀念,但其起源係來自於軍事史。人們仍然記得英國海軍上將納爾遜子爵(Lord Nelson),在1805年的特拉法加(Trafalgar)戰役中,打敗西班牙和法國聯合艦隊所用的策略和領導風格。拿破崙在法國稱帝期間到處征戰,在統治了大部分的歐洲之後,他計劃進軍英國本土,以船艦征服英國。

傳統海戰是敵我雙方的船艦分別在兩側各排成一條平行線後,開始開火對戰。然而,納爾遜的策略挑戰在於他的艦隊只有27艘船艦,而敵方

納爾遜紀念柱,在倫敦特拉法加廣場的紀念碑

的艦隊則有數量優勢,計有33艘船艦。因此,納爾遜決定集中兵力,將英國艦隊分為兩個縱隊,並以左右直角夾攻的方式向前衛中央挺進,試圖衝破敵船的航線,切入敵軍隊伍。納爾遜的船艦一轉彎,切斷敵人航行速度較慢的船艦,這樣的作法將使英國船艦數量超過敵人的船艦數。但是這種作法也將使納爾遜為首的船艦在開戰初期,落入被砲火猛攻的風險,而且在越過敵人防線後,因為船艦航行角度的問題也無法向敵艦還擊。

這個策略運作得很好,法國和西班牙因此損失了22艘船艦,總數大約為聯合艦隊的三分之二。但納爾遜也因此中彈身亡,但英國船艦沒有減損。納爾遜的策略是前所未有的,所以他的艦隊必須先要瞭解他的策略,一同配合

作戰，並運用指揮權以使在戰爭中可以發揮最好的效果。因為一旦開戰之後，納爾遜就沒有機會直接指揮了。

因此，納爾遜在戰爭前幾天的戰略討論會議中，耐心地向各個艦隊指揮官灌輸與說明自己的策略。這樣一來，一旦開戰，各船艦就能配合納爾遜的總體策略，獨立自主地行動，以贏得這場戰役。在寫給家人艾瑪‧漢密爾頓（Emma Hamilton）的信件中，他描述他的策略為「納爾遜的觸碰」（The Nelson Touch）：

> 我相信我的加入是最受大家歡迎的，不僅是艦隊指揮官，同時還有艦隊中的每一個人；而且，當我向他們解釋「納爾遜的觸碰」（The Nelson Touch）時，大家就像觸電一樣震撼。有人流下眼淚，所有的人都認為這是一個新的、單一的和簡單的方式。海軍從上到下都複誦著。

時至今日，「納爾遜的觸碰」（The Nelson Touch）已被視為是一個天生領導者的靈感。納爾遜的作為，鼓舞並激勵了人心，尤其是他的艦長和指揮官。然而，納爾遜策略之所以能成功，其實背後涉及一個更宏大的長期策略。英國海軍的艦隊軍士訓練有素，有組織且有紀律，他們能夠射擊法國和西班牙的砲手。英國艦隊有很多老練的水手和海軍陸戰隊。如果沒有這些因素，挺進並突破敵人航線的作法就大有風險，也不值得考慮。

在這個事件中，英國也擁有了一些有利的環境因素。因為聯合艦隊必須駛出港口，這讓英國有時間來進行組織和部署。當英國進入了敵人砲火的攻擊範圍內時，出現了一個大海浪，或多或少擊中聯合艦隊的船艦側舷，這使得聯合艦隊很難瞄準固定英國船隻的繩索。法國和西班牙的傳統是要瞄準船隻的高處進行射擊，而不是射擊船艦的船體。

討論問題

1. 何謂策略？何謂戰略？
2. 競爭策略和營運成效所扮演的角色為何？各有何用處？
3. 策略規劃在開戰和贏得戰爭的時候，占有重要角色嗎？

章後個案 1.2

策略在哪裡？

「策略」一詞肯定是商學領域最常被搜尋的關鍵字之一，如果再結合全球化、競爭、差異化等成為「全球化策略」、「競爭策略」、「差異化策略」那就更是熱門了，就連民主國家政治人物延續政治生命的「選舉策略」或是極權國家獨裁者的「統治策略」都一樣受到高度關注。所以小至個人的生涯策略大至國家區域的發展策略，「策略」一詞不僅熱門更是早已經被濫用了。所有人都在談論策略，但是到底策略管理是什麼內涵？

多數人在談及 XX 策略（XX 可以是任何詞彙）時可能並不清楚到底要規劃執行的 XX 策略到底是什麼？更根本的問題是策略到底是什麼？策略在哪裡？這是最根本最重要卻常被忽略的問題，尤其很多政治人物規劃國家發展策略的時候，多數時候是不成功的，而這個結果古今中外皆然。其實不管是極微觀的小策略或是極宏觀的大策略，不外乎包含以下三部曲：

1. 策略願景、任務與目標（strategic vision, mission and purpose）：規劃一個可以成功的策略首先要有一個明確而且可以執行的策略願景（長期導向）、策略任務（中長期導向）或是策略目標（短中期導向）。在台灣有人可以說總統大選提出的政見只是參考可以不必實現，聽聽就好！從策略管理的論點來說，這是荒謬到極點的不可思議。任何策略一定要有一個讓組織成員共同努力的策略目標，而且這個目標是務實的、有挑戰性、可量化的且有很大機率可以實現的。通常有競爭力的組織都會依照這個原則訂出策略目標，例如台積電提出的長期願景是：「成為全球最先進及最大的專業積體電路技術及製造服務業者，並且與我們無晶圓廠設計公司及整合元件製造商的客戶群共同組成半導體產業中堅強的競爭團隊」，台積電早在 2006 年之後就已經實現願景之一——成為全球最先進及最大的專業積體電路技術及製造服務業者，並且持續擴大領先差距，反觀有政治人物提出「黃金十年」、「633」這些不是空洞就是根本不可能實現的策略目標，如果策略目標不是務實有挑戰性或是難以實現，則組織成員必將不知為何而戰？如何能戰？又如台北市長柯文哲對大巨蛋

開發策略目標定調為「安全第一、市民利益優先」，雖然後續發展成功與否未定，但至少有一個明確可行的策略目標，已經是成功的首部曲。

2. 資源分配（resources allocation）：資源有限慾望無窮是任何稍有經濟觀念的人都應通曉的道理，而任何策略目標的達成一定是要動員許多資源投入，這些資源都有機會成本也都有排他性，例如台積電要成為全球最先進及最大的專業積體電路技術及製造服務業者，就必須投入許多資源，實現該目標同時也就排除了資源其他選項。資源分配是極其殘酷的現實，苗栗縣想要很多華麗的公共建設與風光的嘉年華會，就要以財政破產做為代價，沒有效率的資源分配最終就是什麼策略目標都是空談。2014年宏達電所經營的 hTC 品牌全球市占率大幅滑落，就跟行銷資源分配不當與企業資源效率低落有直接關係；反觀蘋果公司不僅高效能分配資源與高效率運用資源，還能夠導入外部資源（例如媒體、蘋果忠誠消費者），擴大了企業可運用資源的幅度。資源分配運用效能與效率高低直接反映在策略目標能否實現的關鍵地位。

3. 策略規劃與行動（strategic planning and action）：包含具體行動方案（moves）與執行力（execution）。不管是對企業或政府的管理者、領導者的要求，執行力是愈來愈重要的指標項目，組織幾乎都不缺乏完善的策略規劃，卻經常苦於沒有執行力。政府部門經常有洋洋灑灑的施政計畫，但常常是虎頭蛇尾，不了了之，因為缺乏執行力。執行力的背後是一個非常複雜的方程式，它仰賴領導人是否有足夠的決心、果斷力，管理人能否使命必達，上下組織成員能否齊心齊力團結，組織文化是否從下而上貫徹到底，這是一個複雜的過程但非常關鍵。前 GE 執行長傑克・威爾許於 1995 年制定以 6 Sigma 做為提高品質之策略目標，他甚至親自督導要求所有員工都要接受 6 Sigma 的品質標準訓練，由 6 Sigma 品質管理系統，分析主要投入關鍵要素為何、如何改善製程，進而超越日本企業之品質標竿，後來使 GE 達到前所未有之獲利能力。傑克・威爾許的策略決心就是執行、改善再執行，沒有紙上談兵只有實際操作。

策略管理已經是商學管理領域非常龐大的研究領域，專書與研究論文不計其數，但是應用在任何組織之策略規劃、領導、控制的原則不外乎以上討

論的策略管理三部曲。我們來討論一個有趣的題目：希臘財政改革策略（同樣也適用在苗栗縣或整個台灣），該策略的三部曲如下：

1. 財政改革願景、任務與目標：短中長期要降低多少財政赤字？要償還多少債務？何時恢復財政自主？各項經濟數據的目標值是多少？
2. 資源分配：要達成以上目標，必須開發哪些財源？樽節哪些項目的支出？財政改革方案要如何分配現有的資源？
3. 策略規劃與行動：這是最重要也是最困難的挑戰，該如何具體落實財政改革方案？如何弭平既得利益者的反彈？如何抗拒各方政客的需索無度？如何讓人民支持並願意配合財政改革規劃與行動？……

不論是營利組織或非營利組織都要有策略管理的能力，那是競爭優勢的重要來源，讓我們一起打開策略管理之鑰，藉由本書來一場策略管理探索之旅吧。

討論問題

1. 試著利用策略管理三部曲，提出你對台灣自創品牌 hTC 策略變革的想法與具體作法？
2. 試想如果你（妳）要參加一場選舉，可能是系學會長、民意代表或地方首長甚至總統大選，你要擬定一個贏的策略，請問如果利用策略管理三部曲，你贏的策略是什麼？
3. 在制定策略願景、任務與目標時，組織的領導人、管理者與員工個別的角色是什麼？

重點筆記

第 2 章 目　的

學習目標

1. 策略目的的重要性
2. 策略管理中，願景、使命和價值觀的意義
3. 利害關係人的概念
4. 組織文化和目的
5. 企業倫理、永續經營和企業責任的重要性
6. 策略管理和公司治理的關係

目的

第 2 章

目的

在組織任何層級做實際管理時，都不能沒有目的。如果要讓大家有效地一起工作的話，目的就十分重要，因此，高階管理者花費大量的時間去釐清並賦予工作的意義。目的不只是要能鼓舞和激勵人心，在策略上，也應該要能幫助組織中的每一個人發展自己的工作順序和角色，同時也幫助瞭解其他成員的工作順序和角色。

商業場景

從目的開始，找出重要的事情

前紐約市市長魯迪‧朱利安尼（Rudy Giuliani），在他的書《決策時刻》（*Leadership*）中指出，目的是一個領導者管理組織的根本。他在書中寫道，身處公部門：

> 我試著觀察它的核心目的並做出有助於推動目的的每一個決策……連結資源聚焦目的……以使命尋找合適的組織結構。然後，你必須確認出你的目標，以及做達成目標應該要做的事情；找到合適的人來完成這個工

前紐約市長魯迪‧朱利安尼發表打擊犯罪記者會

> 作，並不斷追蹤，以確保每個人都堅持初衷，團隊不會隨便被取代或者被牽制。幾年前，我在美國紐約南部地區當執業律師時，便開始關注如何避免組織陷入混亂的陷阱。遇到每一件事，我問自己的第一個問題總是：「使命是什麼？」要如何實現使命？這裡指的使命不是每天要怎麼做，而是首要目標是什麼。然後，評估和分析自己的資源……想想工作主軸，這不只意味著思考要如何利用手中的資源，更要去想如何更有效的與外界資源做整合。比如說，在偵辦犯罪案件時，要一再確認，起訴犯罪集團首領是明顯值得做的事情，以符合揭示的使命。我們的目標不是去看有多少人被逮捕和定罪，而是能不能減少犯罪組織的數量（一個更長遠寬廣的目的）……任何複雜的系統難免會因為環境改變而使其不再有意義。一個領導者必須要能察覺錯誤配置的情形……對我而言，組織系統是最重要的工作項目，任何大型組織的領導者都必須小心落入見樹不見林的風險。過去，我除了深思個別部門的目的之外，也會熟慮政府本身的目的。我會再詳細地思考一遍，我們在這裡做什麼？有哪些資源是我們可以用的？等問題……現實的情況是市政府能做或應該做的就這些……我的近期目標就是簡化，讓我們能夠專注於我們的主要優先工作項目上。組織結構圖不是只是一張冷冰冰的管理工具，而是一個活生生的、不斷發展的工具，讓領導者用來向那些為他工作的人傳遞訊息，甚至是提醒自己關於該組織的目標和優先事項為何……我一直努力的去確立組織目的，然後讓每一件事情都朝著這個目的前進。

組織的目的是組織存在的根本和主要理由。組織的生存是建立在信念上。人們必須相信組織能夠提供有益的目的，這多少必須瞭解組織經營的意義，並對組織的日常營運沒有太多的爭議或疑慮。傳統觀點認為，組織生存的目的純粹就是為了服務利害關係人，特別是顧客。以下三個構面對於組織如何自身管理成為一個經營共同體相當重要。

1. 願景（Vision）：組織對於未來想要達成的狀態或理想的想法。
2. 使命（Mission）：組織對於現在主要活動的陳述。

3. **價值觀**（Values）：組織對於成員所期待的共同規範與行為。

這三個構面都是策略管理（見圖 2.1）所關注的基本項目。

願景涉及策略變革和轉型變革，重點在於改變現有的整體策略或商業模式。使命則和改善型變革有關，重點在於維持現有策略和商業模式。此處定義的策略變革，跟從外而內或以市場為主的觀點有關，而改善變革則是著重於從內而外或資源為主的觀點。

在這些觀點下的變革管理，需要不同的組織學習方式加以因應。願景涉及根本創新的策略變革，而且組織學習著重於探索新的知識來源，以瞭解組織來自外部環境的機會和威脅。此時的改變是屬於轉型變革，推動組織到某種程度上，就其現有的整體策略和商業模式做根本的改變。

另一方面，使命涉及維持現行的策略。組織基本上，利用現行傳遞顧客價值與維持競爭力優勢的慣例或常規，來進行漸進式的改善。

價值觀是組織運行的主要方式。在企業管理文獻常會提到，價值觀與倫理行為以及企業文化有關，而在策略管理裡，也包括組織如何運用普遍的管理哲學和經營方法，形成一套獨特的組織工作方式或一組共有的核心競爭力。

圖 2.1 組織目的的三個構面

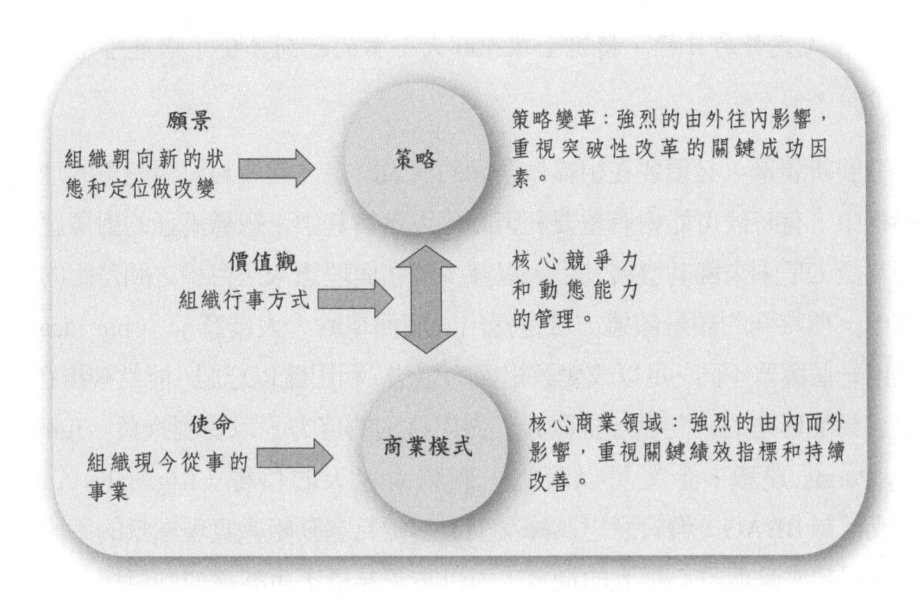

願景
組織朝向新的狀態和定位做改變 → 策略
策略變革：強烈的由外往內影響，重視突破性改革的關鍵成功因素。

價值觀
組織行事方式 →
核心競爭力和動態能力的管理。

使命
組織現今從事的事業 → 商業模式
核心商業領域：強烈的由內而外影響，重視關鍵績效指標和持續改善。

願景的陳述

當組織以書面文字草擬願景來陳述目的時，這代表組織意圖表達想要改善或想要達到的理想狀態為何，同時也想要告訴每個人，關於組織想要前進的方向以及如何使組織變得更好的做法。

願景的陳述通常文句簡短且中肯，但不會太平實，希望能留存於人們的記憶之中。與競爭對手比較起來，有相對明顯的不同，而且能展現雄心抱負，但不過度吹捧。願景提供了變革的原理原則，對整體組織的變革理由以及行動也較為明確。願景應該要能適當地激勵人心，鼓勵人員重新思考和展開自己的工作。願景必須真實地呈現在每個人的面前，只是高階管理者必須小心謹慎地在展現雄心抱負和達成的可能性兩者之間取得平衡。

中國最大的飲料公司──杭州娃哈哈集團（Hangzhou Wahaha Group）在未來願景的公開說明描述得很好，該公司想要成為世界最大的公司。

在未來的3到5年，娃哈哈將走出中國，不再只以飲料業為主要業務，而要抓住更多機會。同時，娃哈哈將積極進入高科技產業，未來3到5年要達到營收1000億人民幣的目標，擠進全球500大企業的行列，使中國娃哈哈成為世界娃哈哈。

要發展新願景，必須要在組織做全面的溝通計畫，向成員解釋變革的理由。在這個過程中，有時候可能會有重要利害關係人參與其中。組織溝通的對象應包括員工，因為員工是未來協助發展計畫，以減少現在與理想未來目標之間差距的人。

其中一種特殊的願景陳述方法是提出一個簡單的「大創意」（big idea），也就是提出一個與眾不同，足以改變該組織的想法。利用難以忘記、能常被掛在嘴邊、可以很容易地傳達的一句話，推動人們做出特別的努力，以實現抱負。Jim Collins 和 Jerry Porras 建議，企業可以設定一個膽大包天的目標（Big Hairy Audacious Goal）或稱為 BHAG（發音意思為蜂女巫），做為驅動組織實現願景的手段。

正因看起來是個野心很大的抱負，所以被認為是不可能達成的目標。目標的本

目 的
第 2 章

質應該是從長遠的角度來看,也許是幾十年後可達成。索尼(Sony)長遠的願景是,希望花 25 年的時間,讓該公司成為改變全世界對日本產品品質印象差的知名企業。在 1960 年代,日本產品給人有品質較差的印象。許多日本公司採用了類似的標語,其中有些公司甚至正面迎擊比他們更強大的西方競爭對手,如小松(Komatsu)的『包圍卡特彼勒』(encircle Caterpillar),和佳能(Canon)的『擊敗全錄』(beat Xerox)(見第 3 章的策略意圖)。長期的觀點非常重要。目的的陳述應從長期來看,不應該被標語混淆,將中長期方案或商業計畫設計成 3 或 5 年要達成計畫。

實務作法 2.1
零售銀行顧客至上

在 1990 年代,銀行採用新的電腦科技,好讓他們得以將核心人員和決策工作集中在區域辦事處。瑞典銀行執行副總裁 Anders Bouvin 認為,瑞典商業銀行(Handelsbanken)的營運模式,背離了零售銀行的真正目的。瑞典商業銀行瞭解到,早在 1970 年代,服務業的宗旨是為客戶提供服務,而且為了成功,有必要讓客戶更滿意。

瑞典商業銀行在斯堪的納維亞半島擁有超過 700 個營業據點,但現在大約有 100 個據點在英國。這種作法的特點是,服務客戶的責任在分行。瑞典商業銀行成功地抵擋住全球的金融危機,持續擴大其國際業務,但速度緩慢。

> 管理者瞭解客戶的需求,並賦權給分行。當網路銀行成為 1990 年代的主流後,我們也決定納入數位金融業務,做為服務客戶的輔助。即便如此,我們的成本收入比一直是歐洲銀行中最低的,而 EPSI 評等調查顯示,客戶滿意是最高的。

問題:瑞典商業銀行把顧客至上視為經營的主要目的,但許多銀行卻裁撤營業據點。這是因為他們的客戶需求改變了嗎?

使命的陳述

　　使命的陳述用來解釋組織為何存在，文字通常簡潔，應該只會有幾個句子，但一般會比願景的描述長一些，因為必須要去說明組織現在的營運範疇，並解釋組織如何為主要利害關係人提供價值。實務上，每個組織運用使命的方式不盡相同，所以不同組織對於使命陳述的風格和形式也會有很大的不同。

　　使命可以用於公共關係的操作，藉以影響重要的公眾人物，或做為行銷之用，包括訴求、提供與眾不同的優質服務等，或是用來定位，使組織有別於競爭者。組織也要確保使命能夠不負眾望。使命的陳述內容可以是卓越品質，但如果組織實際上無法傳遞這些價值，那麼聲望將受負面影響。諸如「我們讓您的生活更美好」等陳腔濫調，也會讓客戶和員工感到負面、悲觀。

　　使命在策略管理的運用方式之一，是讓組織找出經營的工作重點以達成目標，以及以其事業領域來定義組織的目的。在這種情況下，使命將會描述組織整體的目的以及其提供給主要利害關係人的價值。

利害關係人

　　利害關係人（stakeholders）係指接受組織所提供的價值而直接獲益的個人或群體。企業與利害關係人的關係通常都是互惠的，因為組織在一定程度上，依賴利害關係人的支持。圖 2.2 列出了組織的利害關係人，其中某些利害關係人的重要性較高，例如組織的所有權人可以拔掉高階管理者，以及改變組織的策略管理方式。

　　彼得‧杜拉克（Peter Drucker），在他一本內容經常被引用的經典書籍《管理實踐》（The Practice of Management）中，提出了顧客至上的概念：

圖 2.2　組織的利害關係人

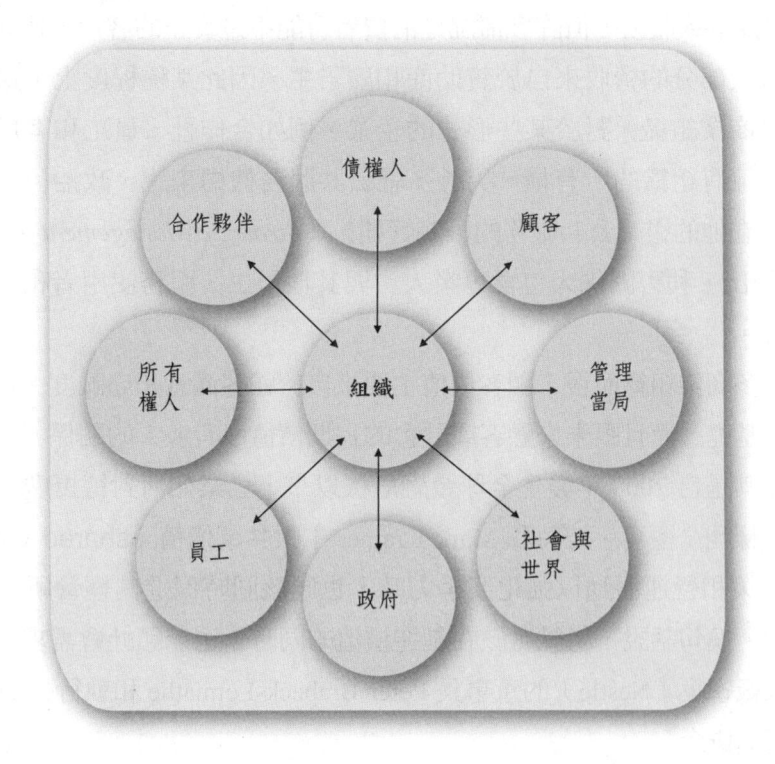

```
           債權人
    合作夥伴        顧客

    所有
    權人     組織     管理
                     當局

           社會與
    員工           世界
           政府
```

如果我們想知道，事業是什麼，那麼必須從目的開始，而這個目的必須要置身於事業本身之外。事實上，它必須置身於社會之內，因為企業是社會的器官。企業目的的唯一有效定義就是創造顧客。

　　從企業的一切作為來看，明顯可見商業組織首重顧客。**顧客價值**（customer value）是指顧客從購買或使用一項產品或服務中獲益而感到滿意（『價值』這個名詞，有時普遍用來指所有利害關係人從組織活動中所獲得的總和價值）。與顧客價值有關的一個觀念是顧客價值主張（customer value proposition, CVP），係指從目的的陳述當中，找出對特定顧客群重要的總利益。這也是告訴顧客，為什麼顧客應該持續購買和體驗公司的產品，而且產品必須與競爭對手有別。企業成功的秘訣不在於在所有的能力上追求相同卓越，但是對於那些能夠瞭解目標顧客需求的能力，企業則要有絕對的掌握。企業在精實營運時，需連接價值。瞭解每個流程如何突顯價值，與衡量生產和服務成本一樣重要（見第 5 章）。

然而，對某些組織來說，顧客是個難以定義的名詞。傳統上，**顧客**（customer）付費以取得產品或服務，但許多情況是消費者可能不是真正的客戶。例如媒體和網路服務業者大部分的營收來自於贊助商和廣告主，因此某種程度上，這些產業真正的客戶是商業組織。對於某些形式的企業，例如合作社，員工和客戶均可加入該組織，並擁有組織的所有權。另外，就公共服務機構來說，政治目的很重要。Philip Joyce 在他的書《公共服務的策略管理》（*Strategic Management for the Public Services*）提出，利害關係人包含專業人員與其他員工、服務使用者和公民，以及其他供應商。

對於許多商業組織而言，顧客價值主要來自於顧客滿意和忠誠度。這些價值都是以市場為基礎，而且跟未來顧客或社會的長期價值沒有多大的關係。一個主要的問題是，尤其是自 2008 年發生全球金融危機以來，企業如何對待更廣大的社區像對待客戶一樣呢？麥可‧波特和 Mark Kramer 主張**共享價值**（shared value），當企業推行政策和營運活動以強化競爭力時，也應該同時促進其經營所在地之經濟和社會條件。換句話說，組織應該在創造價值的同時，也兼顧社會需求。瑞士跨國食品製造大廠雀巢（Nestlé）的董事長 Peter Brabeck-Letmathe 和執行長 Paul Bulcke 也沿用了這個概念。

> 我們已經為我們的業務建立了根基，讓股東有長遠的成功。我們不僅遵守所有適用的法律要求，並確保公司所有的活動是可持續性的，另外再為社會創造顯著的價值。在雀巢，我們稱之為創造共享的價值。

利用平衡計分卡，組織就能夠使用非財務性的策略目標，去衡量和追蹤組織活動對顧客、社會所造成的影響（見第 3 章）。有些人認為，要改善衡量社會影響力的能力以及提升組織的社會意識，需要公司將組織外部性對社會的影響，納入常態營運的一部分。

將「顧客」的含義擴大解釋，納入社會的概念，對組織來說是有困難的，如果該組織必須犧牲某些短期和有形的利益，例如節省成本，以換取不確定的長期利益，這些短期利益卻是股東所樂見的。如果高階管理者能將所有利害關係人的利益與工作結合，確保這些利益能支持組織的方向，那麼就必須找出利害關係人的優先順序以及他們的共通點，而後據此建立共同利益。利害關係人的類型和範圍對組織的價值有重要影響。

> **競爭觀點 2.1**
>
> ### 目的的陳述符合目的嗎？
>
> 公元前 479 年去世的中國偉大哲學家孔子，曾說過：「必也正名乎。」這個概念應用在策略管理上，就是以目的的陳述來正名。
>
> 大多數組織會使用目的陳述，但對於願景和使命這兩個名詞通常感到困惑。這兩個名詞的概念其實應該是扮演不同的角色，但普遍的共識卻不是這樣的想法。
>
> Campbell 和 Yeung 兩位學者對使命提出了更廣義的看法，他們認為使命應包含目的、策略、行為規範和價值觀。另外兩位學者 Bartlett 和 Ghoshal 則認為，目的本身應該就能替代整體策略：高階管理者決定目的，剩下的工作就是由組織的其他人來找出達成目的的方法。在這個觀念下，目的可以是一個策略的願景，做為察覺機會的整體參考點。
>
> 👁 問題：組織是否真的有陳述目的的必要性？

價值觀的陳述

價值觀的陳述，說明了組織對於管理者和員工行為規範與標準的期待，有時候內容也可能包括組織對於如何管理工作以及組織成員如何一同工作的期待。因此，價值觀的陳述內容通常會包括工作方式的描述，例如惠普之道（the HP Way）或日產之道（the Nissan Way）。價值觀的含義會因不同利害關係人的價值而不同。價值觀是人們工作的標準，而價值則是工作產出的結果。

一個好的價值觀陳述，可以強化大多數工作所需的價值觀，例如信任、公平、支持和誠實。隨著全球性組織的重要性升高，以及來自不同文化的全球工作者，他們的企業管理理念和經營方法思維可能不同，導致跨文化整合的必要性增加，因此使得價值觀陳述愈顯重要。尤其是大型組織常有跨功能活動協調的情況，這需要人員的互相配合，跨部門的人員工作方向與步調需具備一致性，以利於發展和維持整個組織的能力。

組織的工作脈絡需長期穩定。吉姆・柯林斯（Jim Collins）在他的書《從 A 到 A+》（*Good to Great*）中提出，當公司的經營策略和營運作法會因為變革而做出調整時，最好的公司會透過保存其**核心價值觀**（core values）和目的，來維持自身的地位。公司的核心價值觀是什麼並不那麼重要，但成功的企業卻一定要有核心價值觀，高階管理者也必須瞭解公司的核心價值觀，組織必須明確地建立核心價值觀並持續保存下去。

一個組織的核心價值觀是指對該組織營運所依據的基本策略性理解，柯林斯強調，養成自律的員工在一致系統內自行採取行動與肩負責任的文化，有其重要性。自律文化使其對工作有堅持與一貫的作業方式。這一種紀律多為直覺反應而且是具有意識下做出來的行為。組織也許無法用文字明確寫出一組核心價值觀，但是應該可以透過由核心管理者和員工（某種程度上）共享的組織文化來做溝通。

總部位於英國的維珍（Virgin）集團，40 年來持續以獨特、有趣的方式告訴員工，公司的願景是什麼，也就是創造快樂和充實的生活。這就是品牌價值的陳述（見第 8 章）。價值觀是既有產業的競爭核心，可以帶給客戶對商品和服務的全新感受，不然客戶只能從自滿的組織給予長期服務中獲得價值。

> **idea 實務作法 2.2**
> ## 目的陳述的案例
>
> 📢 **阿里巴巴集團（Alibaba Group）**
>
> 1. 阿里巴巴集團的使命：讓天下沒有難做的生意。我們經營多個領先的網路及移動平台，業務覆蓋零售和批發貿易及雲計算等。我們向消費者、商家及其他參與者提供技術和服務，讓他們可在我們的生態系統裡進行商業貿易活動。
> 2. 阿里巴巴集團的願景：我們旨在構建未來的商務生態系統。我們的願景是讓客戶相會、工作和生活在阿里巴巴，並持續發展最少 102 年。

(1) 相會在阿里巴巴：我們每天促進數以百萬計的商業和社交互動，包括用戶和用戶之間、消費者和商家之間以及企業和企業之間的互動。

(2) 工作在阿里巴巴：我們向客戶提供商業基礎設施和數據技術，讓他們建立業務、創造價值，並與我們的其他生態系統參與者共享成果。

(3) 生活在阿里巴巴：我們致力拓展產品和服務範疇，讓阿里巴巴成為我們客戶日常生活的重要部分。

3. 阿里巴巴集團的文化關乎維護小企業的利益。

(1) 我們經營的商業生態系統，讓包括消費者、商家、第三方服務供應商和其他人士在內的所有參與者，都享有成長或獲益的機會。

(2) 我們的業務成功和快速增長有賴於我們尊崇企業家精神和創新精神，並且始終如一地關注和滿足客戶的需求。

(3) 我們相信，無論公司成長到哪個階段，強大的共同價值觀都可以讓我們維持一貫的企業文化以及我們的公司的凝聚力。

4. 阿里巴巴集團的價值觀：六個價值觀對於我們如何經營業務、招攬人才、考核員工以及決定員工報酬扮演著重要的角色，

客戶第一：
客戶是衣食父母

團隊合作：共享共擔，
平凡人做非凡事

擁抱變化：
迎接變化，勇於創新

誠信：
誠實正直，言行坦蕩

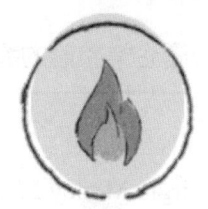

激情：
樂觀向上，永不言棄

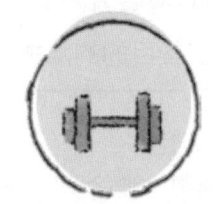

敬業：
專業執著，精益求精

資料來源：http://www.alibabagroup.com/tc/global/home

策略管理

📢 **伊斯蘭銀行（Bank Islam，馬來西亞）**

我們的願景：回教金融的全球領導者

所謂的「全球領導者」係指回教教義為基礎的產品及服務創新之參考來源與最終指導者。

我們的核心價值觀

領先者：我們是回教金融商品的標竿。

被譽為回教金融的先驅，協助建立回教金融產業。

活躍：與時俱進，不斷創新。

我們不斷地向前邁進，提供新的技術領先產品和服務。

專業：快速、效率、及時回應的服務。

我們具備專業知識與處理全球商業挑戰的能力。

關愛：貼心和支持的合作夥伴。

我們協助滿足每一位客戶的金融需求。

值得信任：信賴、可靠。

提供完全符合回教教義的產品、服務和企業價值觀。

我們的使命

不斷發展和創新能被普遍接受且符合回教教義的金融解決方案。

持續提供股東合理的報酬。

提供員工有利的工作環境，並成為市場上拔擢頂尖人才的企業。

利用符合全球標準的領先科技，提供全方位的財務解決方案。

成為負責任和謹慎的企業公民。

基於企業使命，伊斯蘭銀行以成為活躍、專業、關懷和信任的全球領導者之企業品牌價值為經營方向。

👁 問題：這些目的的陳述如何影響企業整體的經營方向？

談到金融業，維珍理財公司（Virgin Money）的執行長 Jayne-Anne Gadhia 指出：「如果我們認為有一個市場，是我們可以接觸，而且是可以提供客戶更好的金融服務的，那我們當然希望可以進入該市場。我覺得這個時間點，沒有一個更好的市場，像零售金融一樣，可以看到業者如何提供客戶一個更好的服務了。」在本書撰稿時，

當地零售分行大廳是個布滿了紅色氣球和紅酒的地方，客戶坐在有靠墊、舒適的安樂椅上閱讀免費報紙，到處充滿著喧囂聲。

組織文化

美國人類學家 Clifford Geertz 認為，所謂的文化是一種歷史上的意義傳遞形態，以符號形式，呈現於人類溝通、延續和發展生活有關的知識和態度。應用到企業組織的脈絡上，就是我們一般所說的企業和組織文化（見第 8 章：國家文化的影響）。Edgar Schein 在他的名著《組織文化與領導》（*Organizational Culture and Leadership*）一書中，將**組織文化**（organizational culture）定義為，從經驗所學習而得來的一種共享的基本假設和信念。這些基本假設和信念，會無意識地在每個人的日常工作中運作，而且在組織環境中會被視為理所當然。隨著時間的經過，人們從處理組織問題當中學得這些基本假設和信念，並漸漸地融入他們的行為當中，一次又一次的反覆驗證。

重要的是，不要淺薄地認為組織文化只是一些人為產物和價值觀，它其實是具有更深層的意義存在。Schein 將組織文化分為三個層次（見圖 2.3），這些層次彼此相互影響。人為產物是指工作場所與流程等可見的實物，並且會影響人們服裝與視覺互動的方式。附屬價值則是對於組織與組織行動的意識理由，例如利用新聞稿、電子郵件等溝通媒體所發布的文件目的陳述、標語以及評論。員工可在意識上察覺到這些基本的基礎假設，並且決定如何執行工作。

組織文化的影響力強大且無所不在。所以，高階管理者應當注意和管理其影響效果，否則他們會發現反而是文化在主導、左右著他們。文化可以反應人們日常工作的方式，而且因為每個人會覺得自己是配合現實環境在工作，而不是改變它，所以到最後，每個人都會成為文化的一部分，這樣的情況自然而然會發生，不需要管理者強加影響。對一個外地人來說，有時候的講法就是入境隨俗（going native）。如果管理者試圖去改變它的話，這是很危險的，特別是在大型、複雜的組織，有可能會出現次文化，或者是 Schein 所稱的派系（clans），可能包括專家和專業人士，或半獨立的群體，例如地理位置偏僻的部門或單位。雖然管理者可能會發現很難改變組織文化的根本，但他們應該要知道組織文化是如何影響決策及落實的效果。

圖 2.3　文化的三個層次

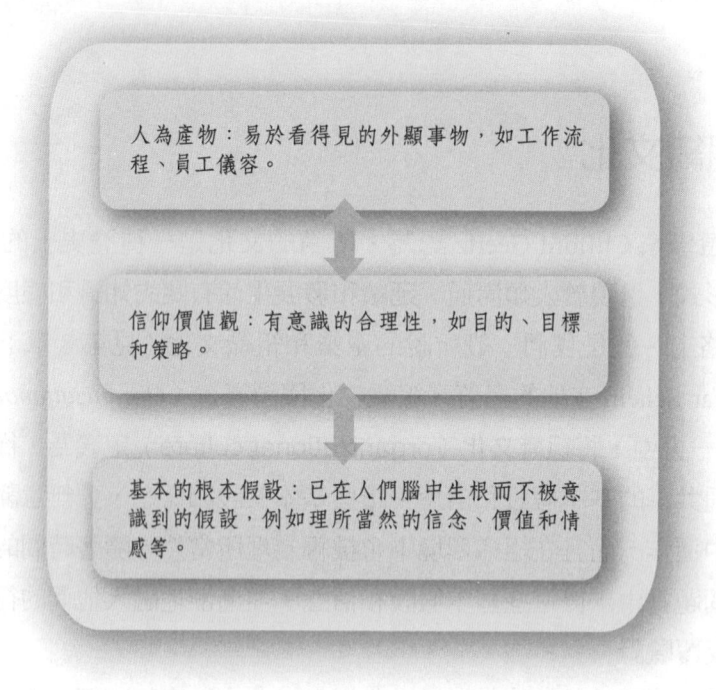

```
┌─────────────────────────────────────┐
│  人為產物：易於看得見的外顯事物，如工作流  │
│  程、員工儀容。                       │
└─────────────────────────────────────┘
                  ↕
┌─────────────────────────────────────┐
│  信仰價值觀：有意識的合理性，如目的、目標  │
│  和策略。                            │
└─────────────────────────────────────┘
                  ↕
┌─────────────────────────────────────┐
│  基本的根本假設：已在人們腦中生根而不被意  │
│  識到的假設，例如理所當然的信念、價值和情  │
│  感等。                              │
└─────────────────────────────────────┘
```

　　吉姆‧柯林斯認為，企業不應該改變自己的核心價值和目的。他在一篇有關願景企業的文章中強調要慢慢地建立組織。願景企業不應該被誤認為是藉由願景領導者帶領才能成長的公司，其特徵應該是一個擁有可保存核心價值觀、緊密文化的機制以及從公司內部發展而出的高階管理階層。這些公司目標遠大，會以有目的的演進和持續的改善來進行變革管理。如果公司從外部招聘人員擔任公司新的執行長，而這個新任執行長試圖強加一個不符合公司歷史價值觀的願景到公司身上，那麼該公司亦不會買帳，變革也就不可能會成功了。

　　如果柯林斯認為核心價值觀具重要性的想法是對的話，那麼改變組織文化可能就不是一件好事。做事的方法（The way we do things）可以看出組織的特質，特質是給予組織獨特競爭優勢以及顧客偏好該組織的原因（見第 5 章）。這是高階管理者，特別是來自於其他組織的高階管理者應當理解的事情，並必須承擔的策略管理責任。

　　近年許多企業之所以倒閉，部分原因出在於高階管理當局失去了組織文化的視

競爭觀點 2.2

安隆：與公司價值脫勾的惡例？

不是每一個組織都能正確地運用目的陳述。也許最惡名昭彰的例子是安隆（Enron），該公司在 2002 年爆發詐欺醜聞，導致該公司某些高階管理者自殺或入獄。在本世紀初，安隆是世界上最大的能源公司，它立志要成為 21 世紀的藍籌電力和天然氣公司。該公司贏得世人稱讚，甚至還成為蓋瑞‧哈默爾（Gary Hamel）《領導革命》（*Leading the Revolution*）一書中，「獨特企業文化」的重要研究個案。另一本主流的策略管理教科書，則將安隆描述為能夠將公司價值觀、信念以及哲學，與其策略緊密連結的良好例子。

根據安隆官方網站及其年度報告（1998 年），該公司認為，除了其他優良的特質之外，公司貴於「誠信：我們以公開、誠實和真誠的態度服務客戶和潛在客戶。當我們說未來我們會做一些事情時，我們將做到這一點；當我們說我們不能某些事情時，那麼我們就不會做。」

傑克‧威爾許在他有關領導的著作中指出，安隆之所以出現問題，在於該公司的組織文化已背離原來的核心價值觀。

> 在早期，安隆是一家簡單而平凡的輸送管道和能源公司。每個人都專注於讓氣體能夠便宜和快速地從 A 點送到 B 點。靠著僱用具備能源採購及配銷等專業知識的員工，該公司達成了這項使命。然後……該公司改變使命。有人提議安隆應該轉型為貿易公司……之後數字目標快速增加……比如說：員工突然全部直升 MBA 學位。安隆的新使命意味著該公司將重心移至能源貿易，然後什麼都賣。這種改變可能非常令人興奮，但顯然沒有一個人停下來找出並明確向大家說明，到底是什麼價值觀可以支持這樣沉重的目標。交易前台是大家要去的地方，輸送管道和能源生產則被推到後台。不幸的是，該公司並沒有任何流程，可以檢查確認以及制衡這些人員的作法。而正是在這種狀況下，安隆倒閉了。

◉ 問題：安隆真的脫勾了嗎？

野。例如，零售銀行以個人服務為主，而投資銀行應專注於交易和市場服務，因此適合兩者的組織文化截然不同。然而到 2008 年，許多銀行，不論其業務性質為何，似乎都偏好後者。

蘇格蘭皇家銀行集團（Royal Bank of Scotland, RBS）執行長 Stephen Hester 曾說：

> 我認為，銀行業所作的諸多錯誤，其核心在於銀行並非將「妥善服務顧客」做為組織現有目的，而不知顧客正是其所有利益的來源。就我的觀察，不管任何行業，世界上能做到這一點的就是最佳企業。也就是說，企業應該明白，把客戶服務好，可以帶給企業與客戶持續往來的機會，而且可以導致良好商業模式的產生。
>
> 可悲的是，很多行業的公司，銀行業大多數公司就是，抄了一個嚴重錯誤的捷徑，覺得顧客是在替你賺錢，替你的股東賺錢，於是就把顧客當成你的主要目的。我們必須扭轉這種思維。

改變組織文化是一個緩慢的過程，但是，像一些銀行倒閉危機的典型案例，是讓大家認同與改變的警示。有一句古老的格言說：「你不該浪費一個好的危機，危機即是轉機，善用危機去做一些你以前不敢做的事情。」

組織可以把利害關係人（特別是顧客）容易理解、識別及清楚瞭解組織目的的一組價值觀納入組織文化當中並持續維持。星巴克（Starbucks）就是一個很好的例子，它的創辦人和其高階管理團隊已經建立了一個文化，以一句話總結：「第三生活空間（The Third Place）：讓現代人除了家與辦公室之外的第三個好去處。」。咖啡是好喝的（至少有些人認為是），門市人員不會費盡口舌催促你，在這裡，你可以無壓力地使用筆記型電腦或智慧型手機。星巴克透過人員教育訓練，塑造一個與眾不同、但全球大同小異的服務。這個組織文化是塑造出來的，不允許各國的星巴克門市做太多的當地調適。

通常人們希望能在具有明確共同目標的組織工作並擁有歸屬感。這是一個強大的利他力量，有助於加強組織在利害關係人（例如顧客、投資人）心目中的形象。一個參與社會事業的公司文化以及隨之而來的認同感，有助於人們認同自己與其職責。例如，如果有人說他們是蘋果公司（Apple）的員工，而且得到回應說：「喔，那是一個令人興奮的公司」，那麼他們會覺得自己歸屬於一個有價值的地方，以後當他們面對客戶時，每次就會盡心來服務客戶。管理者可以建立一個強大的組織文

化,透過一套清晰易懂的價值觀來引導組織營運的方式;工作要如何進行才能影響顧客和其他利害關係人對組織的印象,並為組織帶來利益。

企業形象與識別

企業形象(corporate image)是社會大眾以及其利害關係人,特別是顧客,對組織所抱持的一種普遍的認知。正面的形象可以強化組織的競爭優勢,促進利害關係人對組織的支持,並讓客戶對組織提供的產品與服務放心。形象對組織的品牌提供重要的支持。一個跟企業形象相關的概念是企業識別(corporate identity)。企業識別是組織所管理的自我形象,可以用來溝通、表達組織目的。從長遠來看,企業識別可以用來建立和維持該組織的企業聲譽以及對組織的商品、服務和活動之信任。

公共關係(public relations, PR)是用來向組織的外部利害關係人群體解釋組織目的,以及影響企業形象、配合企業識別的一種企業功能。PR 也是塑造和維持企業識別,以影響組織文化和建立溝通策略、向外界傳達目的和意義的一個內部預應行為。管理者應該要走出他們的辦公室,建立員工在乎的信任感。Tom Peters 稱之為走動式管理(walking the talk),這種管理者(特別是高階管理者)與員工之間的互動方式,是管理者瞭解組織以及控制組織成為策略性實體的重要方式(見第 10 章)。

公共關係和溝通策略傾向於讓當前對組織具重要性的主題做短期的曝光,這會引發追逐風潮的危險。組織識別與形象的管理應該是有策略性的,每個人都能看見高階管理者長期參與。不過,多樣性是必要的,因為必須要讓員工持續的感興趣和保持參與熱度。主導麥當勞(McDonald's)全球擴張的執行長 Ray Kroc 認為,企業要具備數千種溝通技巧,以提振員工的士氣,並注入信任與合作的氛圍。這些對象包括麥當勞漢堡大學(Hamburger University)以及全美漢堡製造商的員工。

然而,一個和諧的組織和勞動力如果鼓勵狹隘的決策模式,也不是沒有危險的。如果高階管理者認為某些事情必須要去做,那麼這將對組織其他的事物有好處。

群體迷思

群體迷思（groupthink）是指團隊或群體在決策過程中，成員避免讓自己的觀點與團體的意見不一致，使得整個團體缺乏真正的討論，因而做出具有偏見或膚淺共識的現象。策略管理是希望能創造出讓組織中的每個人為共同事業打拼並共享組織文化的環境，但這絕不能限制員工，不准他們有批判性的思維，對想法和方案進行評論，甚至扼殺創造力。

William H. Whyte 是第一個使用這個名詞的人，他認為群體迷思是一種合理化的遵從，而不是一種本能的遵從，但有人認為，一個群體的價值觀不僅是權宜之計，而且也具備正確性。群體迷思可能是過度被主導和身處恐懼文化下所產生的結果，員工（甚至是董事層級的異議者）可能擔心因為負面或反對的思維，導致被報復或名譽受損。當組織鼓勵非倫理文化時，群體迷思可能具有相當的破壞性。

企業倫理

企業倫理（business ethics）通常是指組織依據當時所採用或遵循的專業和社會道德而訂定的倫理系統。組織可以將此做成正式的書面文件，稱為倫理守則，做為引導每個人行為遵循的指導原則；或者也可以寫成價值觀陳述書，讓關鍵利害關係人（如員工、社區或社會）瞭解。產業或職業倫理是普遍被接受的商業慣例和行為，這些是奠定商業信任和穩定業務關係的基礎。對許多服務社會的非營利組織而言，倫理是很重要；但是商業組織卻將倫理視為公司策略。其中最著名例子是美體小舖（The Body Shop）：

> 勵行主義（activism）一直是美體小舖 DNA 的一部分。該公司反對侵犯人權的活動，支持動物和環境保護，並承諾持續在化妝品產業接受對「美的刻板印象」的挑戰，藉此贏得世代消費者的支持。獨特的特製產品、熱情和夥伴關係是美體小舖品牌故事繼續發展的特色。這是一個共享的願景。該公司持續以自己的方式，為社會和環境改變而發聲。

目的

第 2 章

美體小鋪是由 Anita Roddick 創辦的一家公司，Anita Roddick 本身就是一個關心環境和社會議題的活躍份子和活動參與者，這家店貼切地反映了她對社會和環境的關注。然而，該公司在 2006 年被法國時尚跨國企業萊雅（L'Oreal）收購。美體小鋪反對使用動物測試的化妝品，但萊雅並沒有追求同樣的目標。詳細內容可參閱他們的官方網站。

近幾年來，有些跨國公司對倫理驅動（ethically-driven）的小型企業感到有興趣。一家擁有社會使命，且強調自製冰淇淋的班傑利公司（Ben and Jerry's Holdings），在 2000 年時，被聯合利華（Unilever）收購，可口可樂在 2009 年收購了以真果粒製作冰沙的英國果汁廠商 Innocent。雖然這些大公司會以多角化的方式進入新的和不斷成長的市場，但這些大型公司是否讓旗下的倫理品牌持續堅持原本造就其成功的價值觀，值得令人懷疑。

班傑利冰淇淋的共同創辦人班・寇恩（Ben Cohen）認為這是不可能的，他後悔將公司賣給聯合利華。2010 年擔任聯合利華班傑利產品部門主管的 Jostein Solheim 則不同意此一說法，他認為原公司的價值是可以持續下去的：

> 在進入班傑利的一開始，我已經重複說過好幾百遍：改變是一件美妙的事情。世界需要巨大的改變，以解決我們正面對的社會和環境挑戰。價值觀可引導企業發揮作用，積極推動正向的改變。我們需要以身作則，並向世人證明，改變是經營企業的最佳方式。從過去的歷史來看，這家公司已經而且必須持續扮演先驅者的角色，不斷地接受如何在不平等的全球商業環境裡做出正向改變的挑戰。

對多國籍企業來說，一個主要問題是，不同國家之間對於倫理的本質為何以及「什麼是對的」等看法有差異，這些差異會反映在其企業文化的規範和行為上。中國社會講求的關係（guanxi）就是一個很好的例子。這個關係不止意味著情感上的關係，更代表連結：關（guan）意近「關起門來」，而係（xi）意近「串聯起來」，實務上就是建立人際關係網路並以互惠方式進行連結，有時候看在西方人眼中就是偏袒的意思。要達成事情的目的，關鍵在於你認識誰以及他／她如何看待你，有沒有義務賣你這個人情。如果你沒有關係的話，那麼你將不得其門而入，結果就會面臨很多行政官僚的拖延。身為中國企業家的吳芳芳（Wu Fangfang）就曾感嘆地說，

57

要跟銀行貸款很難。她說:「在中國,小型私人企業要跟銀行貸款幾乎不可能,除非你有關係。」

當然,其他國家也有類似的情況,例如在俄羅斯要講「特殊機會」(blat),在阿拉伯國家也要與權力人士建立重要交情(wasta)。國家文化對制定全球策略而言,具有其重要性(見第8章),但企業社會責任廣義定義下的利害關係人,以及企業社會責任相關的企業永續議題,隨著全球化的腳步,已經變得愈來愈重要。在一般情況下,多國籍企業將社會責任視為企業目的的重要一部分。

企業社會責任

企業社會責任(corporate social responsibility, CSR)觀點認為,大型(特別是國際)組織應該履行企業(和世界)公民的角色。企業所獲得的利潤,並不單來自於企業經營的結果,也會隨著企業公民行為而來。組織應該找一個企業道德標竿企業,特別是該公司在開發中國家的實務作法,當成學習的對象。2000年7月26日,聯合國成立全球永續性報告協會(Global Reporting Initiative, GRI),鼓勵企業採取社會責任政策,並就其執行10大原則的情況提出報告,包括人權、勞工標準、環境和反貪腐等。

但是,好的實務做法不一定能夠強化利害關係人的價值。然而,在企業形象方面,特別是對全球性品牌而言,企業社會責任比以往任何時候都更加重要。例如,沃爾瑪(Walmart)一心致力於堅持供應商以最低價格生產。2008年,該公司為其中國供應商介紹平衡計分卡時,一併公開如何建立綠色供應鏈的作法。利用平衡計分卡,可評估供應商如何減少包裝上的浪費。如果這麼做可以降低供應商成本的話,沃爾瑪無疑地將可以要求更低的價格。

與CSR有關的一個名詞是**企業永續經營**(corporate sustainability),此概念除了強調長期之外,組織活動的意涵也必須將未來世代的福祉納入考量。因此企業若要永續經營,則必須思考如何建立長期顧客與員工價值、並對自然、社會、文化和經濟環境多加關心。對企業來說,最大的挑戰是如何將永續經營納入策略計畫之內,成為可管理的目標。組織應將這些目標視為常態工作的限制,而不是完全被整合的日常管理要素。為了將企業永續經營變得更具策略性而且能納入營運活動當

中，高階管理者必須要瞭解諸如氣候變遷、廢棄物處理、能源與水資源短缺、自然資源耗竭、人權、人口成長、貧窮與健康以及經濟發展等議題，對公司策略及利害關係人所造成的影響。

雖然企業將這些議題納入管理的實務作法很好，但是如果有些作法，在某種程度上，對組織目的造成威脅的話，要長期持續下去，會有困難。例如，有愈來愈多的證據顯示，吸菸會危害健康，但煙草公司對此回應緩慢。時至今日，有一些證據顯示，現在這個世代的年輕人，因為肥胖和相關疾病等問題，預期自己活著的時間比他們的父母短。因此，要大型飲料公司減少對年輕人進行行銷資訊溝通的數量實屬不易。這背後牽涉到巨大的利潤，而且企業還必須與其他較沒有企業責任的公司競爭。

2011 年，百事可樂（Pepsi）在汽水飲料銷售下滑到第 3 名，落後於可口可樂（Coca-Cola）和健怡可樂（Diet Coke）。投資人批評該公司關注健康產品的銷售，更勝於其核心事業：汽水產品。為此，百事可樂承諾 2011 年會提高 30% 以上的預算行銷可樂產品。除此之外，百事可樂得知可口可樂贊助電視歌唱選秀節目「美國偶像」（American Idol）之後，為與可口可樂競爭，該公司也斥資 6,000 萬美元贊助同性質的電視節目「X 音素」（The X Factor）搶曝光。這種短期的行銷需要似乎離企業永續經營的策略目的太遙遠。

企業責任

米爾頓·傅利曼（Milton Friedman）和 Archie Carroll 兩位學者對企業社會責任提出截然不同的觀點。傅利曼認為履行社會責任將使組織耗費社會成本，因而降低長期效率。企業若不以欺騙和舞弊等手段經營，在開放、自由環境下競爭的話，理應追求利潤。在商業環境中，道德詮釋者的角色總是無法確定，因為道德問題通常是有關效率以及做好事情的眾多實際問題之一。

而 Carroll 則提出，有四種不同的社會責任是企業必須考量的，包括法律責任、倫理責任、經濟責任與慈善責任。他認為商業組織必須先考慮經濟情況，生產社會想要的商品和服務，並賺取合理的利潤。而在這一過程中，他們應該遵守法律。之後，再來看社會責任。首先，先按照一般認為企業對社會應有行為的信念，例如公

平正義的概念，然後再談慈善責任。慈善責任是企業自願或無條件對社會的付出，在沒有社會大眾要求下，按照自身裁量與意願給予社會回饋，例如公益活動。倫理責任是典型被期待的企業責任，但慈善責任不是。在效率方面，Carroll 則完全顛覆傅利曼的看法，他主張如果組織無視社會責任，那麼政府則必須進行干預，這樣將會降低組織的效率。

2008 年全球金融危機以及伴隨而來的經濟不確定性，使得某些領先觀察家倡議採責任資本主義形式的變革，摒棄僅重視股東的短期導向，而改以更長遠的視野為企業所有利害關係人著想。麥肯錫的全球執行資深董事 Dominic Barton 認為，金融危機是一種經濟現象，多是公司治理問題所造成的結果。

公司治理

公司治理（corporate governance）是指由一群領導組織的管理者以及被推舉的外部人士組成董事會，以監督和管理組織的一種機制。例如，公開上市公司的股東可以推選董事會成員，並可任命或解除代理他們管理組織日常經營活動的這些代理人。監督代理人很重要，因為企業所有權人和管理者兩方的利益並不總是一致。例如，管理者可能偏好成長策略勝於提高公司的資產報酬率，這是因為如果公司營收變多，他們領到獎金也跟著變多，而極大化資產報酬率所帶來的結果，只是增加股東股利和拉抬股價而已。另一方面，外部非執行董事重視股票市場短期績效表現的情形，也可能為管理者帶來不必要的壓力，使管理者忽視企業的長期健全。

董事會應努力確保以下事項：

- 釐清組織目的和政策（通常包括願景、使命和價值觀）。
- 完全遵守倫理、法令規範與標準。
- 管理者所追求的目標與策略適當並符合組織目的。
- 管理者在實踐經營責任時，必須兼顧所有權人以及（如有必要）組織其他利害關係人的利益。

公司治理較具代表性兩種理論為代理理論和管家理論（stewardship theory）。代理理論（agency theory）認為，管理者（稱之為代理人）即代表所有權人（稱

之為主理人）。該理論假設，除非代理人被給予適當的誘因，否則代理人基於自利動機，會有追求個人效用極大化的舉動發生，而非以主理人（例如股東）的利益行事。雖然股東是公司的所有權人，有權控制公司的一切行動，但公司通常擁有為數眾多的股東，股權相當分散，且負責公司實際經營活動的是管理者，因此股東可以掌握的組織知識有限。當董事會大多數的成員是管理者的朋友，或者是管理者在董事會的成員占比偏高時，就可能會出現有利於代理人的偏誤局面。代理理論主張，主理人應賦予代理人以長期的角度追求公司績效的權利，公司通常是透過配股或者是給予長期績效獎金來實現。

管家理論主張的關係是委託人和管家之間的關係。該理論認為，管理者除了經濟動機外，也受到成就動機和自我實現動機的驅動，視組織為自己的延伸。在這種情況下，就算董事會其他成員偏好短期利益，例如維持高股價和高股利，管理者還是可能採取重視長期績效的行事態度。

每一種組織的董事會對公司策略的影響程度各有不同。董事會通常積極的挑戰公司策略的形成、並有通過核准的權利，但只有少數董事會真正關心策略內容的發展。有研究顯示，董事會會議時間有近四分之一花在策略的討論上，近年來這種情形變化不大。

領導者的性格也很重要。如果領導者具有主導權，往往就能打消其他董事會成員提出問題的念頭。在歐洲，公開上市的公司通常會將董事會主席和執行董事的角色分開，給予董事會主席獨立行事的自由。雖然某些國家，特別是美國，這兩個角色是可以重疊，由執行董事擔任猶如公司董事長的主席職位。

如果有必要的話，非執行董事應該也要能夠且願意替代執行董事，推翻公司策略。福特汽車公司（Ford Motor Company）的非執行董事在2001年拔除了Jac Nasser執行董事的位置。Nasser之所以能夠擔任執行董事，是因為他對公司未來發展擁有高瞻遠矚的觀點。Nasser認為，在展示間銷售組裝車，在未來的成長幅度很小，因此福特應該發展從個人理財到回收等配套服務，讓福特汽車在整個產品生命週期都能為公司帶來營收。例如，福特就曾買下英國一家獲利的汽車維修服務公司Kwikfit。但福特的非執行董事認為，福特是汽車製造商，公司的目的是生產汽車。Nasser的離開代表公司回到正軌，Kwikfit也被拋售。

在過去幾年中，企業醜聞和失敗所造成的遺憾，特別是源自於銀行策略錯誤造成2008年的金融海嘯，更凸顯董事會運作的問題。不是所有的組織都有股東，而

且組織目的的定義也各不相同。

競爭觀點 2.3

董事會控管管理者？

Kenneth 與 William Hopper 在他們的書《清教徒的禮物》（*The Puritan Gift*）提到，現今公司董事會的組成多以財務導向的成員為主，著眼股東更勝於組織及其員工。這種糟糕的情況來自於對專業經理人的崇拜，以及相信領導者不需要具備相關領域的知識就能管理任何類型的業務，殊不知相關領域知識能夠讓他們瞭解組織運作方式。這種敗壞的情形發生在 1970 年代，當時大企業開始透過融資而非以盈餘投資的方式追求財務成長。董事會的焦點從長期移至短期，以滿足股東為優先。

　　John Kay 認為，有時董事會和管理者的思維偏離了事業的基本目的。英國通用電氣公司（General Electric Company, GEC）是一家成功的英國企業集團，1995 年新任管理者到任時，僱用員工約 4 萬人。該公司曾成功擊退日本競爭對手，並積累了大量的現金，但該公司執行董事不肯把錢花在新的事業上面，因此經常被投資人批評過於保守。

　　該公司的新任管理者將公司名稱更名為馬可尼（Marconi）、且賣掉了大部分的舊核心事業，如重型工程和國內電子，並重新在電信事業注入資金。當時正處於 dot.com 熱潮的高點，2005 年馬可尼破產，裁員後只剩 4,500 名員工。

　　John Kay 認為，會發生這樣的情形並非只是馬可尼董事會的管理不善，而是這件事情本身就錯了。管理當局 [應] 明白，公司治理不是只看購併和出售，而是關乎是否經營良善，還有公司策略是否符合企業的能力以及滿足顧客的需求。

👁 問題：全球金融危機的發生，是否正如 Hopper 兄弟的想法，是董事會不瞭解他們應該監督和管理的業務而造成的結果？

合作和夥伴關係

許多組織是由組織成員和員工所擁有。總部位於英國的高品集團（Co-operative Group）由80個獨立的合作社組成，個人社員有720萬人。該組織的宗旨是服務社員，採合作型態經營，以自助、自擔責任，民主價值觀，平等，公平和團結的概念運作。社員推選代表監督業務，集團董事會的20個董事則由合作社來推選。利潤按社員與合作社交易的比例分配。

約翰路易斯合夥公司（John Lewis Partnership）是一家以員工合作社形式運作的公司，該公司是由在旗下30家約翰路易斯（John Lewis）百貨和286家維特羅斯（Waitrose）超市，以及其他關係企業工作的81,000名員工所擁有。該公司認為夥伴關係的宗旨就是「員工值得在這裡工作，以創造所有成員的幸福以及工作成就感的滿足」。該公司講求民主、利潤共享，並聲稱在這裡，「因為獨特與被高度重視而感到自豪」。

這兩個組織都經歷了全球金融危機所帶來的經濟衰退，而且因組織的目的係分別來自顧客和員工，因此組織營利的方式與那些股份有限公司不同。近期，還有另外一種組織形式則是社會企業。

社會企業家、社會經濟或第三部門

社會企業家（social entrepreneurs）領導組織基於社會與環境目的從事交易，有盈餘時再投資，而不是將盈餘回饋所有權人和股東。社會企業旨在積極主動地創造社會價值，而倫理企業可能僅只於設法減少其負面衝擊（參見實務作法2.3）。

社會經濟是存在於私人部門與公部門之間的一個空間，基於此，有時候被稱為第三部門。第三部門包括非政府組織（NGOs）和慈善機構等等。其中，社區組織（community organization）和志工組織（voluntary organization）又有不同。社區組織活躍於地方，多以小團體為主，從事無償活動，而志工組織則多為正式成立的組織，例如住屋協會、大型慈善機構和國家運動協會，採自我管理，獨立於政府之外，主要目的是提供不以營利為目的的公共服務。

實務作法 2.3

使命，不是只為利潤存在

社會企業是一個由偉大使命驅動的營利公司。就像一個傳統的公司必須要回收全部成本，並盡可能地賺取更多利潤外，社會企業受到使命的限制，驅動這個事業的並非利潤，而有其他的原因。「盡可能地賺取更多利潤」這一句話，可以用來區分社會企業與非營利組織，雖然投資人通常每年可領取股利，但社會使命的達成優先，且大多數的利潤將回到事業投資。

鄉村銀行（Grameen Bank）是 1976 年由穆罕默德·尤努斯（Muhammad Yunus）在孟加拉（Bangladesh）所創辦的銀行。10 年後尤努斯因他的銀行協助減輕貧窮而獲得諾貝爾和平獎。他開辦了微型貸款給社會創業家，另外，該銀行也與西方大型公司合資，如挪威電信公司 Telenor 以及法國酸奶製造商達能集團（Groupe Danone）。

穆罕默德·尤努斯

銀行業者都認為想要用微型貸款賺窮人的錢很難。在 2006 年，尤努斯獲頒諾貝爾獎時，當時鄉村銀行有 7.25 億美元支付貸款，並有 2000 萬美元的利潤。這個銀行的例子常被其他地方沿用，特別是在墨西哥，像是康帕塔莫銀行（Compartamos Banco）也在報告中指出，微型貸款的投資報酬率高達 40％。

達能集團有這樣的想法，始於 2005 年該公司的執行長 Franck Riboud 向尤努斯表達希望幫助窮人的意願。因此兩家公司合資成立了鄉村達能食品公司（Grameen Danone Foods）。該公司的使命是提供孟加拉窮人買得起的酸奶，造福營養不良的孩童。該品牌取名為 Shokti Doi，孟加拉語的意思是「酸奶的力量」。

這種以長期目標為依歸、而不是純粹以短期利益驅動的混合型企業，受到世人普遍的關注，特別是微軟（Microsoft）前總裁比爾‧蓋茲（Bill Gates），他一直倡導一種新形式的創新型資本主義。

不過，這種混合型的營利組織在目前也已經有很多很好的例子，特別是合作社。合作社的種類很多，像是愛爾蘭的社區合作社，其業務是農村地區的小型當地企業管理。合作社由社員所擁有，社員就是服務的對象，包括顧客、製造商、員工，或其他利害關係人群體。

👁 問題：請思考社會企業如何在願景、使命和價值觀進行差異化？

公部門

由管理者引導組織朝向策略目標前進的策略管理主動形式，對公部門與私部門都很重要。雖然根據一些學者的研究，這種狀況極少發生。之所以如此，主要是因為高度的政治環境所致，政策和計畫不斷地在改變，並且牽扯的受益者人數多且複雜。這也可能是規則拘束了行政系統的工作，限制了管理裁量權。許多私部門的策略思維是根植於競爭策略，鮮有尋求合作和社會夥伴關係的組織目的。公共組織可能在本質上是保守的，如果他們關心的是合法性以符合主要利害關係人的期待的話，這將促使其墨守成規，而非在工作上求新求變。

然而，過去 20 年來，新的公共管理活動帶來了實作和創業方法，有別於傳統的官僚公共行政。特別是在策略績效管理方面，比以往更加強調策略執行的重要性（見第 10 章）並帶來一些改變的思維。

本章強調目的的重要性。在責任管理上，目的很重要──組織到底為了什麼而存在。這通常是企業所有權人、管理者、顧客以及其他利害關係人，包括廣義的社會要思考的問題。然而，雖然為目的創造價值最重要，但如何以現有的組織所有權以及財務和實體資產來實現宏遠的組織目的也是關注的焦點。為了進行有效的策略管理，一旦確認目的後，接下來就要找出關鍵成功因素，這些因素很多都是無形的，但卻是組織獨特競爭優勢的來源。

本章小結

1. 一個組織的整體目的決定一個組織的總體目標和策略的本質。如果目標和策略需要被管理,那麼策略管理的程序就始於目的。
2. 願景、使命和價值觀在策略管理上扮演不同的角色,而且應該被整合管理。
3. 組織為其利害關係人創造價值,但應把顧客置於策略管理的首要地位。
4. 每個組織擁有其獨特的組織文化,如果策略管理要有效的話,此組織目的必須充分考慮組織文化。
5. 企業倫理、永續經營和企業責任是創造公眾價值的核心,因此應該要做策略性的管理。
6. 公司治理是一種所有權的功能,負責監督管理者的策略管理作為。

延伸閱讀

1. 關於核心價值的透明與清晰,可參閱 Collis, J. and Porras, J. (2002), *Built to Last: Successful Habits of Visionary Companies*, London: Harper Business。
2. 關於企業社會責任,可參閱 Mirvis, P. and Googins, B. (2006), 'Stages of corporate citizenship', *California Management Review*, 48(2):104–126; Carroll, A. B. and Shabana, K. M. (2010), 'The business case for Corporate Social Responsibility', *International Journal of Management*, 12(1): 85–105. 關於企業行銷重要觀點,可參閱 Hastings, G. (2012), *The Marketing Matrix: How the Corporation Gets its Power and How We Can Reclaim it*, London: Routledge。
3. 嚴格來說,公司治理和利害關係人理論等議題多半不在策略管理的範圍裡面,不過,有關中國和印度公司治理改革的演進可參閱 Rajagopalan, N. and Zhang, Y. (2008), 'Corporate governance reforms in China and India: challenges and opportunities', *Business Horizons* 51: 55–64。另外,Robert Freeman 提出利害關係人分析圖,他利用利害關係人的本質以及權利大小這兩個構面,將利害關係人進行分類,詳見 Freeman, R. E. (1984), *Strategic Management: A Stakeholder*

Approach, Boston: Pitman。

4. 企業形象以及識別也是企業本身重要的課題。在《管理學會評論》（*Academy of Management Review*）中，有一項特別以利害關係人理論觀點來談企業識別概念，可參閱 Scott, S. G. and Lane, V. B. (2000), 'A stakeholder approach to organizational identity', *Academy of Management Review,* 25 (1): 43–62。

課後複習

1　組織為什麼要有目的？
2　試說明願景、使命和價值觀之間的差異。
3　為什麼會有核心價值？
4　不同類型的利害關係人從組織裡得到了什麼？
5　組織文化如何影響組織的管理方式？
6　試從一家公司的目的陳述當中，找出該公司的企業形象和識別。
7　什麼是企業倫理和企業社會責任？
8　公司治理在策略管理上扮演什麼角色？

討論問題

1　請上網搜尋任何組織的目的陳述，並將內容區分為願景、使命和價值觀，同時說明與解釋哪些公司的目的陳述最好，哪些公司最差，彼此之間的差異點為何？
2　請挑選一家自己想去上班的公司，列出該公司所有重要的利害關係人，並按重要性排序並加以說明排序的理由。
3　請思考組織文化應如何改變，才能提升該公司的企業倫理。一個強調短期績效的商業組織，真的可以承受採用長期策略觀點的風險？

章後個案 2.1

惠普試圖改變核心價值

以美國加州帕洛亞圖市（Palo Alto）的一個小車庫為基地，比爾·惠列（Bill Hewlett）和大衛·派克（David Packard）兩位年輕人創建了惠普（Hewlett Packard, HP），該公司後來成為世界上最大的資訊科技多國籍企業。一開始，他們遵循著一種學院派的工程文化，也就是後來知名的惠普之道（The HP Way），並定義出「我們是你喜歡一起工作的那一種人」的經營理念，它成為一套根深蒂固的信念，是該公司的宗旨和活動的核心。據大衛·派克的看法，惠普之道區隔惠普與其他公司的力道還比該公司的產品強（見表2.1）。

2005年，惠普公開聲明的惠普之道消失了，取而代之的是強調多樣性與包容性的願景和策略：

> 在惠普，我們相信多樣性是驅動我們成功的一個關鍵因素。把彼此不同的我們，分散到世界各地工作，就像一趟充滿刺激的旅行，在旅途中，你會遇見任何人、接受不同人的領導。我們希望每一位惠普的員工都能以行為和行動支持多樣性與包容性，在世界各地經營事業時，都能融入多樣性與包容性的信念。多樣性和包容性是本公司一項不可或缺的本質，也是實現惠普願景（以火熱的靈魂贏得勝利的E化公司）的重要關鍵。

接著有一連串的政策和實務作法在支持多樣性。惠普之道似乎已經消失。

隨著矽谷的興起以及資訊科技不斷進步，惠普董事會開始感受到該公司成長趨於保守和自滿。因此，在1999年，從公司首次從外部請來卡莉·菲奧莉娜（Carly Fiorina）擔任執行長。菲奧莉娜本身具有銷售背景，但不諳惠普之道。她在AT&T以自己的行事風格，一路升到副總裁。她在1995年主導朗訊科技（Lucent Technologies）的撤資案，抽離電話設備業務。她到任後，惠普大幅成長，但在2002年，她策劃善意合併經營不善的電腦巨頭康柏（Compaq）。這樣做的目的是要建立一個新的公司來挑戰IBM，成為替客戶全面解決方案的供應商。

表 2.1 惠普之道

惠普的組織價值觀（惠普之道）

我覺得一般來說，不論男女都想要做一個好工作、創造性的工作、而且如果有適當的環境給他們的話，他們也會盡力去做的這一種信念，落實到政策和行動上了。　　　　　　　　　　　　比爾・惠列（Bill Hewlett）

惠普的組織價值觀以及滿足企業目標的承諾，形塑了我們的策略和政策。

- 我們信任和尊重每一個人。
- 我們專注於高水準的成就和貢獻。
- 我們堅守誠信，以執行業務。
- 我們透過團隊合作，實現我們的共同目標。
- 我們鼓勵彈性與創新。

包括商業規劃流程十步驟以及全面品質控制在內，都支持像是走動式管理、方針管理和開放政策等傳統管理作法的制度。

在這個時候，惠普的大股東主要是創辦人的兒子 Walter Hewlett 以及 Packard 家族成員，而這些人都反對合併。他們擔心新公司很難在個人電腦（PC）市場與戴爾（Dell）抗衡。Walter Hewlett 認為惠普應該減少在 PC 的重心，而增加在數位影像和商業列印設備等領域的投資。他認為惠普應該重組，以提高股東價值，而不是試圖擴大市場占有率。正如一位觀察家所言，硬頸精神的康柏（Compaq）和講求平等的惠普之間有潛在的文化衝突。

併購案僅獲得惠普 51% 的股東通過，董事會任命菲奧莉娜擔任兩家公司合併後的董事長兼執行長，並保留惠普這個公司名稱。該公司的起步比預期好。惠普繼續大力依賴有利可圖和不斷增長的列印業務，而且個人電腦的虧損大幅減少。新公司似乎在整頓原有兩家公司明顯重疊的產品範圍和銷售人員。

▲ 菲奧莉娜和惠普之道

菲奧莉娜在 2003 年接受《金融時報》（*Financial Times*）採訪。採訪當時，成功的菲奧莉娜對她的領導風格提出剖析，她將在 AT&T 被譽為積極有活力的領導帶進惠普。她說：

> 你必須用他們聽得懂的語言跟他們說話，直接了當地說，這些銷售人員處在只會比下半身大小的大男人主義文化下。他們認為他們被一群懦夫接管，我需要告訴他們，現在到底是誰當家。
>
> 我告訴惠普裡面的人，領導者需要具備強大的心理羅盤……所以，你必須學會忽略一大堆傳統的、非攸關核心目的的智慧和名言，沒有任何的變革計畫可以無異議的獲得支持……惠普是這樣一個偉大的公司，但此時此刻幾乎凍結了……[從某種角度來看]，它失去了野心。創新率迅速衰退，身處最大的科技潮流之下，卻僅有個位數成長。……但是，這也是一家從來沒有外來者進入高階管理層的公司，……有 50% 的員工年資不到五年，而且也不是在高層職位，這是個內部問題……因為我是一個外來者，我不能決定，這涉及強烈和深厚的文化，而我只有一個人，我知道大公司可以換掉一個 CEO。組織必須決定自身的願景、目標並且願意改變。然後，我再來領導……

如果你今天來看我們公司的價值觀，你會發現相同的價值觀引導惠普60年，除了我們增加了速度和敏捷性（speed and agility）。我們不希望改變的事實是，信任和尊重是我們價值體系的一部分，貢獻是非常重要的，而且對客戶熱情非常重要……這些基本價值觀最初被稱為惠普之道。隨著時間過去，這句話就意味著對任何改變的阻礙。開會時，當有人提出一個新點子的時候，總會有人蹦出一句：「我們不會這樣做，這不符合惠普之道」。

特別是對一家科技公司而言，如果停止嘗試新事物，你就形同死亡。惠普非常重視流程，因為公司處理的都是大型且複雜的系統與問題，因此這一點非常重要。缺點是有時候惠普一直處理不完，而且一直不下決定。而康柏快速和具侵略性的文化，對快速變動的市場是好的，但缺點是有時候康柏缺乏判斷力。有時候，事情會一遍又一遍地重複做，因為他們沒有想清楚……所以我們說：「目標是要快速和具全面性」。

▲ 隨後的問題

惠普股價暴跌至前年股價的15%後，卡莉‧菲奧莉娜在2005年2月遭到解僱。這多半是因為外界質疑惠普是否有能力執行公司策略並獲利。Waters和London在《金融時報》（*Financial Times*）中摘要說明其中理由：

戴爾之於科技，如同沃爾瑪之於零售：憑藉規模和商業模式的經營者是不可能擊敗價格……如果你不是戴爾，PC市場在結構上不具吸引力。有很多管理良善的公司、資源充足的公司都嘗試過，但也都失敗了……標準化和商品化吞噬了業務的利潤……公司要差異化產品或是提高價格都很困難……惠普收購康柏部分的目的是為了成為低成本伺服器的領導者──利用伺服器取代公司電腦以賺取利潤。公司一直處於別無選擇之地，只能減少原有產品的銷售。

[去年]菲奧莉娜女士自豪地宣揚惠普推出200項新消費類科技產品，但卻沒有一樣引起了消費者的想像……也許惠普應該出售PC部門，公司需要的是經營方向而不是科技創新。麥克‧波特……曾說策略只有兩種基本型態，高價值和低成本……菲奧莉娜女士在本週丟了工作，因為

她的「高科技、低成本」觀點忽略了嚴苛的批評。

放棄惠普之道可能很重要，正如某位觀察家注意到，新的實務作法一直不折不扣地踐踏公司核心和靈魂。菲奧莉娜認為，「我們沒有干涉中階和第一線主管的作業執掌……我在許多方面低估了公司的人對於變革的想法以及他們處理困難事物的能力。而且我學到了，有時候你走得慢才能走得快」。

回歸根本或持續識別危機？

惠普一直以來，在收入上超越 IBM，而戴爾在 PC 市場也受挫。繼菲奧莉娜之後擔任惠普執行長的 Mark Hurd 認為，要讓企業成為偉大的公司，你最終必須先接受它，並磨練它，使其完美。你能做好的方式就是多做幾年，總有一天做到好，駕輕就熟。

吉姆・柯林斯對於核心價值如何使組織偉大給予呼應。他認為 Hurd 的作法似乎回歸惠普偏好的方式，不以購併康柏來挑戰惠普的策略邏輯，惠普回歸本質，採用一個與惠普原始文化較為一致的分權模式來重整惠普，再次發揮惠普身為科技公司的強項，但也讓公司將服務視為輔助性的角色。2007年，惠普超越戴爾，成為世界最大的 PC 製造商，銷售第一，營運利潤率從 4% 上升到 6%。2012 年，惠普保持其領先地位，PC 銷售仍高於競爭對手。

然而，成功的矽谷公司都有快速成長和高利潤績效表現，而且當成長相對緩慢時，企業高階管理者和董事會便開始擔心。有可能仍然是管理當局的文化問題。過去幾年，歷任的惠普執行長又放縱地沉迷於購買高成長性的公司，購買時點又逢通貨膨脹高點。例如，惠普收購英國軟體公司 Autonomy，在 2011 年值 110 億美元，但隔年只值 88 億美元。

討論問題

1. 吉姆・柯林斯以惠普為例，說明有願景的公司應有核心價值觀。他在《從 A 到 A+》一書寫到，偉大的公司不會改變他們的核心價值觀。惠普是個例外嗎？

2. 菲奧莉娜在購併康柏這件事上面可能是對的，因為惠普從此成為個人電腦的最大製造商。然而，在她離開公司之後，情況改變了。如果你是菲

奧莉娜，你會怎麼做，好讓情況改變？
3. 請上網搜尋戴爾和惠普的資料，並與成長快速的中國競爭者聯想（Lenovo）進行比較。這些公司的目的陳述有何不同？從資料中可以看出他們策略管理的方式不相同嗎？

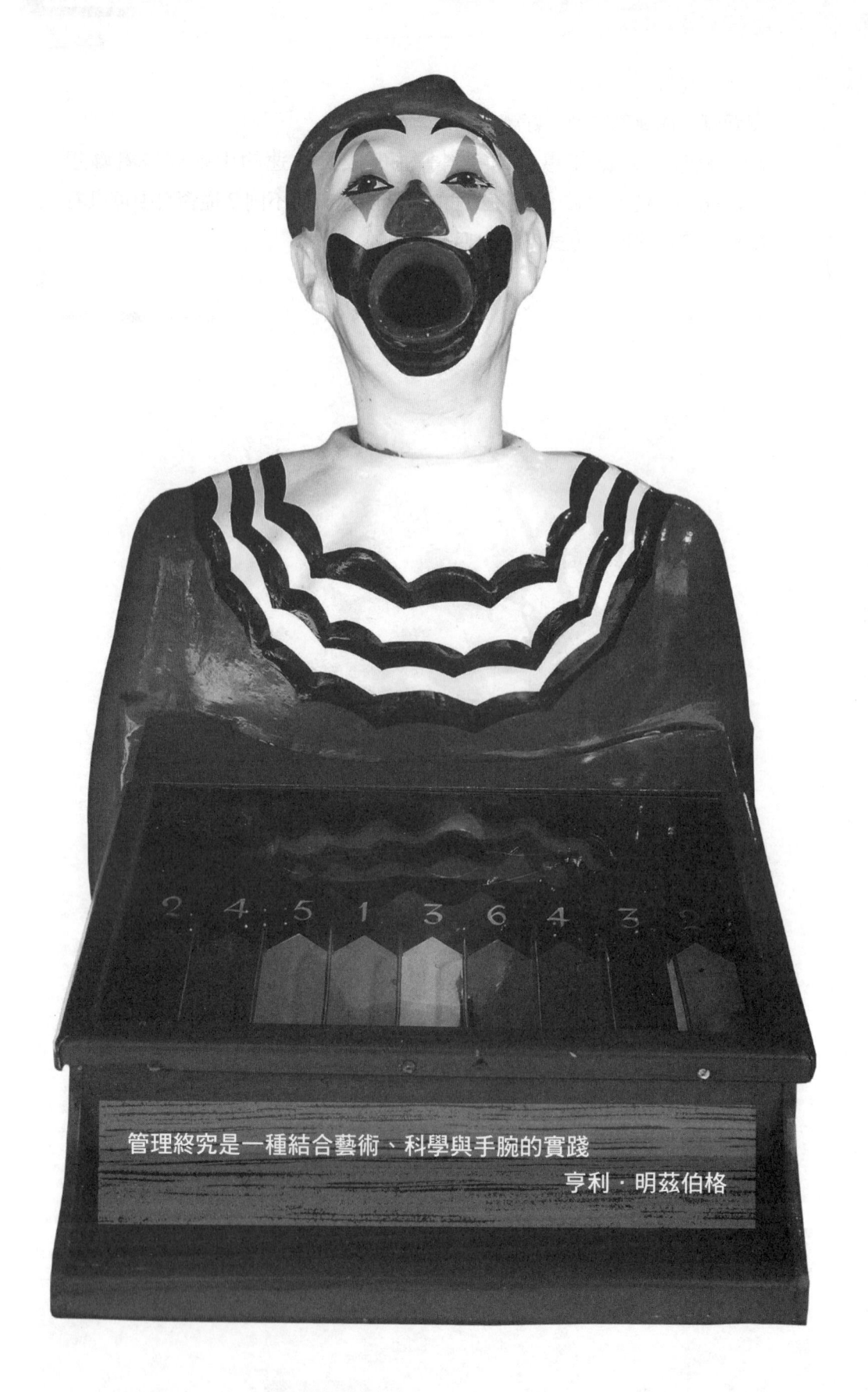

管理終究是一種結合藝術、科學與手腕的實踐

亨利・明茲伯格

策略目標與分析

2

3　目標

4　外部環境

5　內部環境

第二篇主要介紹策略目標以及內外部環境分析。這三項內容反應在 SWOT 架構中，分別代表機會與威脅、優勢與劣勢。

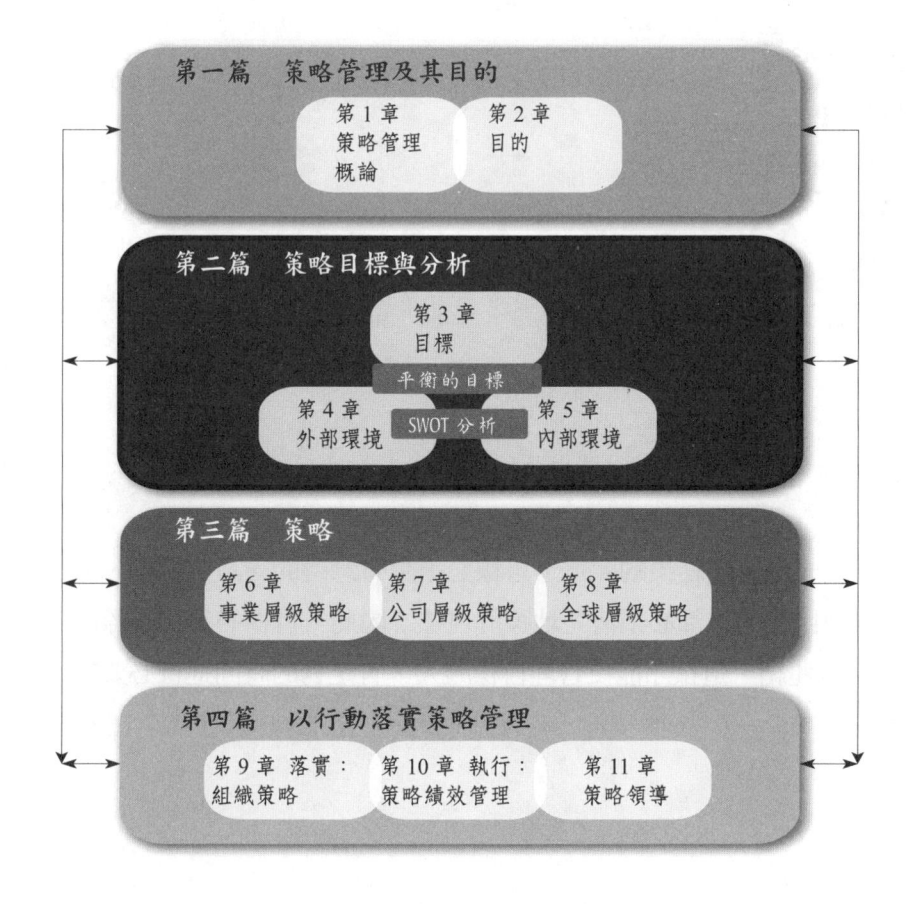

第一篇　策略管理及其目的
- 第 1 章 策略管理概論
- 第 2 章 目的

第二篇　策略目標與分析
- 第 3 章 目標
- 平衡的目標
- 第 4 章 外部環境
- SWOT 分析
- 第 5 章 內部環境

第三篇　策略
- 第 6 章 事業層級策略
- 第 7 章 公司層級策略
- 第 8 章 全球層級策略

第四篇　以行動落實策略管理
- 第 9 章 落實：組織策略
- 第 10 章 執行：策略績效管理
- 第 11 章 策略領導

第 **3** 章

目 標

學習目標

1. 目標的本質與運用
2. 目標管理：平衡的重要性
3. 策略平衡計分卡
4. 策略地圖的本質
5. 平衡計分卡的管理

目標的本質

目標係指對所要達成之特定結果的陳述。目標必須是有意義的。設定目標、運用目標以及管理目標的人都必須清楚地瞭解目標。因此，目標必須和實際的進度以及達成的狀況做連結，這樣才能使管理目標的人，有足夠的時間進行必要的管理並作適當的調整。

商業場景

由目標帶出目的

最有名的戰時演講之一是二次世界大戰時,溫斯頓・邱吉爾(Winston Churchill)在英國國會所發表的演說,內容明確掌握整個戰爭的策略以及總體目標——贏得勝利。

> 我什麼都沒有做,但我有熱血、辛勞、眼淚和汗水。擺在我們面前的是最嚴峻的考驗⋯⋯
>
> 你問,我們的政策是什麼?我會說:發動陸海空戰爭。透過上帝能給予我們的能力以及力量:發動戰爭對抗可怕的暴政,抵抗前所未有的人類犯罪黑暗面。這就是我們的政策。
>
> 你問,我們的目標是什麼?我可以用兩個字回答:那就是勝利,不惜一切代價爭取勝利,不顧一切恐懼贏得勝利,雖然會有漫長而艱難的道路要走。但沒有勝利就沒有生存。

前英國首相溫斯頓・邱吉爾爵士

目標是形成共同語言的基礎，目的是為了通盤瞭解組織的工作內容與範圍，尤其是為了識別不可避免的連鎖變化所造成的影響。為了與他人達成共識，通常需要實現成功的變革。變革要成功，必須要有共同的工作方式，以對話與共識為基礎、目標明確且管理透明，並清楚地被所有人理解。

現代管理之父彼得・杜拉克（Peter Drucker），在他的著作中提到許多目標運用的相關主張，他認為有了目標，可以讓管理者更清楚知道該做什麼事，使管理的工作更輕鬆。

每一個管理者，上至大老闆，下至生產線領班或行政主任，都需要明確規範的目標。這些目標要能夠呈現可以讓所屬單位產生什麼樣的貢獻以協助其他單位達成他們的目標。最後，目標應該要能清楚說明，其他單位對自己目標的達成有何貢獻。換句話說，從一開始，目標管理所強調的就是團隊精神和團隊合作的結果。

從一般管理文獻可知，目標應該要具有實用性，因此，目標應具備 SMART 特性（SMART objective）：

- 具體（**S**pecific）
- 可衡量（**M**easurable）
- 可行動（或是有共識，**A**ction oriented）
- 實際（**R**ealistic）
- 有時間限制（**T**ime-bound）

實務上，策略目標具有公開、通用和無形的特性。這些目標通常展現了企業的雄心抱負，但也許在某種程度上往往顯得不切實際。當發生這種情況時，一般是將目標當成啟動有別於以往想法的創造性思維、鼓勵針對開放性問題提出多元解決方案的鞭策力。

本書認為，如果目標需要被策略性管理的話，則必須向下扎根。因此，哈默爾和普哈拉（Gary Hamel & C. K. Prahalad）認為，日本組織之所以能在1980年代的競爭中獲得成功，是因為他們的長期願景陳述（兩位學者稱之為策略意圖）非常簡單，例如小松（Komatsu）的策略意圖是「包圍卡特彼勒」（Encircle Caterpillar）、佳能（Canon）的策略意圖則是「擊敗全錄」（Beat Xerox）。策略

意圖的目的在於為整體組織建立一個在當下、就算投入全公司現有的資源和能力也無法因應但卻無法擺脫的成就目標。這一類型的目標屬於開放性目標，但轉化成中期目標並加以實現時，就具有 SMART 的本質。

策略意圖就像是一場 400 公尺的馬拉松短跑。沒有人知道 26 英哩外的樣子，高階管理者需把重點放在快跑完 400 公尺時，對全組織做通盤考量，並為公司設定下一個 400 公尺，公司所要接受的挑戰。高階管理者聚焦結果（ends）（例如：降低產品開發時間 75%），不多關注手段（means）。

所謂的「挑戰」就是中期計畫，而「結果」（ends）就是與該計畫目標相關的指標（targets），這裡所指的目標（objectives）就是「縮短開發時間」，其關聯的指標就是 75%。而手段（means）則是指為了達成計畫目標所發展的行動。若要將策略目標下放至作業層級中執行，那麼目標一定要更具體而詳細。在日常管理中，發展策略性相關目標係屬策略落實管理的議題，將於第 10 章討論。

諾貝爾獎得主赫伯特‧西蒙（Herbert Simon）博士是第一位在著作中提到組織目標應該由高階管理者設定，然後展開成子目標，下傳至各級組織加以運用的人。他認為每個低階目標都是達成高階目標的方法，稱之為目標層級（類似策略層級的概念，詳第 1 章的圖 1.2）。透過目標管理（MbO）（詳第 10 章），組織的總體目標，例如企業目標，會被轉化並展開為較低階層的許多子目標。作業層級的目標（objectives）通常被稱為指標（targets），而公司目標有時稱為目標（goals）。然而，目前對這些專有名詞的使用沒有明確的共識：目標（goals）、指標（targets）、宗旨（aims）和目標（objectives）經常交替使用。在理解這些名詞的含義後，管理者就應該能夠仔細注意到這些名詞在特定情境下如何應用與定義。

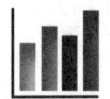

一般的目標管理

不管目標設定的情境為何，目標管理也遭遇了一些困境，詳表 3.1 所列示的目標管理十大嚴重錯誤。任何一項錯誤都足以扼殺或傷害目標的進展或達成。高階管理者應積極地通盤管理整個組織，以確保擔負目標責任的人能夠達成目標。因此，組織應該要有一個開放和透明的途徑，以確保擔負目標責任的人以及相關人等，不

表 3.1　目標管理的十大嚴重錯誤

以下是組織進行目標管理時，應避免的注意事項：

1. 過多的目標——目標太多會像圈養兔子和種植蘑菇一樣，數量多到無法控制
2. 無意義的目標——目標要跟激勵的對象相關
3. 無用的目標——目標必須能夠用來檢視和學習
4. 陳舊的目標——目標必須跟今日的挑戰有關
5. 短視的目標——目標一定要有遠見，而且具有宏遠的藍圖
6. 狹隘的目標——目標不應該自利、容易達成、或對他人造成損害
7. 不一致的目標——所有的目標必須要能收斂，協同運作
8. 關愛的目標——目標不應該是掌權人士的偏好
9. 未合議的目標——所有受影響的各方必須進行協商
10. 複雜的目標——目標不需精心打造，但一定要能夠被理解

要因為害怕失敗而太過謹慎行事，或者是因為不切實際的假設以及結果與進展的估計而太過樂觀。目標是組織學習和動機的核心，所以擔負目標責任的人應該要參與目標的設定，制定自己的目標。

貼近現實和實用性非常重要。目標應該要能夠釐清所要達成的事項。雖然必須承認，目標往往是主觀的，而且依賴個人的判斷，惟目標也不應該憑空想像而得。如果一個理想的結果是組織成功管理的關鍵，那麼組織應該不惜一切代價產出這樣的結果，這可能代表著組織應該改變目標的本質，將之轉化成工作重點。但如果是更高層次的目標，可能影響的人數很多，那麼組織則盡量不要進行大幅度的改變，而是將重點放在尋找替代方法。一般而言，更高層次的目標應該由高階管理者來管理，並利用一些方法讓目標保持相對穩定。

目標設定並沒有可靠的方法可以依循，但是目標管理應該要具有彈性，並以理解組織當前的行為方式為基礎。換句話說，瞭解組織行為方式是改變組織行為方式的起點。積極地管理目標很重要，這樣組織才能藉由嘗試不同的行為方式，達成所希望的結果。

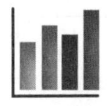

目標和策略管理

　　組織必須將目的轉化成一組主要的目標,稱之為策略目標,做為企業或組織長期目的的管理成效的衡量指標。策略目標涵蓋了企業最重要的經營領域,並協助組織決定其落實或執行目標的優先順序。管理者自然而然傾向於積極地回應短期目標勝於長期目標。杜拉克(Drucker)強烈指出:

> 管理者到底有沒有在多重目標的要求下取得平衡,通常從最後的績效表現就可以很容易一針見血地分辨出其管理能力的好壞,因此各層級和各領域所有管理者的目標都應該要兼顧長短期的考量,不然就是短視或是不切實際。

　　這是進行有效策略管理的基礎(詳圖3.1)。

　　擔負策略責任的高階管理者都清楚知道,要在多重目標當中取得平衡並不容易。請思考泰科國際(Tyco International)策略暨投資人關係資深副總裁愛德‧阿迪特(Ed Arditte)以及德事隆集團(Textron)策略暨業務發展副總裁史都華‧葛雷夫(Stuart Grief)的評論:

> 責任是否達成,要同時看短期和長期的結果而定。這兩者之間必須取得平衡。

圖 3.1　權衡策略目標的平衡

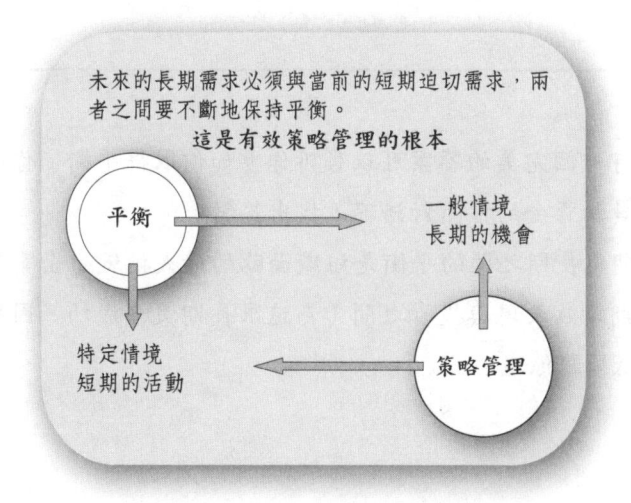

未來的長期需求必須與當前的短期迫切需求,兩者之間要不斷地保持平衡。
這是有效策略管理的根本

平衡 → 一般情境 長期的機會

特定情境 短期的活動 ← 策略管理

> **競爭觀點 3.1**
>
> ## 目標哪裡出了問題？
>
> 很多早期的經濟學研究假設，企業必須以利潤極大化為目標。持不同意見的經濟學家，尤其是賽耶特和馬奇（Cyert & March）則認為公司是一個由追求各自目標的團體所組合，一起追求滿意利益的組織。西蒙（Simon）指出，透過組織決策過程所制定的目標，通常不會與高階管理者或所有權人一致，但管理者和員工會持續修改調整。
>
> 管理理論的早期學者指出，企業僅設定單一利潤目標是不足夠的。杜拉克認為企業有八大需要建立目標之核心事業領域：包括市場地位、創新、生產力、物力與財力資源、獲利能力、管理者的績效與發展、員工的績效與態度以及社會責任。但問題是，這一些都是相關性低或甚至不相關的落後和領先目標。至少就財務目標，管理者還能夠瞭解財務目標所代表的意義。再者，如果非財務目標是錯誤的，那倒不如沒有目標來得好（雖然管理目標的存在，可以讓管理者意識到他們應該要做一些事情以達成目標）。
>
> 安索夫則是將目標明確地區分為財務目標和策略目標。策略目標係指那些能讓組織獲得長期績效的組織特性。這與洛卡特（Rockart）提出的關鍵成功因素（CSF）類似，但是要確定一個組織的關鍵成功因素可能較困難。組織必須時常檢視組織目的與策略目標的基本假設才能得知。
>
> 👁 問題：試利用卡普蘭和諾頓（Kaplan & Norton）所提出的策略地圖來回答這個問題。

但是從來沒有一個完美的答案可以告訴你要如何取得平衡。你必須在長短期資源分配、人員和資金的權衡對話下，找出答案。

取得短期與長期之間的平衡是組織面臨的最大挑戰。企業如何平衡短期的報酬以及近期績效表現與投資之間（為追求長期策略成功，因短期的景氣衰退而投資）的抵換關係呢？

關鍵成功因素

早期論述平衡重要性的研究中，約翰・洛卡特（John Rockart）成功推廣了**關鍵成功因素**（critical success factors, CSFs）的概念，即主導組織成功達成策略目的之因素。他的概念係源自於麻省理工學院（Massachusetts Institute of Technology）。羅納德・丹尼爾（Ronald Daniel）觀察的結果發現，各產業的關鍵成功因素是不同的。例如對汽車業而言，車款外型、優質經銷網絡以及生產成本的嚴格控制是最重要的；而在食品加工業，新產品開發、良好的配銷和有效的廣告是主要的成功因素。洛卡特的研究則更深入，他發現關鍵成功因素有 4 個主要來源：

麻省理工學院──CSFs 之家

1. 所屬產業的結構；
2. 企業競爭策略，產業地位和地理位置；
3. 環境因素（洛卡特列舉 1970 年代世界石油價格急遽上漲為例）；
4. 組織暫存因素（在某一特定時期對組織的成功產生重大影響的活動領域）。

洛卡特主張，CSF 可以應用於監控現在的結果，亦可用於建構未來。關鍵成功因素使組織的主要活動明確化，組織除了透過對組織目的之理解之外，還可以利用關鍵成功因素，產生更多策略的洞察力。他以某家活躍於微波技術開發的電信業者為例，說明關鍵成功因素以及相關衡量指標：

- 財務市場的表現：以 P/E 比率衡量。
- 客戶對企業技術聲譽的認知：以訂購率、投標率、客戶訪談結果衡量。
- 市場的成功：以（所有產品）市場占有率的變化衡量。
- 主要契約的風險識別：以公司與 (1) 相似的新舊客戶，與 (2) 前客戶的關係經驗衡量。

- 工作的邊際利潤：以該產品線中，相類似工作的利潤率衡量。
- 公司士氣：以員工離職率、缺勤率等，以及非正式回饋衡量。
- 工作預算的績效：以每一活動的工作成本預算衡量。

關鍵成功因素經常與**關鍵績效指標**（key performance indicators, KPIs）混淆。其實兩者之間有一個明顯的區別。KPI是組織較低階層所使用的策略相關目標，例如日常管理使用的策略相關目標。KPI是從整體策略目標衍生出來，或與整體策略目標相互一致的指標，是作業層級執行策略所關心的非長期指標（詳第10章討論）。洛卡特利用圖示說明CSF和其衡量指標之間的區別，他以平衡計分卡顯示策略目標及其衡量指標之間的重要差異。

平衡計分卡

平衡計分卡（balanced scorecard）是透過四大構面，將策略轉換成一組目標與可衡量指標的一種策略性工具。此概念最早是由羅伯特・卡普蘭（Robert Kaplan）和戴維・諾頓（David Norton）於1992年在《哈佛商業評論》（*Harvard Business Review*）中提出，目前已被廣泛應用。平衡計分卡是近年被廣泛推崇且被每一種組織採用的管理方法。它保留了傳統的財務目標，並納入能夠識別與衡量企業主要活動的策略性目標，協助組織做更周延的考量，使組織能夠在達成財務目標的同時，也能夠達成長期的策略目標。

落後和領先指標

卡普蘭和諾頓將衡量指標區分為(1)衡量過去發生事項的結果指標，稱之為落後指標，以及(2)由過去績效表現導致未來結果的領先指標兩類。落後指標包括當前的財務績效和生產力，而領先指標包括顧客滿意度和忠誠度的變化，以及員工

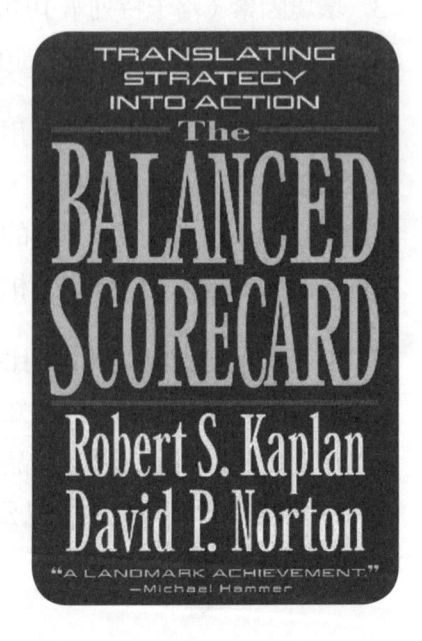

的發展和管理等。通用汽車（General Motors）所遭遇的困境是該公司將營運重點置於美國大型車的市場吸引力，而非小型車。該組織不希望、也無法預見消費者偏好從耗油轉至省油所造成的影響。

目標與衡量指標

平衡計分卡所涵蓋的**策略目標和衡量指標**（strategic objectives and measures）的數量有限。每個目標都有自己所屬的一組衡量指標（measures），這種管理方式可協助高階管理團隊聚焦在策略議題，將策略轉換成績效指標加以衡量，使組織能夠有效執行策略，以加速企業願景的實現。企業需從四種不同的**觀點**（perspectives）來思考目標和其衡量方式，如圖3.2所示。另外，為簡單起見，表3.2亦針對每一種構面提供了一個目標以及所屬的一些衡量指標做說明。卡普蘭和諾頓建議，所選擇的目標和衡量指標需能夠回答以下四個基本問題（見圖3.2）。

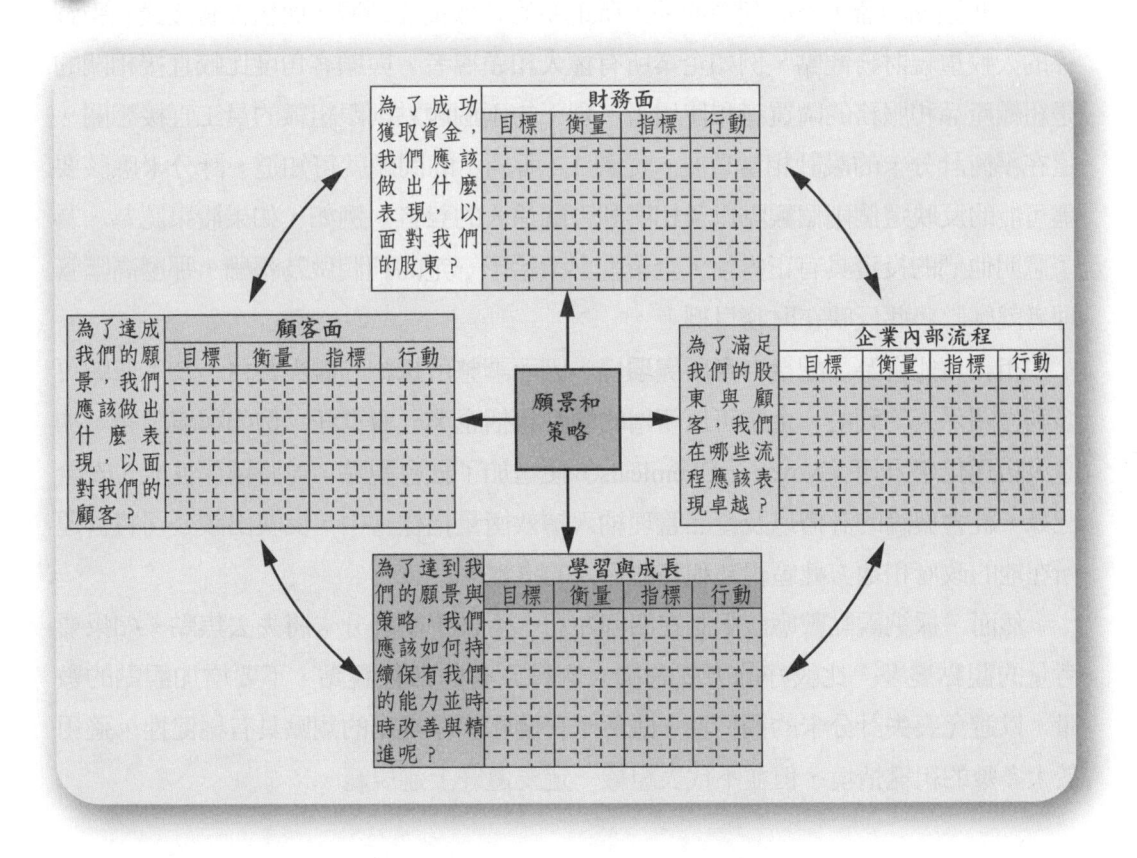

圖3.2 平衡計分卡的四大構面

表 3.2　平衡計分卡的四大構面

財務觀點	企業內部流程觀點
目標：組織所有權人資本投資報酬極大化 衡量方式： • 資本報酬 • 每股盈餘 • 現金流	目標：創造與極大化買賣雙方關係價值 衡量方式： • 價值流分析（盡量減少無價值創造活動）指數 • 價值鏈活動（協調、優化活動）指數 • 持續改進（創新、變革）指數
顧客觀點	學習與成長觀點
目標：維繫客戶關係 衡量方式： • 客戶滿意度和愉悅指數 • 再購模式 • 目標市場的品牌知名度	目標：激勵人心並發展能力 衡量方式： • 招募和留用率 • 技能和訓練指數 • 員工條件和滿意度指數

　　這些觀點涵蓋了不同利害關係人所重視的各種重要領域。與組織有金錢利害關係的人較重視財務觀點，例如企業所有權人和領導者。與顧客角度比較直接相關的是組織產品和服務的購買者和使用者。剩下的兩個觀點則跟組織的員工直接相關。這在平衡計分卡的設計相當重要，從圖 3.2 所列示的問題就可知道，計分卡應該要盡可能的反映這個兩個觀點以及相關利害關係人的聲音。例如，如果股東認為，為了證明他們的投資具有正當性，企業就必須給予一定的利潤做為報酬，那麼高階管理者就應該將此反映在財務目標上。

　　組織可能會為了配合自身所處環境，因而調整所採納的觀點數目。為了兼顧更多利害關係人的利益，企業可以新增的觀點包括企業社會責任，例如環境議題。加拿大諾瓦化學公司（Novacor Chemicals）便增加了社會觀點，並將環保性能、安全記錄、社會輿論的評價以及產品管理納入績效衡量指標當中，反映出該公司將營運所在地的政府和地方社區視為利害關係人的事實。

　　然而，採納觀點數應該限制在四個左右，否則平衡計分卡將失去焦點。如果要考量的觀點變多，比較好的方式是擴大解釋原有的四種觀點，不要增加觀點的數量，以避免喪失計分卡的簡約性。雖然卡普蘭和諾頓提出的觀點具有穩健性，適用於大多數的組織情境，但並不代表組織一定要遵守上述規範。

第 3 章 目標

在卡普蘭和諾頓的原始文章中,「企業內部流程」和「學習與成長」兩個觀點的原有名稱分別是「內部業務」和「創新與學習」觀點。這些早期的名稱並未充分反映核心事業流程的策略性意義,以及核心競爭力對願景的重要性。名稱的調整反映出卡普蘭和諾頓兩人思維上的轉變,這在兩人於 1996 年發表的新研究得到印證,內容提到願景的核心角色並且提出了策略地圖的想法。

卡普蘭和諾頓一開始認為,平衡計分卡是一種**績效衡量**(performance measurement)的工具,而不是做為策略性管理目標的方法。當他們的客戶開始

實務作法 3.1
企業的抱負視同目標,可用以定義工作方式

EDF 能源公司(EDF Energy)事業目標與績效總監馬克・布羅利(Mark Bromley)曾說:「透過簡單地選擇一組特定的標準來判斷企業的成功或失敗,你立即定義一組價值觀和一種特有的工作方式。」「反之,只要你從衡量過程中排除某些特定的商業因素後,你幾乎肯定會發現,這些因素很少或根本不對你為自己和為你周圍的人所設定的方向造成什麼影響。你必須要做的事是,在哪些是真正具策略性的重要目標和衡量指標,以及哪些是績效管理目標和衡量指標兩者之間做出選擇。」

法國電力集團(Électricité de France S.A.)或稱 EDF 公司,員工超過 15.8 萬人,2010 年營收超過 830 億美元;電力生產遍布歐洲、拉丁美洲、亞洲、中東和非洲等地。該集團的高階管理者使用平衡計分卡,將所有的總體目標連結在一起,以利持續改善。這樣做的目的是為了使策略連結的文化能夠灌輸到 EDF 的所有部門當中。

該集團的策略願景體現在五項抱負之中,每一種抱負的形式都被賦予集團層級的衡量。

整個組織都運用抱負來創造工作績效的相關知識以及企業目的之文化定位。

👁 問題:策略目標如何影響每個人的工作方式?

將平衡計分卡運用在策略管理,促進願景的實現時,他們便調整了自己的想法。這種差別是很重要的,因為在實務上,已有某些組織以績效衡量的角度看待平衡計分卡,而另有一些組織對平衡計分卡的運用卻更具策略性。由此看來,平衡計分卡有兩種作用:一是用於績效控制,而另一則用於規劃。

實務作法 3.2

飛利浦電子及策略計分卡

飛利浦電子公司（Philips Electronics）是一家總部設在荷蘭,在世界各地僱用25萬人的多元化企業集團。飛利浦設計一套適用於該公司的計分卡,讓組織能夠共享並瞭解公司的策略政策以及未來願景。該公司設計計分卡的原則是,確定達成公司策略目標的關鍵因素。管理團隊使用計分卡來引導每季的全球事業評估,促進組織學習和持續改進。

這四個觀點被稱為四大關鍵成功因素,包括「能力」（知識,技術,領導力和團隊合作）、「流程」（績效的驅動因子）、「客戶」（價值主張）和「財務」（價值,成長和生產力）。

每個事業單位的管理團隊對於各自應有哪些關鍵成功因素達成共識。他們會先進行調查,瞭解並分析在與競爭產品價格比較之下,顧客對於自家產品所認知的績效表現好壞,並利用價值圖,分析獲得客戶的關鍵成功因素。流程面的關鍵成功因素,從如何改善流程以滿足顧客要求的分析得出。能力面的關鍵成功因素,則從滿足計分卡其他三種觀點需要哪些人力資源和能力求得。財務面的關鍵成功因素則取自標準財務報告指標。

接下來則由每個事業單位確認衡量事業層級關鍵成功因素的主要指標。有關過程和結果之間的關係假設已進行量化,績效驅動因子也已確定。然後觀察目前績效與今年期望目標之間的落差有多大,再往上加兩年和四年的落差,來設定未來的目標。

👁 問題:從什麼地方可以看出計分卡的設計具有策略性？

績效管理的計分卡：特易購的導引輪盤

第 3 章　目標

總部位於英國的超市集團特易購（Tesco）運用平衡計分卡，使當地的商店經理和員工能夠做出符合特易購購物經驗而且能夠與競爭者有別之行為，以提高顧客滿意度。

特易購參酌卡普蘭和諾頓原始文章內所提到的方法。該公司高階管理者利用導引輪盤（steering wheel）（見圖 3.3）進行管理，讓商店的經營重點聚焦於公司核心目的之傳遞，就是「要為客戶創造價值，以贏得他們終身的忠誠度」。

特易購制定「積少成多」（Every Little Helps）策略，定期詢問公司的客戶和員工，公司可以做些什麼，使購物經驗和工作經歷能夠更好，並以導引輪盤為工具，

圖 3.3　特易購的導引輪盤

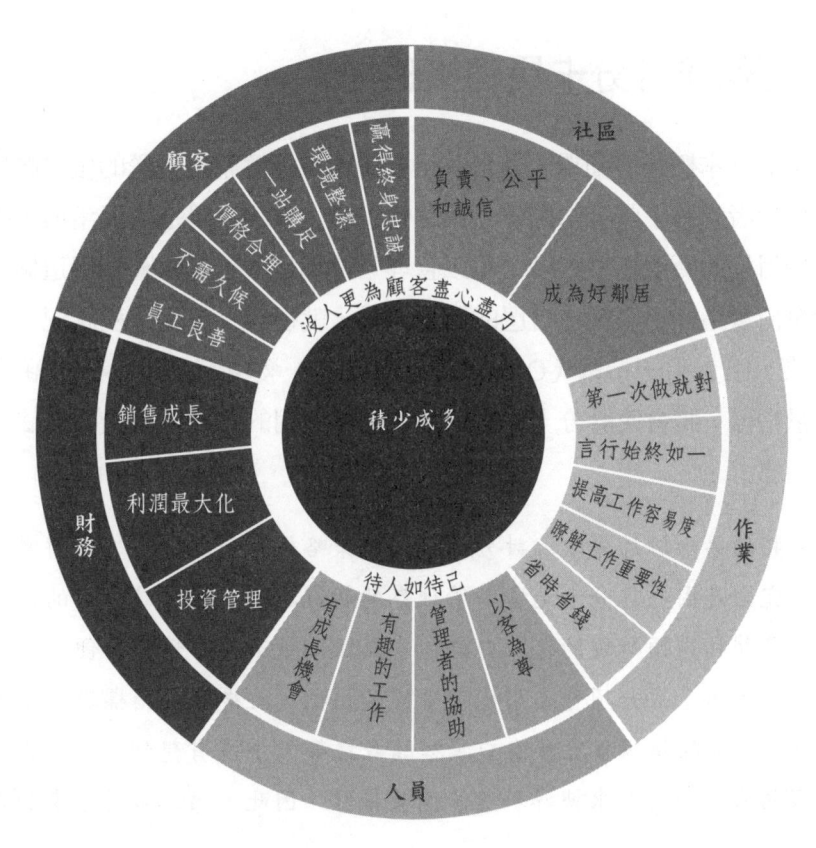

讓公司每個員工的工作能夠與公司的策略連結。特易購每季檢視導引輪盤內建的每個目標所對應的績效是好是壞，並彙整內容呈報公司前 2000 位管理者，並向商店員工說明。高階管理者的報酬則視導引輪盤上的目標達成狀況而定。再者，各層級管理者的整體績效表現不同，所獲得的獎金也有差異。該公司每年會檢視導引輪盤的內容，依據當時的環境以及目標是否與積少成多策略具一致性而進行調整。特易購自推出這項工具以來，最顯著的改變是考量社區價值觀而增加第五個觀點。該公司也設計「計劃和檢核」（plan and review）表單，進行一年兩次的考核，檢視每家商店的每位員工對導引輪盤目標的貢獻度。

卡普蘭和諾頓認為導引輪盤不是一種策略計分卡，因其並非基於策略願景而來，反而較偏向策略績效衡量架構，利用 KPI 來驅動員工的績效，並讓員工的日常活動與公司的核心目的做連結。透過導引轉盤的輔助，高階管理者更能夠策略性地管理員工的核心能力（詳第 5 章）。

如何讓計分卡具有策略性？

計分卡的基本概念很簡單，其目的是要讓組織瞭解整體經營的優先順序為何，但是一旦使用者忽略了計分卡的這項策略性意義，就很容易造成混淆與困擾。最大的問題在於目標的衡量指標太多，難以管理。特別是新手常試圖利用這個方法，從現有的大量衡量指標中，創造自己的衡量方式，就很容易發生這種狀況。福特汽車管理者歐文・巴克萊—希爾（Owen Berkeley-Hill）發現，如果計分卡涵蓋太多的目標和衡量指標，將會使計分卡失去彈性，提高運用的難度，使企業無法聚焦於真正關鍵的指標。

……福特的第一份計分卡。計分卡與任何策略規劃毫無關聯，福特當時開發計分卡，完全是因為計分卡是當時管理界的新寵工具。推動計分卡的主要力量似乎是卡普蘭和諾頓所說的這一句話：「無法衡量某件事情時，便無法管理。」計分卡上列出了每一項可拿來衡量目標的指標，之後發現指標數量落落長，管理者就開始刪除指標才可放在口袋裡隨身攜帶。但沒有想到是，在出版之前必須花費相當多的時間來搜尋和釐清衡量指標。因此，第二版計分卡的出版毫無

下文也就不令人意外了。

目標和衡量指標過多通常會造成以下困擾：到底哪些是策略性的目標和衡量指標，而哪些又是作業性的目標和衡量指標呢？這種情況特別是在衡量上更為嚴重。透過衡量，組織可以對目標的進展和達成狀況有初步的瞭解。然而，衡量已知和相類似的活動較衡量不確定和相異的活動來得容易。若要利用衡量進行診斷性指標的追蹤，也會比追蹤廣泛性或一般性的策略項目來得可靠。

卡普蘭和諾頓提出策略性目標和衡量指標以及診斷性目標和衡量指標之間的區別。兩位學者認為前者處理的是追求組織願景的關鍵成功因素，而且策略計分卡僅限於納入策略性目標。診斷性目標則用來監控組織的健全性，確保組織能依循組織目的而存續。從診斷性指標可以看出組織是否在控制中，這些指標可以對異常事件提出警訊，提醒組織多加留意。高階管理者應積極關注策略性目標，將之視為常態工作；注意診斷性目標則為例外，除非有干預的必要性。這對組織來說相當重要，因為計分卡聚焦於願景，因此納入計分卡的目標與衡量指標應維持在一個可管理的數量。

那麼，計分卡內建目標和衡量指標的數量多寡，並沒有一個絕對的規則，但通常有效的計分卡不會設定超過 8 個目標和 24 項衡量指標。而組織的診斷性目標和衡量指標的數量則可以有很多，其中有一些會和 KPI 進行策略連結，做為監督與改善組織關鍵領域之用。當然，計分卡的目標有可能需要調整為診斷性目標，但診斷性目標不應該納入策略平衡計分卡之內。卡普蘭和諾頓認為，連結願景的目標和衡量指標是以推動有競爭力的突破為目的。但是，並沒有理由認為計分卡的目標和衡量指標只能被用來實現這種類型的突破。

策略地圖

策略地圖（strategy map）是幫助策略家思考計分卡涵蓋構面、目標和衡量指標的一種圖示參考框架，透過策略地圖，策略家可以探索可能的因果關係和迫切的議題。平衡計分卡是呈現各種觀點的一種強大的參考框架，而策略地圖則是支持與檢視計分卡，並用以評估內建目標和衡量指標之基本假設的一種方法論。卡普蘭和諾頓提出了因果假設，如果不討論是否為真以及作業性的話，聽起來似乎符合科學

邏輯。策略地圖的概念並非要求管理者針對特定議題想出明確的答案，而是做策略性思考，探討任何可能的連結，並進行整體評估。

卡普蘭和諾頓早期的研究認為，目標和衡量指標的選擇是由高階管理者針對4個觀點所提出的問題進行討論後得到共識的結果（見圖3.2），而且兩位學者也認為，透過這樣的方式所產出的框架應具有可行性，有助於組織進行績效衡量方面的思考。然而，後來他們發現，策略地圖是一種更全面性和策略性的方法，可使高階管理者探討和發展組織的關鍵成功因素，以實現策略願景。

策略地圖是以圖形的方式呈現各種觀點及目標之間所有可能存在的因果連結，找出關鍵成功因素。利用策略地圖，組織的管理者可以進行策略性地探討，瞭解計分卡的目標和組織願景和使命之間的關係，並為計分卡內建目標選擇適當的衡量方法。圖 3.4 係以大學為例，所繪製的一張策略地圖。圖中箭頭所指，代表對該大學

圖 3.4　大學的策略地圖

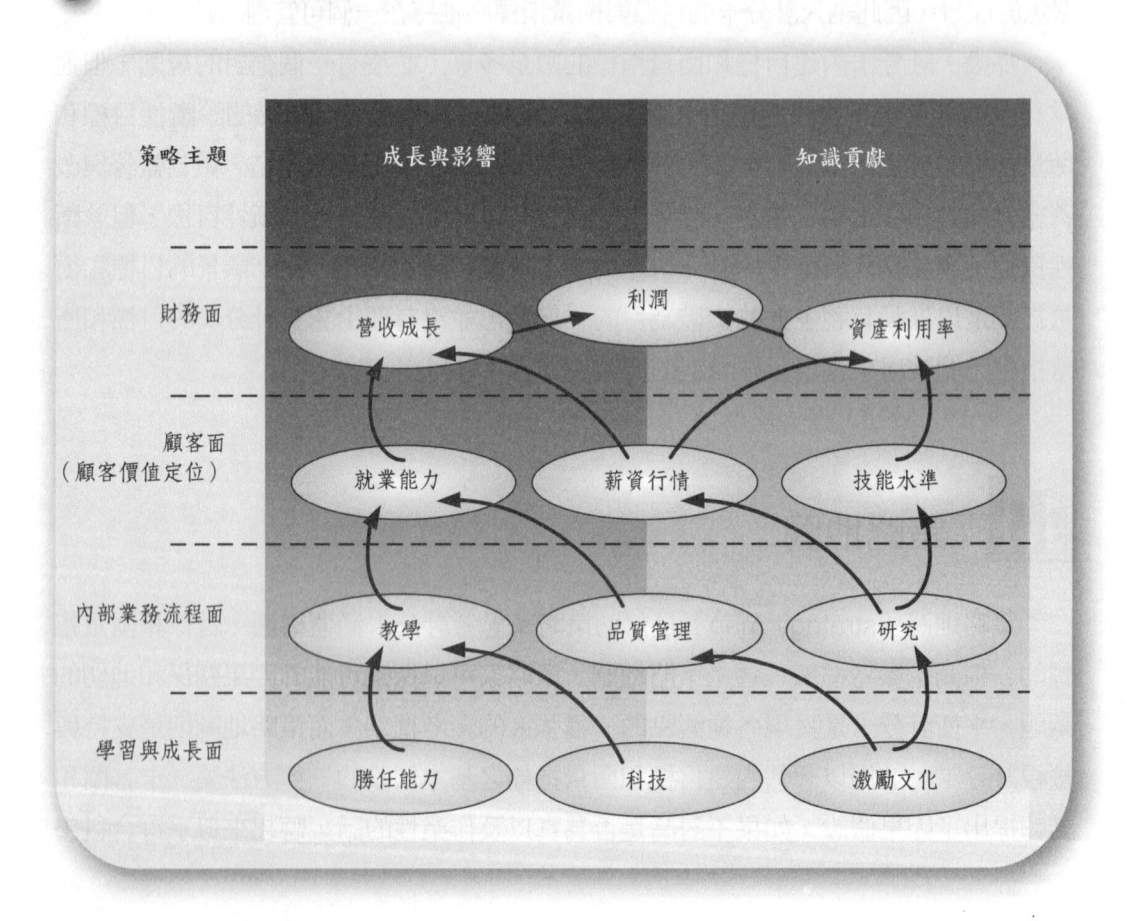

策略主題	成長與影響		知識貢獻
財務面	營收成長	利潤	資產利用率
顧客面（顧客價值定位）	就業能力	薪資行情	技能水準
內部業務流程面	教學	品質管理	研究
學習與成長面	勝任能力	科技	激勵文化

之組織成長與影響以及知識貢獻這兩大策略主題有關的各項核心活動領域之間的關係。

策略地圖保留了財務構面，但同時也認同財務成果推動因子的重要性。計分卡的管理原則是，各觀點之間彼此沒有利害關係，雖然圖中顯示財務面位於因果關係層級的頂端，但這不代表各構面的重要性或優先順序，而只代表因果的影響方向而已。因此，舉例來說，從學習和成長構面可看出，要有成長和影響力則需要特定的學習能力，藉以管理能夠創造學生和贊助者價值的關鍵流程，而贊助又是學校的必要收入，能滿足大學的財務目標。

至於非財務面與財務面之間並沒有任何已知的明確性和確定性的量化關係。雖然財務面並非是一個獨立的構面，但是要找出一個被證明過、確實會影響財務績效的因素是有困難的，因為外部環境所產生的影響主導著內部改善。例如，美國亞德諾半導體公司（Analog Devices Inc, ADI）利用計分卡原型改善非財務績效，但該公司的股價卻下跌，下跌的原因在於商業循環難以預測以及落後效果造成。

最重要的是，高階管理者或是其他層級的管理者能夠不斷地利用策略地圖。曾有一位高階管理者說：

> 將策略地圖當成是一種策略工具來使用是很重要的，但卻想問：為什麼我們不用特定的衡量指標？我們是否正確地衡量該衡量的事物？我們正在做的事情是否永遠不會有很好的成效，或者是有其他的事情要發生嗎？」……組織應該利用策略地圖來瞭解並做非正式討論，以決定未來資源配置的作法。

如果計分卡能與其他有關策略選擇的分析技術併同使用，那麼計分卡將會是決定策略重心的一個強大的參考框架。例如，管理者可以很容易地運用策略地圖，列出內外部的環境條件（見表3.3）。最左邊的欄位表示進行策略分析應考慮的因素佐證（這些亦可用於 SWOT 分析，詳圖5.6）。而右邊的三個欄位則顯示組織部署的三個層級的目標，先是計分卡的策略目標，然後是中期計畫的目標，最後是用於日常管理，與策略有關的目標。

並沒有任何計分卡和策略地圖可以決定目標和衡量指標應該包含哪些內容。計分卡和策略地圖只是思考和監控決策、訂定長期策略假設的參考框架而已。平衡計分卡的宗旨主要是鼓勵決策者瞭解相關要素在不同觀點下的重要性。卡普蘭和諾頓認為策略地圖：

表 3.3　策略地圖：決定策略重點的思考框架

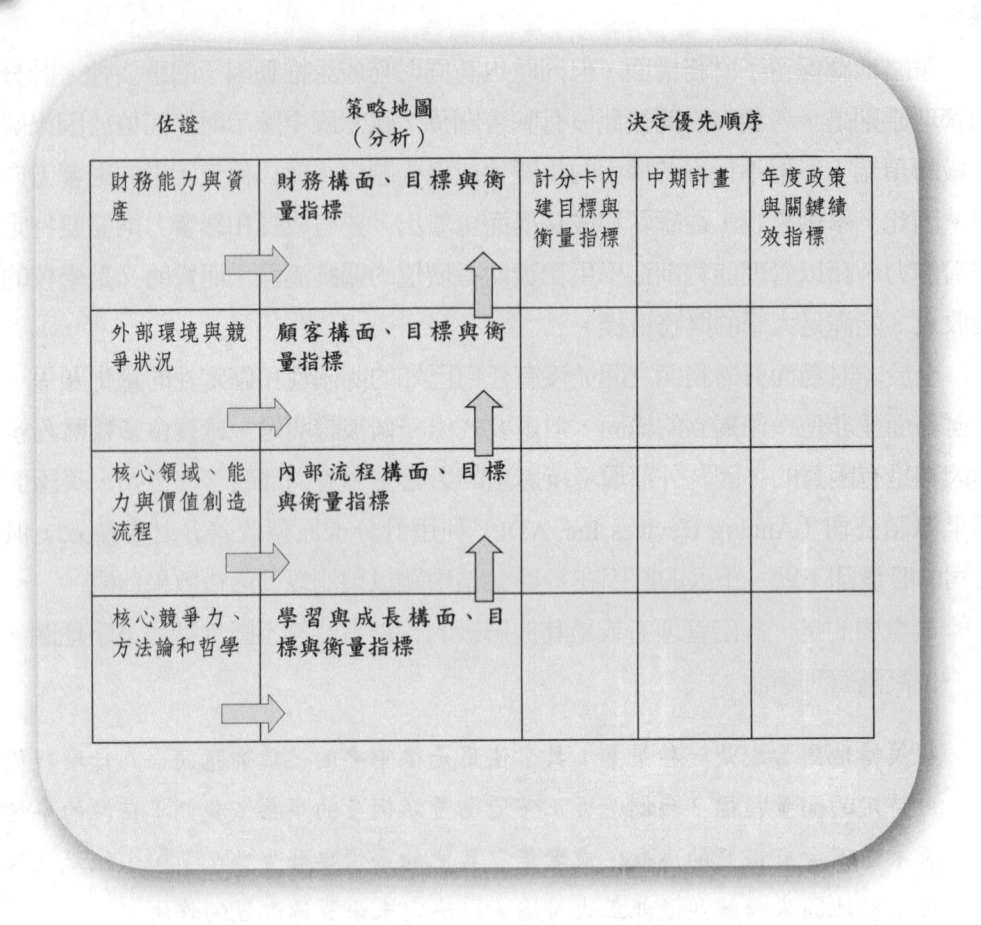

佐證	策略地圖（分析）	決定優先順序		
財務能力與資產	財務構面、目標與衡量指標	計分卡內建目標與衡量指標	中期計畫	年度政策與關鍵績效指標
外部環境與競爭狀況	顧客構面、目標與衡量指標			
核心領域、能力與價值創造流程	內部流程構面、目標與衡量指標			
核心競爭力、方法論和哲學	學習與成長構面、目標與衡量指標			

……與組織的整體目標相連結，使組織能夠在協調、合作的狀況下，朝向公司想要的目標前進。策略地圖以視覺化的方式，呈現一家公司的重要目標，以及在促進組織績效之下，這些目標彼此之間的關係。

卡普蘭和諾頓認為，具體瞭解公司層級的目標和衡量指標並非重點，組織協調和溝通更為重要。

管理平衡計分卡

　　如果平衡計分卡是進行有效策略管理的重要一環,那麼就必須要有高層的支持。卡普蘭和諾頓提出了一個包含四個部分的管理流程(詳圖3.5)。一開始,高階管理團隊先協議出能夠達成組織願景的適當策略目標和衡量指標。下一步則利用計分卡將高層的共識向組織進行傳達與溝通,從而使績效管理系統,如激勵和獎酬,可以與計分卡連結。然後,利用計分卡決定公司政策、中期計畫和其他策略作法。最後,對落實和執行結果提供回饋。高階管理者可從中評估和學習計分卡的目標和衡量指標運作的情形,並對關鍵成功因素的假設進行測試。卡普蘭和諾頓強調,高階管理團隊應對管理計分卡負完全的責任。團隊的首長需對整個過程承擔所有的責任,而流程中的每一個部分,則由各項流程的管理者各自負責。

　　更正確地找出適合納入計分卡的非財務變數有難度,規模愈大的組織應多盡一些心力,運用達成目標之手段的相關知識,參與制訂這一類的變數(流程的第一個部分)。然而,在設定目標和衡量指標時,組織通常對於達成目標的手段或方法不甚清楚。此時將造成:如果目標設定得太低,那麼組織的潛能將沒有完全發揮;如

圖 3.5　平衡計分卡的管理流程

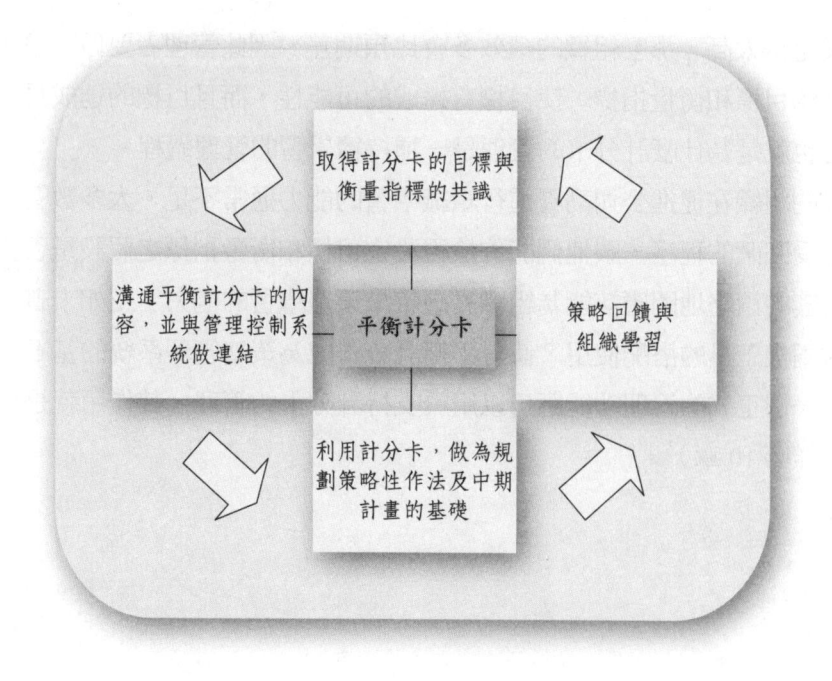

> **競爭觀點 3.2**
>
> **平衡計分卡難以管理嗎？**
>
> 卡普蘭和諾頓在近期的研究強調，行政支援（例如策略辦公室）對計分卡的重要性。有許多的策略辦公室看起來就像過去的老公司負責管理和規劃策略計畫的規劃辦公室。大衛‧奧特利（David Otley）指出，策略辦公室的設置是否有成效，取決於公司的其他管理控制系統如何進行與計分卡相關的管理。
>
> 　如果策略目標和衡量指標的影響力要下達至進行實際改善活動的作業層級的話，那麼組織的部署系統就非常重要。平衡計分卡的發明者亞瑟‧施奈德曼（Arthur Schneiderman）採用方針管理，並主張目前最先進的商業方法論，例如以 PDCA 為基礎的持續改善（詳第 5 章），對目標管理而言有其必要性。
>
> 　衡量正確的事情、提高分析能力，並確保管理重點能維持是很重要的（measure the right things, improve analytical skills, and ensure that a disciplined focus is maintained，首字母縮寫為 MAD）。
>
> ◉ 問題：身為高階管理者，你要如何管理 MAD？

果目標設定得太高，那麼組織的績效多會比預期差。因此管理者要做的事，就是要設定合理的目標和衡量指標，使目標有達成的可能性，而且目標的達成具有實質的意義。這也就是為什麼計分卡的管理是一種持續學習的管理過程。

　一般的組織在促進公司高層進行組織學習的能力通常不足。大多數管理者並沒有一套接受回饋的程序，讓他們能夠檢視設定目標和衡量指標之假設是否正確。計分卡與配套的策略地圖應該能為組織高層帶來策略學習的能力。正如卡普蘭和諾頓所言，這兩樣工具的搭配使用，使得平衡計分卡成為策略管理系統的基石。兩位學者認為，一個正式的管理功能應可以用於支持計分卡的管理，其作用就是扮演落實的角色（詳第 10 章）。

第 3 章 目標

非營利事業和公部門的平衡計分卡

　　非營利組織或公部門的願景可能與在競爭環境中生存的私部門有很大的不同。當然，在某種程度上，總會有其他的方案可以替代組織所提供的產品和服務，而且組織必須對於財務目標及促成財務績效的其他目標進行管理。然而，上述這種類型的組織可能會基於自身的策略目的，而改變計分卡當中四個構面的內容。雖然內容改變了，但計分卡的本質仍保持不變（詳圖 3.6）。

　　圖 3.6 是公部門應用計分卡的一個建議模組，裡面所涵蓋的構面已調整過。其中一個問題涉及如何定義一個顧客或使用者的要求：如果有人贊助的話，很可能就會規定「使用」所代表的意思，而這些規定有時候可能就會跟使用者所認為的「使用」應該是什麼意思有所不同。另一個問題涉及策略百寶箱（strategic box）的本質，對商業組織來說應該是願景，但對公部門來說就可能是公共政策優先。

圖 3.6　公部門的計分卡

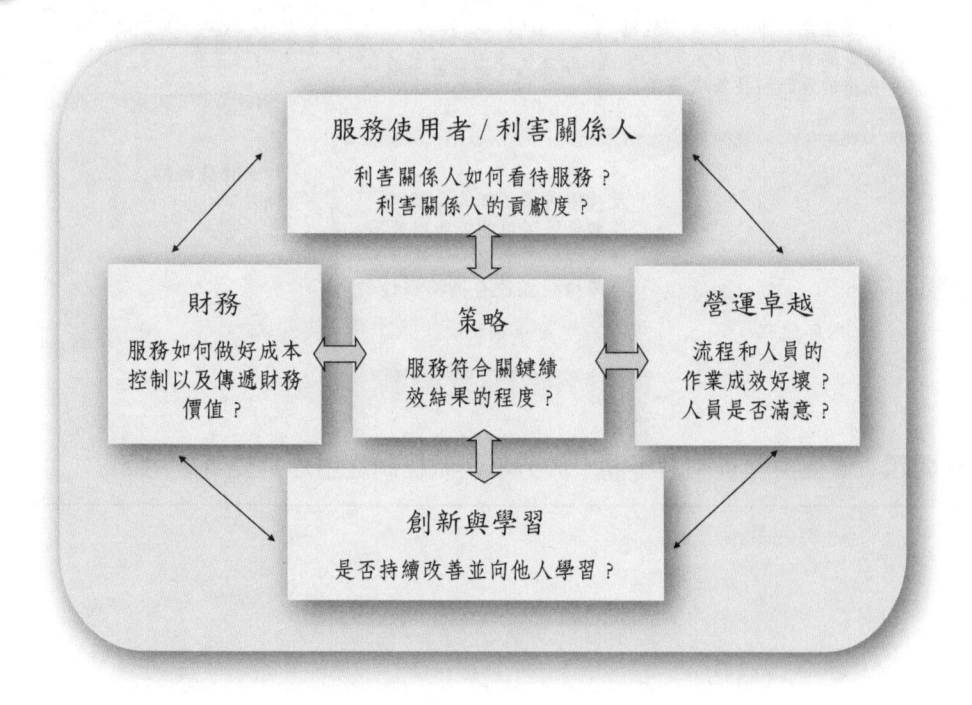

```
                服務使用者 / 利害關係人
                利害關係人如何看待服務？
                利害關係人的貢獻度？

    財務              策略              營運卓越
  服務如何做好成本   服務符合關鍵績     流程和人員的
  控制以及傳遞財務   效結果的程度？     作業成效好壞？
      價值？                          人員是否滿意？

                     創新與學習
                是否持續改善並向他人學習？
```

實務作法 3.3

平衡計分卡應用於非營利組織：維吉尼亞大學圖書館

維吉尼亞大學圖書館於 2001 年採用了平衡計分卡。原因是希望圖書館的經營能夠承襲成立的宗旨，發展出符合經營目的之指標，以利針對能夠實際創造績效的關鍵成功因素進行策略性管理。維吉尼亞大學圖書館的平衡計分卡如下所示，內容只有目標，但沒有衡量指標（衡量指標的數量至少是目標個數的兩倍）。該圖書館定義一組核心價值用以呈現其目的，如圖中心所示。

使用者觀點
- 提供卓越的服務給使用者
- 教育使用者以滿足其資訊需求
- 持續上架和保留優良圖書
- 提供便利且及時的管道閱讀書籍

學習／成長觀點
- 促進員工之間的學習
- 招募、培養和留用具生產力、優質的員工
- 提供促進生產效率的設備。鼓勵使用圖書館並確保高品質的服務
- 維持先進的資訊科技基礎建設

核心價值
- 回應客戶需求
- 智慧運用資源
- 持續改善流程
- 培養人才與開發系統

財務觀點
- 透過私人捐助以及增加外部機構支援，以提升財務基礎
- 以高價值、低成本的方式，提供資源和服務

內部流程
- 及時傳遞高品質的資訊
- 兼顧資源運用的效能與效率
- 發展評估的文化
- 持續檢視並改善高衝擊性的流程

問題：價值與願景兩者不同：計分卡是做控制之用還是變革之用？

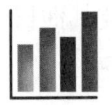

策略平衡計分卡與其他計分卡的關係

計分卡的成功，意味著許多組織，尤其是非營利機構，將列示目標與衡量指標的任何清單都稱為計分卡。這類型的計分卡跟真正的**策略平衡計分卡**（strategic balanced scorecard）是不同的，兩者必須有所區隔。策略目標的落實和日常管理詳第 10 章討論。但是，請注意這一點，一個大型且複雜的組織可能有好幾個層次的計分卡，如同組織擁有策略層級一樣（詳第 1 章）。所以，策略計分卡可以轉譯成許多計分卡，分別給組織的各個部門使用。業務部門可能擁有自己的計分卡，而分屬

競爭觀點 3.3

平衡計分卡真的有用嗎？

有理論家認為，卡普蘭和諾頓的研究，理論的發展沒有任何新的和有說服力的貢獻，而僅是一些「有說服力的言詞」罷了。但整體來說，計分卡與價值創造之關係的研究還是被肯定的。

然而，許多理論家持續質疑這個想法。舉例來說，卡普蘭和諾頓認為策略地圖在運用上應更務實一些。但諸如 Ittner 和 Larcker 及 Jensen 等觀察家則建議，只要淺層運用策略地圖就好，因為管理者實際上並不會質疑這些目標和衡量指標的基本假設為何。

另外，計分卡的角色也造成困擾：計分卡應被用於績效控制，還是更策略性地運用在規劃和學習方面呢？Zingales 等人建議，計分卡應做控制之用，而 Mooraj 等人則發現，以歐洲為基礎的組織多用計分卡做規劃。但 Antarkar & Cobbold 則認為這兩種運用同樣有效益。

計分卡可能不適用於擁有為數眾多之利害關係人的組織。目前已有替代方法被提出，其中以績效管理最有名。例如 Neely、Adams 和 Kennerley 認為他們提出的連結利害關係人價值與策略目標的架構更好。然而，德國企業的一項研究指出，平衡計分卡並不意味著利害關係人的需求應納入策略目標。

👁 問題：平衡計分卡法的優勢和劣勢為何？

作業層級的部門與單位可能會參照平衡計分卡的形式，記錄他們的 KPI 以及其他日常管理的目標。這可能都是源自於或為了配合公司層級的計分卡而形成的作法。

卡普蘭和諾頓以美孚石油公司（Mobil Oil）為例，說明企業如何讓所屬的事業單位，根據當地的情況發展自己的計分卡。各事業單位所使用的目標和衡量指標不需要加上更高層級的計分卡內容，管理者只要選擇可能會影響更高層級計分卡項目的當地衡量指標將之納入該事業單位的計分卡即可。換句話說，事業單位的計分卡並不是將更高層級的計分卡項目做簡單的拆解後，直接拿來運用。此外，較低層級的計分卡，在某種程度上，彼此之間具關聯性。例如，某事業單位可能是另一個事業單位的內部供應商，那麼站在客戶觀點，該事業單位的計分卡應該要能夠反映出內部客戶所屬計分卡的要求。

有些組織仍繼續使用卡普蘭和諾頓原始的績效衡量計分卡，而沒有改用後來所提出的策略計分卡。有些教科書和期刊文章在介紹平衡計分卡時，認為計分卡是一種落實的工具。雖然卡普蘭和諾頓在最近的著作中提到策略目標如何與營運作業連結的方法，書中已明白指出，組織整體目標的發展，是持續檢視與發展整體策略的一部分。本章的目的在於解釋在策略目標管理的脈絡下，策略平衡計分卡的運用。本章已就策略分析的作法做說明，下一章將研究並討論策略目標與策略情境分析的重要性。

本章小結

1. 目標係指對所要達成之特定結果的陳述。策略目標及衡量指標則是用來維持和推展組織目的。組織內每一個層級的目標應當與組織的整體策略目標和衡量指標具一致性。
2. 當與策略相關的目標要下達至作業階層加以執行時，這些目標則必須具體且詳細，具備 SMART 特性。
3. 目標的平衡在於滿足當今的需求，並在未來需求之間取得平衡——這是策略管理的核心。
4. 平衡計分卡旨在取得四種觀點目標之間的平衡（每個目標必須有其衡量指標）。

5. 關鍵成功因素（CSF）應該將能夠達成計分卡目標的成功因素考慮進來。不要將之與關鍵績效指標（KPI）混淆，關鍵績效指標係用於衡量目標的進展狀況。關鍵績效指標所考慮的目標應該是與較高層級的策略計分卡目標一致或衍生出來的低階層目標。
6. 為使計分卡內建的目標和衡量指標維持在一個可管理的數量上，因此組織必須以實現願景為重。這種類型的計分卡稱為策略計分卡，與績效衡量計分卡不同，績效衡量計分卡通常用於組織較低階層，要考慮的作業性細節較多。
7. 策略地圖是用來探索因果假設，藉以思考並檢視目標和衡量指標。
8. 平衡計分卡必須由執行長和高級管理團隊來管理。

延伸閱讀

1. 本章主要依循卡普蘭和諾頓的平衡計分卡概念進行說明與討論。儘管這個議題的相關文獻很多，但卡普蘭和諾頓的研究仍占有重要地位，兩位學者仍針對此議題持續發表。他們最早出版的兩本著作值得閱讀，詳 Kaplan, R. S. and Norton, D. P. (2001), *The Strategy-Focused Organization: How Balanced Scorecard Companies Thrive in the New Business Environment*, Boston MA: Harvard Business School Press; Kaplan, R. S. and Norton, D. P. (1996), *The Balanced Scorecard: Translating Strategy into Action*, Boston MA: Harvard Business School Press.
2. 許多組織管理的概念都源自於日本。平衡計分卡的原型就是由 ADI 公司的方針管理（詳第 10 章）發展得來，請參閱 Stata, R. (1989), 'Organizational learning – the key to management innovation', *Sloan Management Review*, Spring, 63–74. 平衡計分卡和方針管理間的關係，詳 Witcher, B. J. and Chau, V. S. (2007), 'Balanced scorecard and hoshin kanri: dynamic capabilities for managing strategic fit', *Management Decision*, 45(3): 518–537.

課後複習

1. 為什麼目標對於工作流程的管理很重要？
2. 策略目標如何實現目的？
3. 策略目標應該具備 SMART 特性嗎？
4. 在策略管理領域裡，平衡代表的意義為何？
5. 為什麼平衡很重要？
6. 策略目標和用於實現或執行的目標有何不同？
7. 策略目標和診斷性目標之間有何區別？
8. 策略管理和績效管理之間有何不同？
9. 財務觀點和其他觀點之間的關係本質為何？
10. CSF 和 KPI 兩者之間有何不同？
11. 針對平衡計分卡，高階管理者被賦予的責任為何？

討論問題

1. 請利用卡普蘭和諾頓所提出的 4 個觀點，為自己或所屬小組的理想事業設計平衡計分卡。
2. 承上題，請繪製策略地圖，並指出事業成功的主要關鍵成功因素。
3. 請比較卡普蘭和諾頓 1992 年的績效衡量平衡計分卡與 1996 年的策略平衡計分卡有何不同。另以任一組織為例，討論前述兩張平衡計分卡之間的差異以及造成差異之可能原因。

章後個案 3.1

構建納米比亞國家衛生策略之平衡計分卡

自獨立以來,納米比亞鄉村地區取得安全飲用水的人口比例,從1991年的40%提升到2001年的80%。然而,衛生設施的覆蓋率並沒有達到預期:2009年,只有13%的鄉村居民和61%的城市人口能夠享有改善後的衛生設施。2008年,政府頒布了新政策,擬於次年採用平衡計分卡,以期實現新政策的願景:

2015年,全國66%的人口,能夠在一個健康和生活品質改善的環境下,享有量足質優的衛生服務。

另外還有兩個關於目的的陳述:使命和核心價值觀。使命:

在造成環境衝擊最小的情況下,提供城市和鄉村地區可接受、負擔得起和持續性的衛生服務;家計單位、貧民窟棚戶區和機構透過跨部門的協調、整合開發並應用以社區為基礎的管理方式,採用全部門範圍法（Sector-wide Approach）進行財務資源配置。

核心價值觀:

無須透過協商,衛生部門即提供以下服務,因此該部門透過下列核心價值,顯示其重視良好的治理。

- 成為誠實、值得信任和透明的服務提供者。
- 共同承擔責任,提高生活品質。
- 為傳遞有效的服務,所有層級彼此合作與溝通。

發展策略地圖

納米比亞政府以情境分析找出策略關注重點,透過外部與內部分析,瞭解組織所面臨的威脅、機會以及優勢和劣勢,同時也可找出策略考量的重要領域,包括社會、經濟和環境狀況;管理、強化和績效管理的能力;資源;

納米比亞的水泵

社區參與和社區教育；潛力。這些領域的相對重要性，會依照實現願景所需之社會經濟和環境狀況所產生的影響進行討論。這些領域建構下列六大策略主題的基礎，並打造了衛生屋（Sanitation House；見圖3.7）。

1. 水資源和衛生部門之間的協調（良好的夥伴關係，特別是在關係資源方面）。
2. 機構能力之建立（各級政府的人力發展和資源）。
3. 社區教育和參與（保健和衛生教育）。
4. 建設（實體資源開發）。
5. 營運和管理、績效管理和強化（核心競爭力和系統）。
6. 社會經濟、環境產出和結果（其他主題的最終成果）。

圖的左邊從水資源及衛生部門的協調開始，一直到社會經濟與環境產出與結果等六大策略主題都一一列出。每個主題都有對應的關鍵成功因素，而且這些成功因素會列在組成這個衛生屋的每個區塊裡。至於列示的順序則是依照這些關鍵成功因素之時間先後關係，由下而上（以箭頭指示方向）列出。這種圖示方式形成了策略地圖，可以看出這20個CSF目標（或稱基石）如何相互影響。

第 3 章　目　標

圖 3.7　衛生屋

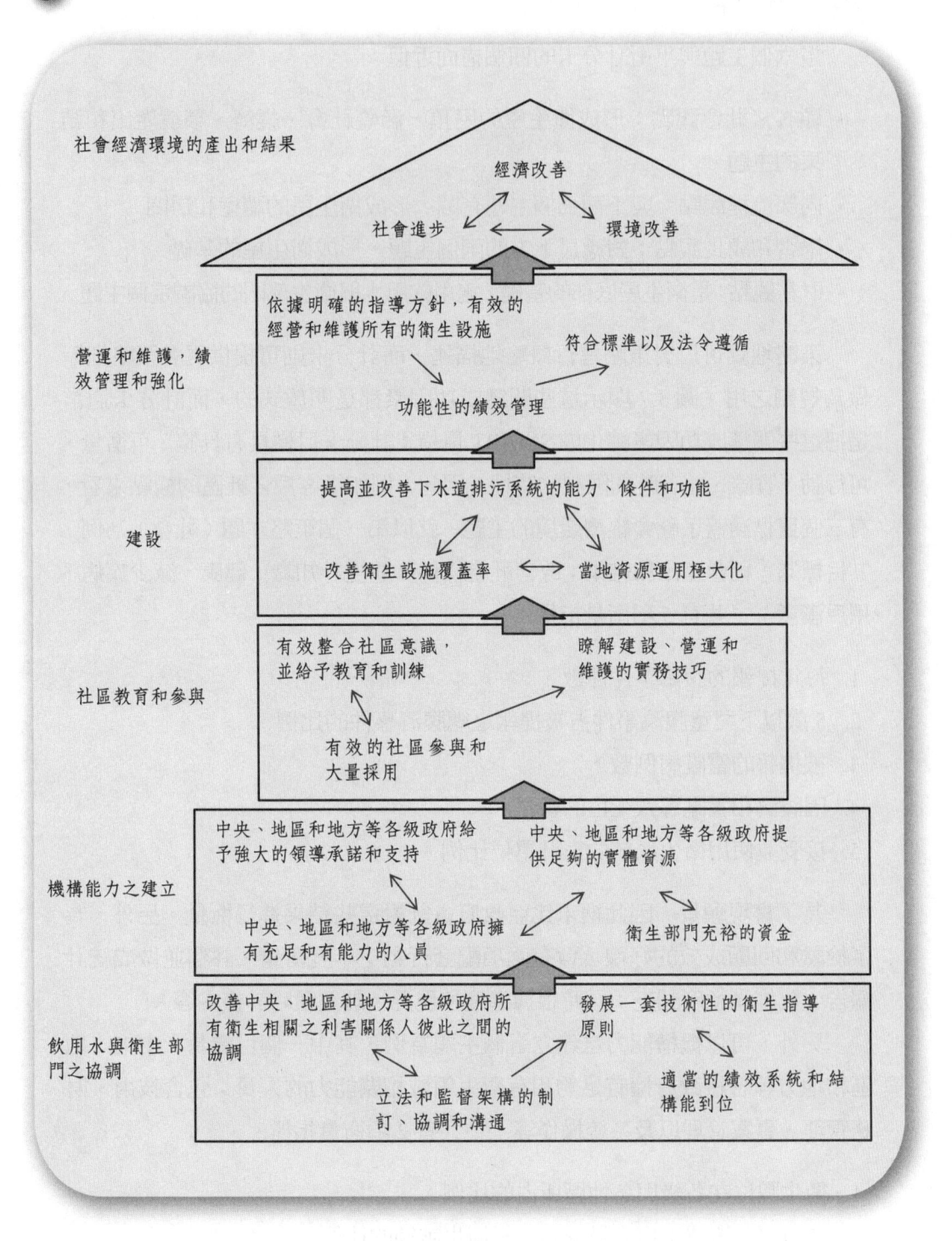

社會經濟環境的產出和結果
- 經濟改善
- 社會進步 ↔ 環境改善

營運和維護，績效管理和強化
- 依據明確的指導方針，有效的經營和維護所有的衛生設施
- 符合標準以及法令遵循
- 功能性的績效管理

建設
- 提高並改善下水道排污系統的能力、條件和功能
- 改善衛生設施覆蓋率 ↔ 當地資源運用極大化

社區教育和參與
- 有效整合社區意識，並給予教育和訓練
- 瞭解建設、營運和維護的實務技巧
- 有效的社區參與和大量採用

機構能力之建立
- 中央、地區和地方等各級政府給予強大的領導承諾和支持
- 中央、地區和地方等各級政府提供足夠的實體資源
- 中央、地區和地方等各級政府擁有充足和有能力的人員
- 衛生部門充裕的資金

飲用水與衛生部門之協調
- 改善中央、地區和地方等各級政府所有衛生相關之利害關係人彼此之間的協調
- 發展一套技術性的衛生指導原則
- 立法和監督架構的制訂、協調和溝通
- 適當的績效系統和結構能到位

▲ 平衡計分卡的組成分

這六個主題與平衡計分卡的四個構面近似：

- 顧客／社會觀點：形成衛生屋的屋頂，涵蓋社會、經濟、環境產出和結果的主題。
- 內部流程觀點：與下面三個主題有關，形成衛生屋的牆壁和房間。
- 學習和成長觀點：對應最下方的兩個主題，形成衛生屋的基礎。
- 財務觀點：是衛生屋底部的基礎，適用飲用水與衛生部門的協調這個主題。

策略地圖可以對策略進行概略地描述，而計分卡則可提供更多策略細節做為規劃之用。圖 3.7 顯示這些關鍵成功因素都是開放式的，而計分卡通常是把這些關鍵成功因素轉化成 SMART 目標：計分卡目標具有具體、可衡量、可行動、實際、並有時間限制的特性。因此，例如從客戶／社區的觀點來看，有三個目標涵蓋了社會經濟環境的主題。就以第一個策略主題（社會）為例，其目標為「社會產出和結果：改善社會條件，並提升知識、健康，減少疾病，用戶滿意」，共有 5 項衡量指標：

1. 每年提報的腹瀉事件件數。
2. 5 歲以下兒童腹瀉事件占被提報之總腹瀉事件的比例。
3. 被提報的霍亂病例數。
4. 因腹瀉和霍亂導致死亡的數量。
5. 接受並使用衛生系統的家計單位比例。

為了實現願景，因此納米比亞政府會針對這些結果進行衡量。另外，為了檢驗和回顧成效的好壞，會有兩項配套行動：年度衡量、評估並做成統計報告、實施滿意度調查；同時根據進度和現況，調整策略計畫內容。

另外，再以機構能力之建立這個主題為例，其中一個目標為「中央、地區和地方等各級政府擁有足夠和有衛生領域相關能力的人員：包含技術、財務管理、專案管理以及系統操作等」，共有 2 項衡量指標。

1. 衛生職位在各級與各地區所占的比例。
2. 所有事業單位工作人員受過適當衛生訓練的比例。

第 3 章 目標

　　雖然這個目標的衡量指標很少，但配套行動為數最多，共有 21 項，主要是招募和培訓員工，每項配套行動都有權責單位負責，針對訂定的年度目標及預估費用進行管理和檢視。

　　這份平衡計分卡總計共有 20 個目標以及 69 項衡量指標，另含 162 項配套行動或相關計畫。因此這已成為一個非常大的變革計畫，但它沒有與現有的目標混淆，反而更貼近政府使命和核心價值觀。這份計分卡涵蓋的目標和衡量指標主要是以策略變革以及實現願景為焦點。

　　這項策略計畫也指出成功變革可能的障礙。特別值得關注的是，政府部門本身是行政單位性質，並依功能別分工執行例行任務，以達成使命。換句話說，現有的組織結構和服務較適於逐步調整現有的作業方式，進行漸進式的變革，但不利於回應策略變革之跨部門和跨功能作業方式，或是根本式的變革。該計畫指出，衛生部門的所有利害關係人都扮演著實現策略者的角色，包括：

- 參與和採用。
- 外部利害關係人的支持。
- 高績效文化。
- 充足的資金。
- 鼓舞人心的領導和變革管理。

討論問題

1. 請以上述個案為例，說明策略地圖、主題、目標、衡量指標、策略行動和策略計畫之間的關係。
2. 上述個案所使用的計分卡，與卡普蘭和諾頓所提出的計分卡模型有何異同？商業組織用的計分卡適用於非營利組織嗎？
3. 請為任一組織（例如你就讀的學校、你任職的公司）繪製策略地圖，並為其找出關鍵成功因素。試討論這些關鍵成功因素如何協助組織找出目標和衡量指標。

章後個案 3.2

平衡計分卡模式在策略管理的應用

還記得本書第 1 章個案中討論有關策略管理的三個基本要素：策略目標、資源分配與行動方案，但是一個策略是否被有效率且有效能地執行，策略績效評估與控制是其中的關鍵。管理四大職能為規劃（Planning）、組織（Organization）、領導（Leadership）、控制（Control）中的第一個流程是策略規劃而最終流程就是控制，管理循環 PDCA（Plan-Do-Check-Action）中的 Check（檢核）也與績效評估密切關連，可見一個策略最終能否成功，與是否有一套正確有效的績效評估控制有相當程度的因果關係。

績效評估與控制一直都是策略管理學術與實務界最為關切的議題之一，為了確認策略執行過程是否偏離策略目標，組織必須建立一套績效評估與控制的機制，傳統廠商理論將生產過程視為一個黑箱，從投入到產出之間經由組織管理活動創造價值，其過程大致如下圖所示：

投入（Input）→ 過程（Process）→ 產出（Output）

現代管理理論與技術成功發展之後，生產過程不再是黑箱而是可以解構的企業流程，企業策略控制也就有三大類的控制模式：

1. 投入控制：藉由控制投入生產要素的品質來提高績效，例如企業都會建立一套有效的員工招募制度，來確保投入的人力資源是可以創造價值的。台積電每年都會到大學校園尋找有潛力的年輕人進入公司服務，他們的人力資源部門有一套評選新進員工的指標，讓公司選錯人才的機率降到最低。

2. 過程控制：為了確保價值創造策略執行過程有效能及效率，組織都會針對流程建立標準程序與控制機制，大部分生產活動都會有標準作業流程（Standard Operation Process, SOP），每一個職務也都有職務說明書，讓員工有一套明確的工作手冊可以依循，這樣可以大幅降低意外出錯的機會。

3. 產出控制：組織最終要創造價值，因此最後產出的效率、品質也是最為

重要且關鍵的控制機制。策略執行之後能夠達成策略目標是產出控制的目的，例如某一日系平價時尚服飾公司的展店目標是每年增加 10% 的店數與 15% 的單店業績，事後檢驗展店目標是否達成就是產出控制方式之一，產出控制大部分與財務績效連結。

組織管理學者 Ouchi 在 1990 年代致力研究另外一種強而有力的控制機制：文化控制（culture control），他認為如果組織成員都有相同的信念與目標，則鮮明的企業文化也是有效的控制方式，文化控制必須有強大企業文化為後盾，例如美國蘋果公司（Apple Co.）強調創意創新與速度的企業文化，已故 CEO 賈伯斯強而有力的貫徹企業文化，造就蘋果公司超過 30% 毛利率這樣高水準的財務績效。

前述四種控制機制在過去追求短期利潤最大化的觀念之下，強調財務績效的產出控制最受企業歡迎，但是只強調財務績效評估的控制模式有很大的缺陷，簡單地說就是企業最終不知道為何獲利與為何虧損？進而也不懂如何獲利或是如何減少虧損？因為組織績效是從投入、過程到產出都息息相關的，於是新的策略績效評估模式必須被發展出來。

平衡計分卡（The Balanced ScoreCard, BSC）於 1990 年代初由哈佛大學商學院的卡普蘭和諾頓兩位學者所提出的新形態組織績效衡量方法。為何此方法稱之為平衡計分卡呢？因為平衡計分卡同時注重了財務與非財務指標之間的平衡，長期目標與短期目標之間的平衡，組織外部關係（例如企業社會責任）和內部關係（例如員工滿意度）的平衡，產出結果與過程平衡，企業發展成長與穩定的平衡等多個方面。簡單來說，BSC 的目的，在於發展出超越傳統上以財務績效為主的績效評價模式，確認組織的「策略目標」能夠轉變為「行動方案」而發展出來的一種新型態的組織績效評估模式。但是平衡計分卡不能為組織擬定策略，而是能幫助組織有效的執行策略，達成組織的策略目標。

組織利用平衡計分卡來控制策略執行效能也有 SOP，簡要說明如下：

1. 策略地圖（strategy map）：領導者與各部門主管要各自為其所管理的範圍擬出策略地圖，最好是用流程圖繪製，說明組織成員如何互相影響，例如一家物流公司配送部門主管可以提出一個簡要的策略地圖為：提高

配送物品分類正確率→減少物流車運送里程→縮短配送時間→減少油料與人員時數→顧客滿意度提高與成本降低→提高部門績效。

2. 關鍵績效指標（Key Performance Indicator, KPI）：列出最重要最關鍵的績效指標，而且每一個 KPI 都要有檢核值、目標值，例如上述物流公司的 KPI 可能是平均配送時間、配送失誤率、每車日均配送件數等，列為 KPI 的項目一定要是重要且關鍵。

3. 行動與回饋（action and feedback）：為了完成 KPI 而擬定出的具體行動方案，而組織成員達成策略目標與否連結至所得到的回饋。例如為了達成 KPI，可以用顏色標籤來有效率地將物品配送地區分類，以降低配送失誤率，而如果達成此一 KPI，部門成員可以得到那些回饋，例如獎金或額外休假。而萬一沒有達成 KPI 則要組織成員一起找出原因加以改善，直到完成 KPI 要求為止。

平衡計分卡在策略管理的應用從作業層級策略、事業層級策略、公司層級策略、集團層級策略到全球層級策略都適合，但是由小到大的策略層級所對應的平衡計分卡模式也不相同，但是基本上上述三個步驟的 SOP 是相同的。

討論問題

1. 試想如果你參與一個課堂討論小組或專題小組，你們的小組可否運用平衡計分卡的模式來幫助你們達成目標？如何設計你們小組的平衡計分卡？
2. 試想如果你是一家便利商店的店長，可否畫出一張店長的策略地圖？
3. 承上題，這家便利商店的 KPI 可能是哪些項目？這些 KPI 的檢核值與目標值該如何制定？

重點筆記

第 **4** 章
外部環境

學習目標

1. 一般的外部環境
2. 產業生命週期
3. 產業的主要競爭力
4. 策略群組
5. 藍海策略

外部環境

組織的外部環境（external environment）由組織外部的條件組成，包含人員和組織，這些條件影響了組織所屬產業的外在變化，特別是那些影響競爭強度的因素。正因為外在條件不斷地改變，組織需要持續地監控和檢視策略，以有效管理外部環境出現的任何威脅，並能夠善用機會。許多的改變是難以確認，所造成的後果往往也不確定，甚至未知。

外部環境

第 **4** 章

商業場景

看見全貌……

世界經濟最明顯的趨勢是**金磚五國（BRICS）**的崛起。這是對巴西（Brazil）、俄羅斯（Russia）、印度（India）、中國（China）和南非（South Africa）等五大經濟體位居日益重要的經濟地位，賦予英文國名開頭字母所組成的稱謂。自 2008 年以來，這些國家每年舉行會議，商討共同的經濟利益。由於 2008 年全球經濟危機，金磚五國的經濟成長逐漸緩慢；但到

巴西

俄羅斯

印度

中國

南非

113

策略管理

2025 年，這五個國家的經濟規模將可達美國、日本、德國、英國、法國和義大利等今日最富裕國家合計的一半以上。甚至到 2050 年，這五國的經濟實力可能會更大。

金磚五國在主要商品（來自於巴西、俄羅斯和南非）、服務（印度）和製成品（中國）的供應上有重要優勢。這些優勢似乎有可能持續，但大部分取決於金磚五國如何持續管理國家經濟。下列項目似乎顯得重要：

1. 追求健全的總體經濟政策，並且創建穩定的經濟基礎設施；
2. 發展強大而穩定的政治體制；
3. 持續開放貿易和外國直接投資；
4. 維持高水準的中等教育。

雖然這些項目都屬於長期因素，但位於世界任何地方的組織，都必須在當期就考慮這些背景因素以利宣告策略，並確保每個人都已確認正確的議題。在這樣的基礎上，組織可以優先考慮一些機會，並制訂優先事項的策略架構。

金磚五國的崛起意味著西方組織的機會愈來愈多，但也必須持續調適自己的產品和服務，以滿足這些國家的喜好。例如，在 2008 年和 2012 年間，金磚五國的好萊塢電影票房倍數成長，超過 60 億美元，預計等同於 5 年的美國票房總數。

金磚五國看似也有自己的電影產業，例如印度的寶萊塢（Bollywood）將會大幅成長。如果好萊塢（Hollywood）想要繼續在市場中競爭，那麼就必須推出符合新興市場的電影：好萊塢需要作出像寶萊塢的電影！

PESTEL 架構

PESTEL 架構（PESTEL framework）是一個用於策略管理、輔助記憶總體環境因素，以協助策略家尋找一般機會和風險（包含政治、經濟、社會、科技、環境和法律等因素）的方法，如圖 4.1 所示。這些因素都是潛在的根本因素，一旦有了

圖 4.1　PESTEL 架構

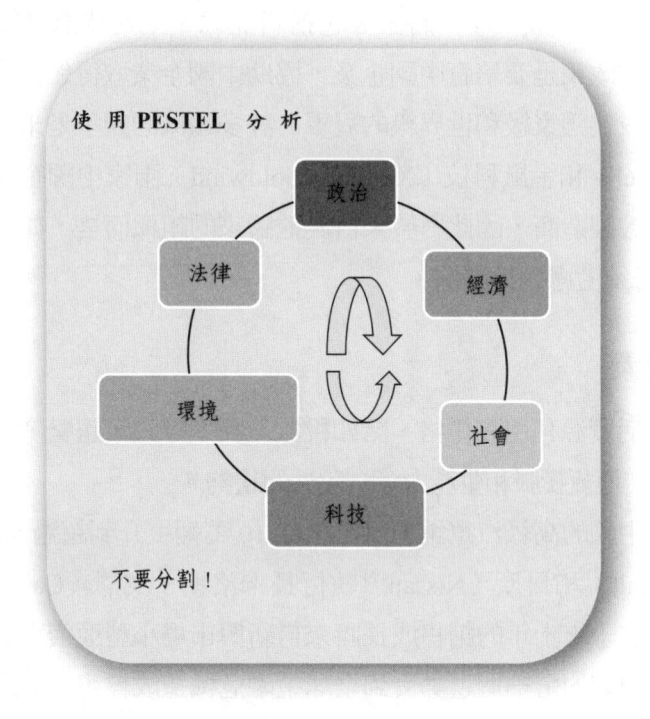

使用 PESTEL 分析

- 政治
- 經濟
- 社會
- 科技
- 環境
- 法律

不要分割！

改變，尤其是長時間的改變，將導致產業轉型。假設如果組織能夠監控和檢視所屬的外部環境，應該更能夠因應這些環境的改變，而且或許比競爭對手改變得更快。正如一句古老的諺語說道：早起的鳥兒有蟲吃。

這個架構提到六種總體因素。重要的是，在使用上應該把這六大因素當成一個整合、不被分割的整體趨勢和變化來看。策略管理重視彼此之間的連結關係，而非只是關心個別的趨勢，也不會只重視行銷和單一市場，而是進行長期和全貌的管理。雖然許多趨勢可能看起來很熟悉，但瞭解各個趨勢之間如何共同推動變革和創新是很重要的。有些趨勢帶來風險和機會。當運用 PESTEL 架構檢視外部環境時，組織將面臨思考長期趨勢並回答像是「我們的策略有足夠的彈性可因應新的競爭嗎？」等問題的挑戰。

政治因素

政治因素包括地方、國家和國際政府與機構的行動趨勢，以及影響群體和個人的思維和活動。

中國的第十二個五年計畫當中，描述了幾個躍上新興競爭舞台的產業，內容更指出有些國家在未來幾十年，將爭奪包括新能源、生物技術等相關產業的領導地位。中國政府的政策是要培育中國企業，協助中國企業取得領先的技術和擴大自身的商業能力，成為國家級和世界級的冠軍。許多領域的競爭是來自於監管決策。華銳風電（Sinovel）和金風科技（Xinjiang Goldwind）兩家中國企業，目前是世界前三大風力渦輪機製造商，因此對於來自其他國家的組織而言，如丹麥的維斯塔斯（Vestas），就必須考慮到此發展。

經濟因素

經濟因素包括資源利用和價格、諸如稅收、利率等政策趨勢，以及例如可支配所得、經濟成長、通貨膨脹和生產力等一般性的趨勢。

過去五年，中國的高級汽車銷售量已經從 10 萬輛上升到超過 50 萬輛。不過，依據雷諾（Renault）和日產（Nissan）執行長卡洛斯‧戈恩（Carlos Ghosn）的說法，許多汽車業在未來十年的銷售成長將來自新興市場小型廉價車款的首購客戶。而到目前為止，中國的這一個趨勢受到全球金融危機造成經濟衰退的影響很小，小型汽車市場還未強大。2008 年的經濟困境可能是短期的，但對於汽車銷售的前景，例如未來 20 年的金磚五國，似乎還是令人振奮。

上個世紀，已開發經濟體係屬消費者社會，當時的市場成為分配資源和創造財富的主導經濟系統。此現象仍會隨著新興經濟體而持續帶來額外的 10 億消費者，因為家庭年收入的增加超過 5000 美元，家計支出似乎已延伸到自由支配購買的水準。到 2015 年，新興經濟體消費者的消費能力，預計將從 4 兆美元增加到超過 9 兆美元，這幾乎等同於西歐國家當前的消費能力。這種趨勢與開發更複雜資訊來源之間的關聯將逐漸強化，而消費者可能有取得相同或類似產品和品牌的管道。儘管全球化的腳步在全球金融危機之後趨緩，但各種跡象仍持續顯示全球化的趨勢。

▲ 社會因素

社會因素包括人口統計、社會和生活方式的趨勢,以及國家文化、倫理、道德和期待。

二次世界大戰後的嬰兒潮(發生於 1945 年至 1960 年左右的已開發國家)形成了現有為數眾多且獨特的消費者群體。這些人目前的年齡介於 50 歲至 65 歲之間,是歷史上最大規模和最富有的消費者群體。他們在各產業市場的消費情形是過去老一輩消費者所無法比擬的。嬰兒潮世代的人在年紀漸長之後,健康和休閒支出更多,而且他們將繼續影響消費性電子、服飾和家具等產品,這是老一輩消費者不曾接觸過的相關商品領域。

▲ 科技因素

科技包括改變,以及新科技和開發中的科技變革對於資源、組織行為、產品和服務、營運的衝擊。

智慧型手機和價格掃描應用程式的普及,正改變著購物的本質。組織能夠操縱從購買者身上得到的資訊,所以有人認為,一個消息靈通的消費者所產生的想法是一種錯覺。臉書(Facebook)推出稱之為 Beacon 的廣告系統,用戶在其他網站的購物行為,不必經過授權,就可以傳遞給社交網路上的朋友。這種廣告系統引起眾人強烈抗議,臉書最後關閉這個系統。儘管如此,所有人的過往都被挖掘出來,並由「那些被想賣東西給我們的人占有並儲存」,證明了「線上購物正成為同時威脅和誘惑著這些科技的主人」。

▲ 環境因素

環境因素包括生活品質、資源的永續和再利用,也包括後勤準備、基礎設施和促進者。

利樂(Tetra Pak)是一家總部設在瑞典的多國籍食品包裝和加工公司,該公司在紙盒設計等相關工作的持續努力已獲得認同,在交通運輸、倉儲和零售用的包裝技術優於瓶裝罐。不過,因為該公司的包材內含多層紙張和塑料,要比玻璃瓶和錫罐更難回收再利用,因此最終只能運至垃圾場掩埋。雖然利樂的技術很成功,但未來將暴露於風險之中,因為該公司生產的紙盒遭到愈來愈多的批評,尤其是來自地

方議會。利樂很清楚這一點，因此正與世界各地的地方議會合作，努力改變並提高紙盒回收再利用的狀況。

▲ 法律因素

法律因素包括法律和監管行動、標準、其他要求、勞動法規等。另可能包括因應國際貿易和競爭法律的全球化議題。

每個國家的法律架構截然不同，變化很大，對個別產業的影響更是深遠。其中一項最顯著的趨勢是在安隆（Enron）、泰科國際（Tyco International）、Peregrine系統（Peregrine Systems）和世界通訊（WorldCom）等大型企業發生倒閉以及網路公司泡沫化後，會計準則相關監管更加嚴謹。2002年7月，上市公司會計改革和投資者保護法案（the Public Company Accounting Reform and Investor Protection Act）〔也稱為沙賓法案（the Sarbanes–Oxley Act）〕立法通過成為美國法律。之後，世界各國也都推出了類似的法制措施。

▲ PESTEL 程序

前述的一些例子彼此交集且相互影響。這些例子所描述的總體環境狀況可以變得很複雜，而且似乎具不確定性，因此透過 PESTEL 架構進行思考的過程應該愈簡單愈好。這些因素不應該總是被認為就只是條列一些彼此無關的重點。這些因素是一個彼此相關的集合，組織應用於持續觀測並定期檢視一般環境的全貌。執行 PESTEL 分析的整個過程應遵循健全的管理原則（詳表 4.1）。

PESTEL 的各個因素之間，可能產生負面和正面的相互影響。PESTEL 是一個檢查和決定策略優先事項的有用架構，鼓勵管理者跳脫組織和產業框架，減少狹隘的心態。但是，這個架構也有弱點存在，因為太容易就能掃描數據，只要在文件檢核表中的核取方塊打打勾就可以管理了。一個好的 PESTEL 分析應該要能夠深入思考根本的原因。分析不應該只強調重點，但也應避免資訊超載。議題應該是策略性的，而不是操作性的。例如，策略家應聚焦於驅動變革的攸關因素以及議題。當然，這是一個判斷性的問題。PESTEL 因素的重要性必然與組織的目的和本質有關。

表 4.1 PESTEL 的管理

- 應配置負責掌管包括會議和討論等流程之人員。
- 啟動 PESTEL 程序之前,應先思考整個過程,並瞭解 PESTEL 分析的目標為何。
- 維持簡約的原則,不要拘泥於細節,避免見樹不見林。
- 討論時,應注意悲觀和樂觀看法之間的平衡,也要納入不同觀點的局外人意見。小心特權階級利益和群體思考的情形發生。
- 同意適合的資源挹注。先確認組織內部的資訊。
- 使用視覺化工具和輔助討論的工具。進行流程管理。
- 確認最關鍵的因素議題,尤其是針對策略和關鍵成功因素的議題。
- 製作並提供討論文件供相關人員參酌。
- 運用反饋和跟催技巧,確認行動;讓所有 PESTEL 參與者保持聯繫,鼓勵持續的對話。
- 決定持續監控哪些議題。將這些議題連結現有流程,以進行監督和檢視變化,特別是規劃。

實務作法 4.1

大都會

差不多就在現在這個時間點,城市居民將超過住在鄉下的人口數,為歷史寫下新的一頁。世界各地不斷湧現新全球性集團將對每個人都有深刻的影響,尤其是廣告商。其中有許多是富裕者,特別是在新興經濟體持續成長的都會中產階級。這不僅僅是一個經濟現象;更是一種生活形態的轉變,走向後唯物主義價值觀。

都市國際(Metro International)是一家總部位於盧森堡的瑞典媒體公司。該公司是免費報紙的全球領導分銷商,在全球 53 個國家,共派發 56 種報紙。這家公司每天派發 700 萬份日報,並自 1995 年成立以來,廣告銷售每年成長約 40%。

派報的一項重要方法是選擇尖峰時間派發報紙給搭乘火車的通勤者。雖然該公司的目標是鞏固其在成熟市場的占有率，但亦同時拓展拉丁美洲、亞洲和俄羅斯等市場；廣告主也將會是全球性的品牌。該公司試圖對世界各地城市的年輕富裕觀眾提供娛樂，惟內容避免名人八卦、危言聳聽故事以及政治醜聞等主題的報導。但是，2011年某天的報紙卻利用了名人報導，頭版頭條放上了女神卡卡（Lady Gaga）探討關於平等和個性化的議題。女神卡卡針對提到其個性層面（包含創新、鼓舞、刺激）的新聞事件給予評論。街頭推銷員打扮成女神卡卡的樣子。

　　自從國際市場的成長時刻來臨後，該公司的表現不凡，而此時傳統報紙亦正面臨著來自網路的競爭，許多網路報紙針對所刊登的新聞內容收費。

👁 問題：都市國際是一個良好的策略個案，用以說明由外向內的影響。免費報紙的派發行之有年，歷史悠久。為什麼都市國際可以成為一家成功的全球性組織？

黑天鵝和結構性突襲

　　PESTEL分析主要在於監控和檢視長期趨勢，但全球金融危機是一種結構性突襲（structural break），它顛覆了趨勢並改變現有的行為模式。組織面對一般環境中的基本和不可預知的事件時，都可能面臨必須突然重新思考組織目的和策略的情況。有些不可預知的事件是潛在的大災難，以致於社會，甚至是世界都必須加以回應。世界衛生組織（The World Health Organization）預期A/H5N1流感（禽流感）的大流行，將造成700萬至3.5億人口的死亡。

　　納西姆‧尼古拉斯‧塔雷伯（Nassim Nicholas Taleb）是《黑天鵝效應》（The Black Swan）一書的作者。1698年，荷蘭探險家在某個河流入口處發現黑天鵝，這個地方後來就是我們所稱的西澳。在此之前，歐洲人認為天鵝只有白色品種。哲學家大衛‧休謨（David Hume）就利用這個發現來說明，人們最常以過去已經發生過無數次的事件，來證明某件事確實為真，但只要有一個單一事件發生，就可以證明它為假。

外部環境

第 4 章

競爭觀點 4.1

KISS（保持簡單，笨拙）或深思？

通用電氣（General Electric, GE）前執行長傑克・威爾許認為，策略思考的過程應盡可能簡單、直接。

> 在過去三年裡，不只一次，我一直在演講場合或者在業務會議遇見策略大師或其他人談論策略思考的過程。已經好幾次，我以懷疑的態度聆聽他們的簡報內容。這並不代表我不明白他們談論有關競爭優勢、核心競爭力、虛擬電子商務、供應鏈經濟、破壞性創新等理論，這些內容都只是專家們用來談論策略的方式──就好像某種高腦力的科學方法論──感覺真的離我很遠⋯⋯拋開大師說要經歷絞盡腦汁並挖掘數字的過程，才能得到正確的策略。拋開情境規劃、年度研究和數百頁的報告。這些東西都耗時、昂貴，而且你不需要。

實務界似乎偏愛簡單、直接、非無意義的方法來思考策略和看待外部環境。已有證據顯示：「真正的世界是簡單的」──例如，根據麥肯錫顧問公司（McKinsey）的研究，組織對競爭對手行動的反應可能受到限制，而且僅是短期。

撰寫感受和抓住機會等相關著作的大衛・蒂斯（David Teece）認為，特別是企業家精神管理，需要做的分析很少，主要還是涉及認識問題和瞭解趨勢。大前研一（Ohmae）認為，有效的企業策略來自特定的思維狀態，而不是分析。

蓋瑞・哈默爾認為，「策略產業見不得光秘密是策略創造沒有任何理論」。然而，策略工具，例如架構，應該只是協助思考和理解而已。策略思考並不是一門精確的科學，而且這些工具並不構成判斷。

👁 問題：這個教訓似乎是告訴我們「保持簡單、笨拙」（KISS），但像 PESTEL、產業生命週期和五種競爭力等工具是有用的嗎？

塔雷伯教授以這個概念來形容網路和911恐怖攻擊等事件就像是黑天鵝（black swans），因為這些事件無法預測，若一旦發生，將令所有人感到驚訝。他指出，黑天鵝事件具有三個特性：(1) 發生時，衝擊力道強；(2) 不可預測性（發生機率低），以及 (3) 一旦發生後，大家會編造出某種解釋說明其實事件是會發生的。雖然許多人聲稱全球金融危機是黑天鵝事件，但塔雷伯教授並不同意。在這本書第一版的內容當中，他就已經評論過金融業，並預測未來會發生金融崩盤。然而，全球金融危機的影響確實構成了結構性突襲。

理查·羅曼爾特（Richard Rumelt）認為，結構性突襲是策略家的最佳時機，因為舊有的競爭優勢來源衰退，而新的來源出現。他認為，科技的改變使得1980年代發生了一個結構性突襲。微處理器的發展導致出現較便宜的計算機、個人電腦和桌上型電腦以及新型軟體產業的興起。這些變化帶來了網路和電子商務等服務，使矽谷的小團隊文化超越日本在結構工程與組織管理的優勢：它「改變了國家的財富」。

目前似乎沒有明顯和有用的方式來瞭解會有哪些結構性突襲發生。塔雷伯在書中提到關於把黑天鵝轉變成白天鵝的概念。舉例來說，世界經濟的衰退是週期性或者至少非常規律的發生，而且過去50年以來，曾有四次全球性的經濟衰退。雖然未來經濟衰退的時間不確定，但可以從中學習得到啟示。比如說，有些產業似乎比別的產業更經得起經濟衰退，如公用事業、電信服務、醫療保健和消費必需品，但當經濟好轉時，這些產業也不太可能有顯著的成長。

高階主管和管理者需多加檢視環境，對於可能出現的情境與假設進行討論，重要的是避免新趨勢的出現或意料之外的情形發生而措手不及。如果高階主管能夠關注整個事件，就有機會可以瞭解事情轉向的時點。愛爾蘭籍的英格索蘭（Ingersoll-Rand）執行長赫伯特·漢高（Herbert Henkel）在2008年夏天注意到，儘管該公司許多業務似乎做得很好，但冷藏運輸業務的歐美訂單卻驟減了。易腐食品銷售下降反映出供應鏈遇到了問題。「我不得不想，這個數字最後為公司贏得了什麼？我們該怎麼辦？」英格索蘭迅速地啟動應變計畫，包括重建和降低庫存。「當然，我們仍然必須回頭並且做更多的事情。但不是忽略這個指標，我們要有一個好的開始。」

策略風險管理

策略風險管理（strategic risk management）係指組織針對可能嚴重傷害其達成長期目的之外部事件和趨勢，進行管理的一種系統化和全面性的方法。依據威達信公司（Marsh & McLennan Companies）資深副總裁理查·華特勒（Richard Waterer）的說法，風險管理是任何組織策略管理的核心之一。包含有條不紊地列出組織管理核心事業領域所附帶的風險，換言之，也就是對組織有效進行策略性管理組織目的具有重要性的事項。沙曼和史密斯（Sharman & Smith）認為，風險管理的內容應具備下列主要層面：

- （就特定的組織業務目標和風險環境）陳述風險管理的價值主張；
- 定義已決議的風險；為以組織目標為基礎，以及支持企業策略的風險管理目標下定義；
- 依照風險承擔的程度，陳述所需的企業文化以及所期待的行為；
- 定義各層級風險管理策略的組織所有權；
- 參酌風險管理架構或系統，以傳遞上述需求；
- 檢視風險管理架構於傳遞風險管理目標的有效性，並定義所採用的績效準則。

法令遵循的要求有助於組織推動策略風險的文件化。美國證券交易委員會（The US Securities and Exchange Commission, SEC）現在要求上市公司需以書面公告公司的主要事業領域以及策略成功的核心基本假設。

產業生命週期

產業生命週期（industry life cycle）的概念是把產業比喻成一個有生命的有機體，歷經導入期、成長期、成熟期和衰退期等階段，每個階段都有鮮明的特色。產業生命週期如圖 4.2 所示，其中縱軸表示產業產出，橫軸代表時間。從曲線的形狀可以看出，隨著時間的經過，產出會先增加，然後穩定持平，最後走向衰退。從各階段的變化就可以看出產業競爭條件的改變情形。

圖 4.2　產業生命週期階段

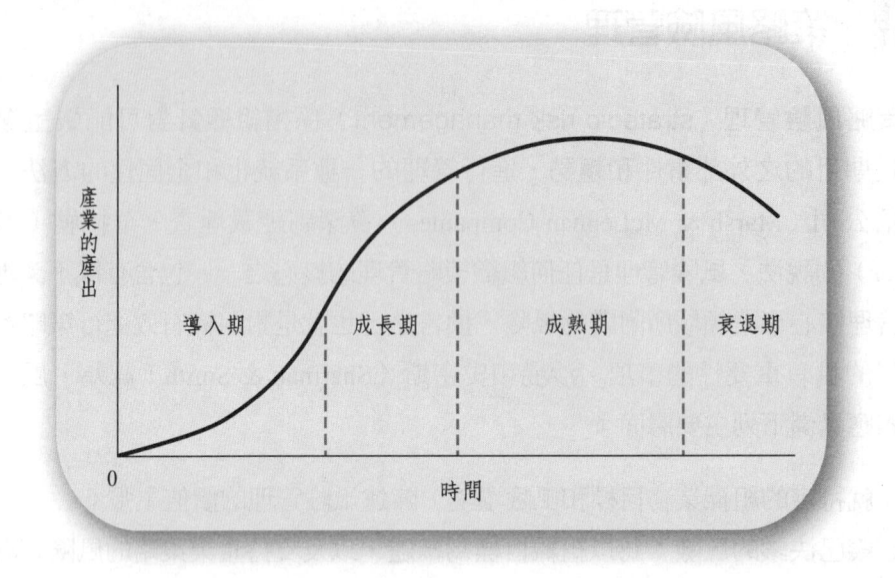

（縱軸：產業的產出；橫軸：時間；階段由左至右為：導入期、成長期、成熟期、衰退期）

▲ 導入期

　　導入期（introduction stage）的產量低，成本高，但需求非常低。這個時期可能有不同規模的企業（從小型的新創組織一直到其他產業具多樣性的成熟組織都有）大量推出各種產品和服務。此階段一個重要的進入障礙可能是開發技術的知識，再加上大型組織購併小型的專業公司。競爭可能來自於開放的配銷通路以及設計完善的產品和服務。組織要是能夠早先做到穩健的設計和應用，就可能在未來市場占得先機，得到先行者優勢。隨著個人電腦的發展，蘋果公司之所以能夠開創一群忠誠的創新使用者，在於該公司發展出一種特有的方式進行設計，以影響後來的產品，包括 iPod、iPhone 和 iPad，使該公司在所屬產業中占有主導地位。成功不必然在於有最佳的功能或最低的成本。通常取決於好奇的創新使用者如何接受並使用新產品和服務。

▲ 成長期

　　隨著顧客等人員的推廣與配銷，消費者對產品和服務的熟悉度提高，使產業需求首次擴大，而價格也隨著該產業因為經驗曲線和善用規模經濟而顯著下降（見第 7 章）。成長期（growth stage）階段成長強勁，隨著時間的經過將達到一個轉折點，

這個臨界點將發生從眾效應（bandwagon effect）（大家都有，我也想要有的心態），使得產品和服務的需求增加，因此銷售成長快速。相互競爭的組織數量減少了，而且主導設計的組織也站穩腳步。因成長期的需求量大，以致於產業內有太多的競爭者出現，最後導致產能過剩，過了這個臨界點後，產業將重新洗牌，也許只有極少數的大型組織仍有利可圖。這就是波士頓顧問集團（Boston Consulting Group）創辦人布魯斯・亨德森（Bruce Henderson）提出的三的法則以及四的法則（Rule of Three and Four），意指一個穩定的市場，競爭者不會超過三個，而且最大競爭者的市占率將不會超過最小競爭者的 4 倍。

這個時間點是**先行者**（first movers）成為被大眾所接受，且在所屬產業取得主導地位的時候。觀察家有時候會用「品類殺手」（category killer）這個名詞來描述組織已經能夠排除某個產品類或服務類大多數的競爭。例如，發展網路服務的先驅者 eBay 是提供網路拍賣的先行者，該公司創造了一個幾近壟斷的市場，目前與其類似的拍賣網站的市占率非常小。

然而，一般外部環境對於一個剛萌芽的產業與新產業的導入期非常重要，而成長期受競爭環境的影響則較大。從生物學的角度來看，查爾斯・達爾文（Charles Darwin）的適者生存觀點帶給我們一些啟示：

> 有些人認為一個國家的物質條件對人民來說最重要，這種想法徹底錯誤；我認為人民必須彼此競爭的這個本質，是造就國家進步更為重要的因素，這應該不會有爭議。

▲ 成熟期

最終隨著時間的經過，產業的成長必定變慢，然後進入成熟期（maturity stage）的階段，組織無法從其他競爭者手上搶奪市場份額，以致於不能維持成長，這可能導致組織降低價格，鼓勵對手降低成本，並建立品牌忠誠度。成熟期也是大型競爭者發展核心競爭力的時間點，特定的組織或產業普遍可獲得策略性資源。這些因素構成了高度進入障礙，少數存活下來的公司如果能夠建立寡占地位並避免打價格戰，就可能利用高價優勢，從中賺取高額利潤。另有一些大型公司將成熟期事業（金牛）所賺得的收入，投資處於導入期的新興和成長產業及缺乏現金的成長期事業（詳第 8 章以及策略組合分析）。成熟期是產品生命週期最可能經歷的階段，

當基本的產品或服務以各種不同但相關的行銷組合,提供給不同的目標市場區隔即是。每一種產品受限於本身的生命週期,因此組織必須調整行銷組合,以符合各種生命週期階段的需求。

衰退期

產業可能衰退的原因很多,從科技替代,如電視取代電影,或社會變遷,如大眾對健康議題的關注程度提升、煙草業的衰退等。原因可能與一般環境和PESTEL因素息息相關。有時候,產業經由創新使銷售回升。蒸汽技術曾威脅帆船業,迫使帆船業精進改善,經過一段時間後,靠著風力航行的帆船反而變得比使用蒸汽的船隻更有效率。

近年來,最明顯的改變是運算、通信、娛樂和媒體業的聚合。電視製造業者索尼和飛利浦發現自己有過時的產品,進而被三星(Samsung)和松下(Panasonic)逼退。在新科技和全球化趨勢的改變下,許多製造業已經轉移到中國和其他國家,這意味著電視製造業的產業生命週期已經重頭來過。

產業生命週期模型能有效運作嗎?

產業生命週期模型有助於策略家辨識並描述不同產業環境的機會和威脅。管理者需要設計自己的策略,考量環境條件的變化。但是,要精確地確認產業處於哪個階段通常有難度,要預測更是困難,因為沒有普遍公認的週期長度標準,所以競爭者通常會做出安排以影響週期的長度。然而,這個概念的價值在於,管理者可以將其視為釐清策略選擇的一項強大的工具而加以運用。產業和市場初期似乎方向尚未確定,因此不設限發展路線,而後通常會歷經渾沌紊亂的狀況以及激烈的競爭成長,最後到達成熟和相對穩定的狀態。產業生命週期著重於探討產業各個發展階段的特徵。而麥克‧波特則提出了不同的看法,他認為一個產業的獲利能力,也就是產業吸引力,是由產業競爭力和相對優勢決定。

產業的獲利能力和五種競爭力量

在競爭策略的思考上,最有影響力的貢獻來自於麥克‧波特所提出的產業獲利

外部環境

第 4 章

能力和**五種競爭力量**（five competitive forces）架構（詳圖4.3）。這些力量決定產業的競爭強度和產業內所有組織的長期獲利能力。在這個架構當中，最核心的力量是現有競爭者之間的競爭強度。這個力量受其他四種力量所影響：包含新企業的威脅、顧客的議價能力、供應商的議價能力以及替代產品和服務的威脅。這些力量的強度大小以及彼此之間相互影響的方式，決定了一個產業的獲利能力並形塑了產業架構。

從表面上看，每個產業似乎彼此有所不同，但是根本的潛在驅動力是一樣的。麥克・波特觀察並比較全球汽車業、國際藝術市場以及歐洲正規的健康照護產業後指出，雖然每個產業表面看似不同，但每個產業的獲利能力都是受五種力量的根本結構所影響。其原理原則是相同的：為了維持優勢地位，組織在市場環境競爭時，必須考慮所屬產業的五種力量。

如果這些力量強大，組織或許就無法從投資中獲得具有吸引力的報酬。如果這些力量薄弱，那麼就可能獲取高於平均水準的報酬。許多因素對短期獲利能力有影響，但瞭解五種競爭力量的長期因應之道就更為重要。例如，食品價格之所以會上下波動，主要取決於天候和石油儲存和運輸成本，加上新進入者的威脅性低，而且

圖 4.3　五種競爭力量

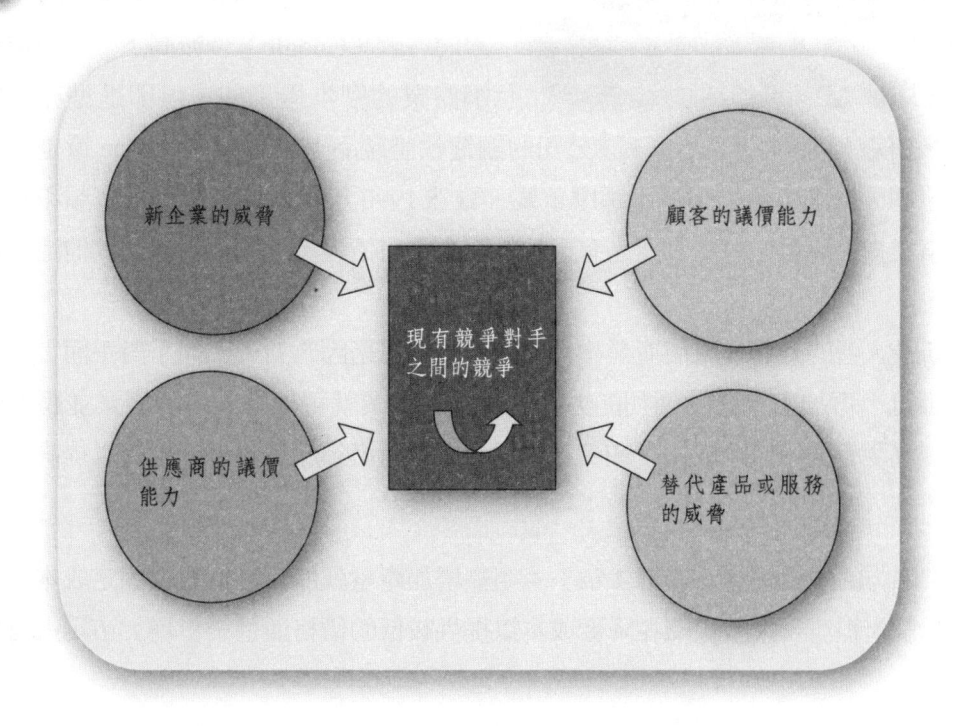

127

雜貨的替代品範圍非常有限，因此超市就會將一般和較長期的獲利能力，放在零售連鎖店對供應商和顧客的議價能力上（即便程度小）。

如果個別產業要保衛並塑造有利於自己的產業力量，那麼就必須考慮其產業結構的健全度以及自身在所屬產業中的策略地位。各種競爭力的本質因所處產業不同而有差異，而且最強大的競爭力量可能並不明顯。傳統上，超市為顧客所創造的價值在於方便性和低成本，這主要視折扣商店（outlets）的位置距離顧客有多遠而定。但是，網路購物這種替代品，在長期下可能會超越那些首先建立基本盤客戶數以及服務品質聲望良好的企業。

▲ 新進入者的威脅（新企業）

外部新競爭者的加入使得產業的總產能提高，將對現有的市場份額帶來額外的壓力，進而影響產業內的價格、成本和投資。假如新競爭者在其他行業的競爭力很強大，那麼就可以發揮槓桿作用，利用能力和現金流干擾現存的企業。例如，微軟（Microsoft）以巨大之姿來勢洶洶地跨足網路事業。2008年，該公司以約450億美元收購雅虎（Yahoo），試圖與略勝一籌的谷歌（Google）一較高下。微軟涉足網路業的腳步慢了些，但卻是世界上擁有最多研發預算的公司之一。該公司的關鍵軟體產品Windows和Office還是非常賺錢、個人電腦事業已變得不那麼重要，雖然1990年代末期，微軟在寬頻和有線電視事業損失慘重，但本身還是有足夠的現金和有價證券，可以轉移到其他地方投資。

新進入者的威脅，將使產業獲利能力下降。這是因為對外部競爭對手而言，進入障礙低，再加上產業的獲利能力高，因此新企業就可以進入這個產業並壓低價格，提高現有競爭者的成本，或者造成現有競爭者必須花費更多的金錢以提高進入障礙。進入障礙有下列八種來源：

1. 供應方的規模經濟（詳第7章）：組織增加產量就能夠降低單位固定成本稱之為規模經濟。大型組織在降低成本以提供較低的價格並進一步增加市場占有率

的能力，較小型企業強，而且能夠進行更多的投資，改進技術並能夠和供應商協議更好的條件。外部競爭者若要做有效競爭，則必須大規模進入該產業，擊退現有的競爭者或者接受成本劣勢。規模經濟可能發生在供應鏈的任何環節；例如，塔塔鋼鐵（Tata Steel）等大型企業，主導鋼鐵製造。

2. 需求方的規模效益：當顧客因為購買該組織產品的客戶數增加，而願意支付更高的價格購買組織的產品，即出現規模利益。組織形象、聲譽以及產品和服務的知名度，將隨著規模增加。

3. 顧客的轉換成本：假如顧客轉換供應商，將出現轉換成本。如果成本很高，進入者會覺得太貴，而無法讓顧客覺得轉換有其價值。例如，在許多產業市場，供應商的投入或服務對大型顧客的自有產品品質很重要；供給的改變可能增加不確定性，因此需要修正工作內容並做額外的投資。

4. 資本需求：當進入成本高，取得大量的財務資源是必要的。如果資本的價值或者所有權人的出資受不確定的金融市場和利率所影響，那麼，這些攸關成本可能會減少投資的可行性。資產轉售的潛在價值是一項重要的考量點。

5. 與規模無關的現存優勢：產業裡的現有組織可能擁有潛在進入者無法與之匹敵的其他優勢。在這些優勢當中，有很多都與早期優勢有關，例如取得專利技術、優先獲得成熟穩定的材料和勞動力供給、有利的地理位置（特別是對現有顧客而言）以及悠久歷史，加上公認的品牌和累積的經驗等，這些都是某些特定組織非常重要的競爭優勢。進入者可能會試圖迴避這些優勢。

6. 配銷通路取得的不公平：批發和零售管道愈少，現有的競爭對手愈有可能強力把持這些通路，那麼新進入者就愈難直接進入並接近現有顧客。有時候，新競爭者不得不避開現有的銷售管道，甚至發展新市場。

7. 政府政策限制：政府政策和法規、許可的核發和其他以國家利益為依歸的控制方法，甚至有利的貿易協定等方式，都可以限制甚至阻止新進入者進入產業。

8. 預期報復：現有競爭者面對新的競爭時，是否有報復能力以及過去是否曾使用報復手段，將會影響潛在進入者如何看待該產業的吸引力。現存企業經常使用公開聲明和回應某一新進入者，順勢傳遞一些積極、挑釁的訊息。新進入者需考量競爭對手管理上述進入障礙的能力、思考新客戶成長的可能性、競爭對手承受或降價的力量，以及其資產負債表的健全性。

新進入者的挑戰就是經由大量投資，在符合適法性的情況下，找出克服進入障礙的方法，以進入產業贏得獲利能力。

顧客的議價能力

強大的顧客或顧客群可壓制產業的供應商降低價格，要求更多的客製化、提高服務和品質水準。這些情況將使產業的獲利能力降低，形成買方市場，力量和價值有利於買方。在下列情況下，顧客將擁有優勢：

1. 顧客數少，採購量占供應商供貨量的占比很大。如果供應商的固定成本很高，邊際成本很低，就有可能試著採用折扣以填補產能。
2. 產業的產品標準化或無差異化。如果買方可以在其他地方找到相同的產品，則有可能彼此都扮演供應商的角色。
3. 顧客更換供應商的轉換成本低。
4. 如果供應商帶來高成本，而顧客能夠後向整合，並能自製產品。

如果產品或服務的成本占買方總成本或有用資金的絕大部分，那麼產品或服務的成本必然是買方所關心的項目，買方可能對供應商的價格感到敏感。買方可能試圖尋找最優惠的交易，而在這種情況下，供應商要與買方進行談判很難。但是如果價格占買方總成本的比例低，則情況正好相反。當供應商的產品品質以及其對買方自有產品的影響力是買方的重要考量點時，價格就沒有那麼重要；供應商所提供的服務，尤其是快速回應與建議，反而對買方來說更為重要。在一般情況下，現金充裕、企業健全且能夠獲利的客戶，對價格水準較不敏感。

中間顧客以及非最終用戶的顧客，例如配銷通路商，也有相似的動機。但不同的是，如果他們可以協商出有利的交易，就可以下放部分利益給下游廠商，以強化自身的貿易地位。製造商經常試圖透過獨家經銷與獨家販售的作法，減少通路的力量。有時候，供應商也可能直接向消費者行銷。零組件製造商通常設法創造下游顧客對其零組件的偏好，以箝制、影響組裝廠。

供應商的議價能力

如果供應商能夠影響產業的商品與資源流向，就可以協議出更高的價格，或者將成本移轉給所屬產業的其他參與者。在滿足下列情況下，供應商面對顧客時，能

夠獨立行動：

1. 供應商聚焦於特定產業與顧客。
2. 供應商不依賴單一產業為收入來源。供應商同時服務多個不同的產業，可以從每個產業當中取得額外的高報酬。另外，供應商可能需要經由已決議的合理價格，協助其他供應鏈活動，例如品質管理或促銷，以維繫產業來源收入。
3. 供應商握有高轉換成本的顧客。供應商可能占有有利供應地位，並集中服務大型客戶。
4. 供應商提供差異化的產品和服務
5. 供應商的產品和服務沒有替代品。
6. 供應商有向前整合的潛力，並且進入下游產業及顧客市場。

▲ 替代產品和服務的威脅

如同所屬產業的產品一樣，替代品以不同的方式為顧客創造同等的價值。提供替代品的競爭對手可能是其他產業的業者，但其產品和服務卻與產業裡的產品和服務一同競爭客戶。替代品的威脅可能對產業造成間接或直接地影響。替代品無所不在，但是如果以不同於產業的產品或服務形式出現將難以辨識。當其他產業或市場環境時常改變或是根本改變時，本產業的參與者要瞭解來龍去脈很困難。替代品的威脅影響一個產業的獲利能力，因為產業的價格必須保持吸引力，否則產業內的顧客可能會出走。

如果顧客可以清楚知道替代品的價格具有吸引力，或是替代品的績效表現相較於原產業的產品或服務好，那麼替代品的威脅就高。此時顧客的轉換成本也必須要低，而且便利性和產品保證也沒有問題。這時候企業也可能善用所屬產業的新機會，發展適合其他產業的替代品。

▲ 現有競爭者之間的競爭

正常來說，五種競爭力量當中，最強大的莫過於現有競爭者之間的競爭。因為競爭對手積極主動地利用其他力量來強化地位，增加收入並節約成本，以獲取成功。當每個競爭者的力量、規模或數量大致相同時，競爭強度較強。在這種情況下，任何組織想要贏得顧客，多從搶奪競爭對手的客戶著手。除非產業內有領導者

出現，設定產業的競爭條件，否則競爭行為將處於不穩定及耗費成本的狀態，對整體產業的運作不利。

產業成長緩慢可以刺激競爭，爭奪市場占有率，尤其在高退出障礙時更是如此，因為競爭者的技術已被鎖定，或是握有在其他產業價值有限的專屬性資源等等。這可能導致長期性的產能過量和鼓勵折扣。組織也可能因為各種原因而無法享有獲利能力。競爭對手可能是大型組織旗下的一個事業體，同時在其他產業裡營運。這些事業單位可以在那裡尋找成長機會，或取得產業技術和營運的經驗。另有一些競爭對手可能同時負有社會責任和追求利潤的目標，這對他們如何競爭也有影響；例如，公共服務業係以維持低價為宗旨。

競爭成本可用以提高價格和減少顧客的數量，但是價格的競爭也可以贏得新顧客，但也因為強調價格而減少提升產品功能的機會，而且如果產業減少創造能與顧客共享的價值，那麼產業的獲利能力也會減少、產業投資和發展也會受限。中間顧客以及非最終用戶的顧客，例如配銷通路商，也有相似的動機。但不同的是，如果他們可以協商出有利的交易，就可以下放部分利益給下游廠商，以強化自身的貿易地位。

當競爭對手之間的產品和服務非常相似，而且顧客的轉換成本較低時，就容易發生價格競爭的情形。高固定成本與低邊際成本常導致競爭對手的壓力，不得不將價格降至低於平均成本的水準以贏得客戶，並彌補固定成本。必要的投資往往無法避免需要額外增加產能，這也誘使供應商提供優惠價格來換取銷售額的增加。另外，易腐商品也必須迅速賣出，以防止因銷售劣質或過期商品或是更改產品資訊所導致的損失。

組織可以利用產品和服務的特色、品牌和經驗等非價格因素區隔市場，分別進行管理。低價市場收益穩定，高價市場能反映給顧客更高的價值。這樣一來，與價格競爭相較之下，非價格競爭比較不會侵蝕產業的獲利能力，透過市場區隔可以獲得高於平均水準的獲利能力。

外部環境
第 4 章

▲ 所有競爭力量的整體結構

五種競爭力量決定了在產業裡營運的組織如何將產業所創造的經濟價值保留下來,組織在與顧客及供應商議價的過程當中得到多少、組織因替代品或潛在新進入者的出現受到的限制。策略家的心中必須掌握整體架構,而不是僅做單一力量的思考。麥克・波特曾說:

> 瞭解塑造產業競爭的各種力量是發展策略的起點。每家公司都應該知道所處產業的企業平均獲利能力有多少,以及獲利能力如何隨著時間而改變。這五種力量透露出為什麼產業的獲利能力就是如此。唯有這樣,公司才能夠將產業狀況納入策略思維當中。

在麥克・波特的觀點裡,組織可以建立競爭力量的防衛機制做為策略,或者找到競爭力量最弱的位置固守。這對決定組織的一般競爭優勢(如成本領導、差異化與集中,詳第 6 章)相當重要,這些一般策略可以在單一事業層級實現。

如果組織可以利用五力分析,創造最大的差異,那麼競爭力策略將可以讓組織善用其優勢。然而,波特警告,組織在塑造策略時,應注意不要做動態的設定,以避免破壞企業長期的吸引力。五力分析有助於組織瞭解產業環境,有助於企業瞭解如何於長期獲致高於平均水準的利潤。然而,對於某些產業來說,尤其是新技術的興起,聚焦於短期可能變得更為重要。

💡 實務作法 4.2

零售銀行的進入障礙

🔊 進入障礙

要涉足零售銀行業的新進入者,必須符合國內法規的要求,並以適當的程序取得資訊系統、擬定合適的支付計畫,並備有足夠的資訊和資金。在策略上,零售銀行必須吸引客戶,達到一定的營運規模以回收創辦成本,擴大市場占有率,並在市場上維持成功的地位。國內銀行業最主要的一項進入障礙是顧客轉換率低,現有品牌忠誠度高,而且消費者偏好分布綿密的分行據點。

當然也有一些例外因素,例如不同客群之間(例如頂級客戶 vs. 次級客戶;都會區客戶 vs. 鄉下地區客戶等)具有差異性。這些被忽略的市場可能是新進入者的利基市場,新進入者可以努力耕耘與擴張,取得客戶信任,建立一個新品牌。

大都會銀行(Metro Bank)是 150 年來英國第一家被授予全方位服務殊榮的銀行。該銀行在 2010 年設立第一家分行,其客戶價值主張係強調良好的客戶服務,它的策略是每週營業 7 天並延長營業時間,客戶來行開戶或申辦信用卡業務僅需 15 分鐘即可完成。該銀行將美國商業銀行的成功服務模式複製到英國,並在賣給一家規模更大的零售銀行之前,營業據點由 1 家快速增加至 500 家分行。大都會銀行的目標是在未來 10 年內,於大倫敦地區設立 200 家分行。為了擺脫排隊久候、營業場所氣氛沉悶的形象,大都會銀行〔與維珍理財(Virgin Money)一樣〕尋求重新定位,將分行打造成零售商店或休息室,內有咖啡和躺椅供顧客使用。

🔊 大商店集團

附屬於大商店零售集團旗下的銀行,相對不受全球金融危機的影響。然而,不良形象反而使金融業和一些成熟品牌有了成長的機會。回顧 1930 年代的大蕭條時期,美國多角化企業集團通用電氣金融服務部門的成功,是基於推介分期付款,協助財務狀況不佳的客戶購買耐久財商品。在英國,一直以來零售業集團希望延伸品牌到其他領域,包括金融服務,特別是消費貸款。

拉弗蒂集團(Lafferty Group)零售金融研究機構的邁克・拉弗蒂(Michael Lafferty)指出,大型商店經營消費貸款業務是一個重獲新生的機會。例如,大型連鎖超市特易購承諾成為「人民的銀行」。雖然該公司早在 1997 年進入金融業,但直到最近才考慮要提供活期帳戶和抵押貸款等服務。事實上,大型商店不認為金融業經營容易。金融業務除了要有一些必要的基礎設施和資訊科技(IT)系統的支持,還必須要有管理流動性與資本的能力,另外還會面臨信譽方面的風險,例如如果特易購開始收回客戶的房屋。還有就是有關大型超市如何回饋當地社區的一些疑慮。

另一方面,消費者可以跟一般商店而非零售銀行建立更深厚的關係,因為消費者對商店的信任程度比較高,而且這種信任可用來擴展不同的零售品牌。一般商店的核心零售服務可以用來作為跨足金融服務的敲門磚商品,提供給現

有的龐大客戶群。但是，兩者的基本經營模式是有差異的。

沃爾夫・奧林斯（Wolff Olins）的品牌諮詢專家羅伯特・瓊斯（Robert Jones）認為，「沒有任何零售商會想要涉足競爭激烈的金融業，並以傳統銀行的經營模式行事。這樣做是沒有價值的。零售業者想要以不同的方式進入金融業，帶給消費者更大的吸引力。」

雜貨採買是超市零售金融服務模式的核心，可以促進信任、提升價值、服務和便利。這與銀行將活期帳戶或抵押貸款做為零售模式的核心相較之下，銀行模式所促進的是信任、安全性和誠信。IBM 企業諮詢報告就曾討論這些經營模式，並分析超市跨足金融業務獲致長期成功的可能性。

如果超市品牌經營金融業務的成本真的是零售銀行平均的四分之一的話，那麼超市跨足金融業務將比其他挑戰者或新進入者位於更好的地位；因為最起碼超市足以因應大量客戶的成本。目前維珍理財公司、大都會銀行或其他小型的英國零售銀行要提供有競爭力的存款利率做為競爭利器，似乎不太可能。零售銀行的新競爭依然可能來自於超市通路。

◉ 問題：五力可應用於金融業嗎？

實務作法 4.3

網路業的五種競爭力量

電子商務的重要性在 1990 年代後期開始提升。許多觀察家質疑傳統的策略管理觀念，尤其是波特的競爭策略。波特在 2001 年也做出回擊，他認為網際網路不是一種策略，而只是做生意的一個手段而已。持久性的競爭優勢與策略定位有關：需要傳遞價值主張。他利用五力架構來看網際網路：

🔊 **新企業的威脅**

進入門檻低，因為網路業不需要太多的銷售人員、通路、實體和昂貴資產。軟體和網路應用的本質，通常很容易被競爭對手模仿，從而進入市場。

🔊 **顧客的議價能力**

通路的強勢程度已下降，或是傳統通路的議價能力已經改善。一般的議價能力已經轉移至最終使用者，並且轉換成本也降低。

📢 **供應商的議價能力**

公司的干預減少了,因為供應商可以利用網路直接接觸最終使用者。議價能力轉移至供應商身上,因此進入門檻降低。

📢 **替代產品或服務的威脅**

整體產業變得更有效率時,市場規模就可以擴張。當網際網路普及,新替代品的威脅就會產生。

📢 **現有競爭者之間的競爭**

競爭者之間的明顯差異,不一定容易被顧客察覺,因此從而產生更多的競爭。地區市場增加,競爭者的數量也跟著增加。競爭者之間的差異可能來自於價格,而非公司間的差異。

波特認為,組織可利用五力做外部環境的評估。從長期來看,網路規格將會標準化,使顧客難以區隔彼此間的差異。

👁 問題:網際網路是一種產業還是有別的定義?

競爭觀點 4.2

時至今日,五力仍與之攸關嗎?

1979 年,麥克・波特於《哈佛商業評論》(*Harvard Business Review*)提出競爭力的概念。該期刊力邀他修改該論文,並於 2008 年再度發表。他所提出的觀念依然(可能)是策略管理方面最具影響力的論點。

然而,五力模型也曾被批評,因為模型似乎淡化了產業成長率、科技、創新、政府等因素的重要性。波特則回應,這些都不是競爭力,只是影響因素而已。雖然這些因素很重要,但係屬於中立的競爭條件,因為這些因素僅只是產業提高獲利能力的一些機會和威脅而已。五力似乎也低估了產業協調與合作的重要性,特別是互補性產品和服務方面最為明顯。然而,現有架構裡的變數似乎也很少不考慮這一點。

五力分析的其中一個議題是如何定義產業。麥克・波特使用官方版的產業分類。官方版的產業定義不明確,將使競爭力如何影響企業在該產業的定位出現不同的看法,這是不恰當的。

第 **4** 章 外部環境

葉（Yip）認為，波特大部分所使用的例子，如美國西南航空（Southwest Airlines）和宜家家居（IKEA）等企業，都已經在所屬產業占有獲取既定利潤的地位。波特亦提出時間對於建立獨特競爭地位的重要性。對於擁有高度變化市場的某些產業而言，可能沒有時間做到這一點（詳超競爭）。

◎問題：波特的五力模型有助於組織在所屬產業維持長期競爭地位，但該產業的新進入者要如何才能取得這樣的地位呢？

競爭觀點 4.3

策略應該維持長期穩定，還是應該有所改變？

不斷地改變策略不利於員工士氣，因為如果一直改變策略，會被誤以為組織的高階管理者沒有自己的思維，所以組織應該避免經常改變策略。如果環境一直改變，組織也很難維持相同的策略，或是長期都採行同樣的策略。因此建議組織應約束外部環境，或是採行較保守的觀點。

另一方面，一些觀察家認為組織應該要不斷地改變，講求創意、創新並對競爭者保持警覺心，就算與現有策略不一致也無妨。反傳統思想者，湯姆·彼得斯（Tom Peters）就曾喊出眾所周知的口號：「漸進主義是創新的最大敵人」以及「淘汰自己以贏得競爭」。從某種意義上來說，不斷改變就是一種策略，就算不是策略，至少也是一種策略態勢。維珍集團（Virgin group）深受彼得斯的影響。同樣地，蓋瑞·哈默爾（Gary Hamel）或許也受網路公司（dot.com）熱潮的創造力和創新的大量影響，認為策略也應該變革並以創新為基礎。

◎問題：策略管理訴求一致性目的之達成；策略的穩定性很重要嗎？

超競爭

理查·德戴維尼（Richard D'Aveni）提出**超競爭**（hypercompetition）一詞，以解釋持續不平衡和改變的一種動態競爭狀態。超競爭的狀況特別講求短期。1990

年代後期,網路公司興起之時,超競爭的概念開始廣泛運用於策略管理。德戴維尼認為,在新興和迅速變化的市場裡,競爭優勢是短暫的,無法持續,在企業有反應之前,競爭對手通常已採取行動。所以企業更強調更新而不是保護組織的競爭優勢來源。Rindova 和 Kotha 稱這一種活動為變形(morphing),不斷地改變形狀以適應環境。這種行為要求著重短期瞭解市場,並持續產生創意的能力。

另一個相關的想法是克里斯泰森(Christensen)提出的**破壞性創新（disruptive innovation）**概念,意味著利用革命性的產品取代現有的競爭方式。破壞性創新有兩種基本形式:第一是開創新市場和新客戶,創造新的競爭;第二是為處於低附加價值市場的現有客戶創造新價值,以及將現有的競爭移至高端市場,而不是保衛低端的市場區隔。維珍集團習慣走第二種路線進入各種傳統行業,如保險、航空旅遊業,根據其品牌力提供價值,瓜分現有競爭者的市占率。維珍集團常出現的一個策略問題是「為什麼不？」(why not?),而不是「為什麼？」(why?)。可以挑戰現有規範、並帶給客戶更好服務的產業,以及現有競爭者自滿的產業,都是維珍集團將會進入的產業。

新經濟領域的科技迅速改變(麥克・波特的觀點),導致許多作者宣稱組織沒有或很少再有持久性的優勢。他們相信組織不應該做更長期的策略選擇,反而要在發生變化時,變得更靈活、快速回應和學習。波特認為,雖然這可能是對的,但危險的是這將導致組織只競爭最佳實務作法,而不是追求競爭性差異。最後,因為對手都做類似的事情,並提供類似的產品和服務,客戶只依價格做選擇,削價競爭的結果最終只會削弱企業的獲利能力。

策略群組

策略群組（strategic groups）是指一個產業內,擁有類似競爭特性的一群組織。從產業觀察可知,在同一個策略群組內的競爭者,會採類似的方式回應競爭力量。一個產業可能有多個策略群組,可透過策略地圖呈現(詳圖 4.4)。**策略地圖**（strategic map）是以圖示的方式顯示產業中各策略群組的相對位置(請勿將策略地圖與平衡計分卡用的策略地圖相混淆,詳第 3 章)。

在同一個策略群組裡,競爭對手提供類似的產品給相同的顧客,競爭可能很激

圖 4.4 策略地圖

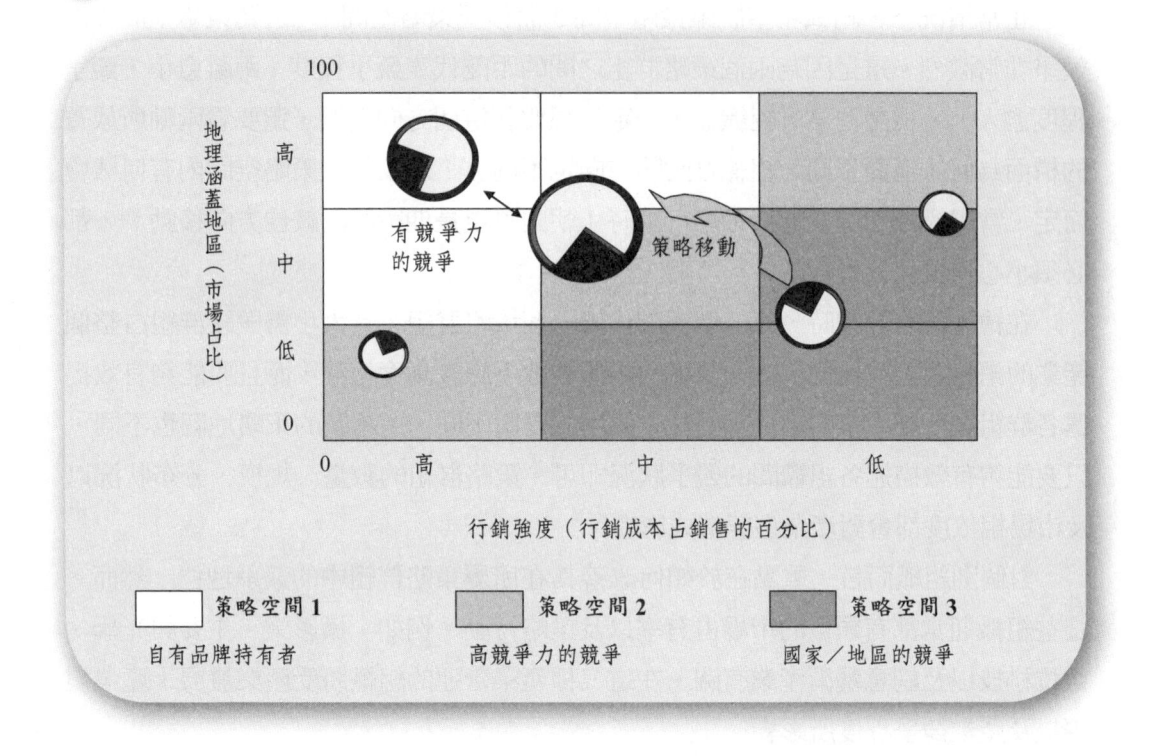

烈。策略地圖可用來評估和預測各群組可能的策略動向並識別策略空間，也就是還沒有被任何群組所涵蓋的策略領域，例如價格、產品範圍的差異化、地理涵蓋地區、垂直整合的程度以及使用的銷售通路和服務等。策略地圖會利用一組（兩個）差異化特性變數將組織分類，描繪出每個組織的位置，以瞭解這些組織為何群聚並形成一個相似的群組。圖 4.4 顯示了五大策略群組，每個群組以大小不一的圓餅圖呈現，圓餅圖的大小係根據競爭特性（依兩軸所放置的變數）而定。

在本例中，兩軸所放置的特性變數為地理涵蓋地區（表示市場占比）以及組織的行銷強度（表示行銷成本占銷售收入的百分比），可劃分為三個比較明顯的策略空間。策略空間 3（如圖右下方深灰色框的部分）屬於較無競爭力的定位，因為行銷成本高、市場涵蓋率小，因此適合國家或地區品牌之策略地位。相較之下，策略空間 1（如圖左上方白色框的部分）的公司擁有許多優勢，因行銷成本小（相對於營業收入）、市場涵蓋率大，可維持一個高競爭力的地位，合適主要的自有品牌經營。策略空間 2（淺灰色框的部分）則介於兩個極端的中間，包括低行銷成本與低

市場涵蓋率、高行銷成本與高市場涵蓋率，或者是介於這兩者之間的情況。

　　正常情況下，組織希望脫離策略空間 3 而移至策略空間 1，因為策略空間 2 的競爭非常激烈。這是因為兩個策略群組之間的距離代表競爭程度（距離愈小，競爭程度愈大）。但請注意，組織並不一定都想要朝這個方向發展，還要看兩軸所放置的構面為何（構面不同，組織移動的方向也不同），以及每個策略空間內有何機會而定。當組織每一次要進行策略行動時（朝向實現長期策略的較佳方向移動），都必須小心謹慎地分析損益。

　　在繪製策略地圖時，每一個圓圈代表一個策略群組，其大小需與該群組占整個產業的銷售收入成比例。劃分組織的兩個變數不應該高度相關，而且要能夠有效揭露各群組在所屬產業的定位差異性。使用的變數不同，所繪製的策略地圖也不同，只要能夠有效描述各組織間的競爭狀況即可。策略群組的數量、規模、分布狀況以及市場相依度都會對產業型態造成影響。

　　對個別組織而言，重點在於如何改善其在所屬策略群組中的競爭地位。然而，這些組織通常都有類似的市場占有率以及策略行動。例如，攝影業，主要與光學、數位科技以及創意藝術產業有關。在這三種產業營運的組織將受產業發展、產業變遷以及產業競爭程度所影響。

▲ 善用策略地圖

　　策略地圖可用來瞭解特定產業內策略選擇的本質，因此非常有用。同時，策略地圖也有助於瞭解競爭態勢。管理者可以更準確地辨識誰是主要競爭對手，而不是只知道所屬產業的競爭者到底有誰。所以，組織只要專注於以劃分策略群組的變數因應競爭者即可，不只節省時間還可節省金錢。另一個運用策略地圖的好處是找出無法克服的策略空間。最後，策略地圖亦有助於找出阻止組織從某一定位移至另一定位的可能移動障礙（就像進入障礙一樣）。策略地圖能夠協助組織強化其競爭地位，防止競爭者模仿其差異化優勢。

　　在確認策略群組時，就活動範疇和資源承諾而言，每個組織可能不甚相同。活動範疇可包含：

- 產品／服務的多樣化程度〔例如，電腦公司可能只銷售 PC 軟體，也可能加賣配件，如微軟銷售滑鼠、鍵盤以及電腦軟體〕；

- 地區涵蓋範圍〔例如，台灣筆記型電腦製造商華碩（Asus）的主要市場位於亞洲，而另一家台灣筆記型電腦製造商宏碁（Acer）的市場則包括歐洲等地〕；
- 配銷通路的範圍〔例如，戴爾主要銷售通路是網路，而惠普除了透過網路之外，也透過實體店鋪銷售〕。

資源的承諾包括：

- 行銷努力的程度（例如，廣告投放的形式以及廣告費用占銷售額的比例）；
- 產品或服務的品質，甚至是知覺品質（假設價格和品質之間有抵換關係，然後某些客戶可能偏好購買某些產品）；
- 組織規模（這取決於公司的中期目的以及未來所要達成的狀態）。

藍海策略

《藍海策略》（Blue ocean strategy）是金偉燦（W. Chan Kim）和莫柏尼（Renee Mauborgne）的著作。他們認為，企業不應該在過度擁擠的市場裡競爭（稱為紅海策略），彼此廝殺血流成河，反而應該開拓如同藍海一般的平靜空間，尋找機會。換句話說，組織應該找到一個新市場或區隔，力求差異化，不靠競爭取勝。這個想法有別於策略地圖的思維，強調創造新需求，而不是試圖以競爭對手已有的產品和服務屬性贏得客戶。

> 在高度競爭的產業裡，企業無法維持高績效。真正的機會是創造無人競爭的藍海市場空間。

組織應利用**價值曲線**（value curve）評估市場競爭者在價格、交貨、品質、產品功能和服務等價值創造屬性，在紅海中尋找缺口，以創造新型態的事業（詳圖4.5）。

圖中顯示高價航空公司和一般航空公司的價值曲線。現有競爭似乎較無涉足圖中下方標示藍海的部分：新廉價航空公司基於新市場期望低價、避免機場擁塞、不特別強調客戶服務和機上服務進入此市場。

圖 4.5　價值曲線：紅海與藍海

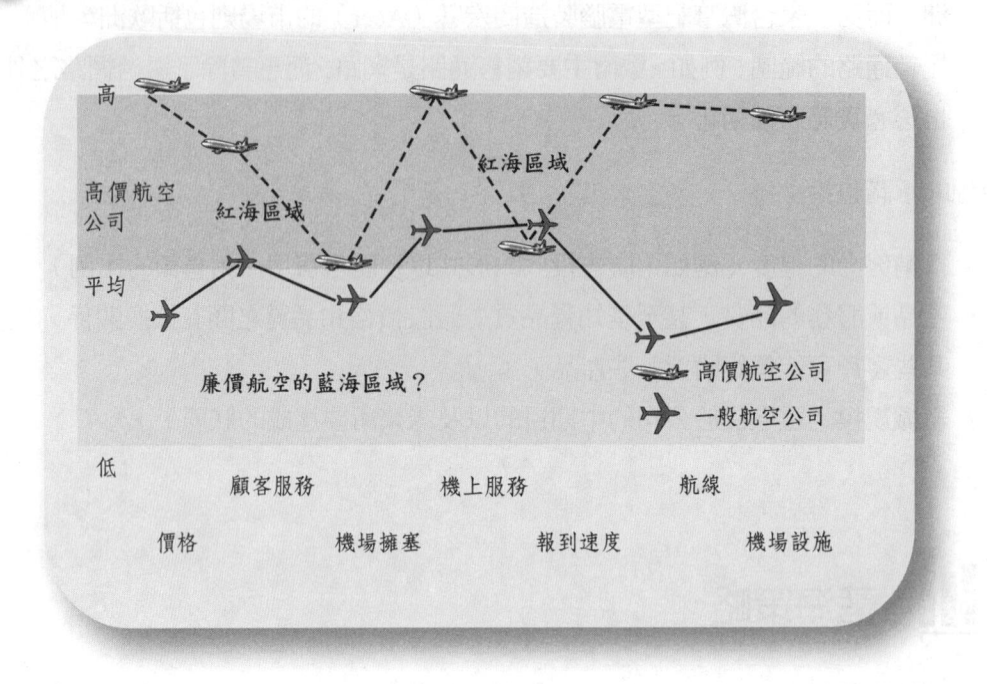

策略配適

策略配適（strategic fit）是指組織內部能力配合外部環境機會的過程。依據 PESTEL 架構的建議，產業生命週期、五種競爭力量、策略群組和藍海分析等機會，必須視組織內部環境加以判斷。組織的外部和內部環境間的契合程度是組織成功實現目的重要決定因素。

本章小結

1　有效策略分析的起始點是瞭解外部環境。

2　一般環境因素可以彙整成 PESTEL 架構：包括政治、經濟、社會、科技、環保和法律等六大環境。這個架構不僅有助於記憶，對於確認和追蹤趨勢也相當有用。

3 產業生命週期經歷四個不同的階段：導入期、成長期、成熟期和衰退期；每個階段受限於不同的競爭條件。
4 產業吸引力的大小是由競爭強度決定，而競爭強度受到新進入者的威脅、顧客的議價能力、供應商的議價能力以及替代品的威脅所影響。
5 在超競爭的時代，組織可能需要多加考慮短期應變決策，以因應不平衡和變化的情勢。
6 策略群組分析可辨識策略空間，這對於制定策略行動並評估產業競爭程度來說相當重要。
7 組織應該尋找競爭強度較弱的藍海市場空間，並以被忽略的方式競爭。

延伸閱讀

1. 若要深入瞭解策略群組的相關理論以及策略群組分析的用處，請參閱 McGee, J. and Thomas, H. (1986), 'Strategic groups: theory, research and taxonomy', *Strategic Management Journal*, 7(2): 141–160 以及 Fiegenbaum, A. and Thomas, H. (1990), 'Strategic groups and performance: the US insurance industry 1980–84', *Strategic Management Journal*, 11: 197–215。
2. Porter, M. E. (2008), 'The five competitive forces that shape strategy', *Harvard Business Review*, 86(1): 58–77，此篇論文對五種競爭力量有詳細的說明。若要從批判的觀點檢視五種競爭力量，則可參考 Grundy M. (2006), 'Rethinking and reinventing Michael Porter's five forces model', *Strategic Change*, 15: 213–229。

課後複習

1 分析組織外部環境的目的為何？
2. PESTEL 分析的目的為何？
3. 為什麼全球金融危機是一種結構性突襲？
4. 何謂策略風險管理？

5. 為什麼瞭解產業生命週期的各階段很重要？
6. 為什麼組織應該以五種競爭力量來思考產業的吸引力？
7. 哪一種類型的產業對超競爭較為敏感？
8. 請定義策略群組的意義。
9. 何謂策略空間以及無人競爭的藍海空間？

討論問題

1. 為什麼策略管理需要採「見林不見樹」的思維？請與「取其整體而非各組成分的加總」觀點一併討論。思考這些想法的意涵後，你認為策略家應該如何看待和評估一般外部環境？
2. 任選一個產業，(1) 說明該產業的競爭強度如何受五種競爭力量的影響；(2) 定義和比較該產業主要競爭者的競爭地位；(3) 以五力模型分析說明該產業的強勢和弱勢；(4) 為分析結果下結論。
3. 當經濟情勢變好時，主流商業書籍和大師都會認為改變是必要的，因為環境是動態的。但當經濟情勢變不好時，他們還是認為改變是必要的，但是因為需要藉由改變而復甦，並在經濟情勢再度變好之前，獲取競爭領先地位。你的看法呢？有其他建議嗎？

章後個案 4.1

PESTEL 如何塑造萊雅

從第一支由自己調配、製造及銷售給巴黎髮型師的染膏開始，化學家尤金‧史威拉（Eugene Schueller）於 1907 年成立萊雅（L'Oréal）。該公司現為多國籍企業，總部設在巴黎，2012 年總收入超過 280 億美元，是全世界最大的化妝品公司。該公司公開上市，其中四分之一的股權是瑞士食品公司雀巢（Nestlé）所有，另有四分之一股權，則由創辦人的女兒莉莉安妮‧貝當科（Liliane Bettencourt）所有。該公司的廣告標語「因為我們值得」（because we're worth it）眾所周知，旗下共有 27 個國際知名品牌活躍於 160 個國家。這個案例說明了 PESTEL 架構對組織長期生存的重要性。萊雅的目的與使命如表 4.2 所示。

政治：總是有風險

世界各地愈來愈重要的一個主要的政治議題是健康與相關飲食、自尊等問題。幾十年來，影視媒體所崇尚的美麗係為年輕女性完美的皮膚以及顯瘦的身材，但實際上卻與現實世界違和。這可能與日益嚴重的厭食症和貪食症等健康問題有關。

正當政治人物抱怨廣告標準管理局（the Advertising Standards Authority）的同時，真實的問題最近浮上英國檯面。英國政府逼迫萊雅撤回影星茱莉亞‧羅勃茲（Julia Roberts）以及名模克莉絲蒂‧杜靈頓（Christy Turlington）的廣告。廣告的訴求被指稱操弄數字，而不是代表產品使用的實際效果。茱莉亞‧羅勃茲為蘭蔻（Lancôme）品牌拍攝的廣告，以臉部特寫推薦一款名為奇蹟水亮粉底液的粉底，聲稱可以使美麗的肌膚散發出自然的光感。萊雅並沒有為此提出任何證明，拒絕提供使用前的照片，以防止使用前後做比較。

另一項日益重要的議題是動物試驗。2012 年 11 月，歐盟健康和消費者

表 4.2　萊雅的目的

我們的使命

為所有人帶來美麗

　　一百多年以來，萊雅一直致力於唯一一項事業：美麗，一個蘊含豐富意義的事業，可以讓所有人表現自我，獲得自信和開放的態度。

美麗是一種語言

　　萊雅設定自己的使命為：為世界上所有的男性與女性提供最優質的化妝品，在品質和安全性持續創新。其目標為滿足全世界對無限、多樣性的美麗需求和渴望。

美麗是普世的

　　正因為該公司由研究人員所創設，萊雅集團持續走在時尚知識的最前線。特有的研究團隊不斷地探索新的領域和創造具未來性的產品，同時吸收全球對美麗看法的靈感。

美麗是一門科學

　　提供增進福祉的產品，動員創新力量以保護地球的美麗並支持當地社區。這些嚴格的挑戰都是萊雅獲取靈感與創意的來源。

美麗是一種承諾

　　研究團隊的多樣性、品牌組合的豐富性和互補性，引領萊雅成為未來幾年美麗事業的霸主。

萊雅，為所有人帶來美麗

事務（European Union's Health and Consumer Affairs）委員托尼奧‧博格（Tonio Borg），提倡對動物測試化妝品的行銷禁令。中國政府採取的第一步就是引進非動物試驗。雖然各國政府因為健康和安全因素，一般都不願意禁止動物試驗，但化妝品的動物試驗逐漸令人看不慣。萊雅堅持自 1989 年以來沒有參與過動物試驗，雖然該公司產品有些成分會在動物身上做測試，但都只是為了健康理由。

　　萊雅是一家法國龍頭企業，它與瑞士食品公司雀巢的關係一直被政府嚴密監控。法國政府擔心，如果萊雅被雀巢收購，那麼策略決策權可能移至國外，將對研究活動和國內就業造成不良後果。然而，在國家利益的考量下，可能限制萊雅擴張成為一家全球企業。

▲ 經濟：依靠人民

萊雅的主要經濟議題是全球化。

這一切大約都從十年前開始說起。我們正在經營新興國家的新客群，這些客戶的家庭設備用品及生活環境都與我們的歐洲客戶大不相同……你在印度如何洗頭？日本女性如何刷上睫毛膏或塗抹口紅？南非人民如何化妝？

不斷成長的全球市場更加多樣化和年輕化，但在已開發國家，人民雖然有更多的財富，但人口卻日益老化並且可能更加保守。全球金融危機可能對已開發國家影響較深，而在這些地區，市場區隔程度更高，增加價值也愈多。市場差異性很複雜，以不同的方式服務不同的國家和區隔可能要比以往付出更多金錢代價。

▲ 社會：生活在變遷的時代

化妝品公司尤其關注社會期待和生活形態。世界上不可能只有一種美麗的定義，也不會只有一種追求美麗的方式，因為每個地區的人口都有自己的特質，傳統上，每個國家也都有自己的國家精神，例如，義大利（Italian）的優雅，紐約（New York）街頭的智慧，法國（French）的美麗和英國（British）的古典。然而，世界各地的年輕市場表現出熱情和追求時尚的形象。因為這個原因，萊雅收購了前衛的加州化妝品品牌衰敗城市（Urban Decay）。該品牌包裝精美，並以灰棕色眼影的顏色上色，命名為流浪狗（Stray Dog）：「我們的化妝品專家認為需要充分滿足年輕女性在合理價格上，尋找一絲絲俏皮的色彩和靈感的需求」〔Nicolas Hieronimus，L'Oreal Luxe 總裁〕。對美麗的普世標準可以打破，或者正好相反，隨著都會名人文化而一同崛起。

▲ 技術：讓事情成功

隨著生物科技的發展愈顯重要，萊雅運用先進的技術擴大產品範圍。然而科技和美麗可能結合不易：

無疑地，追求美的文化被認為是天生、再平凡也不過的事情。使用抗老

產品是老年人追求年輕的愚蠢要求。這種思維就足以破壞或輕視抗老科學的研究品質。

萊雅的生存依賴著產品背後的科技和科學，因此必須自行研發。一份有關皮膚保養的報告裡就指出，公司必須向前看，並提問：

皮膚保養的科技有什麼進展，可以處於領先地位？該產業的下一步是什麼？科學發展將如何改變我們的皮膚保養習慣，在未來的歲月我們將使用什麼樣的產品？

有可能在不久的將來，某些化妝品公司能夠在新市場不斷地改變和再造臉部肌膚，就像換衣服一樣普遍。這是一項技術驅動的活動。時至今日，許多市場標榜天然成分和自然美。

▲ 環境：那是自然！

萊雅於 2006 年接管天然成分小型（通常未包裝）產品零售商美體小舖（The Body Shop），這是該公司以前不曾接觸的綠色領域。萊雅從美體小舖的社區交易學到很多東西，尤其在萊雅的永續政策可見一斑：

我們的價值存在於所有活動的各個層面。最顯著的例子當然是我們強大的永續發展和多樣性政策，但都被整合到不太明顯的層面，例如採購部門的責任來源政策以及高標準的產品品質和安全政策。

▲ 合法：擁有權利

為了因應全球化，多國籍企業必須對國家經濟的主流行為標準具有敏感度。這已經超越了一個國家的成文法規，更直接觸及企業倫理準則：「在萊雅，我們認為雖然法令沒有規範，但倫理不可偏廢。我們該問自己的不是「我們能做到」而是「我們應該做到」〔集團倫理總監艾曼紐・蘆林（Emmanuel Lulin）〕。萊雅是法國第一個建立企業倫理準則的公司之一，是年 2000 年；2007 年起，設有倫理總監職位。

▲ 策略

PESTEL 因素形塑萊雅使命背後的原因：

隨著新興市場的開拓，萊雅的使命已擴及回應人口的多樣性。整個公司專注於這個新視野：成員的文化多樣性使團隊增色不少；旗下的國際品牌組合在各種不同的銷售管道曝光；團隊掌握世界各種複雜性的研究。

該公司持續擴大客戶基礎，並提高產品和品牌的數量。萊雅希望能夠成為美麗事業的聯合國。面對成熟的化妝品市場，該公司必須發展新的事業和產品，以對抗更多樣化和新需求的客戶群。因此，萊雅改變方向，正進入過去一段很長時間沒有深耕的利基和小型市場區隔。

討論問題

1. 基於前述的 PESTEL 因素，甚至是其他未列出的因素，萊雅在一般環境的新趨勢出現之下，會面對哪些機會和威脅？
2. 是否有其他的方案可以替代萊雅目前的策略？該公司擁有大量的品牌。品牌數量可能太多，是否都有足夠的吸引力，促使公司獲利？
3. 假設正如古老格言說道：情人眼裡出西施（beauty is in the eye of the beholder），那麼萊雅的使命對於發展全球市場是否有其意義？

第 5 章 內部環境

學習目標

1. 內部環境
2. 策略資源如何傳遞競爭優勢
3. 核心競爭力和動態能力的概念
4. 策略資源在管理哲學和經營方法上的意義：
   - 精實作業
   - 全面品質管理
   - 績效卓越
   - 標竿學習
5. 組織學習
6. SWOT 分析在審查外部和內部環境所扮演的角色

內部環境

第 5 章

內部環境

組織的內部環境（internal environment）由組織內部的條件組成，包含策略資源、能力和管理能耐。

商業場景

運用「你是誰」的策略，管理正宗的中國食物

告訴大家「你是誰」可以帶來競爭優勢，如果能夠擁有一些特殊之處，將使你的產品和服務脫穎而出。組織應該選擇採用哪種策略以達成策略目標，主要還是取決於組織實現策略的能力以及是否有適當的內部環境加以配合。這也跟組織需擁有促使成功的所有能力，建構能使組織善用的所有優勢有關。

台灣出生的英國名廚黃瀞億（Ching-He Huang），2005年當她第一次

名廚黃瀞億示範中餐做法

151

在電視上露臉就贏得了名聲，內容介紹了諸多頗受好評的中國菜料理方法。2008年主持的美食節目「中餐速成」（Chinese Food Made Easy）在英國廣播公司（BBC）播出亦廣獲好評，之後隨即發行最初的兩本食譜──《摩登中餐》（China Modern）和《中餐速成》（Chinese Food Made Easy），這兩本書都榮登暢銷書排行榜。她成功的可能因素很多，但主要是她在所有的商業場合當中，都特別強調中國陰陽哲學的烹調理念（即影響生活之正負力量的平衡）。

她首先創辦福濟（Fuge Ltd）健康食品公司，隨後推出由高粱醋製成的健康飲料 Tzu。這個名稱的由來，與佛教慈善機構慈濟基金會（the Tzu-Chi Foundation）有關，這個基金會在英國是由她的父親所領導。不論是公司、飲料還是基金會，都以管理陰陽調和的核心信仰為管理前提。

黃瀞億說：「我們相信陰陽哲學冷食和熱食的平衡，就能帶給你生命力（或氣）能量很好的平衡。在任何菜餚裡，結合食材和烹飪方法的平衡」。

依據理查·蒂斯（Richard Teece）等人的想法，組織的競爭優勢主要取決於組織管理和組織流程。所有組織都是不同的實體，透過管理可以識別組織間的差異性，並引導從內到外的策略流程。

策略的資源基礎觀點

策略的資源基礎觀點（resource-based view of strategy, RBV）學派相信競爭優勢來自於策略資源；即組織獨有或對競爭優勢有其重要性的內部資源（或稱資產）。**策略資源**（strategic resources）是有形資源（具經濟性和交易性）和無形資源（例如組織文化、工作方式，通常具獨特性，沒有對外價值）的結合。組織的策略資源是競爭對手難以理解和模仿的。策略資源包括動態能力和核心競爭力等概念。

RBV 觀點源自於沃納菲爾特（Wernerfelt）、羅曼爾特（Rumelt）和巴尼

（Barney）的文章。經濟學和《策略管理期刊》（*Strategic Management Journal*）有重要影響力，但在經濟學方面，市場力量的進化觀點已為主流，淡化管理意圖以及其維持長期競爭優勢的角色。進化論的規範性意涵傾向於瞭解一般（甚至自然）行為，而非瞭解如何有效管理單一企業。

早期的經濟學者，伊迪絲・彭羅斯（Edith Penrose）主張，管理者可以影響企業的經營方向和成長。她還認為，若要做經濟分析，「資源」的定義應該更廣泛，例如，許多重要的資源，像是水雖然免費，但卻對公司而言有其價值。在主流的商業文獻裡，資源基礎觀點是管理意圖的核心。

RBV觀點有時候與波特的想法有所出入，波特強調產業因素，而資源基礎觀點則強調企業特有的資源。蒂斯等人指出，支撐起競爭力量架構的想法在於關注競爭力量的阻礙，而一般策略旨在改變組織在產業中的相對地位（相對於競爭者和供應商）（詳第6章）。產業結構在波特的觀念裡扮演一個重要的角色，組織之間的差異主要涉及規模。另一方面，RBV觀點認為競爭優勢紮根於企業特定的策略資源發展以及管理企業的內部能力。

策略資源是組織的資產或屬性，以獨特的方式與組織結合，建構組織的競爭優勢。策略資源不是經濟資源，因為策略資源只對使用它們的組織具有價值，並沒有外部價值。

實務作法 5.1

在麥當勞建立策略資源

麥當勞是……速食革命真正的英雄，無論用哪一種衡量方式來看，都很了不起。大蕭條時期，麥當勞從新罕布夏州（New Hampshire），也有人說是從佛蒙特州（Vermont）搬到加州（California），1937年在帕莎蒂納市（Pasadena）附近，開了第一家免下車服務的餐廳（drive-in restaurant），當時沒賣漢堡。1940年，麥當勞在聖博納迪諾市（San Bernardino）66號公路底的第十四街和E街，開了一家外觀為八角形建築結構的新餐廳，擁有傳統的漢堡銷售櫃臺，生意確實相當不錯。

然而在 1948 年，大家對麥當勞兄弟投以異樣的眼光。他們歇業 3 個月，解僱 20 名員工，丟棄所有的瓷器和銀器，以一個嶄新的想法重新開業：客戶應該到一個窗口領取食物，而不是帶回車上。他們減少菜單品項，只剩漢堡、起司漢堡、派、薯片、咖啡、牛奶和汽水等七項。餐廳不再客製漢堡，漢堡內餡全部統一，但會附上番茄醬、芥末、洋蔥和醃菜。他們製作體積小的漢堡，約 1/10 磅，但價格減半到每個 15 美分。

這個改變失敗。業績下降 80%，他們所仰賴的青少年們去別處消費。然而，漸漸地，餐廳卻出現了新型態的客群，即家庭，特別是麥當勞又在菜單裡增加了薯條和奶昔兩樣產品之後更是如此，甚至是當客戶意識到只要花幾美元就可以使全家飽餐一頓時，麥當勞的生意已經好到應接不暇的狀態了。

隨著業績的增長，麥當勞兄弟不斷改善餐點製作的過程，使之更為精簡和有效率。麥當勞請到一家本地機器製造商老闆埃德‧托曼（Ed Toman）研發與速食餐點製作有關的各種材料，從分裝番茄醬或芥末的機器，到可以同時迅速完成製作 24 個漢堡的轉盤（Lazy Susans）都有。麥當勞導入專業化的概念，一人負責製作漢堡，另外一人做奶昔，再一人負責處理麵包等等，並開發標準化的備料和候餐作法。當客戶點餐後，就可以立刻處理。

👁 問題：麥當勞和其模仿者有不同之處嗎？

VRIO 架構

傑‧巴尼（Jay Barney）提出辨識策略資源的準則，稱之為 **VRIO 架構**（VRIO framework）。他認為如果組織的資源具備下列屬性，則組織有可能可以獲得高於平均水準的利潤：

- 價值性（Valuable）——該資源可使組織落實改善效能和效率的策略。
- 稀少性（Rare）——該資源數量少，其他競爭者未能掌握這些有價值的屬性。
- 獨特性（Inimitable）——因該資源有獨特的歷史、性質模糊或具社會複雜性，所以競爭者難以模仿。
- 可組織性（Organizable）——組織能夠善用上述三個競爭潛力。

內部環境

第 5 章

競爭觀點 5.1

在企業或組織裡發現競爭優勢了嗎？

在一篇有影響力的論文中，羅曼爾特主張競爭優勢與每家公司層級的因素有關，例如透過資源和採用特定策略而不是產業結構（因此產生吸引力）獲得競爭優勢。羅曼爾特發現，產業因素可以解釋大約 9%-16% 的利潤變異，而組織的特定因素可解釋大約 46% 的利潤變異。身處對的產業固然重要，但如果組織能將擅長的事情做好，而且做到競爭對手不能輕易模仿的話，那麼組織特有的因素就更為重要。

然而，不同產業的比較更為複雜，特別是服務業。波特認為產業結構扮演重要的角色，並且策略能否成功主要跟組織如何考慮選擇其競爭定位有關。資源基礎觀點的倡導者則宣稱，策略資源是現代策略管理的主流理論基礎，但以策略資源解釋組織持久性競爭成功此一觀念的決定性實證卻很少。

普里姆和巴特勒（Priem and Butler）等學者認為，資源基礎觀點所定義的策略資源太廣泛，鑑別實務上可操弄之資源以及那些超出管理控制範圍之資源的能力很差。胡普斯（Hoopes）等人認為這個觀點主要用以解釋和定義，而不是做為假設之用。總之，資源基礎觀點對實務界的幫助不大。

Jarzabkowski 認為，RBV 研究所採取的實證方法太過粗糙，因此無法深入瞭解組織間的差異。如果策略資源立足於獨特性的話，那麼基於統計基礎的實證研究所做的一般性推論，其價值令人質疑，但是策略管理文獻通常都忽視了管理的微觀基礎或是組織持續進行的活動。學者們大多過度簡化了 RBV 的概念，使得 RBV 無法觸及對策略管理有深刻見解的實務精髓。

另一方面，產業分析總有其困難之處，不僅在於找出所屬產業的疆界而已。如果無法瞭解產業和其競爭影響力有哪些或者是如何造成影響，那麼最好是建構組織的核心競爭力，以賦予組織競爭獨特性以及面對改變時所需具備的動態能力。

👁 問題：在組織內部及所屬產業所發現的競爭優勢如何彼此調和？

以大學為例，如果資源的屬性是大學競爭差異性的核心，那麼該資源就有價值。例如，某大學的教學和研究能力與其他大學有明確的區別。這所大學有自己擅長且其他機構所缺乏的專業領域，這種稀少性將吸引學生就讀這些特定的科系與課程。這所大學所建立的聲譽、傳統、實體環境和設備將使其他競爭對手難以吸引資金投入，發展相似的專業知識和提供相同品質的課程。最後，這所大學應該要能夠組織這些屬性以建立和鞏固其競爭差異性。

差異性可以用許多不同的方式強化，例如，經由招募擁有特定能力和知識的人員、取得專利和專屬技術、取得如建築物和其他設施等實體資產、區位、社會和商業網絡、聯盟等。然而，企業形象、品牌與客戶服務等無形資源是建立人們如何認知組織間或產品間差異的重要基本原則。無形性是一種典型的整體感知品質。所有的組織在某種程度上一定有一些獨特的屬性。組織如何利用和管理這些屬性，將決定組織績效的好壞。

關鍵在於資源整合；利用不可觸知的特性，創造出有別於競爭者的形象。羅伯特·格蘭特（Robert Grant）以麥當勞為例指出。麥當勞在產品開發、市場研究、人力資源管理、財務控制和營運管理等方面的功能性強；但如何進行整合，以使全球各地的麥當勞餐廳能夠提供一致性的產品和服務，才是其成功的主要因素。巴尼解釋 VRIO 是辨識策略資源的一個框架，本身並不構成競爭優勢的來源，因為已確認的資源必須整併且進行整合管理。

獨特能力

約翰·凱（John Kay）認為，企業的成功源自於建立以獨特能力為基礎的競爭優勢，這種競爭優勢來自於組織與供應商、客戶或員工的關係。關係的持續和穩定能使組織具有彈性，能夠彼此合作以因應改變。獨特能力有下列三種類型：

- 架構──為了與員工、客戶和供應商協調，與組織配銷通路與供應鏈之間建立共同的承諾，以特定方式完成工作，組織必須建立一些結構。
- 聲譽──透過客戶自有經驗、組織行銷，以及組織與競爭者之間的比較等作法建立聲譽。

- 創新 —— 通常可以被複製，主要在於組織如何以策略支持創新，例如申請專利權或列為機密等作法，使競爭對手難以模仿。

　　一個關鍵的要求是組織的從屬人員應該具備必要的知識和技能，熟練地傳遞能夠滿足顧客慾望和期望的獨特價值。換句話說，組織必須擁有必要的核心競爭力。

核心競爭力

　　核心競爭力（Core competences）是人員擁有的組織特定能力，組織成員通常運用這些能力進行工作、學習和應用知識、以及管理策略重點，以創造和維持競爭優勢。核心競爭力可由組織的集體學習來體現，特別是如何協調不同的生產技能和整合多種技術。核心競爭力具有以下優點：

- 工作的方式難以被競爭對手理解，而且難以模仿：人員如何共事、特有的組織文化背景很難為外人所理解。
- 足以影響一定的市場和產業範圍：可以利用組織的核心競爭力產出各種不同的產品和服務。
- 有助於瞭解管理重點：核心競爭力有助於瞭解組織目的，而且高層所下達的目標可能較容易被瞭解與落實。
- 有助於跨功能別的工作：核心競爭力有助於不同技術和部門背景的人，能更容易瞭解彼此的需求，而且核心競爭力通常能夠改善團隊工作和專案管理。
- 有助於以共通的方式，策略性的管理相關的目標；核心競爭力通常與目標的共同語言相關，在組織內可以相類似的方式管理。
- 有助於產出一組以學習為基礎的工具和工作準則之共通組合：共通的學習方法和知識有助於以相似的途徑和方法解決問題。
- 有助於由下而上的管理：決策制定後，能夠有效地向下傳遞到最低層級，並使其接受。

實務作法 5.2

谷歌的 RBV 策略

2008 年，時任執行長的艾力克‧施密特（Eric Schmidt）曾解釋谷歌是一個新興的、而不是有計劃的組織。創辦人賴瑞‧佩奇（Larry Page）和謝爾蓋‧布林（Sergey Brin）出身學界，接受過以網路為基礎的創新文化洗禮。谷歌員工被賦予在專案裡提出並發展自己想法的權利，因此偶爾有些專案產生了一些了不起的成就。

施密特曾說，他花了 6 個月的時間瞭解賴瑞‧佩奇和謝爾蓋‧布林的願景是如何的寬廣……我記得當時坐在賴瑞‧佩奇旁邊，我跟他說，『請再告訴我一次，我們的策略是什麼』，我隨即寫下來。

公司專案數量很多，高階管理者會列出前 100 大專案清單。隨著谷歌經營範疇日益擴大，公司早期的口號是「組織全球資訊，使人人皆可存取」。公司的活動已跨足資訊和媒體。

谷歌成立之初就訂下十大信條，引導每個人的行為：

1. 以使用者為先，一切水到渠成
2. 專心將一件事做到盡善盡美
3. 越快越好
4. 網路上講求民主
5. 資訊需求無所不在
6. 賺錢不必為惡
7. 資訊無涯
8. 資訊需求無國界
9. 認真不在穿著
10. 精益求精

每一個議題都是集結眾人的智慧進行討論和辯論，符合理性自然人（reasonable person rule）規則：每個人必須傾聽、與他人互動，以及建立夥伴關

內部環境

第 5 章

係。沒有人需要負責，但是高階管理者必須形塑員工的作法與方向。

谷歌沒有公然地尋找賺取高額利潤和股東價值的機會，這不是企業的目的，而是以最終用戶為基礎的願景所伴隨而來的結果：

> ……傳輸網際網路、用戶電腦以及公司網路等所有數據源的資料，以提供相關的搜索結果。為追求此目標，我們持續關注使用者的使用經驗。

撰寫谷歌相關文章的基蘭・李維斯（Kieran Levis）擔心，雖然目前谷歌的管理當局沒有不當意圖，但許多人發現佩奇的觀點，即「最終你想擁有整個世界的知識，直接連結到你的頭腦」和布林的聲明，即「完美的搜索引擎就像神明的思維」，有點令人不寒而慄並感到傲慢。

谷歌於 2010 年揭露的街景研究，包括利用個人身上的無線網路辨識與掌握資訊，則助長這些疑慮。

◉ 問題：為什麼谷歌的策略管理係由內而外驅動？

核心競爭力並非只是讓組織把事情做好或是精通某些事情的能力，如果競爭對手也能夠做到這些事情，那麼這就不是組織的核心競爭力。因此，舉例來說，零售商的能力不是完成零售工作，而在於作法如何與競爭者有別，又或是員工在工作中如何提升客戶的購物體驗，賦予顧客更大的價值。組織的策略資源可以是一組技術、知識和支援性資源的組合或模式，帶給組織與眾不同、以策略目的為核心的競爭力。這些策略資源的產生，部分來自於組織學習，而且通常會隨著時間的經過而鞏固與強化，遵循組織賦予的路徑或軌跡。

策略套牢

策略套牢（strategic lock-in）發生於核心競爭力沒有彈性且難以迅速改變的時候。如果知識和學習變得過於制式，組織將眼見其核心競爭力落入核心僵固（core rigidities）的風險。普哈拉和哈默爾認為，如果組織利用核心競爭力建立與發展核心產品的基礎，利用這些核心產品開發不同產業的最終產品和服務，那麼風險是可

以控制的。核心產品可以突顯組織特定的專業知識和資源之所處領域。另一方面，核心競爭力是員工集體學習的能力，包括如何透過跨功能管理與協同工作，發展與管理技術整合。例如，佳能（Canon）利用核心競爭力發展光學（核心產品）方面的技術能力，以服務相機、影印機和半導體設備等產業。佳能之所以具備如此彈性，係因為擁有核心競爭力或能耐，成員可以匯聚在一起，以共同的方式工作。核心競爭力帶給佳能特定的競爭優勢，競爭對手難以看見與瞭解。另外，重要的是，這個例子也說明建立技術和開發產品有關的能力，和以獨特方式管理這些技術所需的核心競爭力是不同的。

1990 年代日本組織的許多作法，如佳能的品質改善與相關的展開方法，都是發展能力的重要工具。這些組織使用一套共享的商業方法論與管理哲學，做為組織成員團隊工作時的共通語言。例如利用全面品質管理，可使成員更加瞭解因果關係，使組織能夠優化、測試和不斷驗證其核心競爭力。組織能夠持續管理核心競爭力的能力，就是策略管理所謂的動態能力。

動態能力

蒂斯、皮薩諾和舒恩（Teece, Pisano & Shuen）定義動態能力（dynamic capability）為組織整合、構建和重新配置核心競爭力，以滿足變化的一種能力。廣義來說，就是組織更新和重建其策略能力（包括核心競爭力），以滿足環境變化的一種能力。蒂斯等人認為，動態能力是一種高階的管理過程，也是策略管理的一部分（如果不是同義詞），主要做為影響低階動態能力和能力之用。低階動態能力可能在策略意義和觀念上，仍代表著造成市場變化或因應外部環境變化的跨功能流程，例如產品開發、聯盟和收購能力，資源配置和知識移轉程序等。然而，這些都是低階能力。不難想像一個組織就像動態能力的層層堆疊，一項能力包覆著另一項能力，如同俄羅斯娃娃一樣。因此，動態能力是一個系統性與全面性

的企業流程。

組織以「已習得且具穩定模式的集團活動」為基礎，藉由系統性的產生並調整其日常營運事務，以求提升效益。換句話說，動態能力驅動組織進行持續性的改善。蒂斯、皮薩諾和舒恩以藤本隆宏（Fujimoto）教授所稱日本汽車製造商豐田生產系統（Toyota Production System）為例進行說明。

大多數汽車製造商，現在也有類似豐田的生產系統，這意味著動態能力本身並不必然是豐田的競爭優勢，而是豐田如何運用動態能力。艾森哈特和馬丁（Eisenhardt & Martin）指出，各種組織往往都有相似的動態能力，組織之間的真正差異在於應用的細節。動態能力有共同的特點存在，因此可以變成業界標竿與最佳實務。然而，因為每個組織的背景不同，因此動態能力的效果亦有不同。

艾森哈特和馬丁認為，對組織而言，動態能力在學習過程中並沒有與眾不同之處，因為競爭對手很容易模仿複製，但儘管如此，它仍是組織管理特定整合資源，做為設計一系列短期競爭定位之用的一種能力。每一種定位在建立長期競爭優勢時，都有其階段性的角色。正如哈默爾和普哈拉所述，日本組織的策略性馬拉松賽跑就是接受一連串的短期挑戰，進行實現長期策略意圖（見第 3 章）。

從文獻得知，關於動態能力本質的爭議持續存在，主要是因為不同學門所關心的重點不同，而有不同的看法。最初的概念似乎早在 1980 年代和 1990 年代之間就已出現，當時 Philip Kotler 的《新競爭》（*The New Competition*）一書，即從競爭策略的角度，探討日本企業如何以一個產業後進者的角色，逐步崛起並蠶食國際市場。今日許多主流的管理方法，如精實生產，都來自於日本。

這些管理方式建構出策略資源，為組織帶來管理工作的能力以及工作流程管理的能耐。這都是許多組織的動態能力和競爭策略的重要成分。例如，豐田生產系統就可看出該公司大部分的能力與能耐，包括管理哲學或是工作和管理的方法，以及商業方法論或工具，這些對核心競爭力也相當重要。他們包括：

- 精實作業（生產和服務）；
- 及時生產管理；
- 全面品質管理；
- 績效卓越模式；
- 標竿學習。

精實作業

　　精實作業（Lean working）（或者是製造業的精實生產）是確保排除任何非價值創造活動的一種管理系統。因此，對於客戶價值主張（第 2 章）很重要，而且重視最終顧客想要從生產和配銷得到的價值（需求拉動），而不是組織依自己的需求將產品和服務推向顧客（需求推動）。這種作法需要組織的生產或服務系統具備彈性（或靈活敏捷），足以因應市場不斷變化的需求。精實作業始於 1960 年代日本的製造業，而精實的觀念則在西方國家的零售、金融與醫療等各種產業廣泛發展。

　　精實作業的原則是，將組織的核心事業流程管理與持續改善生產的策略目標連結，重視品質（顧客價值）、成本，運送和處理以及人員（學習與成長）。許多人認為，精實只是一種減少浪費與節省成本的作業性工具，但它的功用不止如此。落實精實作業的業者，有時將其核心流程稱之為關鍵或重要事業領域，這和羅卡特（Rockart）的關鍵成功因素（第 3 章）及波特的價值鏈（第 6 章）有很多共同點。「核心」這個名詞是指對客戶價值主張和競爭策略相當重要的流程。這些核心流程對負責策略管理的高階管理者而言很重要。高階管理者需辨識並界定所要監控和檢視的重點領域，以確保組織營運能夠持續符合組織目的。卡迪夫大學（Cardiff University）的彼得・海因斯（Peter Hines）等人，以汽車業為例說明如下：

1. 策略的形成和部署：公司的策略管理著重變革、管理關鍵成功因素，並確保所有的員工都彼此合作與賦權。
2. 訂單履行（新車、二手車、零件）：接受訂單、處理訂單、時程規劃、叫送、檢驗，送貨到府與款項管理。
3. 訂單履行（汽車服務與修理）：接受預約、接收車輛，維修保養服務、交車予客戶與款項管理。
4. 爭取業務：辨識及鎖定新客戶或商業機會，以啟動訂單履行過程。
5. 人員的生命週期管理：確認人員需求、招募、激勵、訓練，發展和獎酬，退休管理。
6. 資訊科技：電子支援系統的管理。
7. 法律和財務管理：法令及成本、財務管理。

內部環境
第 5 章

服務的本質並不像製造業有時候需要有不同的假設。取代工廠的是行政辦公大樓，只要有辦公區，組織處理例行事務就如同在工廠生產產品一樣正式。兩者的主要區別通常是在需求的本質有較大的變化。例如，前豐田員工，現於公眾服務領域從事精實作業的約翰‧塞登（John Seddon）有如下解釋：

> 服務業不同於製造業。除了明顯缺乏實體工廠和商品之外，服務業的顧客以及服務仲介也參與生產。另外，本質上，服務業還有更多不同的需求。過去的思維是，系統將許多實體物件聚集在一起，以顧客需求的速度生產（豐田制度的根本），取而代之的系統思維是大量地將無形的專業知識集合在一起，以回應顧客需求的變化。因為兩者的目的不同，所以方法也不一樣，因為有不同的問題需要解決。透過問題的解決，組織可學習如何設計可以拉動顧客價值的服務，也就是提供顧客想要的服務。

塞登站在組織（organizing）的角度持反對意見，特別是前後台的概念。前台處理第一線業務，面對顧客，接受顧客諮詢，而較為複雜和困難的工作則交由後台專家處理。塞登認為這種方法是以降低供應商成本為出發點，但會造成延誤及顧客的困擾。這種作法將降低價值，因為顧客會有更多的詢問和抱怨，而且成本被系統鎖定。再者，如果系統能將前後台的概念設計在同一辦公室內，還能夠提升第一線人員的專業知識，使服務具回應性，並且能夠處理顧客詢問的各種問題。

及時生產管理

及時生產管理（Just-in-time management）是精實作業的一種進階形式，涉及流程管理，以回應等候線下一位顧客的需求，只要該顧客有需要。換句話說，供應商聚集所有零組件，以因應生產過程所需。這是一種強而有力的方法，因為組織必須聽令於顧客的聲音。例如，在日本，工廠接到客戶下訂單後，才開始生產。但西方市場略有不同，因為買方會到營業所的展示廳賞車後，才會進行購買。然而，豐田只

有在接到經銷商所下的訂單後，才開始生產汽車。反觀通用汽車則保有更大的存貨系統，並且常常提供折扣獎勵，以防止庫存太多的情形。這也就是為什麼豐田汽車的產品在美國的平均周轉率約 30 天左右，而通用汽車和福特的平均周轉率約 80 天甚或更長的一個重要原因。

實務作法 5.3
豐田生產系統

豐田生產系統（Toyota Production System）是一種減少浪費（即 muda，意指無價值創造的活動）的系統性生產系統。此系統基於兩個關鍵概念：jidoka（譯自日語，意指自動化）和及時生產（僅生產下一個生產製程所需）。

JIDOKA：凸顯／顯現問題

1. Jidoka 意指當正常的加工處理完成後，機器將安全地停止運轉。也就是當品質或設備出現問題，機器會自動偵測問題並停機，以避免生產出不良品。因此，只有符合品質標準的產品，才會被移至生產線的下一個製程繼續處理。

2. 當加工處理完成或是出現問題時，機器會自動停機。透過安燈（問題顯示板）系統顯示訊息，作業員能自信地繼續在另一台機器上執行工作、更容易辨識問題的原因並防止再度發生。這意味著每個作業員可以負責許多台機器，從而提高生產力，而持續改善的結果創造出更大的產能。

及時生產：提高生產力

1. 接單後，盡快發出生產指示給汽車生產線的開端。
2. 裝配線必須備有少量且都可以拿來組裝任何車款的各類零件。
3. 裝配線必須備有為數相同的各種零件，供零件處理流程（前置處理流程）取用並替換。
4. 前置處理流程必須庫存少量的各類型零件，並以這些零件生產，作業員會在下一個製程取回。

👁 問題：豐田生產系統（TPS）能建構組織的競爭優勢嗎？

内部環境
第 5 章

原則上，有了及時生產系統，公司不再需要庫存做緩衝，也不需降低成本。但前提是，整個供應鏈要嚴格控管，以確保每一次接單生產時，供應商能夠正確地按照規範交付零組件。這需要卓越的品質管理加以配合。

全面品質管理（TQM）

全面品質管理（total quality management）是指持續改善產品／服務品質，以滿足客戶需求的一種組織哲學及一套管理原則。這裡所指的品質，並不是產品或服務的一個絕對的屬性。頂級車款也可能品質差，而經濟型轎車也有高品質。如果產品或服務不能滿足客戶期望，就是品質差。這裡所指的全面（Total）係指這個哲學必須應用到每一個事業層級和每一個流程之中，而品質係指只要做到品質鏈要求的最低門檻即可（詳圖5.1）。製造和運送鏈的每一個環節必須做到更好，以符合下一個工作流程所需，讓下一個流程能夠配合後續所有流程之需要。

圖 5.1　在供應鏈的每個階段達成品質要求

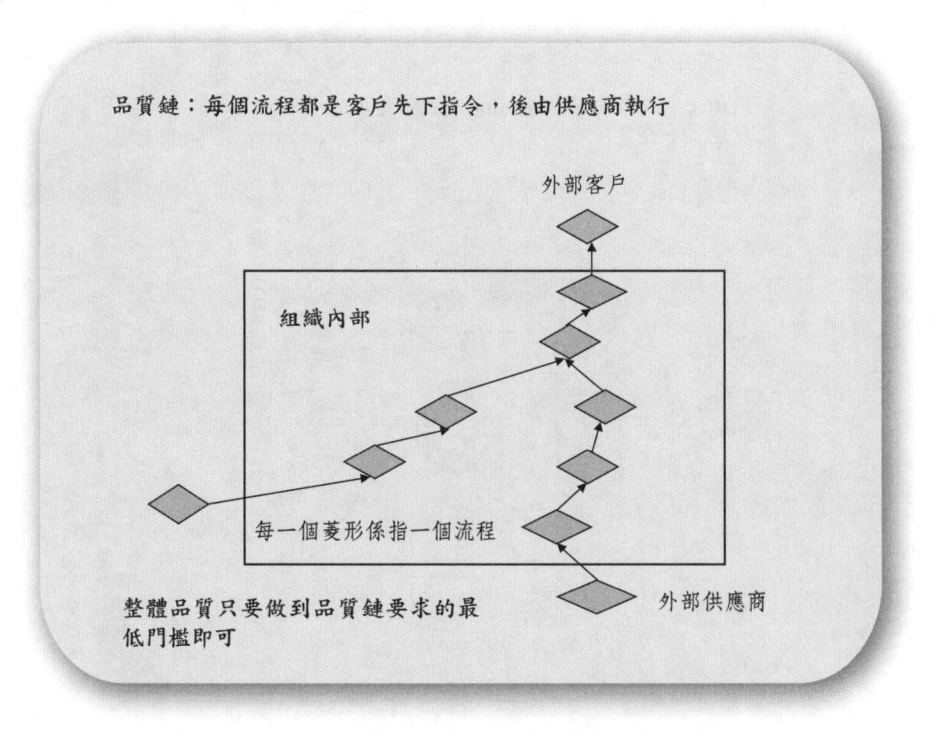

品質鏈：每個流程都是客戶先下指令，後由供應商執行

外部客戶

組織內部

每一個菱形係指一個流程

外部供應商

整體品質只要做到品質鏈要求的最低門檻即可

165

如果每個人都能掌控自己的工作，盡到符合客戶即時要求的責任，那麼他們可能就會瞭解自己的工作不是一個靜態、獨立的流程，而是必須依照最終客戶需求做出改變的一項動態活動。全面品質管理的指導原則是，每一個流程都按照 **PDCA 循環**（PDCA cycle）來管理（詳圖 5.2），其中 "P" 是指計畫（工作），"D" 是指做（執行計畫的工作），"C" 是指檢查（確認過程是否令人滿意），而 "A" 是指行動（如果過程未能令人滿意，則採取糾正行動）。該原則是所有組織學習類型的基本機制，應該被運用於任何流程，包括組織的策略管理當中。

全面品質管理（TQM）的另一個原則是解決問題，以確保問題不會再次發生。PDCA 應該找出問題的根源，並終結這些根源，不管這些問題起源於組織何處，就算是組織管理的結果也一樣。這需要高階管理者的管理風格以及組織文化能夠有利於組織問題的解決和專案工作的配合。野中和竹內（Nonaka & Takeuchi）認為，有效的知識管理是外顯和內隱知識（只能意會，不能言傳）的混合物。

因此，鼓勵員工互動並分享已習得的技能是有必要的。但是要做好這項工作，

圖 5.2　PDCA 循環

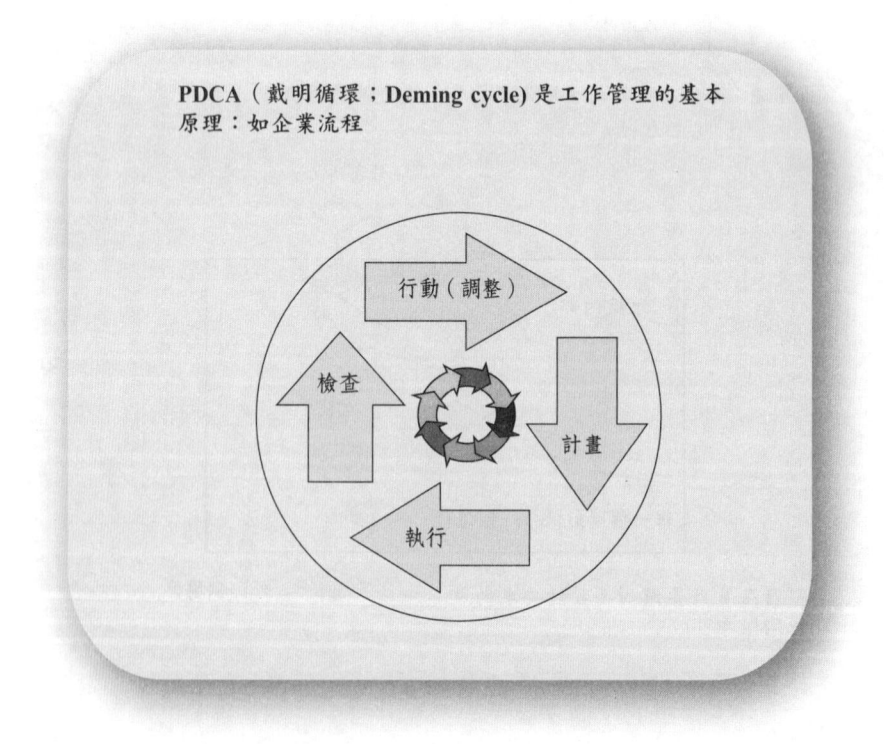

PDCA（戴明循環；Deming cycle) 是工作管理的基本原理：如企業流程

內部環境

第 5 章

高階管理者必須建立一個共事的文化，且必須獲得每個管理者的充分理解和支持。最重要的是就是透過組織的力量，讓員工承擔自主管理工作的職責。如果發生任何不利於他人工作的事情，那麼管理當局就必須確保問題能夠得到妥善解決，而不論問題的根源在哪裡。否則，PDCA 就會變成「請不要改變任何事物」（Please Don't Change Anything）的意思了。

企業流程受五個品質領域所影響（詳圖 5.3）：

1. 計畫（或設計）的品質；
2. 工作符合計畫（流程的配適度）；
3. 投入（來自於供應商）的品質；
4. 對產出的認知（顧客具有良好的洞察力並給予回饋不可少）；
5. 組織的支持。

行為的修正主要係屬單環學習系統，績效將回饋給初始計畫。然而，PDCA 的

圖 5.3　流程管理：PCDA 和 5 個控制區域

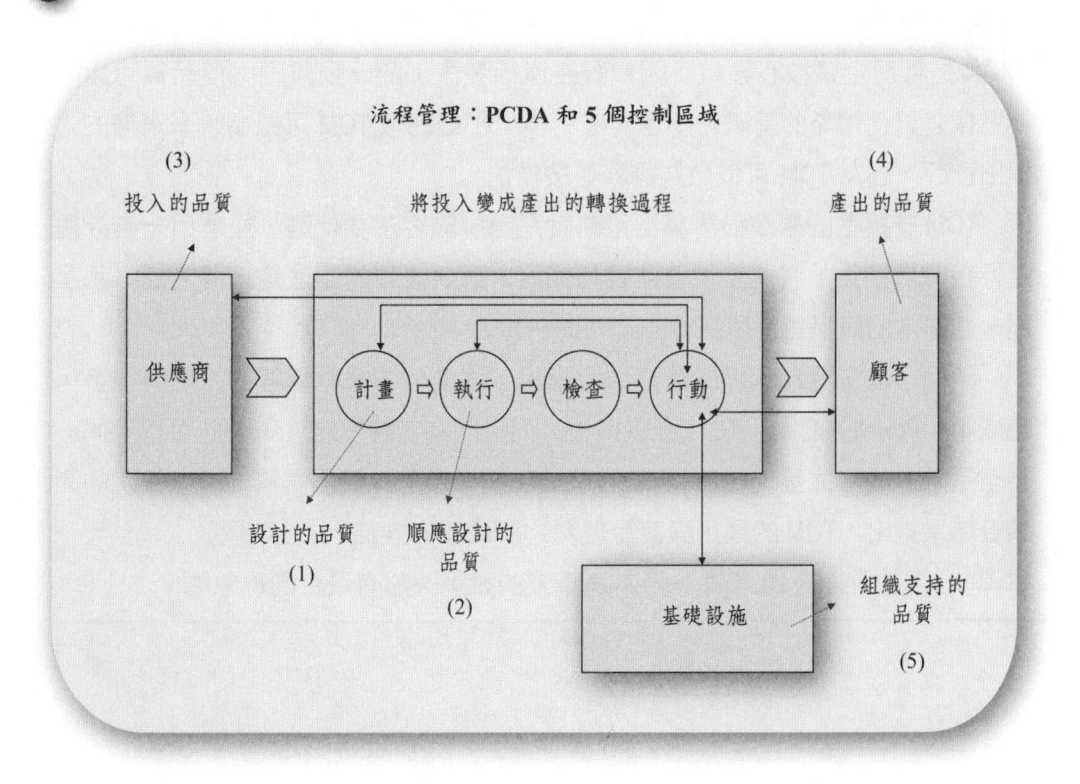

原則涉及雙環學習，會質疑計畫本身設定的假設。上述這種區別也曾被彼得‧聖吉（Peter Senge）用於描述學習型組織的適應性學習和創造性學習。前者與處理現有問題有關，後者則包括瞭解根本原因，尋找機會。依彼得‧聖吉的想法，策略家的主要任務就是促進組織學習。

　　日本的 TQM 是持續改善的一種形式，被稱為"kaizen"。Kai 的意思就是改變，而 zen 的意思就是好。持續改善（kaizen）是一種漸進和逐步的改變，但這個想法隨著時間經過，也代表整個組織增加實質性改善的意思。然而，組織變革主要受滿足顧客需要所驅動，而且也跟組織掌控例行工作的需求有關。改善也受策略變革所驅動。高階管理者制定策略並與目標連結，而其他階層在制定計畫時，必須將這些目標考慮進來（詳第 10 章方針管理）。

競爭觀點 5.2

品質具策略性嗎？

　　波特的價值鏈視品質管理為支援主要活動的其中一項功能，而且品質也不是管理企業核心領域（因精實生產而發生）的一項原則；但品質可以做為選擇差異化策略的基礎。不過，波特也對那些認為 TQM 可做為競爭策略的人提出批評，因為 TQM 可以做為標竿並被模仿。

　　TQM 支持者的觀點很簡單：策略就是瞭解顧客想要什麼，並運用一套計畫進行組織調整後，將這些價值傳遞給顧客。假如波特的想法是正確的話，那麼同一產業內的競爭對手所採行的策略將會聚合。

　　然而，以資源為基礎的策略觀點指出，將價值傳遞給顧客的方法有很多，鮑威爾（Powell）認為，TQM 難以模仿，而且因為它的複雜性，因此可以不同、甚至是唯一的形式呈現，所以 TQM 是一項競爭優勢。針對美國 500 家醫院的大調查結果指出，TQM 的運用與競爭優勢之間成正向連結。

　　👁 問題：在過去的 20 年裡，日本汽車業的競爭策略有聚合的現象嗎？

績效卓越模式

績效卓越模式（performance excellence models）是用來審查企業關鍵領域之良好實務作法及績效的評估架構。如果由內部員工擔任稽核人員，查核組織活動，則此過程稱為自我評鑑。這些架構涵蓋落實（事情如何做）和經營成果兩者的準則。概念上，希望利用這些架構評估組織如何在其核心事業領域進行管理，並利用這種途徑做為部署良好實務作法和組織全面學習的手段。

西方組織通常使用波多里奇卓越績效獎（Malcolm Baldrige Performance Excellence Award）（1987年成立於美國）或歐洲卓越獎（European Excellence Award）（1992年由歐洲品質管理基金會（The European Foundation for Quality Management）所創立）所規範的準則。波多里奇的策略規劃架構總結詳第1章。這些獎項設立之初，主要定調為區域型的品質獎，但「卓越」這個名詞，現在用來象徵獎項訴求最佳實務標竿，而不僅只鎖定品質管理。世界各地還有許多其他類似的獎項，包括日本歷史最悠久，以美國品質大師愛德華·戴明（W. Edwards Deming）（設立於1951年）為名的獎項。上述談到的這些獎項的評鑑準則也很類似。欲參與評鑑的組織透過申請，如果評鑑核可，

愛德華茲·戴明（W. Edwards Deming），二次大戰後致力推廣 PDCA 循環

就可以贏得獎項。評鑑單位會委託外部審查者針對模式當中的每個類別進行評分。（詳歐洲模型，圖5.4）。

歐洲卓越獎（European Excellence Award）的給分方式細分如下：領導約占總分的10%，人員占8%，政策和策略占8%，合作夥伴和資源占9%，流程占14%，人為成果占9%，客戶端的成果占20%，社會成果占6%，以及關鍵績效成果占15%。總分最高1000分，組織要評為卓越，得分至少要超過700分。

PDCA原則的版本對評鑑者如何評估實務作法好壞很重要：也就是，評鑑人員

圖 5.4 歐洲卓越模型

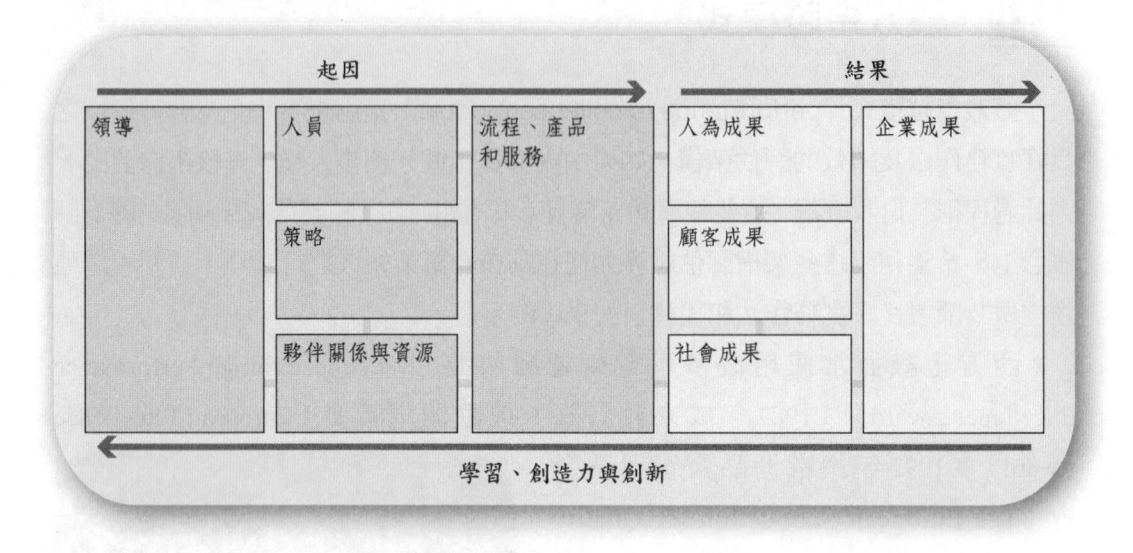

```
            起因                                    結果
┌─────────┬─────────┬─────────┐  ┌─────────┬─────────┐
│         │  人員    │ 流程、產品│  │ 人為成果 │         │
│         │         │ 和服務   │  │         │         │
│         ├─────────┤         │  ├─────────┤         │
│  領導   │  策略   │         │  │ 顧客成果 │ 企業成果 │
│         ├─────────┤         │  ├─────────┤         │
│         │夥伴關係與│         │  │ 社會成果 │         │
│         │ 資源    │         │  │         │         │
└─────────┴─────────┴─────────┘  └─────────┴─────────┘
            學習、創造力與創新
```

期望受評鑑的組織,其流程要有規劃、被有效落實,以及受到監督和檢視,並且能提出績效追蹤的證明,包括對初始計畫提出修正。模型將起因和結果分開,藉此反映驅動因素和績效產出之間的平衡。圖 5.4 顯示各種類別之起因,對產出、創新和學習的影響,以及產出、創新和學習回饋起因的情形。

組織通常藉由申請獎項來改善組織的凝聚力;例如

我所工作的公司在 2005 年被授予卓越等級認可的歐洲獎。我們採用 EFQM 模型,且出於策略性因素(提出具差異化的投標規格)而申請該獎項。我建議,就算公司不致力於改善點對點的品質,參與獎項申請計畫的高階管理者也能從中受惠⋯⋯參與獎項申請的工作帶來許多利益:所有參與此案的管理者都被要求持續依循 EFQM 架構工作,而且設定申請更多獎項的目標〔CIP(Capita Insurance Services)專案經理 Phil Francis)〕。

這些模型不評估組織行動的內容,例如目的聲明書和策略是否恰當,但會評估特定流程是否到位,公司必須證明真的使用過這些流程。為了在「政策和策略」這個類別贏得高分,歐洲卓越模式要求組織的政策和策略必須:

1. 基於目前和未來的需要,以及利害相關人的期待;

內部環境

第 5 章

2. 基於績效衡量、研究、學習與創造等相關的活動取得資訊；
3. 發展、檢視與更新；
4. 透過關鍵流程架構進行部署；
5. 傳遞與實施。

績效卓越模式之評估準則已被國際標準管理組織（ISO 2004）採納。這些標準可以幫助組織學習標竿與最佳實務的作法。

標竿學習

標竿學習（Benchmarking）是將某組織的做法與其他組織進行比較，找出改進意見和有效的做法，有時候也會拿來比較相關的績效標準。標竿學習主要有兩種類型。首先是競爭標竿學習，這種標竿學習通常是衡量整體績效的參考目標，例如生產線的產出。另一種是流程標竿學習。公司團隊可以參訪其他異業組織，以學習類似的企業流程。

全錄（Xerox）早期廣泛使用流程標竿學習，向其他組織學習，並連結至該公司的商業卓越模式。例如，該公司研究倫敦救護服務，藉以改善工程師接獲客戶緊急服務要求而需拜訪客戶的流程。然而近年來，異業標竿學習減少，因此全錄改以比較組織內部不同事業單位的實務作法。但標竿學習內部化的結果產生兩項困難點：有效接觸其他組織單位和其所牽涉的成本和時間等問題。

標竿學習對規模較小的專案非常有用，但若做為全面瞭解組織系統的途徑則有問題。產生問題的部分原因是，管理者不但無法以整體的角度來理解其他組織，同時對自己的公司也不甚瞭解。如果要利用一般性的架構做個別應用或針對特定背景進行應用，通常需要做調整，而非直接複製，標竿學習反而是產生創意及變革的有用觸媒。

若從以資源為基礎的策略觀點來看，複製最佳實務作法可能是不切實際的，因此核心競爭優勢之管理實務作法，很可能是單一特定組織所專有的，無法適用於其他組織的策略管理。麥克‧波特同意複製最佳實務作法可能不切實際，但係出於不同的原因：他認為能力可以被複製，但不能成為持久性競爭優勢的來源，只能提升作業效能而已：

如果有更多的企業採行標竿學習，那麼這些公司就會愈來愈相像。此時每家公司提供的價值或多或少也會類似，那麼客戶只能被迫做價格取捨。這不免會破壞價格水準，侵蝕公司的獲利能力。同時，競爭的聚合將導致重複投資以及產能過剩的情形。

反觀通用電氣前首席執行長傑克‧威爾許則認為這是錯誤的：

我聽到有人說，最佳實務做法並非持久性競爭優勢，因為這些作法太容易被複製。這是無稽之談。事實是，一旦出現最佳實務作法，每個人都可以模仿，但贏家會做兩件事情：模仿和改進……只有模仿是不夠的……但是，為了使策略成功，你必須要調整思維──往遠處看……尋找最佳實務，適應並持續改善。當你做對了之後，就是不折不扣的創新。新產品和服務理念、新流程和成長機會無所不在，總有一天都會成為規範。只要合適的人員就位，落實創意並烙印腦海中，就能成就最佳實務。這是十分有趣的事情。將最佳實務視為策略重點的公司都是積極、渴望學習的組織。這些公司相信，每個人都應該尋找做好工作的較佳方式。這類型的公司都充滿了能量以及能把工作做好的精神。請不要說這不是一個競爭優勢！

事實上，模仿也可以是競爭的基礎。例如，中國上海一家名為乾杯（Cheers）的餐廳；名字就取自美國某情境喜劇，而劇中有句標語：「這是一個每個人都知道你名字的地方」。這家餐廳是由商學院學生所創辦，靈感來自於星巴克（Starbucks；西雅圖起家的一家小咖啡館，目前於中國擴展事業）個案的研究。該餐廳的創辦人之一傑夫‧魏（Jeff Wei）說：「我們認為在城市裡，沒有類似的商業模式。但如果我們能掌握正確的商業模式，我們就成功了」。乾杯餐廳不久後將開設分店，並且計劃在未來兩年內成長20%至30%。當然，星巴克跨足上海，將使乾杯受到考驗，但乾杯也不會太擔心。

內部環境
第 5 章

> **競爭觀點 5.3**
>
> ### 通用汽車公司和豐田生產系統
>
> 標竿學習的一個早期例子，與通用汽車和豐田汽車在美國加州的合資車廠有關。通用汽車將豐田生產方式（TPS）介紹給美國管理者，但不見成效。而這件事僅發生在通用汽車能夠改善精實生產作業的前幾年而已。
>
> > 如果知識不能被理解，那麼知識就無法被適當地評價。要瞭解 TPS 的知識特別困難，因為它具有系統和整合的性質。通用汽車有個信念：『TPS 的秘密是可觀察和可傳遞的，如果我們能夠取得整個藍圖的話』。然而，知識不易被分解成一塊一塊，然後分開傳遞。TPS 和精實生產的知識已深植於豐田的脈絡之下，緊密地結合成一個整合系統。
>
> 該公司的某位管理者說，「你不能像挑櫻桃一樣去挑選精實生產的要素：你必須關注整個系統。一旦你瞭解系統如何運作之後，你更需要好好瞭解鞏固該系統的哲學」。
>
> 一位 GM 管理者彙整最初的學習挑戰：
>
> > 我們一開始抱持著否認的態度，認為沒有什麼可以學習。然後，我們說，豐田跟我們不同，所以它的方式無法在通用汽車運作。最後，我們意識到有些東西要學。領導者一開始也說實施精實生產吧，但他們也不懂精實生產……我們去了日本，看到了看板（kanban）[及時生產管理] 和安燈（andon）[員工有權停止產線生產，以解決問題]，但大家不明白為什麼 [這些方法] 能夠運作。我們不瞭解 TPS 是一種整合的作法，而不是隨機收集想法……我們落實該系統的某些部分，但不明白就是這個系統造成了差異……我們不知道在任何技術衝擊之前，文化和行為就必須隨之改變了。
>
> TPS 是一種精實生產系統。企業仍在學習有關 TPS 的一切，將之應用於服務以及生產環境。高階管理者必須仔細瞭解精實工作，對於系統的每個部分彼此相互依賴的議題也必須學習與瞭解。因為只要有某部分失敗，那麼剩下的部分也不可能做好。如果該系統也具策略性，那麼組織必須整合考量系統的運作

原則和方法論。許多公司會採取折衷作法，放棄某些原則，特別是遇到生產和服務的變化是組織控制之外的情況時。

👁 問題：為什麼標竿學習在通用汽車無法有效運作？

組織學習

資源基礎觀點以及核心競爭力的策略管理是組織學習的本質。阿吉里斯和尚恩（Argyris & Schon）將組織學習分為三種類型。第一種稱為**單環學習**（single loop learning），即組織成員回應和更正錯誤，並解決問題，以維持目前的工作方式。單環回饋連結至組織的策略與假設，使得組織能夠調整其策略與假設，讓績效維持在組織規範所設定的範圍之內。因此，單環學習也被稱為是一種封閉的系統。第二種組織學習的類型是**雙環學習**（double loop learning）。雙環回饋不僅將偵測到的錯誤與策略和假設進行連結，同時也會對定義的績效規範產生質疑。雙環學習屬於開放的回饋系統，因為跳脫現有工作方式的框架。第三種類型稱為**再學習**（deutero learning）。組織學習如何學習，包括監控與檢視人員如何學習管理——這是適應組織的一個重要前提。

這三種學習類型的策略管理與檢視形式之性質各不相同。單一回饋與作業最相關，雙回饋對於策略檢視更為重要。而再學習對人員管理作法的查核很重要。例如，使用動態能力發展核心競爭力，或利用績效卓越模式評估管理。（策略檢視和控制詳第10章討論。）

詹姆士・馬奇（James March）依據策略的資源基礎觀點，將學習分為**開發型學習**（exploitative learning）和**探索型學習**（exploratory learning）兩種，開發型學習發生在組織的日常流程中，並以經驗和現存的知識為基礎，而探索性學習則來自於新的和不熟悉的訊息，必須從現有組織慣例與經驗外獲得。前者主要利用的是組織外部環境、以市場為基礎的機會，而後者則著重於組織內部環境、以資源為基礎的機會。探索（exploration）的意思涵蓋搜尋、不熟悉的變化、承擔冒險、玩樂、靈活性、發現與創新。此種學習具有以新方法進行實驗的性質，學習成效具不確定性、非立即性，而且往往是負面的。開發（exploitation）則關心改善、生產、效率、

選擇、實施和執行，此種學習具有精進和延伸現有競爭力、技術和典範的性質，學習成效近在眼前而且可預料。簡單來說，探索是追求未知但未來可知事物的新知識，而開發則是使用和發展已知事物。高階管理者必須成為好的學習者；詹姆士‧馬奇認為，組織在善用已知的同時，也必須探索未知。

持久性的根本創新是透過漸進式的變革慢慢累積，為了追求長期的成功，需要更多的時間和實驗。這與企業流程再造以及其他由上而下的新計畫所形成的根本式變革不同，根本式變革所利用的是短期的機會，而且通常會尋求快速的改變。鎖定產業和市場機會與變化的組織較偏好探索型學習的過程，而以現有的組織日常事務經驗、競爭力和發展軌跡為基礎的開發型學習，其重點放在持續改善和漸進式的變革。

班納和圖什曼（Benner & Tushman）認為，如果企業面對不穩定的產業環境，那麼使用探索性學習會更好，而開發型學習則適合穩定的環境狀態。2008 年之前的全球化動態情境，使得企業偏好探索型學習勝於開發型學習。但如果世界經濟現又回到低成長和靜態，那麼全球環境應傾向開發型學習。

知識管理的倡議者野中和竹內認為，學習是外顯知識與內隱知識兩者之間相互作用的螺旋過程。外顯知識可以用正式的語言闡述，而內隱知識則很難用語言表達。這種學習過程產生了組織知識。組織必須鼓勵人員互動與共事，彼此分享從其他經驗和職涯歷程裡所學到的內隱知識。這種情況常見於日本組織，例如 TQM 等方法就是處理變更、解決問題並達成規劃和策略部署的協議時可用的共同語言和管理工具。

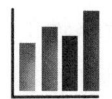

利用 SWOT 分析進行策略決策

為見成效，策略必須一併考量外部環境的機會與威脅，以及組織內部的優勢和劣勢，並依組織目的與策略目標制定相關策略（見圖 5.5）。

SWOT 是有助於記憶組織之優勢、劣勢、機會和威脅的分析方法。分析時，組織內部的優勢與劣勢必須與外部環境的機會和威脅相互配合。SWOT 的起源可以溯及史丹福大學（Stanford University）的艾伯特‧漢弗萊（Albert Humphrey）曾使用的一個類似的技術。艾伯特‧漢弗萊利用此技術分析大型美國公司企業規劃失敗

圖 5.5　SWOT 分析在策略發展所扮演的角色

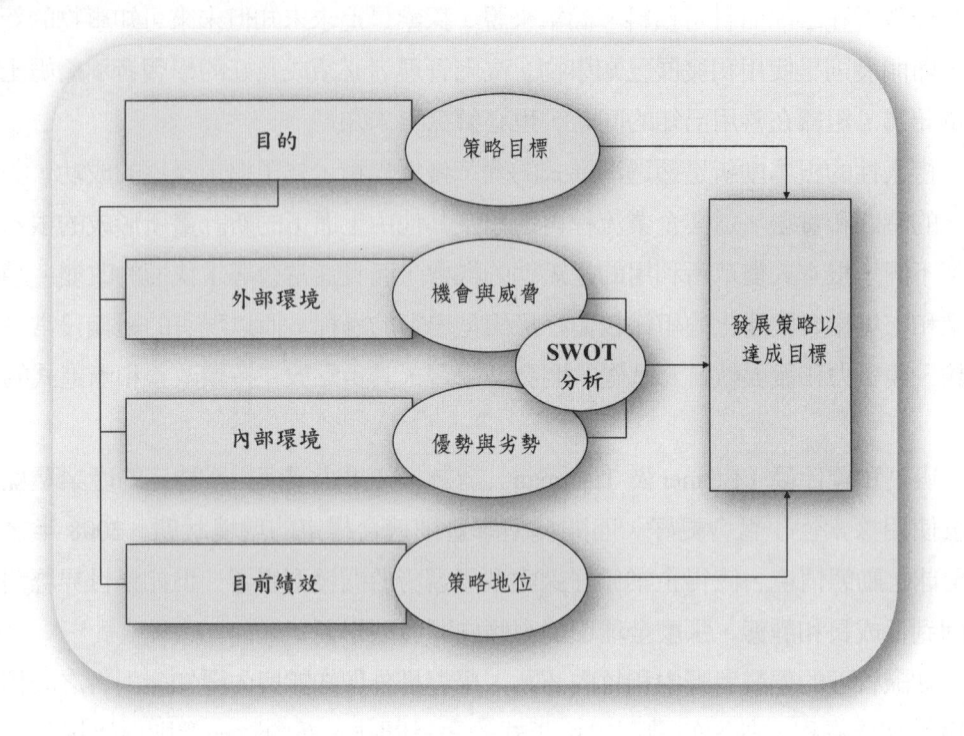

的原因。尤里克和奧爾（Urick & Orr）在 1964 年的一次會議將之定名為 SWOT（取英文字首字母）。SWOT 是一個快速和現成的工具，也是一個詳盡並可全面性分析的架構。

重要的是，在進行 SWOT 之前，必須先設定期望的最終狀態。任何項目（例如顧客服務優勢）若沒有可以比較的對象，SWOT 分析則毫無意義。策略性的 SWOT 分析通常與策略目標的界定以及找出有利或不利於目標達成的內外部影響（詳圖 5.6）有關。

策略性的 SWOT 包括以下內容：

- 優勢是指有助於達成策略目標的組織屬性。
- 劣勢是指無益於或者需要付出關注以達成策略目標的組織屬性。
- 機會是指有助於達成策略目標的外部影響因素。
- 威脅是指可能損害或阻礙策略目標達成的外部影響因素。

第 5 章　內部環境

圖 5.6　使用 SWOT 分析達成策略目標

```
                           SWOT 分析
┌─────────────┬─────────────┬──────────────────────┐
│             │             │  機會         威脅    │
│  財務績效   │  財務目標與 │                      │
│             │  衡量指標   │  PESTEL 因素         │
│             │             │  產業獲利能力和競爭力│
├─────────────┼─────────────┤  產業團體的變革      │
│             │             │  市場生命週期        │
│ 環境與競爭  │  顧客目標與 │                      │
│   態勢      │  衡量指標   │                      │
├─────────────┼─────────────┼──────────────────────┤
│             │  內部流程   │  優勢         劣勢    │
│  核心能力   │  目標與     │                      │
│             │  衡量指標   │  價值創造流程管理    │
├─────────────┼─────────────┤  價格和品質          │
│             │ 學習和成長  │  人際能力和價值觀    │
│  核心競爭力 │  目標與     │  地點                │
│             │  衡量指標   │                      │
└─────────────┴─────────────┴──────────────────────┘
              平衡計分卡
```

這些因素都列示於圖的右半部。機會和威脅關係到平衡計分卡的財務和客戶觀點的策略目標，外部環境對內部的影響很重要。優勢和劣勢關係到內部流程和學習與成長觀點的策略目標，內部環境對外的影響也必須考慮。

SWOT 分析的流程源自於四個基本問題：

1. 如何利用和發展每個優勢，以精進策略目標？
2. 如何改善每個劣勢，並轉化成優勢？
3. 如何善用機會，並從中受益？
4. 如何解決每個威脅，並轉化為機會？

SWOT 是一種簡單，但常被濫用的概念。如果不想要變成只是簡單條列出每個因素權重都相同的一張表，那麼就必須排序，以決定哪些是主要優勢。以策略目標為例，

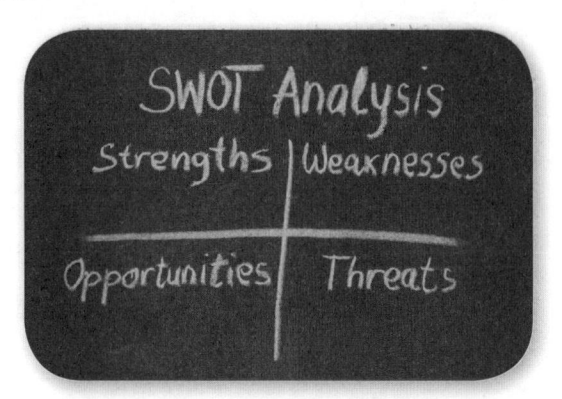

177

SWOT分析應該鎖定達成目標的關鍵成功因素。因此，SWOT分析如果搭配策略地圖一併使用，除了可以辨識主要的因果關係之外，也可協助參與者辨識並整理出最重要的SWOT因素。

進行SWOT分析時，應注意以下原則：

- 盡可能地呈現真實狀況。
- 區分組織現在與未來的理想狀態。
- 盡可能具體，避免模糊和困擾。
- 項目不要多（例如，專注於少數關鍵成功因素）且可理解。
- 反覆思考數次，釐清該因素為何具有相關性，相關性的邏輯在哪裡。

參與者的組成和人數是重要的。成員要能夠代表所屬的核心事業領域，並且能瞭解全貌。公開討論的理想團隊人數是8位。使用平衡計分卡方法輔助SWOT分析，有助於保持內外部考量點的平衡。否則，分析時可能會有偏重開發型或探索型資訊來源的情形，而偏重哪一種來源資訊取決於SWOT團隊的關注重點和地點為何。

例如，組織周邊所制定的策略可能較外部導向，而組織核心所制定的策略則可能偏向以內部為焦點。因此，舉例來說，跟市場有關的決策制定可能涉及更多的探索性學習活動，如掃瞄和情境。而組織核心的決策制定可能涉及較多的開發型學習活動，例如監測和預測。這樣做的目的應該是為了達到整體的平衡。

本章已經解釋SWOT分析是一種檢視或選擇策略的方法。當然，SWOT分析也可用於其他目的，包括制定任何跟策略有關的決策。然而，重要的是，一開始進行SWOT分析時，目標就必須明確，這樣SWOT分析才會是一項有意義的活動。

本章小結

1. 一旦瞭解外部環境的機會和威脅之後，組織就可以策略性地配適內部優勢，以達成目的。
2. 資源基礎觀點利用特定的方式管理組織內部的策略資源，以維持競爭優勢。
3. 組織的策略應該考慮其策略資源的優勢和可能性，以提升核心競爭力和動態能力。

4. 核心競爭力有利於形成競爭差異性。組織與其多做,倒不如選擇以獨特的方式來做。
5. 動態能力有助於組織管理其核心競爭力,以取得競爭優勢。
6. 精實生產的核心原則是管理組織的核心事業流程,以持續管理能夠提高價值的活動。
7. 在 TQM 裡,品質好壞由客戶定義。管理事業流程的指導原則是 PDCA 循環。
8. 為見成效,策略必須一併考量外部環境的機會與威脅以及組織內部的優勢和劣勢。
9. 高階管理者必須成為好的學習者;在善用已知的同時,也必須探索未知。
10. SWOT 分析必須以設定期望的目標為起始點,才能做好分析。

延伸閱讀

1. 傑・巴尼以資源基礎觀點論述策略的內容可參閱:Barney, J. (1991), 'Firm resources and sustained competitive advantage', *Journal of Management*, 17: 99–120。
2. 許多 RBV 的概念,尤其是關於動態能力的部分,仍處於發展階段。有關動態能力的詳細評論請參閱:Helfat, C. E., Finkelstein, S., Mitchell, W., Peteraf, M. A. Singh, H., Teece, D. J. and Winter, S. G. (2007), *Dynamic Capabilities: Understanding Strategic Change in Organizations*, Oxford: Blackwell Publishing。
3. 全面品質管理的形式相當多,科爾(Cole)曾發表回顧性的評論文章、威其(Witcher)則以不同的角度解釋品質,詳細內容請參閱:Cole, R. E. (1998), 'Learning from the quality movement: what did and didn't happen and why?' *California Management Review*, 41: 43–73; Witcher, B. J. (1995), 'The changing scale of total quality management', *Quality Management Journal*, 2: 9–29。

課後複習

1. 何謂策略資源？
2. 如何讓公司的競爭力變成核心競爭力？
3. 蒂斯等人、艾森哈特和馬丁對動態能力的定義有何差異？
4. 精實生產中的「精實」代表什麼意思？
5. PDCA 這個縮寫字代表「請不要改變任何事物」的意思嗎？
6. 全面品質管理中的「全面」代表什麼意思？品質的好壞由誰定義？為什麼？
7. 標竿學習的目的為何？
8. 在 SWOT 分析中，如何知道組織優勢與劣勢的強與弱，或者組織的機會或威脅是什麼？

討論問題

1. 請使用績效卓越模式評估任一組織。不要忘記使用 PDCA！
2. 檢視麥克‧波特於 1996 年在《哈佛商業評論》（*Harvard Business Review*）發表有關真正的策略和營運效率的文章。試提出贊成或反對其觀念的證據或主張，並下一個明確的結論。
3. 試說明並比較不同組織的獨特性，指出這些差異對策略管理的重要性並討論如何管理這些差異性。

章後個案 5.1

日產利用動態能力管理核心競爭力

日產之道

日產（Nissan）的價值觀陳述，稱之為日產之道（The Nissan Way）。從日產之道可以看出公司員工以類似的方式工作、能夠彼此溝通和互助的重要

內部環境

第 5 章

性。日產的行政團隊具備動態管理競爭力、事業和環境變革的能力。

日產尋求企業經營方法論和以及管理哲學的發展，希望有助於跨功能營運，並協助員工容易並快速地解決問題、在必要時修正行為，並辨識與善用機會。

日產定義 13 個跨功能流程做為其核心事業領域。這些流程是維護公司整體加值能力的關鍵，必須有效管理：(1) 方針管理 (hoshin kanri)；(2) 日常管理（nichijo kanri）；(3) 生產維護；(4) 標準化建立；(5) 生產力改善活動；(6) 檢查；(7) 生產控制與物流；(8) 人事與勞動力管理；(9) 成本管理；(10) 品質控制（包括及時生產管理，流程控制）；(11) 工程能力；(12) 零件在地化，和 (13) 採購。

方針管理（hoshin kanri）的意義將在第 10 章做進一步的論述。但在此先要說明的是，方針管理是對策略相關目標進行部署和管理的一種方法，因此對策略的落實很重要。一個方針（hoshin）就是一項策略目標，簡單描述關於脈絡的指導原則。

策略管理

高階管理查核（TEAs）

日產的高階管理者對核心事業流程進行年度檢視，稱之為高階管理查核。其目的為：

> 例如高階「診斷」（shindan）查核是指對公司績效進行詳細查核，以瞭解支持公司的既定策略目的和目標的各項活動概況。查核的工作由該公司的高階管理者擔任，依個人的功能專長提出改善活動。

（shindan 這個日文字翻譯成英文係指管理的意思。）

日產界定出七項經營方法論和管理哲學：(1)日常控制；(2)方針（hoshins）的確立（hoshin 相關工作的檢視與活動的建立）；(3)針對方針／事業計畫與控制項目，進行方針（hoshin）發展和部署的協調；(4)設定控制項目；(5)分析和解決問題的能力；(6)檢查並採取行動；(7)高階人才的領導和參與。

高階管理者建構核心競爭力，期望每個人都能加以應用。這也是高階管理者查核組織在管理 13 項企業流程是否熟練的依據。當然，組織還是有其他重要的競爭力，但這些競爭力都是以功能性為基礎，而非跨功能或以價值為中心。在查核的過程中，七個競爭力被稱為診斷項目。其查核是檢查日產所有單位對七個競爭力的應用，以及如何使用在 13 個競爭流程中以符合日產的公司目的和中期計畫。

執行管理查核的團隊會為每一個核心事業流程進行從一分到五分的競爭力評估。這個衡量方式類似於菲利普·克勞斯比（Philip Crosby）使用的成熟方格（quality management maturity grid）：針對公司的品質管理發展項目進行五個階段的衡量。日產簡單運用此一概念：亦區分出五個衡量階段：「第一階段，不確定」；「第二階段，覺醒」；「第三階段，開始」；「第四階段，明朗」和「第五階段，達成」。稽核人員利用這種衡量，彙整每一個診斷項目所發現的狀況。只有在七個類別都達到第四階段後，東京總公司才會認為，海外公司已成功落實日產之道的哲學。

總公司會依照工程部門所界定的一系列標竿為標準，判定每個診斷項目的競爭力狀態。透過這些標準，可以協助判斷每個項目的競爭力是位於五個階段的哪個階段。因此，例如以方針管理這個核心事業流程以及以方針確立

（檢視並建立方針相關活動）這個診斷項目為例，總公司會用這五個階段來評估任一個日產單位的進展狀況：

步驟1：

- 方針的口號意味著「方針是屬於大家的」意思，即使目標存在，但未有明確衡量也一樣。

步驟2：

- 要精確定義期望目標後，才有方針。
- 不要將重要議題都集中於本年度。
- 確立目標和衡量。
- 不需瞭解現狀就可確立衡量指標。

步驟3：

- 從年度重點萃取並準確制訂要達成的目標。
- 年度計畫和中期計畫（3年）不契合。
- 瞭解目標的相關內容。
- 不做分析，以經驗決定衡量指標。

步驟4：

- 針對重要問題制訂方針以及解決方法，並做檢視。
- 年度計畫和中期計畫需契合。
- 利用QC方法掌握問題並設定衡量指標。
- 將方針確立的流程訂定規則。

步驟5：

- 制訂年度方針，並與中期計畫銜接。
- 瞭解現況，弄清楚每個因素的貢獻率。
- 適當地修訂方針。

總公司會將查核的結果通知每個事業單位，使該單位瞭解自己的競爭力

水準。因此，例如日產南非分公司的方針管理競爭力為4.5分，位於明朗階段。總體而言，在所有的七個診斷項目中，日產南非分公司的核心事業流程政策的管理為4.7分，是日產集團方針管理做得較好的公司之一。總公司亦會對所有事業單位給予建議，告訴事業單位如何追蹤每一項競爭力的查核結果。以日產南非分公司為例，總公司針對方針管理的確立所提出的改善意見如下：

- 釐清主要活動，列為重點項目並減少控制項目的數量。
- 釐清責任與義務。
- 定期追蹤修正的行為。

討論問題

1. 日產如何運用本身的價值觀陳述（即日產之道）管理策略目標？
2. 日產的核心事業流程和七項核心競爭力之間有何區別？為什麼高階管理者進行查核有其重要性？
3. 如果高階管理查核是一種動態能力，組織如何利用高階管理查核來配置和重新配置策略資源？

重點筆記

> 所有的人都可以看到我征服敵人的戰術,但沒有人能真正看到這偉大勝利背後的策略。
>
> 孫武,西元前 4 世紀軍事家

策略

3

6　事業層級策略

7　公司層級策略

8　全球層級策略

第三篇主要介紹三種層級的策略，包括單一事業、擁有多項事業的公司或集團，以及全球或國際企業等適用的策略。

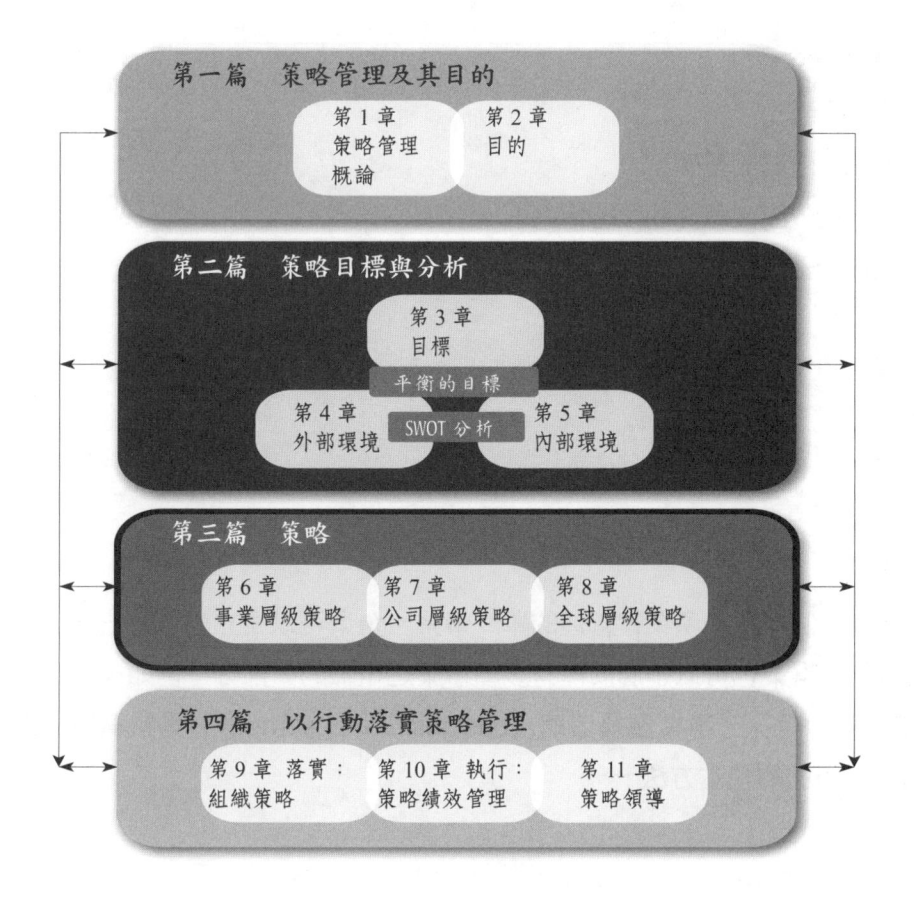

第一篇　策略管理及其目的
　第 1 章　策略管理概論
　第 2 章　目的

第二篇　策略目標與分析
　第 3 章　目標
　平衡的目標
　第 4 章　外部環境
　SWOT 分析
　第 5 章　內部環境

第三篇　策略
　第 6 章　事業層級策略
　第 7 章　公司層級策略
　第 8 章　全球層級策略

第四篇　以行動落實策略管理
　第 9 章　落實：組織策略
　第 10 章　執行：策略績效管理
　第 11 章　策略領導

第 **6** 章
事業層級策略

學習目標

1. 事業層級策略的意義
2. 一般性策略是競爭優勢的基礎
3. 利用價值鏈來管理一般性策略和策略活動
4. 一般性策略與資源基礎觀點之間的關係
5. 商業模式
6. 互補性和組織活動

事業策略

　　本章將組織視為一個在單一產業裡營運的單一事業。企業可以獨立經營某一項事業，或者該項事業也可以是屬於擁有多項事業之組織的一部分，例如一家公司（公司策略詳第 7 章）。**事業層級策略**（business-level strategy）是組織在特定產業內保持競爭優勢的基本方法。

商業場景

策略涉及內部連結與客製化活動

宜家家居（IKEA）主要的訴求一定會落在公司的基本範圍之內：這裡的基本範圍指的就是典型的 IKEA（typically IKEA）。我們的基本範圍有其所屬的輪廓，必須能夠反映宜家家居的思維方式——簡單且直接。它必須經得起考驗、易於共存，且反映出簡單、更加自然且不受限制的生活方式。典型的 IKEA 富有年輕的心態，以多彩多姿、歡樂的方式表達出自己的主張，以吸引所有年輕人的心。

低價的概念意謂著為所有的共事者創造極大的需求，包含產品開發人員、設計師、採購人員、內勤及倉儲員工、銷售人員以及會影響採購過程和所有成本的相關人員。簡而言之，如果沒有低成本的概念，那麼我們永遠沒有辦法達成提供最實惠價格的目標。

這是 IKEA 創辦人英格瓦‧坎普拉（Invar Kamprad）在「一個家具經銷商的宣言」（The Testament of Furniture Dealer）裡所宣示的事業策略。

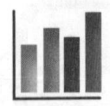

競爭優勢和一般性策略

策略管理旨在為組織提供一個穩固而長久的競爭地位，讓利害關係人於長期能持續受惠。由於外部環境不僅是受到突發性衝擊的影響而且持續不斷的改變，組織必須確保策略重點具有一致性而且盡可能的穩定，以使組織裡的成員清楚組織的目的並可以隨時調適，也因為如此，顧客及其他的利害關係人可以持續獲得價值。

麥克‧波特認為組織應該善用五力分析，瞭解五種競爭力量的強勢為何，以找出產業的競爭優勢（詳第 4 章），因為策略的終極目標就是要去因應這些力量、並朝著組織的希望影響這些力量。競爭優勢：

……基本上來自於一家公司能為客戶所創造的價值，此價值必須超過公司為客戶創造價值所花費的成本。價值是買方願意支付的價格，而優越的價值是來自於提供與競爭者相同的利益，但低於競爭對手的價格，或者是訴求相對較高的價格，但有獨特的利益。

波特主張，雖然每家廠商的策略或多或少都有不同，但基於競爭優勢和競爭範疇，可以通用於各產業的競爭策略共有四種（如圖 6.1 所示），稱之為**一般性策略**（generic strategy）。當組織以整個產業為競爭範疇時，可採行的一般性策略為成本領導策略或全產業差異化策略。當組織以產業的其中一部分為競爭範疇時，例

圖 6.1　四種一般性策略

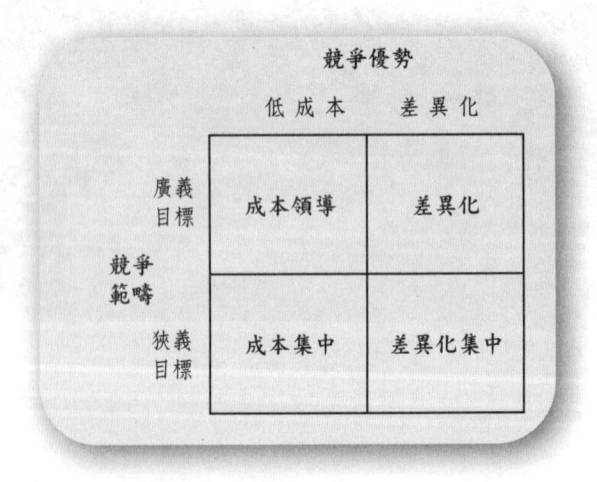

		競爭優勢	
		低成本	差異化
競爭範疇	廣義目標	成本領導	差異化
	狹義目標	成本集中	差異化集中

如特定市場區隔，可採行的一般性策略不是成本集中策略，不然就是差異化集中策略。一般性策略的詳細內容會依組織的需求和所屬產業的現況而有所不同。然而，波特認為，不論組織如何形成策略，有效的策略一定來自於這四種一般性策略的其中一種。

成本領導策略

如果組織採行的一般性策略是**成本領導策略**（cost-leadership generic strategy），那麼意味著組織必須嚴格控制單位生產成本，以成為產業內（包括現有競爭者以及潛在進入者）最低成本的領導廠商為目標。其中，「領導」這個字眼很重要，因為成本領導策略要求組織需成為成本領導者，而不是只在幾個組織當中競爭成本，比較誰的成本較低而已。如果組織的市場占有率比其他競爭對手高，那麼就會有相對較大的規模經濟和範疇經濟。當組織產量較大時，可藉由單位成本的降低而節省成本並達到規模經濟。範疇經濟則指各種不同的產品共享相同的設備，所產生的成本節省。

波士頓顧問集團的創辦人布魯斯・亨德森主張，規模和範疇的優勢與經驗曲線效應（experience curve effect）有關。他指出，當組織產量倍增時，單位成本有可能因產量增加而下降20％至30％。這不單單只是規模經濟的結果，也是伴隨著學習、專業化、投資和規模等多種效果而得到的綜合成果。另一種說法是：組織生產愈多，成本就愈低。當產量倍增，包括管理、行銷、配銷和製造等一些額外的成本，會以一個固定且可預測的百分比下降。

經驗曲線的概念鼓勵組織藉由大量和積極地投資，降低產品和服務的價格，以迅速獲得較大的市場占有率；一旦該組織成為市場的領導者，高的初始成本就可以在長期下攤平。組織應該早於競爭者的腳步，尋求學習並持續改善。然而，儘管（可能）有許多行業的經驗曲線已經發揮作用，但

經驗曲線的切確性質到底為何卻難以理解。

　　成本優勢的來源具多樣性，包括專門知識和技術，先行取得產業銷售管道和供應來源，以及有效的成本管理。低成本領導者經常銷售標準或非廉價的產品和服務。他們非常重視利用規模優勢，但也有可能善用其他機會以降低成本。

　　低成本領導者並不一定要降低價格並使價格低於其競爭對手。通常會這樣做是為了贏得更多的顧客，並獲得更大的規模經濟，但如果組織的成本低於所屬產業平均水準，那麼為了獲得高於產業平均水準的報酬，組織所要做的就是令其價格等於或接近所屬產業的平均水準。然而，通常市場會認知成本領導者的價格跟競爭對手相較之下是具有吸引力的。沃爾瑪（Walmart）的英國子公司阿斯達超市（Asda）營運長朱迪思・麥肯納（Judith McKenna）接受採訪時說到：

> 我們所有的精神都放在我們要如何做才能驅動價格下降，勝過於關注其他人要做什麼事……14年來，我們一直是價格領導者，我們打算繼續保持這種營運方式。

　　本書撰寫時，阿斯達的市場占有率排名第二，且正持續增加中，不像其競爭對手深受經濟衰退的衝擊。當然，價格競爭是危險的，點燃長期的價格戰與折扣戰將侵蝕企業的利潤。領導是很重要的。如果組織在所屬產業的市場占有率只有10％，而競爭對手有50％，那麼組織不太可能能在短期內提高市場占有率，以有效地競爭。

全產業差異化的一般性策略

　　全產業差異化的一般性策略（differentiation industry-wide generic strategy）是指組織對所屬產業的顧客提供獨特價值，而不以成本差異化的方式，使組織能夠賺取高於產業平均水準的利潤。此時，組織要能夠以不同的形式，提供不同於所屬產業其他競爭者所能提供的產品和服務屬性，例如特殊品質、運送和可靠的特性、企業和品牌形象、先進的技術、服務與支援等。

　　當然，組織只有在不影響差異化來源和價值創造的情形下，關心如何尋求降低成本。全產業的定位很重要，因為涵蓋的範圍涉及該產業和市場的全部，或者至少

是該產業或市場的主要部分。不像成本領導策略，組織在所屬產業內，可能擁有多個成功的全產業差異化競爭定位。之所以會有此種情形發生，表示所屬產業內有獨特的客戶群存在，對於組織所提供的產品和服務屬性有不同的看法。

差異化的一個成功案例是佳能。佳能創造了一個相對於全錄的產業定位。該公司藉由提供高速與高容量影印的明確策略，進而主導影印機市場。大型企業客戶需要銷售人員服務，而全錄則是將機器租賃而非出售給客戶。因此佳能決定將目標鎖定中小型組織，並生產小型機器供個人使用。該公司透過經銷商網絡銷售影印機，而不是直接租賃給客戶，並藉由品質和價格做出與全錄的區隔。如果佳能影印機品質可靠，不太容易出現問題的話，客戶將不用以租賃機器取代直接購買來分散風險。因此，現在的影印機市場存在這兩大成功企業，他們各自擁有不同的策略。

一個產業的市場發展會隨著時間的經過而傾向於差異化，尤其是如果該產業的營運，與顧客偏好的改變以及富裕程度的變化有關的話更是如此。一般來說，隨著消費者變得愈來愈富裕，他們不一定要想要低價，反而更強調消費體驗。消費者不會想買一支標準化的智慧型手機，他寧願花兩倍的價錢，買一個感覺兩倍好的手機。這就是為什麼蘋果風格和 iPhone 品牌持續在產業市場盛行之因。

即使是商品類（commodity-type）的產品，多樣性仍然能為生活的樂趣加分。奧斯卡獲獎影片《危機倒數》（The Hurt Locker）中，一位剛從伊拉克（Iraq）戰場返國的士兵到超市購物時，竟對挑選貨架上琳瑯滿目的各式早餐麥片商品感到十分困擾。這些商品都是穀物，是彼此類似的早餐產品，要從中做出選擇似乎浪費經濟資源（特別是在伊拉克戰場）。其實有很多現代產業是由差異化所驅動。如果可以提供一系列高於所屬產業平均利潤的產品的話，全產業差異化的組織可擁有強大的競爭地位。

成本集中和差異化集中的一般性策略

集中的一般性策略（focus generic strategy）是以鎖定所屬產業的某一特定部分為基礎，例如某一市場區隔或利基。組織可以為這一個特定的目標市場設計策略，較競爭對手更加緊密地滿足顧客的需求。集中策略者沒有全產業的競爭優勢，但能夠以低成本或差異化，經營特定目標市場。這兩種策略之所以奏效，主要是該目標市場與所屬產業其他顧客有不同的認知。

集中策略的意涵在於，鎖定廣泛目標的競爭對手無法像採行集中策略的組織一樣，針對目標客群提供相對的價值。競爭對手可能績效不佳，因為他們雖然能夠滿足一般顧客的需求，但對於滿足特定區隔的專業化需求卻不在行，或者是服務特定區隔時，需承受較高但非必要的成本。上述兩種策略在該區隔都會產生報酬，但集中策略者的相對報酬較佳。然而，如果所屬產業的每個集中策略者都選擇不同的目標市場，那麼採行集中策略的組織仍有正常的生存空間。

成本集中策略的一個成功案例是 H&M（Hennes & Mauritz）。這家瑞典公司為 18 歲到 45 歲的男性和女性設計便宜但又別緻的衣服，除此之外還擁有兒童服飾和自有品牌化妝品。1947 年，該公司開設第一家名為 Hennes（瑞典語的意思是「她的」）的女性服飾店，並買下男性服飾店 Mauritz Widforss。從那時起，H&M 一直專注於零售市場的區隔，並且在約 25 個國家當中，拓展 1500 多家店鋪。

差異化集中策略的一個成功案例是打造一級方程式賽車的麥拉倫（McLaren）汽車。該公司以長年征戰賽車的成功經驗為基礎，生產一般道路用車輛。麥拉倫汽車是一家深具專業且表現非常出色的組織。2012 年，該公司推出一款名為麥拉倫 MP4-12C 的跑車。其中，MP4 指的是底盤設計，這款設計也用於麥拉倫一級方程式賽車；12 是指車輛性能指標（Vehicle Performance Index），用來評估自家車輛與競爭對手車輛的關鍵性能準則；C 指的是使用碳纖維複合材料所做成的汽車底盤。

麥拉倫針對所屬產業的跑車市場，鎖定的是超級跑車。麥拉倫 MP4-12C Spider 敞篷超跑的價格約 20 萬英鎊左右。第一年目標是銷售 1000 輛，並在未來五年擴展到 4000 至 5000 輛。根據麥拉倫常務董事安東尼‧謝瑞夫（Antony Sheriff）的說法，該公司的策略是到國際市場競爭，銷售產品至非常富裕的地區，但每個地區的銷售量維持在一定的最小值，以維持排他性。在超級跑車市場，麥拉倫最強勁的競爭對

手是法拉利458，麥拉倫一直希望能保有這塊市場的一小部分。競爭對手善用賽車技術進行新車差異化，特別是碳纖維複合材料的底盤是麥拉倫獨有的技術。

然而，麥拉倫講求完美。麥拉倫執行長羅恩・丹尼斯（Ron Dennis）說：

> 這是一種心態……到麥拉倫工作的人，最後我們會請他們把腳弄乾淨，而且……我們也試圖利用這種方法影響他們的心態，試圖讓他們進入一種平靜的心態，這與我們想要這棟樓所達成的狀態是一致的。……我們專注於努力做到

實務作法 6.1
健全食品超市的策略

以於德州奧斯汀的一家小商店起家的健全食品超市（Whole Foods Market）現在宣布要成為擁有超過 270 家商店、全球最大的天然與有機食品零售商。

健全食品超市的策略聚焦差異化。該公司的產品純正，沒有添入人工添加劑、甜味劑、色素和防腐劑，該公司希望能夠提供一種「非比尋常的客戶服務」。

該公司的員工對食物有熱情，處世圓潤，有心參與社區服務工作、社區活動和非營利組織的工作。特別的是，該公司希望教育客戶，讓客戶瞭解天然和有機食物、健康、營養和環境等相關知識及好處，建立顧客忠誠度。

健全食品超市仍只鎖定北美和英國零售食品產業，強調天然生產，因成本比一般高，所以售價也較高。該公司從事一些非例行性的活動，例如社區服務工作，亦會產生一些額外的成本。

許多連鎖超市也銷售有機農產品，而且在某種程度上也參與敦親睦鄰計畫。但健全食品超市將大型零售商無法做到的敦親睦鄰計畫，放入組織的核心，打造可以維持客戶認知的活動，讓客戶覺得該公司是社區與世界所望。

👁 問題：健全食品超市的差異化策略是一種全產業策略還是集中策略？

最好,因此,你必須有一種堅定的心態,擁有麥拉倫 DNA。

當你擁有一輛麥拉倫超級跑車,那麼你離實現願望的距離就愈近了。

一般性策略彼此互斥

值得注意的是,組織只能從這四種一般性策略當中選擇其中一種做為策略,不能組合運用。如果組織以部分成本加上部分差異化當成策略,則稱為**兩面討好者(straddler)**。波特認為組織必須避免成為「什麼都會,但是都不專精的人」(Jack of all trades and master of none):「人人滿意,八面玲瓏」(all things to all people)是最平庸的策略,績效表現低於平均水準。這種作法通常意味著企業根本沒有競爭優勢。

卡在中間,不上不下(stuck in the middle)通常是組織不願意選擇競爭策略的結果。如果組織所採行的策略(其實也應該)是以根本不同的方法來維持競爭優勢,那麼應該透過組織活動的管理以維持這個策略。因此,組織就有能力傳遞其他人無法提供的價值。

價值鏈

價值鏈(value chain)是分解和顯示組織的策略相關活動,以瞭解成本、現有及潛在的差異化資源等行為的一種組織架構。價值鏈的特性並不在於各個部分如何獨立運作,而是各個部分如何相互影響。根據麥克・波特的觀點,組織可藉由較競爭者低廉的成本或較佳的方式來執行策略性的重要活動,以維持其競爭優勢。

價值鏈中所談到的價值是指顧客願意支付購買組織產品和服務的總金額。為了增加價值,波特強調活動的重要性,而不是功能(如部門)。價值鏈中的「價值」,是一種利潤(margin)的概念,即總收入(為客戶所創造的總價值)減去成本,或以生產者收到的淨利潤做為毛利(參見圖 6.2)。價值鏈所包含的價值創造活動可分為主要活動和支援活動兩大類。

事業層級策略 第 6 章

圖 6.2　價值鏈

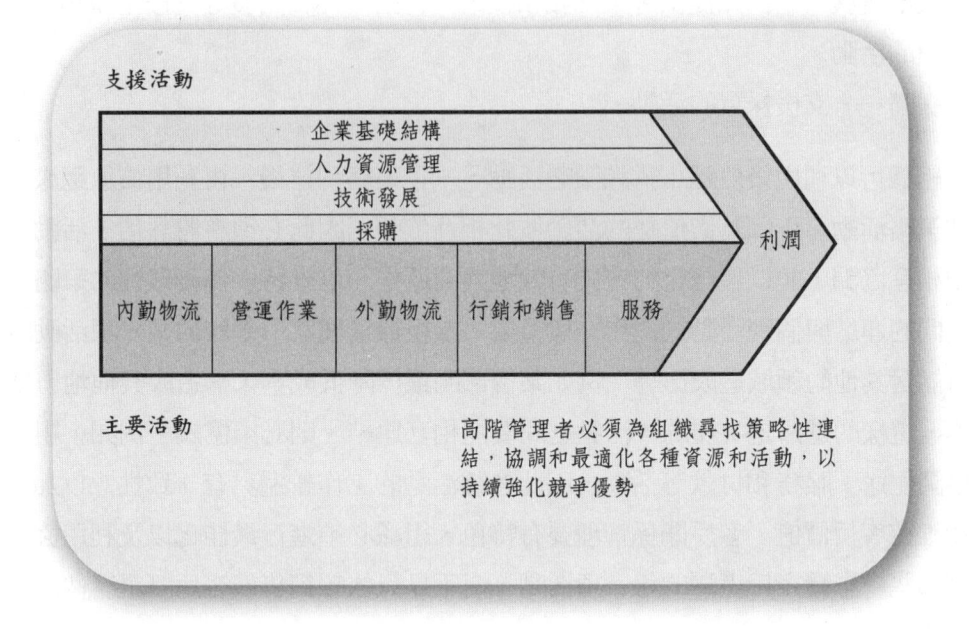

```
支援活動
┌─────────────────────────────────────┐
│         企業基礎結構                  │
│         人力資源管理                  │  利潤
│         技術發展                      │
│         採購                          │
├──────┬──────┬──────┬──────┬──────┤
│內勤物流│營運作業│外勤物流│行銷和銷售│ 服務 │
└──────┴──────┴──────┴──────┴──────┘
主要活動
```

高階管理者必須為組織尋找策略性連結，協調和最適化各種資源和活動，以持續強化競爭優勢

主要活動係透過以下幾個階段，將資源轉換成產品和服務以增加價值。

- 內勤物流──將投入帶進組織的活動；
- 營運作業──將投入轉變成產出的活動；
- 外勤物流──將成品提供給客戶的活動；
- 行銷和銷售──使客戶購買和接收產品的活動；
- 服務──保持和提高價值的活動。

　　傳統上，這些活動都與企業的直線功能有關。然而，價值鏈只關心那些具策略相關性的屬性和活動，以及這些屬性和活動如何相互影響，如何被整合成一個整體的系統，而不是從組織任何一個功能的觀點獨立看待這些屬性和活動。

　　支援活動的功能在於輔助主要活動以增加價值。傳統上，支援活動通常由專責部門負責，雖然這些部門通常具有跨公司導向。圖 6.2 列舉四個例子（支援活動可能不只這些，例如品質管理）：

- 企業基礎結構──例如規劃、法律事務、財務與會計等活動，支援主要活動進行一般性的管理。

197

- 人力資源管理——支援人員僱用和人力發展的活動。
- 技術發展——例如提供專業知識和技術，包括研究和開發等支援生產和交付流程的活動。
- 採購——支援採買的活動。

　　組織可以利用價值鏈來辨識策略活動，一旦策略到位後，再利用價值鏈來管理這些策略活動。正因為價值鏈的活動彼此相互依賴，因此必須整體評估，活動之間必須相互協調，並以最佳化的方式有效地共同運作，以維持一個凝聚性的策略。活動之間的連結與個別活動的運作一樣重要。當組織管理某一領域的某一項活動時，都可能對其他的領域造成影響。例如某個部門選擇降低成本，卻造成其他地方增加成本，這樣的選擇是次佳的。活動之間要能相互連結，則必須協調。例如，組織必須協調配送、服務和付款等活動，因此各種活動的工作普遍具有一致性，以加強聲譽和維持客戶價值。客戶關係管理要有特色，組織必須進行最佳化以及利用協調來控制那些會影響客戶經驗的每一項活動，而不是只依賴銷售或客戶訂單等個別的專業功能。

　　圖 6.3 為一家保險公司的價值鏈。該公司採低價政策，並因市場占有率大，而達到規模經濟。從效率的角度來看，該公司表現良好。價值鏈的任務就是協調與最佳化跨活動的成本，以持續減少成本基礎。

圖 6.3　成本領導

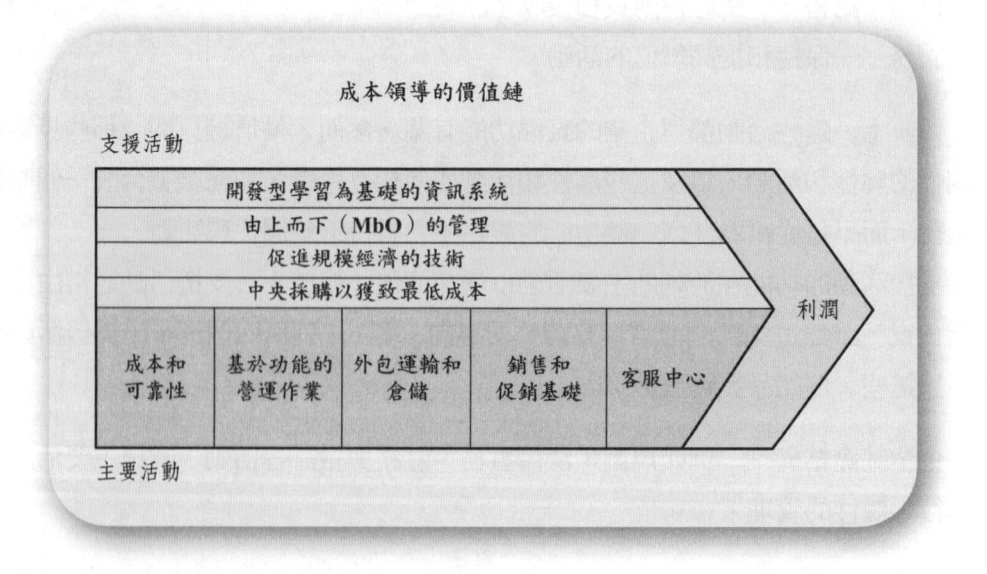

成本領導的價值鏈

支援活動
- 開發型學習為基礎的資訊系統
- 由上而下（MbO）的管理
- 促進規模經濟的技術
- 中央採購以獲致最低成本

主要活動
- 成本和可靠性
- 基於功能的營運作業
- 外包運輸和倉儲
- 銷售和促銷基礎
- 客服中心

利潤

事業層級策略 第 6 章

◆ 圖 6.4 差異化

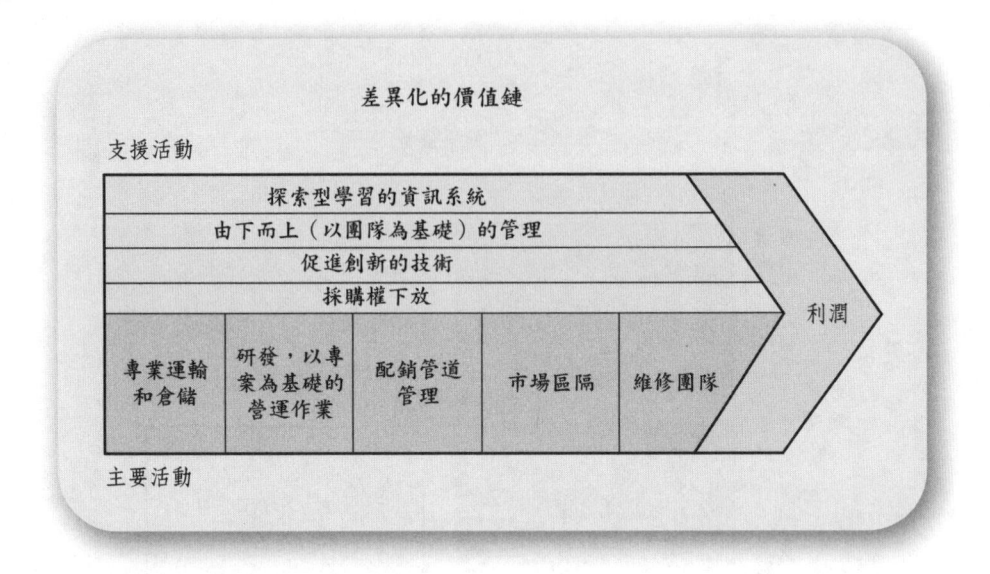

```
                    差異化的價值鏈
    支援活動
    ┌─────────────────────────────────────┐
    │      探索型學習的資訊系統              │
    │    由下而上（以團隊為基礎）的管理      ╲
    │         促進創新的技術                  ╲
    │           採購權下放                     ╲  利潤
    ├──────┬──────┬──────┬──────┬──────┐    ╱
    │專業運輸│研發，以│配銷管道│市場區隔│維修團隊│   ╱
    │ 和倉儲 │專案為基│ 管理  │        │        │  ╱
    │        │礎的營運│        │        │        │
    │        │ 作業  │        │        │        │
    └──────┴──────┴──────┴──────┴──────┘
    主要活動
```

　　圖 6.4 為一家電子工程公司的價值鏈，該公司為企業客戶提供辦公設備，雖採高價策略，但卻提供優質的維修服務。其組織文化屬學院風且為非正式，並重視講求創新的傳統。該公司藉由提供客製化的服務取得較大的市場占有率。價值鏈的任務就是協調和最佳化那些支援客製化服務的活動，以提升活動的有效性。

一般性策略與資源基礎觀點

　　在 20 世紀的最後 25 年，新日本競爭的崛起似乎對於企業只能選擇其中一種一般性策略的排他性作法產生質疑。因為當時的日本企業進行差異化的同時，也比西方的競爭對手實現更低的成本。日本企業以卓越的組織能力，例如採行精實生產及相關的核心競爭力，像是企業流程管理和以顧客為中心的組織方式來降低成本。日本人遵循的是**最佳成本差異化混合的一般性策略**（best-cost differentiation generic hybrid strategy），或稱混合式策略（hybrid strategy）（詳圖 6.5）。

　　最佳成本差異化策略旨在提供卓越的價值給顧客。組織在滿足顧客對於關鍵產品和服務屬性期待的同時，也提供超越顧客期待的價格，讓顧客感到物超所值，以品質的定義來說，就是持續改善顧客的期待與認知。

199

圖 6.5　混合式一般策略

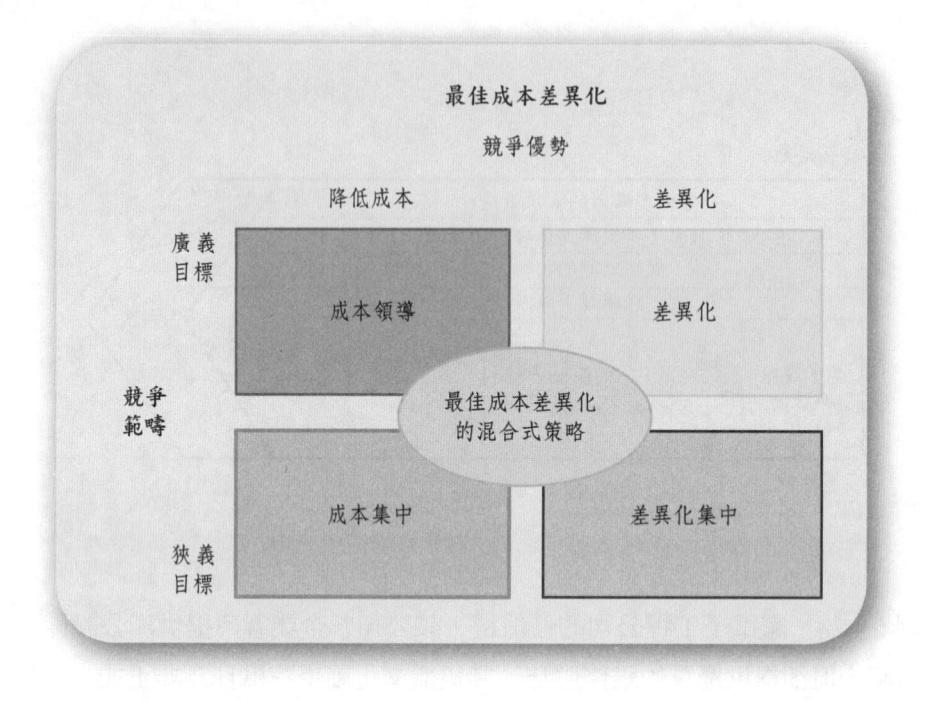

```
                        最佳成本差異化
                          競爭優勢
                降低成本              差異化
        廣義
        目標    成本領導              差異化

競爭
範疇            （最佳成本差異化
                 的混合式策略）

        狹義
        目標    成本集中              差異化集中
```

　　西方觀察家常用最佳成本差異化策略的例子來說明資源為基礎的策略觀點（詳第 5 章）。事實上，資源基礎觀點與波特的一般性策略形成對比。波特對此答辯，解釋日本的策略其實是一種營運作業效率，而不是真正的策略（能力只是創造真正的競爭策略的手段而已，詳第 5 章）。儘管如此，企業仍然有可能利用價值鏈來管理最佳成本差異化策略。

　　圖 6.6 為一家汽車公司的價值鏈。雖然該公司以規模經濟縮減成本，但同時亦透過精實生產和及時管理等促進需求拉動，而非供給推動的途徑來創造價值。另外，該公司利用方針管理（hoshin kanri）部署由上而下的策略，鼓勵設計由下而上的策略，同時實現改善生產力以及持續改善，以提升客戶價值。換句話說，價值鏈的任務就是協調和最佳化持續改善顧客價值的活動。最佳成本差異化策略關心策略資源，包括支援主要活動的動態能力和核心競爭力，如圖 6.6 所示。

圖 6.6　最佳成本差異化

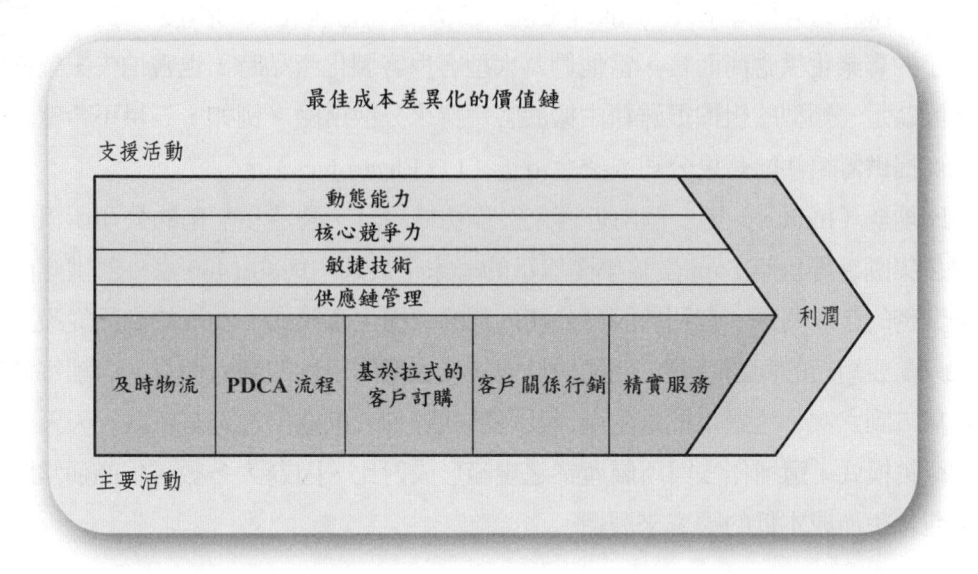

```
            最佳成本差異化的價值鏈
支援活動
    ┌─────────────────────────────┐
    │         動態能力              │
    │         核心競爭力            │
    │         敏捷技術              │
    │         供應鏈管理            │          利潤
    ├──────┬──────┬──────┬──────┬──────┤
    │ 及時 │ PDCA │基於拉│客戶關│精實  │
    │ 物流 │ 流程 │式的客│係行銷│服務  │
    │      │      │戶訂購│      │      │
    └──────┴──────┴──────┴──────┴──────┘
主要活動
```

將價值鏈延伸至供應鏈

　　價值鏈的概念可以擴展至組織疆界之外，包括配銷以及**供應鏈**（supply chain）當中與策略資源相關的活動，亦即跟通路商與供應商有關的價值鏈連結。供應商，特別是提供產品和服務、為企業客戶創造價值的第一階層供應商，應該管理公司的活動，以配合顧客的策略。組織的核心競爭力與上游供應商、甚至於下游的通路商和顧客的核心競爭力之間也可能產生綜效。

　　組織對內外部流程加以管理的可能性愈大，競爭對手模仿的難度就愈大。例如蘋果就策劃了驅動產品創新的一系列技術。就算歷史悠久的產業也適用。例如，奧地利（Austria）最大的鋼鐵製造商奧鋼聯（Voestalpine）的執行長沃爾夫岡・埃德（Wolfgang Eder）認為，對處於高成本國家的許多製造商來說，成功的關鍵是：

在生產過程納入複雜性……擁有管理營運作業的技術，都是讓你擁有生產別人無法生產之產品的力量。……你也可以領先其他企業一步，掌握降低成本的機會。

　　然而，組織往往不確定獨立供應商的哪一項策略或價值鏈，在某種程度上能夠

強化組織本身的策略或價值鏈，例如汽車業，近年來豐田遭遇品質方面的困擾，福斯（Volkswagen）和鈴木（Suzuki）也陷入策略連結思維差異的困擾。對於規模相對較小的專業化供應商而言，當他們為大型客戶客製化產品時，也害怕失去議價能力，因為這一類型的組織很難藉由擴展客戶群來分散風險。例如，三星不希望國內承包商提供零組件給蘋果公司或樂金電子（LG Electronics）。

印地紡（Inditex）是一個由近百家從事紡織設計、製造和配銷的公司所組成的西班牙集團。零售商 Zara 是該集團旗下的一家子公司，與約 1400 家外部供應商保持著緊密的合作關係，有利於因應公司內部的敏捷生產模式。Zara 的商品從設計到上架只需要短短的兩週時間，明顯快於傳統成衣業的平均四到六個月。店鋪每週定期進貨二到六次，透過小批量生產以及多款式陳列，創造出週週有新款、天天有新貨的行銷模式。這種作法與所屬產業之規範形成對比，因為大多數零售商通常將衣服外包給生產成本低的國家來製造。

策略門檻

特里西和威爾斯瑪（Treacy & Wiersema）提出「一般價值法則」（generic value disciplines）的觀點。他們認為，組織應該要擅長一般價值法則當中的任何一種法則，同時並確保策略能夠完全落實，維持在適當的門檻（thresholds）。

一般價值法則有三種：

1. 卓越經營（operational excellence）：組織以較低的價格，提供合理的品質；注重效率、精實作業和供應鏈管理。屬於以低成本為基礎的競爭優勢，高流通率和基本服務很重要。

2. 產品領導（product leadership）：組織強調品牌行銷和創新，以及在動態市場的經營。注重開發、設計、上市時程以及高利潤率。

3. 顧客親密（customer intimacy）：組織強調客戶注意力和客戶服務。注重客戶關係行銷、產品的交付和服務的傳遞，相對客製化。

第二項與第三項法則主要都是差異化策略。

事業層級策略

第 6 章

競爭觀點 6.1

一般和混合策略

波特認為，組織應該只能從一般商業策略裡面選擇其中一種策略奉行，避免混合使用多種策略，不要採取兩面討好者的定位。但是到目前為止，追求一種單純的一般商業策略可以導致卓越績效的論點，並沒有廣泛的實證共識。史都華‧霍西爾（Stewart Thornhill）和羅德里克‧懷特（Roderick White）針對 2351 份企業報告的研究指出，策略的純粹性和績效之間呈顯著正相關。

這項研究結果仍無法平息爭論。大衛‧蒂斯質疑靜態的地位是否可保護組織免於競爭。他認為，產業結構是由一群相互競爭的組織所決定，組織應該建立動態能力以建構策略資源。

米勒和戴斯（Miller & Dess）認為，表面上看起來雖然是一般策略，但背後的落實與執行的方法卻很多：一般策略的選擇，沒有活動之間彼此互補與強化來得那麼重要。另一方面，坎貝爾－亨特（Campbell-Hunt）持相反意見：這是一種策略的選擇，而細節沒有那麼重要。

實務上，許多組織似乎採用混合策略或雙重策略。洛伊佐斯‧赫瑞克里爾斯（Loizos Heracleous）與喬琛‧瓦茲（Jochen Wirtz）指出，新加坡航空（Singapore Airlines）成功執行了雙重策略：它不僅提供頂級服務，也擅長成本控管。他們認為雙重策略雖然包含兩種對立的做法，但兩者卻能結合成一個整體，也就是說，雙重策略似乎是互補，而非互斥的。這種思考方式深植在東方思維中：道教的陰與陽就涵蓋了這樣的概念。因此該研究顯示，亞洲組織例如悅榕莊（Banyan Tree）、海爾（Haier）、三星和豐田等，要比西方企業更容易接受雙重策略。

👁 問題：如果混合策略會消耗組織的能量，那麼組織是否會落入「人人滿意，八面玲瓏」的危險之中？

商業模式

商業模式（business model）是對組織核心事業流程的描述，用以說明實現組織整體目標的根本之道。這與彼得‧杜拉克的企業理論類似。從最基本的意義上來說，商業模式是組織做生意，產生收入的途徑。換句話說，商業模式說明了組織賺錢的方法。

商業模式這個名詞經常被積極涉入網路業務的組織所引用；特別是用於說明一般商業模式。一般商業模式並非使用的組織所特有，產業內的組織普遍用來創造價值的模式都可稱為一般商業模式。因此，它通常是一個既定策略，而不是對組織運作進行根本改變的願景策略。網路事業產生收入的基本商業模式種類彙整如表 6.1 所示。

表 6.1　網路業的一般商業模式

- 經紀（造市、拍賣）
- 廣告（展示、分類等）
- 資訊媒介（資訊中介商）
- 賣家（批發商／零售商）
- 製造商（直接銷售／租賃）
- 加盟（點擊合作夥伴網站）
- 社群（公開來源和內容，如網絡公共廣播）
- 訂閱（免費和付費內容）
- 公用（付費點播／計量）
- 免費增值（免費使用，做為個人資訊提供的回饋——目的在於與客戶建立關係）
- 附加（付費的配套產品／服務）
- 餌和鉤（免費主打產品，使用或續約才付費）
- 特許經營（採購權利）
- 網路泡沫〔如推特（Twitter），大眾化後，工作模式隨後問世〕

事業層級策略

第 6 章

實務作法 6.2
推特的策略蔚然成形

推特（Twitter）自2006年啟動服務以來，至2013年已擁有2億活躍用戶，推特的主要服務為讓使用者播送不超過140個字元的短訊。這些訊息也被稱作推文（Tweets），推文的內容一般都是跟推文者正在做什麼、推文者心情和想法有關的訊息。大部分的人每次推文都是簡短的一句話。

推文者從個人電腦或手機發布訊息。推特預設使用者的訊息是向所有人公開，但是使用者也可以設定僅對特定的人士開放。訂閱其他使用者訊息的人通常被稱為跟進者（follower），跟進者覺得有趣的消息可以回文或轉推給朋友。資訊流是順暢的，使用者可以看到朋友或者是名人、政治人物發布的訊息，反之亦然。使用者即時接收訊息，而發布的訊息也可以被搜索。

在開始啟動服務的第一個五年，推特似乎對未來沒有任何想像；策略是打造出來的，未來就會有。推特像許多網路新創公司的興起一樣，藉由不斷地探索、發現和嘗試錯誤以取得進步。

推特的共同創辦人比茲·史東（Biz Stone）曾說，推特永遠不會對提供的基本服務收費，雖然該公司正考慮對享受推特額外功能的企業用戶收取費用。這項計畫已於2010年宣布，當客戶在推特網站搜尋並擊點搜尋結果瀏覽企業推文時，企業就需付費，這個機制類似谷歌的關鍵字廣告模式（Google's Adwords advertising model）。推特與廣告主約定，只要使用者點擊、回文、推文或跟進廣告，廣告若能促進社交媒體產生品牌對話，就向廣告主收費。所有發布在推特上的訊息會被迅速索引，從每天推文統計出現頻率最多的詞，就可以得知有哪些熱門話題，使用者可以隨時發現這個世界上正在發生什麼事。該公司已計劃將推特服務延伸至行動裝置。使用者的照片也產生免付權利金的收入。2010年，推特開始賺錢，市場預估次年收入約可達7100萬英鎊，到2013年年底，還可能增加高達10億英鎊之多。

許多人認為，如果推特持續發展成為一種大眾媒體，該公司的服務很可就像是提供相關

205

產品和廣告的平台，如同 YouTube 和臉書提供的社交網路服務一樣。網路的進入障礙低，因此新競爭者會一直出現。例如，由新浪網推出的微博（Sina Weibo）是推特和臉書的混合體，它支配了中國微博大約 3 億的用戶。推特在其他國家如日本和巴西，與谷歌和微軟合作設計與開發海外版手機應用程式（apps），已經取得很高的使用率。

👁 問題：在新興產業裡，能夠找出策略要比及早決定策略更好嗎？

　　組織可利用商業模式圖（business model canvas）這個管理工具，做為發展新事業模式或描繪現有商業模式的模版，對組織實現目的之重要元素加以描述。這些元素可能包括價值主張、關鍵合作夥伴、關鍵活動、關鍵資源、顧客關係、通路、顧客區隔、成本結構和收入來源。組織利用商業模式圖來辨識該組織的關鍵活動，並展示這些關鍵活動彼此之間的抵換關係（trade-off）。而後，高階管理者就可以據此進行活動的協調。商業模式圖同時納入外部與內部的考量。組織的管理任務就是以最有效的方式，使活動之間能夠互相配合。

　　商業模式專屬於某個組織的程度，決定了該組織的競爭力。瓊安·瑪格瑞塔（Joan Magretta）指出，戴爾的競爭策略是一種基於與客戶直接合作的模式，繞過傳統的批發和零售通路，才能夠將新技術快速地提供給客戶；而沃爾瑪則於偏僻的小鎮設置大型賣場，這是其他零售商所忽視的作法。這兩種模式都依賴有效的中央物流和資訊科技系統，以迅速地回應顧客對產品的要求。瑪格瑞塔認為，商業模式應該考量企業營運的關鍵構面，並且注意所有的企業要素如何彼此配合。也就是說不應該只考慮競爭績效。

　　在概念上，商業模式不等同於策略，儘管很多人交互使用這兩個名詞。在策略管理文獻裡，切斯布羅和羅森布魯姆（Chesbrough & Rosenbloom）認為，商業模式的功能在於闡明價值主張、選擇合適的技術和特性、辨識目標市場區隔、確定價值鏈的結構，並估計成本結構和潛在獲利。

　　喬治·葉（George Yip）認為策略和商業模式之間的區別在於，策略用於改變基本商業模式，需要動態能力改變市場或競爭地位，而商業模式則是一群靜態元素的集合。他主張，波特和其他許多策略家使用的大部分例子，描述的都是靜態的商業模式，具穩定性，透過組織的管理強化策略的持續性。事實上，隨著時間的經過，

策略可能改變，但組織的整體策略在長期下應相對穩定（波特認為數十年），否則該策略將缺乏行為的一致性和目標的恆常性，因為企業需要在所屬產業裡，建立和維持一個有效的策略和競爭地位。

互補性

經濟學家彼得‧米爾格羅姆（Peter Milgrom）和約翰‧羅伯茨（John Roberts）的研究相當強調**互補性**（complementarities）在策略管理所扮演的角色，他們認為互補性具有影響力，互補性的活動可以在其他地方增加回報。因此，組織進行策略思考時，可以將一組具互補性的活動當成是強化彼此相互關係的一種觀點。這些互補性的活動並不侷限於價值鏈內的活動，只要是管理實務上彼此互補的活動皆可。對許多日本組織的創新而言，這些互補性活動應被當成一組整合的配套作法。雖然這主要跟組織（organizing）活動有關，然而互補性也適用於市場。例如，微處理器製造商英特爾，鼓勵其他的公司提出新奇的產品並導入英特爾的晶片來開拓新的消費市場。在工作中發揮互補性，從以資源為基礎的策略觀點來看，互補性由動態能力來管理：

> 內部配適不僅要具一致性，同時也要增強組織元素之間的互補性……資源基礎理論的一個重要課題是[策略]資源和能力需要一起搭配……如何搭配、搭配要如何變化、如何藉由不同的整合和協調的過程進行管理……動態能力為組織帶來顯著的地位。

互補性的一大優點是為組織帶來綜效：組織整體的表現比組織個別部分的表現加總還要大。因此，組織實務和活動應該要相互補強，以組織整體表現為第一要務。

根據麥克‧波特的看法，策略涉及活動的集合，而不是組織各部分的集合。活動的定義比傳統的功能（如行銷或研發）更狹義，活動是產生成本，為買方創造價值，也是競爭優勢的基本單位。競爭優勢來自活動之間的配合和彼此強化，通常橫跨不同的功能單位。

活動之間配合的愈緊密，組織愈能夠抵擋競爭者，提高競爭者模仿的困難度，而且也能夠瞭解競爭優勢的本質。各種活動之間緊密連結，競爭對手難以透過模仿

得到同樣的利益，除非競爭者可以成功地將系統整合。

瑞典家居用品零售商宜家家居鎖定年輕的購買者為目標客群，他們想要有設計的風格，但也希望價格低廉。該公司規劃了一整套不同於競爭者的活動。亨利・明茲伯格說，宜家家居的策略是一個很成功的案例：

> 在我心中，擁有絕佳整合策略的組織，宜家家居當之無愧。想想宜家家居策略元素之間錯綜複雜的連結，以及策略如何將人類生活的每一個層面以各種精細、迷人的方式，將其一塊一塊地拼湊出來的想法，著實讓人佩服。

宜家家居的價值鏈是基於願意犧牲服務換取相對低價商品的顧客而形成。相較於一般典型的家具公司採用服務極大化與客製化，但成本也較高的一般策略，宜家家居則提供年輕家庭一些額外的協助，例如店內幼兒照顧和延長服務時間等。宜家家居前執行長安德斯・達爾維格（Anders Dahlvig）認為，該公司的競爭優勢來自於整合：

> 許多競爭對手可能會試著模仿我們……但困難點在於如何將每個部分整合起來。你也許能夠複製我們的低價，但是你需要訂單數量和全球貨源的配合。你也許能夠複製我們斯堪的納維亞式（Scandinavian）的設計，但如果你沒有斯堪的納維亞的傳統薰陶這並不容易。你還要能夠複製我們平板式包裝的配銷概念，以及複製我們的內部競爭力，也就是我們賣場布置與目錄製作。

策略在活動中指引管理者，但策略需要確實制定。不可能做到每件事情或是滿足顧客提出的每個需求，變成「人人滿意，八面玲瓏」，也就是「什麼都會，什麼都不專精」，最終只會模糊了組織獨特的定位。策略的成功在於盡可能不要做錯事，錯誤的事情會削弱組織的努力和影響力，正如同做出正確的事情可以凸顯努力和影響力。一個清晰的策略需要被大家瞭解，並且制訂必要的紀律以確實落實。

組織進行策略決策時，必須在策略不相容的活動之間進行取捨。一項活動多做，就必須對其他活動少做，這就是抵換關係（trade-off）。例如，某零售商可能擴大客戶服務，以趕上高端市場的競爭對手；然而，這種作法卻增加了成本的壓力；再者，如果策略成功，提高價格可能會造成顧客對這兩個零售商產生模糊的認知差異：

競爭觀點 6.2

競爭策略與非競爭策略

策略文獻的主流內容都在談論競爭策略,以及組織應該在經營方式以及經營作法追求獨特性與差異化。的確,有些學者是這樣定義策略的。然而,許多組織並沒有直接的競爭對手,而且可能也不希望競爭。

但競爭的狀況總是存在的,因為做事情和買東西一樣都有替代方案,而且在資源、收入和其他資金有限,但慾望無窮的情況下就有競爭。不會有組織坐落在一個小島只跟自己競爭。波特認為,競爭策略是真正的策略(real strategy),也只有競爭策略能讓組織持續獲取高於平均水準的利潤。

然而,策略管理主要是管理策略所需的關鍵成功因素。策略的決定始於目的。無論企業是否處於競爭環境仍然需要策略,策略是協助管理者辨識和維持目的,以及為顧客(有時是其他利害關係人)創造價值活動之框架。

👁 問題:在策略管理的原則裡,競爭策略和非競爭策略之間沒有差異,你同意嗎?

最低階的管理者通常缺乏策略觀點以及維持策略的信心,常會出現妥協、放寬取捨條件和模仿對手的壓力。領導者的工作就是教導組織成員有關策略的事,以及說不。因此,策略需要持續性的紀律和清楚的溝通。事實上,一個明確、可溝通的策略最重要的功能之一就是要引導員工做出選擇,因為每個人的日常工作與日常決策都是在取捨之下產出的。

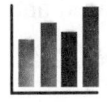

本章摘要

本章談論的策略,係屬於單一事業層級的策略。這種策略可能適用於單一企業,或者是一家大型公司的一個事業部門。波特的一般性策略可應用至單一產業或市場,組織必須做出有別於競爭者的定位。大型公司視事業策略為一個整體策略,

但這通常發生於該公司在單一（通常國際）產業營運的情況下。下一章將討論多重事業組織。

本章小結

1. 競爭優勢的兩個來源：低成本和差異化。
2. 一般性策略是以競爭優勢和競爭範疇的來源為基礎。
3. 組織必須從四種一般性策略當中選擇並維持一種策略：成本領導、差異化、成本集中和差異化集中。
4. 使用一般性策略時，策略活動可能會依組織的需求和所屬產業的現況而有所不同，但有效的策略一定來自於這四種一般性策略之一。
5. 價值鏈可用於協調和最佳化組織活動，因此價值鏈強化了組織所選擇的策略。
6. 組織應該要將商業模式和策略納入策略管理流程當中，進行整合管理。
7. 策略需考慮抵換關係，決定什麼活動多做，什麼活動少做。

延伸閱讀

1. 一般性策略的理論內容，請參閱波特的相關著作：Porter, M. E. (1980), Competitive Strategy, and Porter, M. E. (1985), *Competitive Advantage*, both New York, Free Press。
2. 商業模式有時被稱為獨特的動態能力，如美國航空（American Airlines）的收益管理系統、沃爾瑪的對接系統、戴爾的物流系統以及耐吉（Nike）的行銷能力，請參閱 Makadok, R. (2001), 'Towards a synthesis of resource-based and dynamic capability views of rent creation' *Strategic Management Journal*, 22(5): 387–402。

事業層級策略

第 **6** 章

課後複習

1. 競爭優勢的來源是什麼？
2. 成本領導策略當中的「領導」代表什麼意思？
3. 為什麼一般性策略彼此互斥？
4. 何謂混合策略？
5. 為什麼日本組織成功了？
6. 為什麼價值鏈應該與一般性策略有所差異？
7. 何謂互補性？

討論問題

1. 試比較採用成本領導、差異化、成本集中和差異化集中等四種一般性策略的組織有何不同。並思考上述四種組織如何在所屬產業內保持競爭地位。
2. 請描繪上述四種組織的價值鏈。
3. 以你就讀的大學為例，請列出維持學校整體策略的重要活動有哪些，並勾勒出這些重要活動彼此之間的連結關係。

章後個案 6.1

瑞安航空的策略

瑞安航空（Ryanair）是一家以歐洲為營運基地、提供短程運載服務的愛爾蘭籍航空公司，成長相當驚人。該公司由東尼‧瑞安（Tony Ryan）於 1985 年所創辦，2008 年運載客戶數約 4000 萬人次，到了 2013 年，已成長至約 8500 萬人次。在早期，雖然載客量持續增長，但瑞安航空卻是虧損。創辦人東尼‧瑞安請來他的私人助理，會計師邁克‧奧萊利（Michael O'Leary）接手調查航空公司的問題。奧萊利花了約兩年的時間找出錢的流向，並且悲觀地建議創辦人應將公司出售。

策略管理

瑞安航空執行長邁克‧奧萊利在廉價航空班機前留影

兩件事情凸顯了奧萊利的策略管理作法：首先，訴求以成本為基礎的策略，做為公司的競爭優勢；其次，以一套商業活動維持此策略。

我們是歐洲航空公司的成本領導者。做生意很簡單。你為了降低成本而採購，為降低成本而出售，而中間的差額就是你最終的利潤或虧損。我們有低成本的飛機、低成本的機場服務，我們不提供多餘的服務，我們支付旅行社較少的費用，人人支領高薪但努力工作、處理事情很有效率……沒有人像我們一樣有紀律。

策略在乎的是重點和紀律；奧萊利指出，策略不是看節省了多少迴紋針，而是灌輸了多少紀律。一個人在飛航途中倒下，將會使你做出一個在週五晚上花1萬或2萬英鎊租一架飛機的決策。我們還必須為那些決策做出澄清，讓人們釋懷。

如果瑞安航空的成本比其他航空公司低，那麼就可以提供更低的票價。如果票價夠低，就可以填滿所有航線的座位……這樣的想法導致奧萊利提出三個更深遠的結論。首先，就算處於景氣循環嚴重低迷的產業，公

司還是要不斷地提升能力。第二，除了賣機票之外，公司能夠攢錢的方法很多。乘客在飛機上不只是吃東西和喝飲料而已，利用瑞安網購（Ryanair.com），公司可以提供租車、保險、訂房和機場接送等服務。第三，偏僻的機場將支付瑞安航空為他們帶來旅客的費用。

如果這三點結論被認為是策略主題的話，那麼就可以利用波特的經營活動系統圖（詳圖6.7），檢視這些策略主題如何與維持該公司策略的關鍵活動做連結。這三個主題以粗體黑字的圓圈表示，而其他的圓圈則代表支援活動。瑞安航空不僅以節省成本，同時還藉由提高副業收入、爭取機場有利條件，以及最大化乘客人數等作法，試圖提高公司的利潤。支援活動說明如下。

▲ 動態定價

票價會隨著購買日期不同而有差異。大約有70%的旅客會提前訂票，票

圖 6.7　最佳成本差異化

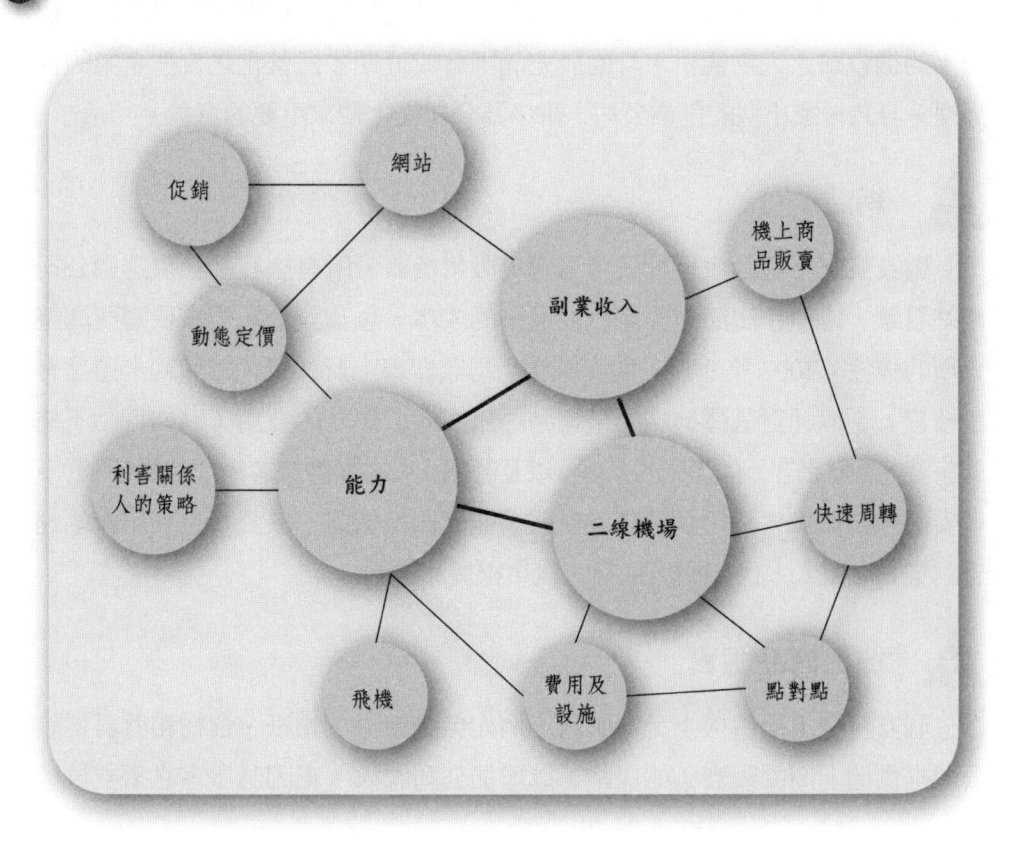

價會比較便宜；但比較晚預定的票價就比較昂貴。動態定價系統允許瑞安航空在競爭者提高票價時，也比照調升價格；但如果為了提高市場占有率，瑞安航空也可以降低票價。因為瑞安航空沒有旅行社切票，加上善用官方網站對當時的市場情況立即作出反應，使得動態定價流程更容易落實。該公司也沒有推出一些特別的計畫，例如飛航常客計畫、未準時搭乘處罰條款等。而且也沒有重複訂票的航班政策，所以旅客不會面臨搭錯航班的風險。

促銷

瑞安航空發送便宜的簡訊低價促銷機票，但廣告文案經常是容易引起爭議、引發討論的內容。消費者可以透過網站和電子郵件的廣告取得特別折扣。瑞安航空擁有一個不妥協的企業形象——便宜但無優惠。瑞安航空背負著一些負面的歷史包袱，例如訂票問題、對輪椅收費以及行李損害無補償等等。這些事件雖然都只是瑣碎的成本問題，但卻因此強化了公司形象，亦即瑞安航空票價便宜，但不提供優惠。積極的企圖心也讓該公司看起來像是一個可怕的競爭對手和談判高手。奧萊利喜歡突顯自己像是個弱者，只是想要一個公平的機會跟大人物競爭。身處於充滿國有或近期才民營化之大型企業的世界裡，身為一家小型的創業公司，渺小為公司文化帶來重要的意義。

網站

瑞安航空不透過旅行社與零售賣場販售機票。所有旅客都必須透過公司網站訂票。這種作法節省了旅行社通路的成本，也為該公司帶來依需要調整票價的彈性。2007年9月，瑞安航空不再收取線上訂票費（雖然刷卡還是有手續費），但針對選擇機場櫃檯報到的旅客收取額外的費用（例如行動不便的旅客、視障旅客、有嬰兒的家庭，以及超過9人的團體旅客辦理登機手續）。瑞安航空鼓勵旅客利用網站查詢航班，並列印登機證。該公司也利用網站經營副業賺取收入，例如酒店住宿、汽車租賃和保險。

機上商品販賣

瑞安航空不提供機上免費服務，例如免費糖果、報紙、食物和飲料。該公司提供機上商品販賣（如保險）以增加公司收入。正因為旅客必須支付機

上服務費，因此機上物品的數量減少了，機上清潔變簡單了，旅客周轉的速度也加快了。

▲ 點對點

瑞安航空提供的是基本的點對點飛行服務，不安排乘客轉機與轉往其他目的地。因此，對於有額外飛航旅程安排的旅客，都需要再一次地托運行李、通關與登機。該公司不加入聯航，因此簡化登機相關作業。

▲ 費用及設施

二線機場的落地費以及相關成本都較大型機場低，而且也有議價的機會。瑞安航空認為，如果選擇便宜的機場做為航程路線，旅客也會隨之而來。通常機場都設在遠離主要城市的地點，再藉由提供舒適的接駁服務抵達市區，減少班機延誤和降低交通壅塞成本。對瑞安航空來說，將航線設於二線機場，就有與巴士、租車業者以及旅館協商的機會。

▲ 快速周轉

登機手續盡量保持簡單，而且報到櫃檯不設置座位區。二線機場交通壅塞和班機延誤的機率較小，而且因為規模小，旅客可以直接步行到欲搭乘的飛機旁登機，有助於加速瑞安航空的飛機周轉時間。瑞安航空周轉時間通常在25分鐘以內，而位於大型機場主要航空公司的航班卻需要一小時。奧萊利很清楚這種好處：「我們一天能飛六個班次，而愛爾蘭航空（Aer Lingus）或英國航空（British Airways）只能飛四個班次……他們有六架飛機在空中飛，我們有八架。因此，從一開始，我們就多了20%至25%的效率。這很簡單，我們四年就做出來了。」

▲ 飛機

瑞安航空的飛機僅有一種等級：它擁有300架波音（Boeing） 737-800飛機，只搭載一般旅客（沒有商務艙），並且增加每架飛機的座位數量，提高運載量。使用同一機型的飛機意味著工作人員的訓練時間和維修成本被簡化了。而且瑞安航空也能與波音談判，取得有利的交易折扣條件。

利害關係人政策

瑞安航空累積了大量的現金準備，以利追求運載量和成長。該公司一直奉行無分紅政策；不過，股東因為公司股票上漲，而獲得較高的資本價值。公司股票上漲主要是基於公司的成長以及公司對未來收益的承諾。瑞安航空也提供員工類似的獎勵，員工也是股東，升遷也取決於公司的盈利成長狀況。

奧萊利的很多想法來自於西南航空，不過，當中也有一定的差異，例如瑞安航空大量利用二線機場。瑞安航空沒有全部採納西南航空模式。瑞安航空的改變是循序漸進並且是伺機而動的，今日的低成本模式需要時間的推展和不斷的改變；2013 年，雖然票價明顯增加，但仍然普遍維持低於競爭對手的價格。

有些想法被嘗試過，但失敗了：例如，2004 年年底提供的飛機娛樂服務很快就終止了，因為該公司發現，旅客不會支付超過短程票價的機上娛樂費用。瑞安航空雖然票價低廉，但品質卻不低落。該公司的服務不是一種低客戶價值，而是成功訴求清楚自身預算和不必要服務項目的旅客，替代高價與享受完整飛航服務之經營價值。

討論問題

1. 奧萊利追隨的是哪一種一般性策略？該公司價值鏈的長相為何？
2. 瑞安航空採取哪些作法，使其策略有別於易捷（easyJet）等其他廉價航空競爭者？
3. 瑞安航空曾四次試圖收購愛爾蘭航空，該公司亦提供到達美國等地之長程飛航服務。奧萊利表示，他無法以經營瑞安航空的同樣方式管理愛爾蘭航空。那麼，他對這兩家航空公司的管理策略是什麼？

章後個案 6.2

差異化策略——如何與眾不同？

策略大師麥克・波特提到競爭優勢兩大來源——低成本與差異化。低成本是最原始的競爭武器，它的邏輯很簡單，只要我的生產及服務成本低於競爭對手，我就有訂出比競爭對手更低價的本錢，只要價格低品質又不輸對手，顧客自然買單，為了追求更低的成本，所以要盡可能標準化大量製造，享盡規模經濟，在生產國際化的可能之下，把生產據點盡量往低成本的國家或地區移動，減少顧客不易察覺的產品屬性或服務水準，一切以降低成本為最大考量。低成本策略簡單明瞭，因此競爭對手也容易跟進甚至超越，於是為了拚低價而用盡手段，殺價之聲遍及五湖四海，「紅海策略」不脛而走。

差異化策略則是另外一個完全不同的思維：「我要創造與眾不同的特性，讓顧客不顧代價也要下單，就算我東西賣得再貴顧客也願意接受，我跟競爭對手不再比低價而是比特色、比創意、比新奇」，因為差異化就是要與眾不同、個性獨具，所以可能要犧牲一些標準化帶來的規模經濟，傳統上我們認為差異化（或是藍海策略）與低成本策略大致上是互斥的，所以台灣的廠商大多數不敢貿然追求差異化策略，轉而進入國際分工體系自願成為低成本策略的貢獻者，時至 2015 年發現中國供應鏈（也就是人稱的紅色供應鏈）突然崛起，台灣多數廠商面臨差異化不及國際大品牌、低成本不如中國供應鏈的窘境。台灣廠商的未來是正面迎擊紅色供應鏈的低成本大戰、還是走創新差異化的辛苦門呢？我們認為差異化策略才是出口，但差異化談何容易！其實道理也不難，讓我們看下去吧。

差異化策略絕對不只是做出與眾不同的產品或服務就夠了，決定差異化之前要先瞭解顧客價值是什麼？要做到多少差異化？這些差異化能持續多久？競爭對手偷學怎麼辦？我們可以資源基礎觀點（resource-based view, RBV）來回答這些疑問。

資源基礎觀點是策略管理學重要學派之一。巴尼（1991）發展出「資源基礎」的理論架構，來解釋企業競爭優勢的來源，他提出兩項相對於競爭環

境的假設：

1. 在同一產業範圍或同一個策略群組中，廠商可能握有異質性的策略性資源；
2. 這些策略性資源未必具有完全移動性，因此異質性優勢可以長久存在。

換句話說，企業之所以具有持久性競爭優勢，是因為擁有異質性且不具完全移動性的資源；由於這類資源所具有價值性（Value）、稀少性（Rareness）、不完全模仿（Inimitability）、不完全替代（Non-substitutability）四項特性（VRIN），企業因而可以享有持久的競爭優勢。

由實務觀察可知，企業獨特競爭力的關鍵在於創造其核心資源。研究發現，具有策略價值的核心資源是非常多元的，如品牌、通路、特殊技術、專業能力等都可以成為核心資源。現在我們對於資源的定義愈來愈廣泛，舉凡實體資產、無形資產、技術、知識、動態能力、觀念、心態……等等只要具有異質性且能夠為企業創造獨特價值的，都能稱之為資源或能力。

我們想想美國蘋果公司的例子，蘋果的 iPhone 毛利高達 30% 以上遠高於競爭對手韓國三星、日本 SONY 或台灣的 hTC 甚多，簡單地說即是蘋果的手機賣得很貴，顧客還是甘願掏錢買，甚至還願意排隊買，這個年頭顧客竟然願意花大錢徹夜排隊只為了給蘋果公司賺錢嗎？當然不是，是因為顧客認為 iPhone 這個產品的差異化值得他們掏心掏肺掏錢包，這個差異化到底有什麼魔力？想想上一段討論到資源基礎觀點中的 VRIN 特性。

1. 有價值的：差異化對顧客的價值是什麼？顧客能夠認同這個差異化帶來的價值是不是超過他所付出的代價，包括金錢與非金錢的代價。蘋果公司的產品不過度強調產品的功能，而強調產品的設計感、使用經驗，對他的目標顧客而言，產品功能夠用就好，倒是設計感、使用經驗帶給顧客更高價值。反之如果只是為了與眾不同而進行差異化，卻不考慮這些差異化是否對顧客有價值，最後可能是失敗的。例如 1970 年代法國航太和英國飛機公司聯合研製的中程超音速客機——協和式客機，該飛機能夠在 15,000 公尺的高空以超過兩倍音速巡航，從巴黎飛到紐約只需約 3 小時 20 分鐘，比普通民航客機節省超過一半時間。但其票價非常貴，而

且該型飛機曾發生多起重大飛安意外及嚴重傷亡。這款飛機所創造的巨大差異帶給顧客唯一的價值是節省時間，但是顧客犧牲了金錢成本與飛航安全這兩項價值，對搭機旅客來說，飛航安全關乎性命才是最重要的價值。

2. 稀少性：差異化當然要與眾不同，最好是獨一無二，如果該差異化處處都是當然沒有價值。例如手機品牌業者如果一再以大尺寸螢幕來當作差異化主軸時，忘記了其他品牌也都朝向更大尺寸螢幕發展新產品，這樣的差異化缺乏稀少特性，當然無法打動顧客。最近韓國三星主打一款名為 Galaxy S6 edge+ 手機，不只螢幕大，更強調全球首創的「雙曲面側螢幕」，這樣領先且獨特的差異化，應該足以吸引一群顧客願意花更高價格擁有它。

3. 不完全模仿：當出現有價值且稀少性的差異化時，一定引來追隨者模仿跟進，如果追隨者速度夠快甚至超越，那這樣的差異化所創造的顧客價值與企業利潤很快變化消逝。所以差異化策略也必須搭配「防禦模仿」策略，例如申請專利保護、塑造品牌個性、提高模仿障礙等方式。智慧型手機產業一直都有很多侵權訴訟來防禦對手跟進，例如蘋果與三星纏訟多年難分難捨，不過最有效的防禦模仿策略是建立獨特的差異化印象（differentiation image），讓競爭對手就算仿得了我們產品或服務的樣子，但學不到我們的精隨。中國大陸有許多仿冒品、山寨品，即使仿得再像還是逼不走正品。例如中國自有品牌小米手機以仿造 iPhone 起家，連手機作業系統都類似 iOS，但即使在中國自家市場還是難以撼動蘋果的地位。因為對所有的蘋果粉絲來說，蘋果的產品是別人模仿不來的。

4. 不完全替代：有些差異化屬性是可以被其他屬性替代的，那就會大大減損其價值。例如過去號稱購買通路密集是一項差異化，例如便利商店，但是現在網路購物與電子商務普及，網路所能提供的便利性屬性完全超越實體通路密集度，所以連 7-11 超商都要發展網路便利商店 ibon 便利生活站（http://www.ibon.com.tw），自己部分取代自己的獨特性差異，這樣一來實體與虛擬互相搭配，變成新的無法取代的差異化屬性。又如大眾運輸捷運系統發達之後，計程車很容易被大眾運輸工具取代，為了不被完全取代，所以計程車隊也要發展 APP 預約服務，例如台灣大車隊的網路叫車服務（http://www.taiwantaxi.com.tw）。在歐美國家盛行的 Uber 強調私人豪華計程車服務，號稱「BLACK CARS AVAILABLE」，在台灣就是以「黑頭車」

當你的臨時私人坐駕,這樣的差異化就不是捷運或小黃可以取代了。

討論問題

1. 低成本策略與差異化策略一定是互斥的嗎?有沒有中庸之道?有機會成功嗎?
2. 請替台灣自創國際品牌(例如 Acer、hTC、ASUS、Luxgen)規劃出一組差異化屬性,而且能夠符合 VRIN 特性。

重點筆記

第 7 章
公司層級策略

學習目標

1. 公司層級策略的定義
2. 有機成長和產品一市場擴張
3. 麥爾斯和史諾（Miles & Snow）的策略類型
4. 合併和收購
5. 相關與不相關多角化
6. 利用組合分析進行多角化管理
7. 集團管理和相關多角化

公司層級策略

本章主要討論公司層級策略（corporate-level strategy）的本質：即管理多元事業組織的公司策略或母公司策略。

第 7 章　公司層級策略

商業場景

> 機會帶給企業成長，但也因為企業的選擇，
> 因此管理其來有自……

1980 年代末期，微軟對電腦軟體產業許下承諾，但對於如何在該產業內做到最佳競爭，卻有策略上的不確定性。因此，微軟同時追求並發展各種可能路徑。MS-DOS 檔案系統是該公司為個人和企業運算客戶所推出，同時也是該公司維持生計的基本產品。然而，微軟即便著手開發自有的圖像化 Windows 系統與 Unix 企業版，另外也與 IBM 合作 OS/2 圖像介面操作系統專案，甚至還為蘋果的作業系統（Apple OS）撰寫 Excel 和 Word 應用程式。

微軟並不想以不相關的財富和現金流之組合進行多角化。這是微軟精心建構的一組避險方式，其中某些部分可以證明對雙方合作都非常有利。其中某一些策略選擇，如 OS/2，還是從未成熟且曾被放棄的策略。特別是 Windows 作業系統以及 Word、Excel 應用程式等互補性產品，都是微軟數十年來能夠獲利且居於產業主導地位的根基。

微軟共同創辦人和前總裁比爾・蓋茲

> 今日的微軟將繼續建立和管理策略選擇的組合。Windows 作業系統平台和 Office 應用套裝軟體是該公司目前的基本產品,但策略的高度不確定性仍然存在。未來的平台長怎樣?是提供個人運算呢?還是行動裝置用呢?還是針對遊戲玩家所設計呢?平台上又有哪些內容、可做哪些搜尋或提供什麼線上服務呢?從企業辦公室的觀點來看,微軟在行動裝置產品之作業系統(Windows mobile)、家用遊戲主機(X-box)、微軟有線電視新聞頻道(MSNBC)和微軟即時通訊軟體(MSN)的投資,可以被視為創造 OS 部門能力的策略選擇(但不是義務),讓 OS 部門隨著產業未來 5 至 7 年的發展,呈現各種不同的風貌(5 至 7 年在該產業是否屬長期,仍有爭議)。結果是以公司部門和股東無法複製的能力來減輕策略風險。
>
> 這樣看來,……負責每一種產品群(例如 Windows Mobile、Xbox 和 MSN)的經理人可能將這些風險事業視為企業的承諾,而非選項。也就是說,每位經理人必須選擇如何以最佳的方式,使得這些作業系統盡可能在中期(3 至 5 年)就成功。

多元事業的組織通常規模夠大,可以在多個產業和市場營運。管理中心通常位於總公司。總公司管理各事業體的成長策略、合併和聯盟,策略組合分析,並如同父母試圖影響小孩行為一樣,影響企業的活動。圖 7.1 顯示公司策略所屬的策略層級,而公司的各種事業也依其所屬產業的不同,各自有其所屬的事業層級策略。每個事業也都有自己的部門層級策略,公司的管理中心會依據事業相關程度,提供價值鏈的支援活動。

企業綜效和企業發展

對任何一個組織而言,尤其是多元事業組成的組織,所需關注的一個問題是如何策略性地管理組織的每一個部分,使其有效地運作,以達成策略目的。伊格爾・安索夫(Igor Ansoff)解釋所謂的企業綜效(corporate synergy)是指企業整合個

圖 7.1　公司的事業管理

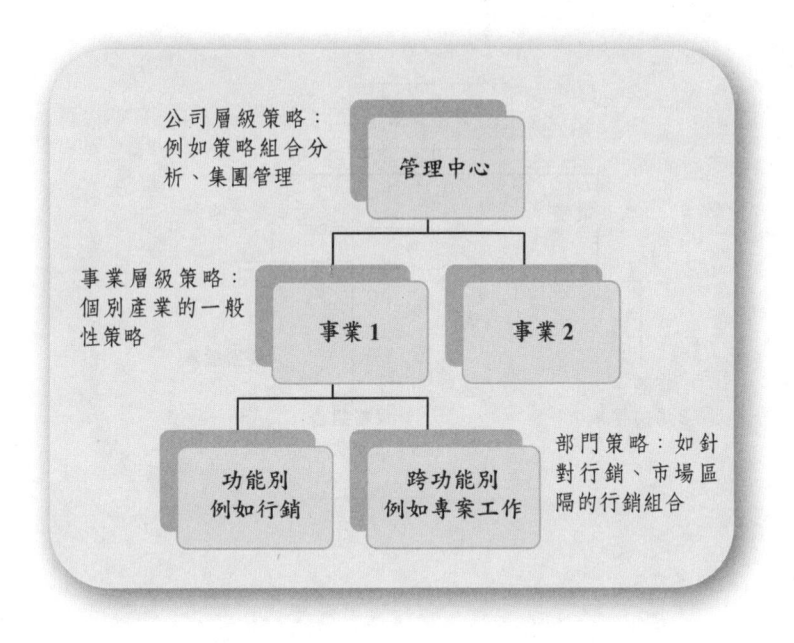

```
公司層級策略：                    ┌─────────┐
例如策略組合分                    │ 管理中心 │
析、集團管理                      └────┬────┘
                               ┌───────┴───────┐
事業層級策略：              ┌───┴───┐       ┌───┴───┐
個別產業的一般                │ 事業1 │       │ 事業2 │
性策略                       └───┬───┘       └───────┘
                        ┌────────┴────────┐
                   ┌────┴────┐      ┌─────┴─────┐      部門策略：如針
                   │ 功能別  │      │ 跨功能別  │      對行銷、市場區
                   │例如行銷 │      │例如專案工作│      隔的行銷組合
                   └─────────┘      └───────────┘
```

別部分所創造的整體績效，大於企業個別部分績效的加總，即獲得 2 + 2 = 5 的效果。許多多元事業公司，旗下的每個事業都是可以獨立生存的。然而，古爾德（Goold）等人（1994）認為：在一家企業裡，「有母公司掌理之事業群，整體的表現會比各自獨立表現得還要好，而且母公司能創造足夠的價值，大過於所付出的成本」。

綜效的產生來自於管理中心在尊重組織每個部門的運作之下，強調各部門應以整體組織的考量為依歸。對一個多角化組織而言，應該兼具整合與差異化才能取得平衡。某些公司會鼓勵內部競爭，有些則找尋合作途徑，整合企業內部的活動，共享可以跨公司運作與管理的技術和核心競爭力，並藉以灌輸所需的組織文化。要採行哪一種途徑，大部分還是取決於企業如何成長以及如何管理多元事業單位的方式。

圖 7.2 概述企業發展的兩大途徑。首先是成長策略，主要來自於組織的有機成長（organic growth，意指內部成長）以及非有機成長〔意指成長來自於合併和收購（M&As）等外部成長〕；其次則涉及策略組合分析或者是透過集團管理產生的多元事業策略。本章將逐一介紹。

■ 圖 7.2　企業發展策略的兩大類型

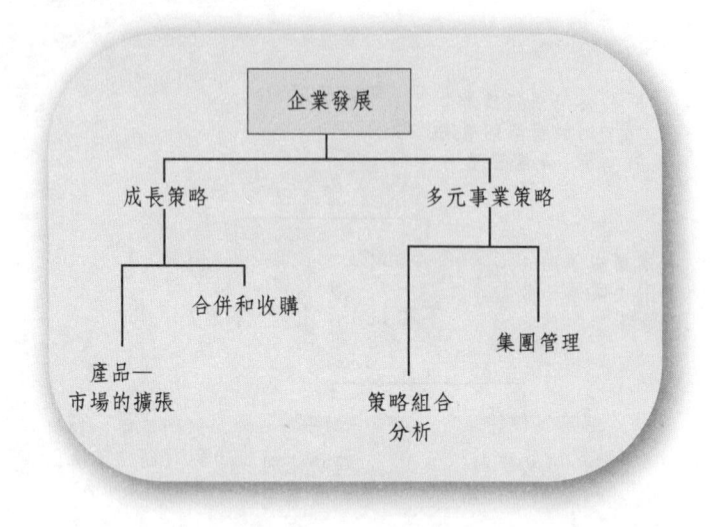

```
                    企業發展
                   /        \
              成長策略      多元事業策略
              /    \          /    \
        產品—   合併和收購  策略組合  集團管理
        市場的擴張          分析
```

產品擴張矩陣

與非有機成長相較，有機成長的優點是風險較小。例如英國保誠人壽（Prudential Insurance）執行長蒂珍・蒂亞（Tidjane Thiam）就提出這樣的觀點：

我最重視有機成長……我們知道，80%的收購案以失敗收場，這是大家都知道的一個統計數字，併購是一種高風險的事業。對我們來說，我們都忙於提高成長潛力，如果併購（M&A）可以產生超額的極高報酬，那我們會採取併購，不然的話，我們的利潤還是來自於有機成長。在這方面，我們具有獨特性，而且你看就知道我們沒有做很多併購，原因在於……你知道，你看看美國，我們在上半年的獲利就比前一年度高出許多，而這就是有機成長，一種有機的整合，我們不需要靠著購買或整併其他人，就贏得市場占有率。

安索夫解釋，組織開發市場和產品主要有以下四種選擇，稱為產品—市場擴張矩陣（product-market expansion grid），或有時被稱為成長向量矩陣（growth vector matrix）（詳圖 7.3）。組織要採行哪一種方式，取決於產品和市場是否為新產品或新市場。安索夫以產品（以 P 表示，分為現有產品和新產品）和市場（以 μ 表示，

圖 7.3　產品—市場成長矩陣

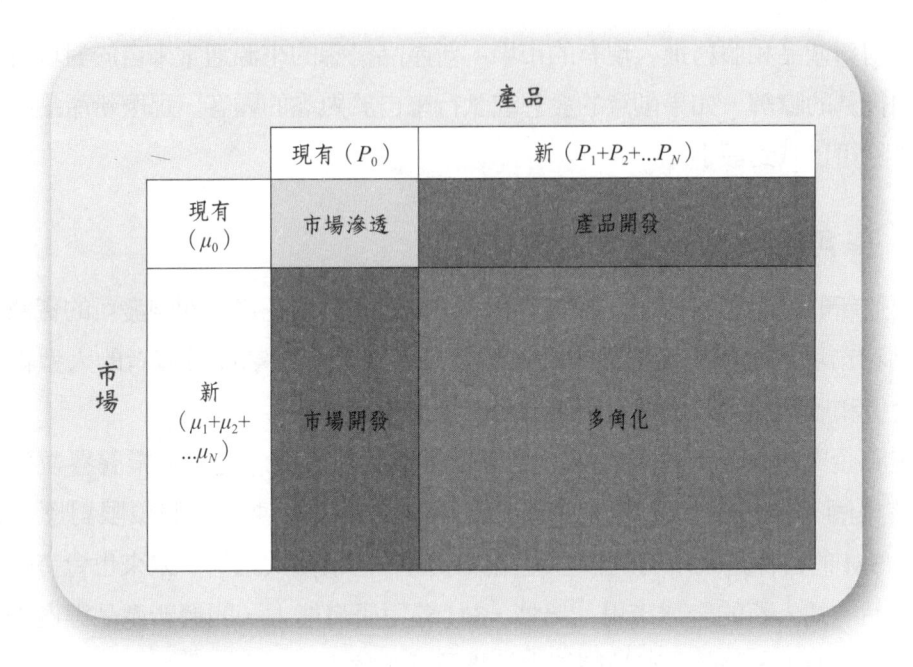

	產品	
	現有（P_0）	新（$P_1+P_2+...P_N$）
市場　現有（μ_0）	市場滲透	產品開發
市場　新（$\mu_1+\mu_2+...\mu_N$）	市場開發	多角化

分為現有市場與新市場）2×2 的矩陣代表企業試圖獲利成長的四種選擇，包括市場滲透、市場開發、產品開發以及多角化，如圖 7.3 所示，每一個象限都代表著潛在獲利的機會以及伴隨而來的潛在風險。市場滲透的風險最小，多角化的風險最大。

▲ 市場滲透

以現有的產品範圍，面對現有的顧客，力求提高現有產品的市場占有率。這是四種選擇中，風險最小的策略。例如，組織應該要能夠瞭解現有顧客，並能利用現有的活動，鼓勵顧客（包括針對目前購買競爭產品的有望客戶，或透過地理擴張可得之有望客戶）購買更多的產品。

▲ 市場開發

以組織現有產品和服務進入新的市場。組織要進入新的領域，通常需要良好的研究和市場策略做為敲門磚、鎖定目標區隔以及提升組織學習的效果。現有市場和新市場之間存在著潛在的差異。

▲ 產品開發

利用新產品和服務進入現有的市場。新產品構想的來源通常來自於對現有客戶需求和行為的瞭解。如果創意的發想或試行來自於熟悉的顧客，那麼新產品開發失敗的風險可以減到最小。

▲ 多角化

引進新的產品和服務進入新的市場。如果組織必須花費時間開發新的資源來瞭解產品和市場，這就是風險最大的策略選擇。對於能夠掌控投資者的大型組織而言，合併和收購提供一個進入新市場與新產業的機會。

美國企業集團 3M 向來以創新與開發新產品和市場，建立企業聲譽並追求成長。該集團有四大整體策略，每個策略都與安索夫矩陣的四個象限對應（詳圖 7.4）。3M 的目標是以現有的核心產品與市場，持續擴大銷售。未來也會持續擴展現有產品，進入新的全球市場。另外，3M 善用研發能力、開發新產品等優勢，以掌握機會。最後，該公司亦持續經由併購進行多角化。

圖 7.4　3M 的企業策略

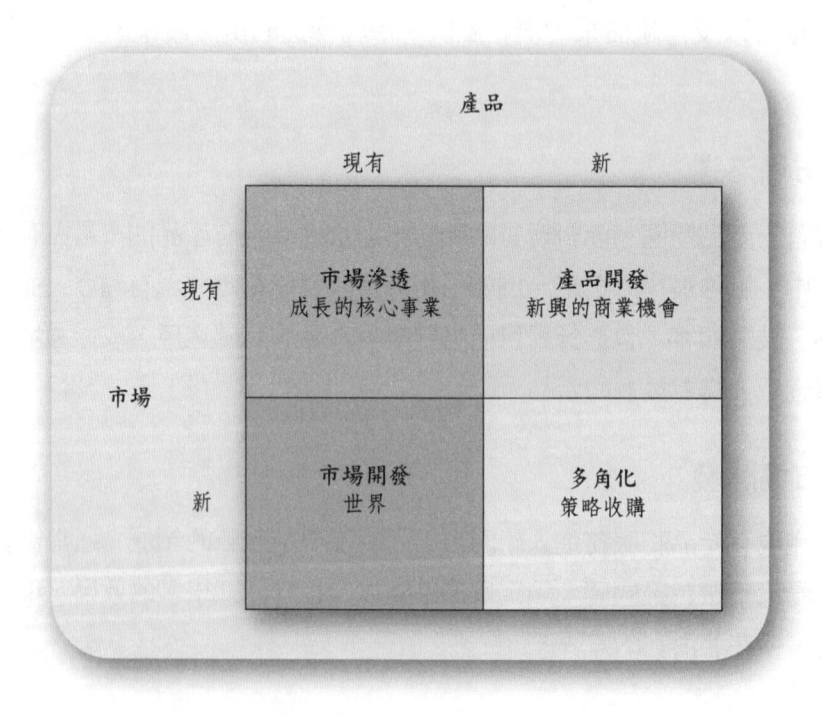

	產品現有	產品新
市場 現有	市場滲透 成長的核心事業	產品開發 新興的商業機會
市場 新	市場開發 世界	多角化 策略收購

先驅者、分析者、防衛者和反應者

由麥爾斯和史諾（Raymond E. Miles & Charles C. Snow）所著並於1978年出版、在當時深具影響力的《組織策略、結構和流程》（*Organization Strategy, Structure, and Process*）中提到，策略不僅用於掌握產業與市場機會，同時也受到組織決定如何處理三個基本問題所影響。首先是事業議題（entrepreneurial issue），也就是企業如何選擇一般和目標市場；第二個是工程議題（engineering issue），即企業如何決定製造和提供產品與服務的最適方法，第三個是關於企業如何組織和管理工作的行政議題（administrative issue）。基於這三個問題，兩位學者主張企業可分為四種不同類型的組織：先驅者、分析者、防衛者和反應者。

先驅者組織（prospector organizations）致力於新機會的掌握以及選擇正確的產品和服務，因此新市場的開發帶動組織的成長。這類型的組織使用各種不同的技術，具備彈性的特質：協調和引導很重要，採廣泛性的規劃並對外部的變化具敏感度。採行先驅者策略的組織很可能是先行者（first-movers）：例如，第一家網路書店亞馬遜（Amazon.com）較其他的後來者先進入網路市場。當時傳統書商如果能夠早一步成為網路圖書零售商的話，可能就會是亞馬遜強勁的對手。亞馬遜成功進入其他市場的策略，堪稱表率。

防衛者組織（defender organizations）鎖定較為狹隘的市場，並將重點放在如何生產產品和服務以傳遞價值的工程議題。這類型的組織尋求工作改善、專注於核心技術、採用集中控制並且對內部條件具敏感度，主要由財務和生產功能所主導。中國的國營企業趨向於採取防衛者的策略。

分析者組織（analyzer organizations）是上述兩種策略的組合，希望規避過多的風險同時又能夠提供創新產品和服務。採行分析者策略的組織通常都是大型公司，涵蓋的市場與產業範圍較廣。在中國，大多都是外資企業。**反應者組織**（reactor organizations）沒有系統化的方法來因應改變；主要的原因是這三個議題的管理不契合。這一類型的組織往往對外部環境的掌控力不夠。

麥爾斯和史諾（Miles & Snow）認為，就算組織因不同的專案而採用不同的策略，組織的策略、結構和流程應該具有一致性。事實上，他們認為，沒有哪一種單一策略是最好的，決定組織最終的成功在於企業建立和維持的系統性策略能與該組

織的環境，技術和結構相契合。換句話說，選擇一個策略並堅持下去就是正解。麥爾斯和史諾模型對於類型學感興趣或者是從事類型詮釋研究的學者來說，仍然是一個很有吸引力的基模。整體而言，研究傾向於確認一般性的觀念，策略文獻也通用先驅者、分析者、防衛者和反應者這四個專有名詞。

這四種策略類型也常與安索夫提出的策略類型一起討論。圖 7.5 顯示，先驅者策略與多角化有關，分析者與市場開發有關，而防衛者與產品開發以及反應者與市場滲透有關。箭頭的方向表示策略移動的潛在循環——當組織進行多角化，將移動至分析者的位置，接著是防衛者，然後是反應者。這種變化通常非常細微，而且有可能不被組織所注意，直到產業的外在變化能夠凸顯該組織的地位。然後組織就有必要採取新的先驅者策略，找出並執行更激進的策略，以奪回產業的主導權；這是一種典型的轉型策略，已被 IBM 等大型公司有效地使用。

圖 7.5　組織類型及變革的策略途徑

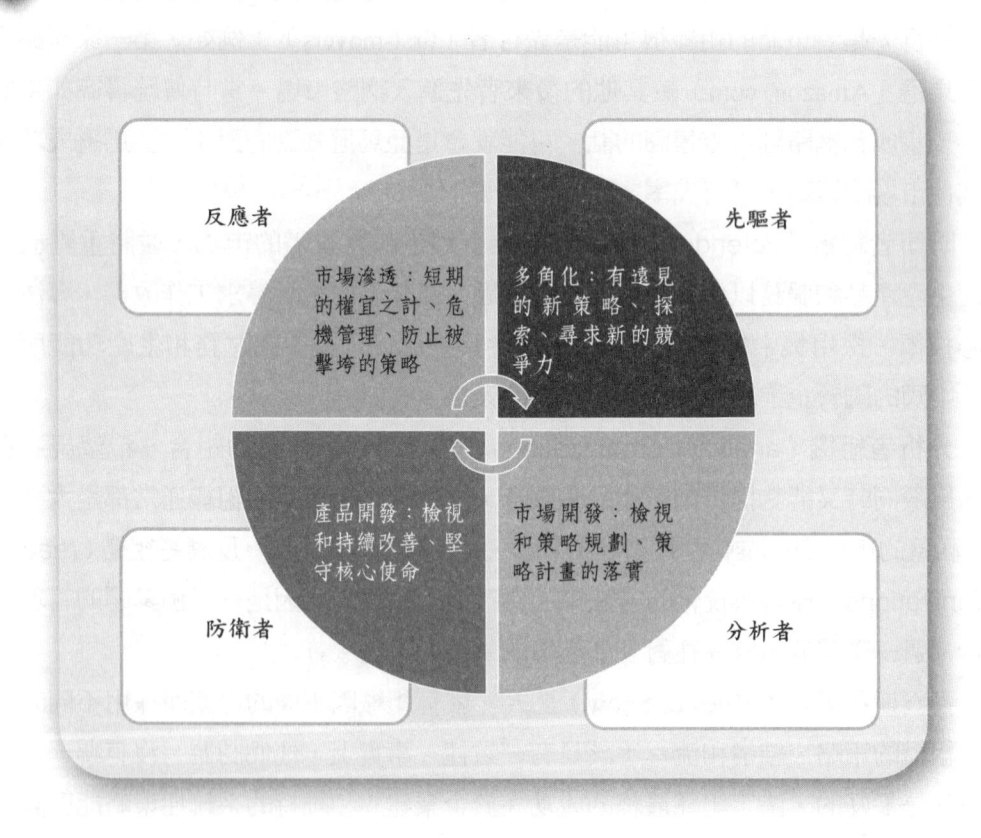

反應者	先驅者
市場滲透：短期的權宜之計、危機管理、防止被擊垮的策略	多角化：有遠見的新策略、探索、尋求新的競爭力
產品開發：檢視和持續改善、堅守核心使命	市場開發：檢視和策略規劃、策略計畫的落實
防衛者	分析者

第 7 章 公司層級策略

競爭觀點 7.1

組織可以（應該）成長和茁壯？

伊迪絲・彭羅斯（Edith Penrose）認為公司的成長有限，但大型組織似乎並不盡然，例如通用電氣、IBM、微軟、豐田汽車和沃爾瑪商店一樣，每年賺取百億美元甚或更多。福斯特和卡普蘭（Richard Foster & Sarah Kaplan）在他們的著作《創造性破壞》（*Creative destruction*）中指出，大型企業成長的時代正在結束；主要是因為這些企業採固定的做事方式，並假設成功將持續減弱高階管理者調適變化和適應新文化哲學等需求的敏感性。米勒（Miller）也提出類似的觀點，他認為企業無法逃避伊卡洛斯弔詭（Icarus paradox），企業的成功導致狂妄與過度擴張。成功刺激成長，但成長卻帶來複雜性，移轉對細節（導致成功）的注意力。

如果新的技術和市場出現，產業也可能走向生命週期的盡頭，因為還有競爭和經濟循環等明槍暗箭。有時只是想要繼續下去，但似乎很難。

即便如此，仍有很多企業已經家喻戶曉超過了一個世紀。大型組織之所以長壽，可能是因為擁有更多的資源，並且可以比其他組織調適的更好。成立於1847 年的德國西門子（Siemens）在工程領域持續蓬勃發展。1947 年金融時報股價指數（Financial Times Stock Exchange Index）排名前 30 名的公司，有 12 家公司至今仍在名單中。

👁 問題：高階管理者如何管理超大型組織？

合併和收購

非有機的組織成長是藉由**合併和收購**（M&As）的途徑增加組織的規模所致。兩個組織達成協議，整合營運，在所有權合為而一之下，結合為一個組織，稱之為**合併**（merger）。對等的合併不常有，因為其中一個組織通常占有主導權，其管理作法可能在合併談判和重組之後受到偏愛。**收購**（acquisition）是指一個組織購買另一個組織的所有權，並建立一個更大的實體組織，或是重組被收購的組織之

後，出售獲利。當目標組織未尋求收購，但卻發生被收購的情形，稱之為惡意收購（hostile takeover）；當目標公司的董事會支持出售的條件，並向股東邀約與推薦，稱之為友善收購（friendly takeover）。麥肯錫（McKinsey）的調查顯示，併購是組織成長所必需，併購最常見的理由是獲取新產品、智慧財產權和能力。其他原因包括對發展新事業、進入新的地理市場，或者擴大規模等需求。

整合方向：垂直和水平

垂直整合（vertical integration）是指組織為了擴大營運，朝供應鏈的上游（向後）至主要原物料供應來源，或向下游（向前）至最終顧客進行整合。組織藉由向後垂直整合，可以掌控某些用以生產產品或服務的資源。例如，印度蘇司蘭能源（Suzlon Energy）公司一開始只有 20 人生產風力渦輪機，現在已經大幅成長到大約 13,000 人；該公司致力於發展關鍵零組件的製造能力，依據創辦人坦堤先生（Mr Tanti）所言，這將為公司帶來規模經濟，品質控制和供應保證。

組織透過向前垂直整合，可以控制產品銷售的物流和零售商。藥品批發商 Alliance UniChem 於 2006 年收購英國藥品零售商博姿集團（Boots Group），成立聯合博姿（Alliance Boots）集團。向前整合使得聯合博姿（Alliance Boots）能將自己定位為在藥品零售與批發通路配銷具專業知識的產業領導者。

水平整合和垂直整合的具體形式有所不同。每個組織對於所屬產業供應鏈之參與者的控制程度不盡相同，與其視供應商家數多寡，倒不如視購買力的影響而定。組織通常會想要將風險分散至幾個供應商。

組織以收購、合併競爭者或其他組織以獲取互補性產品和服務，甚至是進入所屬產業以外的事業以取得成長，稱之為水平整合（horizontal integration）。例如，英國菲利普‧格林爵士（Sir Philip Green）於 1997 年在伯頓集團（Burton Group）之外，另成立一家服飾零售公司阿卡迪亞集團（Arcadia Group），利用水平成長，擴大英國城市時尚服飾零售事業的版圖，振興集團營運。該公司藉由發展現有品牌，例如 Dorothy

Perkins、Evans，並導入新品牌 Topman and Topshop，成功有機成長，除此之外，該集團還收購 Miss Selfridge、Wallis、Outfit 等品牌。

隨著時間的經過，產業將更加重視水平整合的 M&A 活動，以減少競爭對手的數量。然而，哈佛大學克萊頓‧克里斯坦森（Clayton Christensen）教授認為，雖然產業在其生命週期的早期階段傾向垂直整合，一旦技術變得更成熟，則會分裂成許多專業化的區隔。台灣的聯發科（Mediatek）目前是中國手機晶片的最大供應商，其產品使得中國手機製造商進入製造山寨機的事業。

併購的效果

在一般情況下，併購活動是組織增加市場力量的一種快速的方法，可經由水平整合和垂直整合加以實現，尤其是成長如果可以帶來新的知識、技術、競爭力和資源。併購活動也將帶領被收購的組織進入新市場和新產業。併購就是跟新產業、擴張產業和市場有關的活動。

在全國電信服務法令鬆綁以及新技術興起刺激產業擴張之際，全球最大行動通訊商沃達豐（Vodafone）利用併購做為成長的核心重點，該公司以 427 億英鎊收購美國 Airtouch 通訊公司、以 1010 億英鎊收購德國曼內斯曼（Mannesmann）。然而，沃達豐用於全球擴張的現金花費相對較少，低於 150 億英鎊；其餘的資金都來自於發行股份。2002 年，該公司從來沒有為了交易而交易（deals for the sake of deals），但策略目標已經瞄準因歷經消費者快速增長而成長的手機部門。當時股市大漲，給了沃達豐吸金的機會。最近，沃達豐執行長阿倫‧沙林（Arun Sarin）表示，他承接了一家因很多併購創造出來的公司，這家公司沒有經營原則。但現在這個時期已經過去了，他說：今天這家公司感覺就像一家營運良好的公司。這是否意味著沃達豐很幸運呢？

其他電信業者則沒有那麼幸運：明顯失敗的例子包括世界通訊、馬可尼電信等公司，時運差、思慮不周全但野心大，造成股東失望並陷入破產。

在另一個更成熟的產業裡，以美髮美容產品為主的維達沙宣系列（Vidal Sassoon range）於 1985 年被寶鹼（Procter and Gamble, P&G）收購，成為理查德森—維克斯（Richardson-Vicks）旗下的一部分。歷經銷售十年高峰，在沙宣（Vidal Sassoon）離開該公司之後，品牌殞落，喪失了重要地位。因此，沙宣對寶鹼提出法律訴訟，控訴該公司「系統性忽視、管理不善、破壞和毀滅沙宣品牌」。他聲稱，

他一生的工作正被寶鹼摧毀，包括扼殺廣告產品、任由通路商殺價，並計劃在美國和歐洲全面下架產品。

> **競爭觀點 7.2**
>
> ### 併購有用嗎？
>
> 併購到底有沒有用可能永遠無法得到證實，但很多人似乎認為大多數的併購是失敗的。我們很難知道這代表什麼意義，因為大多數的大型企業都透過併購活動以及企業內部的有機成長而成長。
>
> 備受矚目的高成本收購案也相當多。英國蘇格蘭皇家銀行（Royal Bank of Scotland）在全球金融危機之前，收購荷蘭銀行（ABN）部分業務；英國石油（BP）整合阿莫科（Amoco）和阿科（Arco）石油公司有瑕疵；沃達豐收購曼內斯曼（Mannesmann）的價格太高，這些案例似乎值得警惕。然而，蘇格蘭皇家銀行（RBS）可能是個例外，若沒有併購活動，該銀行不會有今天的規模。問題通常發生於「老練的交易商給予誘惑，慾惠投資者收割前幾次交易所產生的報酬」。
>
> 波特針對一份在 1950 年和 1986 年之間的企業研究發現，大多數的公司放棄收購多於整合。這可能只是反映出企業積極運用策略組合分析而已。概念上，收購永遠都有問題。許多收購涉及重組，以及轉售部分被收購組織（股東有利可圖）。
>
> 當一個非常大的組織合併另外一個組織時，很難說如何才算成功。是不是今日大多數大型企業的規模是來自於併購？惠普／康柏（Hewlett-Packard/Compaq）的合併，在最初幾年無疑是痛苦的。今日，在惠普的流程管理以及康柏的個人電腦事業經營下（也許問題出在戴爾），狀況似乎已經變好。事實可能是組織需要幾年而不是幾個月的時間來實現高階的組織綜效，尤其是在組織文化方面。
>
> 👁 問題：組織成長是執行長個人的事情嗎？

收購整合

企業若要成功收購，在收購完成之前，必須要有一個明確的策略。為了達成綜效，在金錢交易結束之際，整合的過程必須快速與果決。如果沒有詳實的整合計畫，公司獲益少，頂多僅得到財務多角化的結果而已。企業必須對被收購公司有基本的瞭解，特別是在高階管理者的部分，但通常這也是困難所在。大多數成功的合併發生在兩家公司在合併前已有夥伴關係的歷史淵源，如合資或聯盟。

麥肯錫1995年和1996年針對160件併購交易案的追蹤研究發現，只有12％在合併後三年內銷售快速成長。

麥肯錫的研究指出典型的原因是合併產生不確定性。頂尖的銷售人員是競爭對手招聘的目標，合併後冗員過多損害士氣，消費者對產品或服務品質下滑的跡象是敏感的。雖然成本削減和合理化提高了短期利潤，但如果管理不善或停滯，要有長期的進步是不可能的。

菲利浦・海斯拉夫（Philippe Haspeslagh）和大衛・傑米森（David Jemison）將收購整合分為四個途徑（詳圖7.6）。此矩陣係根據合併後之策略相依需求以及

圖 7.6　收購整合的途徑

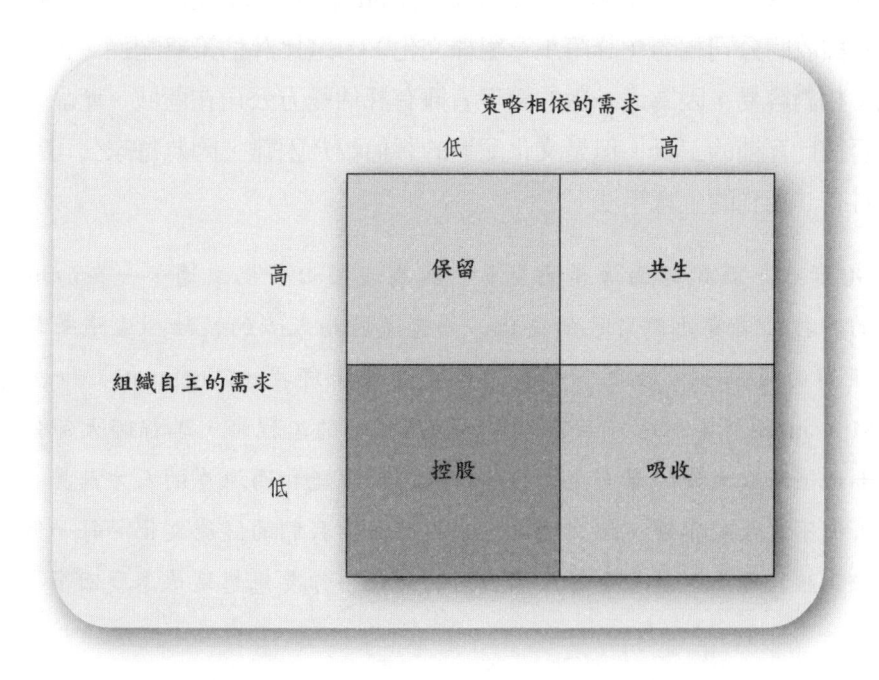

	策略相依的需求	
	低	高
組織自主的需求　高	保留	共生
組織自主的需求　低	控股	吸收

被收購組織自主權需求為基礎。策略相依的條件視收購創造額外價值的需求而定。主要來源有四：(1) 作業層級的資源共享；(2) 藉由人員移動或知識分享，移轉功能性技術；(3) 管理移轉，以改善控制和洞察力；(4) 藉由充分利用資源、借貸能力、增加購買力和更大的市場力量，創造整合利益。

管理者不應損害被收購組織的價值並且應判斷保留被收購組織自主權的程度。管理者可以詢問下列三個問題做判斷：(1) 自主權是否為保留被收購組織之策略能力的基礎？(2) 如果是，應該允許被收購組織有多少的自主權？(3) 在哪些領域裡，自主權特別重要？

依據策略相依、組織自主權的程度，建議收購途徑如下：

- 吸收：收購後應該完全被整合至組織之內。
- 保留：重點應是完整保留被收購組織的利益來源。
- 共生：整合應該是漸進的，在維持現有疆界的同時，應逐漸滲透。
- 控股：無整合意圖，優勢來自財務轉移、風險分擔與一般管理能力而已。

近年來，一些重要的合併案都遭遇不幸。最明顯的兩個案例是美德兩國的汽車公司，戴姆勒—克萊斯勒（DaimlerChrysler）的拆夥，以及在美法兩國的電信設備集團，阿爾卡特—朗訊（Alcatel-Lucent）的高層問題。

併購專家傑克·威爾許強調文化配適（cultural fit）的重要性，被收購組織的文化應該與收購公司相容（詳第 1 章組織文化）。這比評估策略配適（也可能是策略相依）相對容易，因為大多數的管理者擁有評估雙方公司在區域、產品、客戶或技術是否彼此互補的工具。但是文化配適的評估較為困難，因為每家公司都有獨特性，而且有其獨到的生意手法。

> 在 90 年代，我跳過西海岸的交易，因為我擔心文化配適……在加州蓬勃發展的科技公司有他們自己的文化——充滿撼動人心的情緒、虛張聲勢和向天一樣高的報酬。相較之下，我們像是在辛辛那提（Cincinnati）和密爾瓦基（Milwaukee）等小地方辛苦工作、腳踏實地的工程師，工程師大部分都是中西部地區州立大學的畢業生。這些工程師的才能和西海岸的人才無異，報酬較低，但不會怪誕不經。坦白地說，我不想污染我們的健康文化。每一個併購交易在某種程度上，都會影響收購公司的文化，你要想想這是怎麼回事。最好的

實務作法 7.1

惠普整合康柏

伯格曼和麥金尼（Burgelman & McKinney）認為，惠普／康柏的合併過於重視營運整合，在長期策略整合花費過多的費用。

高階管理者沒有清楚地認知 [該] 策略整合過程應講求獨特性……[並且] 導致高階管理者沒有充分注意執行多年的策略活動必須符合長期目標。

[這] 整合團隊的角色是與新公司的執行委員會成員一起工作，協議短期和長期的目標，準確地定義新組織及相關決策將如何運作，並發展新公司所需的整體計畫，成功地執行各方面的作業和策略整合。整合規劃團隊的一部分成員負責準備新公司進入市場的策略，並啟動有關惠普直接配銷模式的進階發展計畫（與戴爾競爭）和全球客戶交付能力解決方案（與IBM競爭）等多年期策略計畫的發展。最終，超過1500位高階管理者全程參與整合規劃過程。兩家公司剩餘的15萬人則繼續在市場上彼此競爭。

整合團隊設計工作原則處理合併後出現的議題。

精簡團隊（clean teams）——減少管理者的日常管理活動以騰出時間，並使他們遠離既得利益。

採用並執行（adopt and go）——當實務做法有差異時，請選擇一個最好的方法，不論這個方法是來自惠普或康柏。

啟動和學習（launch-and-learn）——強調行動迅速，提供能夠解決問題的活動。

把鹿放在桌子上（put the moose on the table）——讓所有人知道差異的存在，並強調迅速達成協議。

快速啟動（fast start）——將人員快速瞭解變化並善用長期文化加以調適視為優先工作。

◉ 問題：惠普／康柏的合併符合收購整合途徑的模式嗎？

策略管理

情況是被收購公司的文化可以與你契合。有時候，被收購公司的一些不良行為將攀附和污染你所建造的文化，這已經很糟糕了。但最壞的情況是被收購公司的文化一直和你對抗，無限期地遞延交易的價值。

相關和非相關多角化

組織積極活躍於不同類型的事業領域，稱之為**多角化**（diversification）。例如，美國大型企業花旗集團（Citigroup）在不同的事業領域上提供許多不同的產品和服務，但這些產品和服務都是相關的，都屬於金融服務產業。這是**相關多角化**（related diversification）的一個例子，經由集團管理，通常會產生強大、潛在的企業綜效（詳下文）。**非相關多角化**（unrelated diversification）則是在不同的市場和產業提供對比的產品和服務，彼此之間相關性低或者不相關。安索夫認為，非相關多角化有不熟悉的風險存在（詳產品─市場成長矩陣之多角化）。然而，銷售多種產品和服

務到不同產業裡的不同市場，可以分散在任一產業或市場失敗的風險。非相關多角化最極端形式是企業集團。

20世紀中期，集團成長強勁，如美國的利頓工業（Litton Industries）以及英國的漢森工業（Hanson Industries）都已發展成為自主營運的企業集團，似乎沒有綜效產生。許多企業集團以激進的合理化以及積極的管理方式進行收購，為財務股東提供附加價值。以極端的說法，這種收購活動被稱為資產分售（asset stripping），被收購組織被拆散，部分被出售。

近期，開發中國家出現了一些重要的企業集團，而產業群體深受限制外來競爭以及鼓勵當地經濟發展等政府政策的鼓舞。例如在印度，許多歷史悠久的家族企業，如創立140年的塔塔集團（Tata group），以發展一系列多角化基礎設施為主要事業，目前已成為一家具重要地位的全球性公司。世界上許多大型企業都是美國

競爭觀點 7.3

相關多角化比非相關多角化更好？

胡柏兄弟（brothers Kenneth and William Hopper）在他們討論19世紀後期到本世紀全球金融危機這段期間，關於美國大公司成長的著作中指出，當公司的高階管理者成為專業經理人時，都會開始想要跨足非相關多角化。

管理者成為專家後，想法轉變了，他們相信自己不需要相關領域的知識，就可以管理任何類型的事業。就在1950年代美國商學院崛起之際，胡柏兄弟做出這樣的責難。1970年代初期，大公司進行多角化與策略組合分析的情形變得很普遍。直到1970年代初期，大企業的成長主要源自於內部資金的投入，但在那之後，對外借款的重要性提高並且企業更加重視旗下事業的短期績效。

古爾德等人有關集團管理以及日本競爭勢力崛起的研究反映出組織普遍偏好以相關多角化的方式打造組織，較不偏好採用非相關多角化。

安德魯‧佩提格魯（Andrew Pettigrew）等人認為，歐洲組織一直在縮小活動範圍，朝向維持一項主要業務及一組相關的業務。如通用電氣與維珍集團（Virgin Group）等集團企業，經營成效一直很好。

👁 問題：大型公司可以不靠多角化達到成長嗎？

公司,其中有很大比例是多角化組織。

多角化組織會利用組合分析方法,決定旗下各事業策略的相對重要性。

所謂的組合係指一家公司所有事業的組成集合,這個集合可以呈現每一個事業對該公司的吸引力及相對的強勢／弱勢,以決定每個事業可以拿到公司多少的投資,要不要以擴張或增加新事業做為成長策略,以及哪些事業應該保留或撤資。

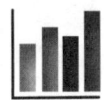

策略組合分析

策略組合分析(strategic portfolio analysis)是高階管理者用於公司層級、評估公司事業組合績效的一種工具,將公司的多元事業視為對一組內含各種不同投資項目進行管理的框架。雖然此分析工具可以用來辨識問題事業,但並不代表企業將利用此工具做為各事業內部管理分析之用。最知名的兩大組合分析方法是波士頓顧問集團(Boston Consulting Group)的成長─占有率矩陣(growth-share matrix)〔有時稱為波士頓箱型圖(Boston Box)〕以及 GE 矩陣(General Electric matrix)(有時也被稱為 GE─麥肯錫矩陣)。

成長─占有率矩陣

成長─占有率矩陣是 1970 年由波士頓顧問集團提出,利用整體市場成長以及市場占有率進行事業分群的方法(詳圖 7.7)。作法是將公司所擁有的事業,以類似投資組合的方式,進行績效檢視並加以排序。企業應維持旗下事業間的平衡,擁有處於不同競爭力以及成長階段的事業。每個事業都有不同的投資需要,企業必須考量整體利益後加以決定,以取得平衡。成長─占有率矩陣與產業生命週期相似,可以用類似的方式,移轉今日成功事業的資金,資助新事業和成長中的事業(未來事業)的投資需求。

在成長─占有率矩陣中,市場成長與市場占有率都有高／低相對位置。市場成長率的範圍介於 0% 和 25% 之間,相對(競爭對手)市場占有率的範圍則介於 0.2 ×(20%)和 2 ×(200%)(產品或服務的最大競爭者)之間。位於四個象限內的每

圖 7.7　波士頓顧問集團的成長占有率矩陣

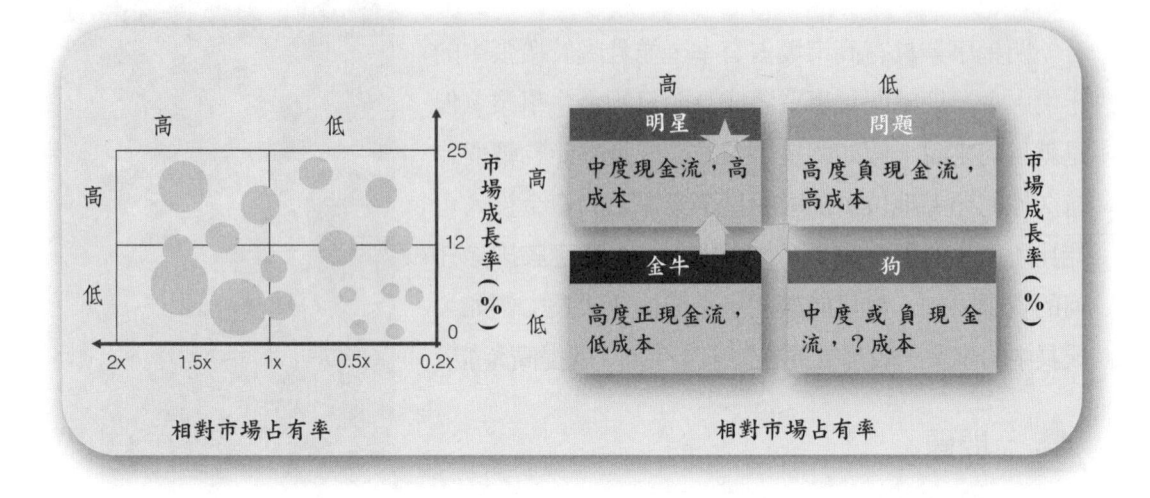

	高	低
明星	中度現金流，高成本	
問題		高度負現金流，高成本
金牛	高度正現金流，低成本	
狗		中度或負現金流，？成本

一個圓圈大小代表一個明智的企業應當投資此產品／服務的程度。圖 7.7 顯示一個平衡的投資組合──少部分的投資放在低市場占有率和低成長的事業，多一點投資（中等規模）放在高成長但低市場占有率的事業，大部分的投資則放在高成長和低／高市場占有率的事業。這四個象限分別稱為金牛（cash cows）、明星（stars）、問題（question-marks）和狗（dogs）事業。

明星事業和金牛事業分別位於擴張和相對成熟市場，居產業領導地位。問題事業和狗事業則分別處於不確定以及衰退市場，屬於弱勢競爭地位。金牛事業提供投資資金給明星事業和問題事業。狗事業應該撤資。

▲ 金牛

金牛事業處於緩慢成長的產業（通常是成熟產業），具有高市場占有率。由於市場已經成熟，企業不必大量投資進行擴張，僅需維持事業健全即可，因而為企業帶來大量的現金流。企業可以搾取金牛事業的多餘現金，投資明星事業和問題事業。當然，金牛事業的管理者可能不願意將資金移轉至其他事業，特別是公司阻止以多角化進入其他新事業時。從企業整體的角度來看，原則是這些成長緩慢但現金豐沛的事業，也應該對未來的金牛事業提供必要的投資。

▲ 明星

明星事業具有高市場占有率,並且處於擴張中的市場。企業期望明星事業將成為明日的金牛事業。但是就目前來說,假如明星事業的高成長率能夠轉變為持久性的領導地位,那麼明星事業需要的資金投入可能比所產生的現金來得多。原則上,企業應該排除任何的資源限制,盡可能讓明星事業快速成長;例如,成長中的事業一般都需要在需求產生前,就提高產能。

▲ 問題

問題事業具有低市場占有率,但處於快速成長的市場。問題事業有時被稱為問題小孩,因為一般來說,問題事業不會產生大量的現金,而且未來具不確定性。問題事業有可能成為明星事業,但需要大量的現金,特別是當市場開始向上翻轉之際。創新商業化階段多為問題事業,此時研發與市場開發成本相當昂貴。企業通常會涉入一些前景看好但尚未實現的事業,而管理中心也會關注其發展狀況。在這個階段,資金投入成本相對較少,但原則上,企業需要準備將資源移至問題事業,以進行擴張,但同時也需小心謹慎行事。

▲ 狗

狗事業具有低市場占有率,並處於低成長市場。此時可能損益兩平,不再產生足夠的現金來維持目前的市場占有率。如果狗事業所能增加的公司整體價值很少,那麼企業就應該撤資或是結束此事業。有時候狗事業也被稱為寵物事業,因為這些事業在過去對企業的成功有顯著的貢獻,所以心理上很難棄撤。狗事業以前可能是金牛事業,享有忠誠的市場,但現在卻被新的競爭對手所取代。是否棄撤狗事業是一項困難的決定,即使微薄獲利或虧本,公司仍然可能會謹慎地維繫,如果狗事業:(1)具防禦性,能防守現有的競爭;(2)具引導性,能與其

他活動互補；或(3)具保護性，建立客戶基礎後，能再行向上銷售。然而，如果狗事業是企業最初的產品，管理者可能會捨不得結束寵物事業。原則上，只要條件允許，企業應該會終止此種事業。

成長─占有率矩陣的優勢

　　成長─占有率矩陣是企業用來確認最有吸引力的事業，並投入現金的一種最直覺的方法，可以協助高階管理者瞭解旗下事業的競爭力。當然，現金流不僅受市場占有率和產業成長的影響，許多被忽略的外部因素也可能顯著影響事業決策。在投資新事業時，不需將投資報酬率和機會成本列為考慮因素。重點在於資金的內部競爭，各事業都想要有資金挹注。然而，成長─占有率矩陣只是事業投資決策的指導架構而已，並不代表企業一定要照著分析結果執行，但可以定期檢視。此分析方法已使用很長一段時間，但形式上仍可以修改以適應特定的組織；一個有名的例子是GE─麥肯錫九宮格矩陣。

GE─麥肯錫九宮格矩陣

　　GE─麥肯錫九宮格矩陣是麥肯錫顧問公司在1970年代為通用電氣公司所開發的工具，有時候也被稱為GE─麥肯錫吸引力矩陣。麥肯錫架構是以成長─占有率矩陣為設計基礎，但包括更多的細節：它使用了九宮格矩陣；不以市場占有率和市場成長為兩軸，改以產業吸引力和事業優勢替代（詳圖7.8）。九宮格被區分為三個區域，每個區域皆有其投資決策：區域1為成長性投資；區域2為因劣勢進行選擇性投資；區域3為短期收益或撤退。

　　通常決定一項事業之市場吸引力的因素包括市場規模、成長和獲利能力、訂價趨勢，競爭強度，再度進入該產業的整體風險、進入障礙，產品和服務差異化的機會、需求變化性、區隔和通路結構，以及技術開發階段等變數。

　　通常影響一項事業之競爭優勢的因素包括策略資產和競爭力、品牌的相對強度、規模和市場占有率的成長、顧客忠誠度，相對於競爭者的成本結構以及利潤空間、通路優勢、能耐、創新與技術開發能力、品質、財務與其他投資資源的取得、以及管理優勢。

圖 7.8　GE 矩陣

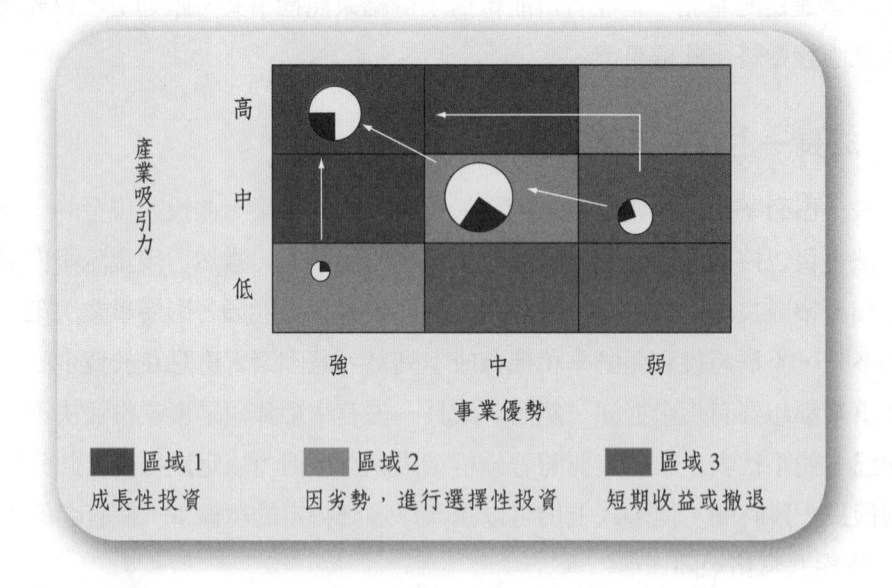

矩陣內的圓圈大小代表市場規模；圓圈內的間隔大小代表該事業的市場占有率。箭頭代表事業未來預期和移動的方向。分析的順序如下所示：

1. 界定每個構面的驅力。
2. 衡量每個驅力的相對重要性並給予權重。
3. 為每個事業在各種驅力項下進行評分。
4. 將每個驅力的權重乘以分數，得出每個事業的總分。
5. 檢視圖表，查看結果，並解釋其所代表的意義。
6. 執行敏感度分析（據此調整權重和分數）。

策略組合分析協助企業分析師決定要發展哪一項事業，挹注之資金來自哪一項事業，以及哪一項事業應該要撤資或出售。然而，如果一家公司旗下的事業群屬於非相關多角化，公司的管理階層可能不太瞭解各事業之工作性質。在這種情況下，該公司僅為各自主事業群的集合體而已，除了財務轉移外，無法產生其他方面的綜效。從企業觀點的層次來看，這跟企業整體績效有關。企業策略管理的優點是藉由多角化的企業投資組合，減少商業循環的風險。還有，投資不同的事業，也讓企業有機會在不同的領域成長，而這些領域可能也是未來替企業賺錢的領域（傑克・威

公司層級策略

第 7 章

爾許擔任通用電氣執行長期間,依然保持原則,採行簡化的途徑:詳個案 7.1)。

策略事業單位

集團企業設立之高策略獨立性部門,稱為**策略事業單位**(strategic business units, SBU)。每個策略事業單位都有一位總經理,並配置一位功能別的幕僚人員協助其綜理該單位的業務,這些人員都是中階管理者,他們需向總公司的高階管理者或管理中心報告。然而,企業的高階管理者並沒有直接參與策略事業單位的策略管理事務,他們的角色是評估這些部門的績效以及管理整體的資源分配。

策略事業單位獨立於企業的組織結構外,是一種以單一事業為典型的企業,或許擁有自己的事業層級一般性策略和獨特的組織文化與競爭力。然而,總公司可以將事業策略單位加以組合,個別的策略事業單位都可以進入或撤離組合當中,不考慮對組合當中的其他策略事業單位有沒有任何顯著的衝擊效應。策略事業單位的投資和裁撤已經幫助一些多角化企業成功轉換其產業類型。

例如,自 18 世紀以來,惠特貝瑞(Whitbread)一直是英國一家成功的釀酒公司,擁有自己酒坊。2001 年,該公司出售旗下酒精飲料事業;現在惠特貝瑞啤酒品牌係由另一家名為英博(InBev)的公司掌理,目前的事業包括普瑞米爾酒店(Premier Inn)和咖世家(Costa)咖啡,還有 Brewers Fayre 和 Beefeater 等餐廳。釀造事業充其量只是一隻已經開始吠叫的金牛。惠特貝瑞覺得這個產業沒有吸引力。自 2001 年以來,惠特貝瑞遵循一種積極的組合方法,連鎖健身俱樂部大衛洛依德休閒事業(David Lloyd Leisure)、萬豪酒店集團(the Marriott Hotel group)、必勝客(Pizza Hut)和 Britvic 汽水事業都曾被投資而後又撤資。惠特貝瑞在極短的時間從釀酒事業移轉到休閒事業,而現在是旅館產業,惠特貝瑞經由積極的個別管理事業組合,做了一次相當成功的企業轉型。

245

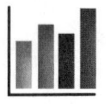

縮小範疇和策略重組

縮小範疇（downscoping）是指組織將跟公司策略不相關或非核心之事業進行撤資、分拆或其他消減事業的方式，目的是為了重新聚焦組織的核心活動，湯姆‧彼得斯（Tom Peters）和羅伯特‧沃特曼（Robert Waterman）稱之為「管好自己的事（sticking to the knitting）」原則：組織應該專注於那些直接增加價值和維持競爭優勢的活動。從歐洲大型企業分拆出來的公司有40%在兩年被接管，而且這些分拆公司的績效表現也比之前隸屬於大型企業時還要好。

另外，組織大幅改變旗下事業的組成分，或是將組織分割成數家不同公司的情況，稱為**策略重組（strategic restructuring）**。這樣做的好處是如果被拆分的事業能夠吸引投資人進行整體投資的話，能夠提升股東價值。例如，美國電報電話公司1996年的市場價值為750億美元，之後該公司進行重組，分成AT&T、朗訊科技和NCR三家獨立的上市公司之後，短短一年的時間，三家公司的合併市值達到1590億美元。

重組通常發生在企業遇到危機，經歷資源損失，致生存能力被懷疑之時。這通常也是為何有些金融機構必須調整旗下業務，遠離投資銀行和衍生性金融商品，走回較為傳統的形式，如民間借貸和清算銀行等活動。然後，總公司將規劃一個企業轉變計畫，讓組織致力於（通常以內部組織範圍為主）恢復日常工作和生存能力。

多角化與核心能力

多角化公司的最大優勢在於假如旗下事業係分布在不同的產業和市場時，風險亦隨之分散。然而，自1980年代以來，過去一直存在的策略思維轉變了，遠離非相關多角化而朝向相關多角化。普哈拉和哈默爾認為風險是可以管理的，如果企業可以利用核心能力發展核心產品，做為在非相關市場銷售商品之基礎。核心產品並不是最終產品，但卻是公司可以配置的特有（因此具獨特性）專業知識和資源領域，針對不同的市場和不相連結的市場，提供一系列的最終產品和服務。普哈拉和哈默爾定義核心能力為員工如何透過其具有的跨功能管理和協同工作之專業知識，發展與管理技術整合的能力。

佳能利用這些能力來開發光學（普哈拉和哈默爾稱為核心產品）技術的競爭力，以服務相機、印表機和半導體設備等各種不同的市場。因為佳能的人員以共通的方式一起共事，因此具備這種彈性。佳能的競爭優勢是一種不易被競爭者看見或瞭解的內部能力，不是核心產品和核心能力等策略能力，是發展和維持其核心能力的公司能力或稱動態能力（詳第 5 章動態能力）。普哈拉和哈默爾把公司比喻為一棵樹（參閱圖 7.9），公司的能力就像是樹根，核心產品是樹幹，分處不同產業和市場的各種事業是樹枝，樹葉和果實是公司的產品。

集團管理和相關多角化

核心產品和競爭力的理念使得以資源為基礎的觀點在策略組合分析有了變化，企業的管理中心對旗下的事業策略理應涉入，由於管理中心必須瞭解和發展企業的核心產品，因此，多角化事業之間必須具有相關性。舉例來說，麥肯錫主張，正確的組合策略是成為公司旗下事業的自然所有權人（natural owner），因此管理中心可以透過作業性綜效、獨特技術和特有優勢（如易於取得新興市場資本與人才）等方式建構組織的綜效。

相對於相關多角化策略，麥克・古爾德、安德魯・坎貝爾以及馬克思・亞歷山大（Michael Goold, Andrew Campbell & Marcus Alexander）提出**集團管理**（corporate parenting）概念，他們認為管理中心可以扮演母公司的角色，培養旗下事業群能夠成為互相依賴、產生整體綜效的實體。集團管理旨在為旗下各個事業創造企業能力和關鍵成功因素之間的獨特配適，以使總公司為個別事業所創造的價值能夠極大化。換句話說，公司旗下事業群各自獨立運作，將為各自事業創造價值，而管理中心要在旗下事業群各自獨立運作下，為利害關係人創造更多的價值，否則公司應出售這些事業。

資源配置和設定方向等決策不佳，是集團管理不善的表現。如果管理中心和企業結構在事業層級的運作上受到阻礙，連帶使市場、新興技術的發展以及對競爭對手舉動的靈活反應

策略管理

◉ 圖 7.9 多角化企業如同一棵樹

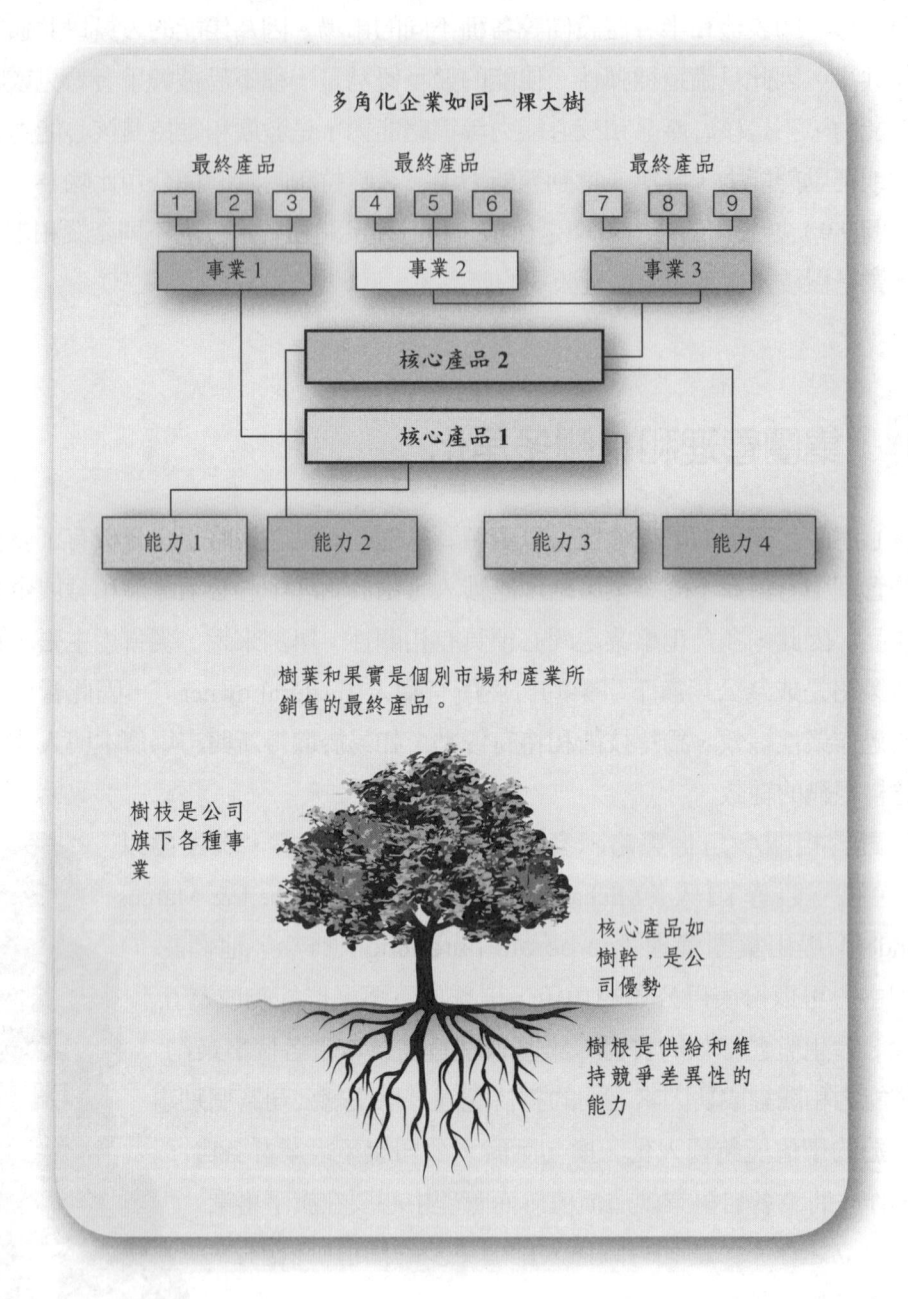

多角化企業如同一棵大樹

最終產品 1 2 3　最終產品 4 5 6　最終產品 7 8 9

事業1　事業2　事業3

核心產品2

核心產品1

能力1　能力2　能力3　能力4

樹葉和果實是個別市場和產業所銷售的最終產品。

樹枝是公司旗下各種事業

核心產品如樹幹，是公司優勢

樹根是供給和維持競爭差異性的能力

受到影響，那麼情況將變得更糟。如果管理中心決策延誤，以致於不能對機會和威脅做出有效的因應也很嚴重。為了克服這種可能性，某些公司的策略不會與各部門的需求脫勾，策略形成的方向是由下而上，而非由上而下。例如，泰科國際策略和

248

投資人關係資深副總裁愛德‧阿迪特認為，對於像泰科一樣的大型多角化公司而言，策略最好由事業群驅動，搭配管理中心適當的意見與指導。事實證明這種方法比由管理中心驅動後，推展至事業群更好。

集團管理風格

古爾德和坎貝爾（Goold & Campbell）提供了三種一般的集團管理風格類型，包括財務控制、策略規劃和策略控制。財務控制涉及投資組合的方法，集團管理較少，重視管理中心達成較佳的投資績效。策略事業單位（SBU）以管理中心設定的嚴格財務目標來管理其事業策略。策略規劃強調連結，管理中心協調和檢視策略。管理中心持續設定嚴格的財務目標，同時也設定策略目標。有些公司試圖建立各事業間的連結，以創造競爭優勢。策略控制主要是基於對核心事業的管理。管理中心以重要的綜效與競爭力之發展做為驅動策略的基礎，各事業間的行動協調與連結程度高。

特許經營

特許經營（franchising）是母公司（特許授予者）與其合作夥伴（特許經營者）之間的一種契約關係，界定特許經營者可以控制、共享與使用特許授予者的策略資源。一些巨型公司都會採用特許經營拓展海外市場，例如麥當勞、星巴克、西班牙的 Zara、瑞典的 H&M 和英國的 Mothercare 等，特許授予者對當地情況的知識掌握不足，利用特許經營模式的風險較小。

特許授予者的主要角色是發展並移轉資源和能力給特許經營者，使其在當地市場進行有效的競爭。特許經營者需將自身在當地市場的競爭力以及如何有效競爭的相關知識回饋給特許授予者。換句話說，特許授予者和特許經營者密切合作，共同發展整體事業並強化特許經營品牌。特許授予者會向特許經營者收取旗下品牌名稱、產品、作業系統和行銷作法等方面的權利金。特許經營者快速獲得知識和技能，並能利用大型集團的聲譽，系統等。對於特許授予者而言，這是相當經濟的成長方式，因為無須提高自身的資本，也不用承擔太多額外的風險。特許授予者通常擁有 15% 左右的銷路，剩餘的部分則由特許經營者擁有。

策略管理

特許經營模式是一種強大的中央控制績效管理的形式，涵蓋設定特許經營者的經營疆界、主導當地員工工作和客戶服務等作法。特許授予者可以決定品牌價值的走向，支援相關商標的使用，必要的核心競爭力，或要求人員必須以相同的產品與服務標準行事。

對於大型多國籍企業的高階管理者而言，為了維持與控制經營模式的落實，又不用建立太多的結構，特許經營也許是一種有效的方法。但企業也應在中央控制以及地方層級的創造力與創新之間的抵換關係多加思考。擁有 250 家連鎖店的英國美髮沙龍 Toni & Guy，所有權人湯尼．馬斯科羅（Toni Mascolo）鼓勵特許經營者行事要為自己考慮。Toni & Guy 品牌最重要，

---

idea 實務作法 7.2

易通集團的商業模式

靠著網際網路的便利性，易通集團（easyGroup）的顧客可以享受動態訂價的好處，價格可以配合需求進行調整，該公司提供提前預訂者和離峰期的用戶最優惠的價格。易通集團旗下擁有娛樂、休閒和旅遊等事業群，但這些事業都具有以下特點：

明確的價值主張：容易（easy）的概念為消費大眾帶來廉價且高效率的服務。

標準資源：旗下飛機只有波音 737 機型，而 easyCar 車隊只有兩或三個車型。

運用共通、普及技術的網路網路：大多數客戶在線上預訂；建立強烈的品牌意識。

簡單的產出：提供平實和精簡的服務。

常見的客戶類型：大多數客戶（自認為）是追求時尚、都會型態的年輕族群，時間比金錢多。

👁 問題：容易的概念是一種相關還是非相關多角化的公司策略？

事實上該公司交由美髮學院教授最新的髮型設計，以支持品牌。

本章小結

1. 綜效的產生來自於管理中心可以有效地移轉公司資源，增加集團整體的價值。
2. 公司層級策略關心管理中心對組織事業的策略管理。
3. 組織的四種主要成長方式：市場滲透、產品開發、市場開發與多角化。
4. 併購活動是一種使組織快速成長的方式，但能否成功取決於是否具有有效的整合策略。
5. 廣義的多樣化可分為兩種類型：相關多角化和非相關多角化。
6. 策略組合分析是用來管理多元事業，尤其是策略事業單位（SBU）以及其投資配置。
7. 管理中心是旗下事業的母公司，能夠增加旗下事業的價值，所增加的價值大於管理中心的成本。

延伸閱讀

1. 欲進一步瞭解合併和收購可參閱：Gaughan, P. (2010), *Mergers, Acquisitions and Corporate Restructurings*, 5 edn, London: Wiley. 關於策略聯盟，請參閱 Child, J., Faulkner, D. and Tallman, S. B. (2005), *Cooperative Strategy: Managing Alliances, Networks and Joint Ventures*, 2 edn, Oxford University Press。
2. 欲進一步瞭解策略組合分析，請上波士頓顧問集團網站（www.mckinsey.com）與麥肯錫網站（www.mckinsey.com）查看更詳細和最新資料。
3. 古爾德、坎貝爾和亞歷山大提出集團管理的概念（詳集團管理配適矩陣），並建議此概念可以做為公司評估旗下事業的關鍵成功因素，並與管理中心自身價值創造之洞察進行比較。請參閱 Goold, M., Campbell, A. and Alexander, M. (1994), *Corporate-Level Strategy: Creating Value in the Multibusiness Company*, New York: John Wiley & Sons。

4. 康斯坦丁諾斯・馬凱斯（Constantinos Markides）在《策略和管理手冊》（*Handbook of Strategy and Management*）所發表的一篇文章，檢視多元事業公司之管理中心所扮演的角色。相關內容請參閱 Markides, C. (2002), 'Corporate strategy: the role of the centre', in Pettigrew, A., Thomas, H. and Whittington, R. (2002), *Handbook of Strategy and Management*, London: Sage Publications。

課後複習

1. 針對企業發展，公司策略有哪兩種類型？
2. 何謂綜效？
3. 何謂公司層級策略？此種策略與事業層級策略有何差異？
4. 請說明並詳細描述安索夫矩陣（Ansoff matrix）的內容。
5. 合併和收購之間的區別為何？
6. 多角化和整合之間有何差異？
7. 整合對成功合併的重要性為何？
8. 何謂相關多角化和非相關多角化？
9. 何謂策略事業單位？並說明策略事業單位如何促進併購？
10. 何謂集團管理？並說明集團管理如何為公司旗下事業增加價值？

討論問題

1. 策略配適和文化配適是不同的概念。試討論這兩種概念對策略管理之意涵。
2. 試為一家企業之旗下事業進行策略組合分析，並提出策略建議，協助該企業之管理中心管理這些事業。討論建議此一策略的原因、說明該企業使用此一策略會有什麼缺點以及管理中心應該如何遵循策略？
3. 公司應該如何規劃和管理併購活動？檢視近一年的期刊和報紙的評論，比較和討論併購的原因，並評估併購對組織進行策略管理可能產生的影響。

第 7 章 公司層級策略

章後個案 7.1

通用電氣的公司策略

美國集團企業通用電氣（General Electric, GE）是世界上最大的多國籍公司之一，在 160 個國家僱用超過 30 萬名員工。該公司源自於湯瑪斯‧愛迪生（Thomas Edison）於 1876 年所創辦的電燈公司（Electric Light Company），後與湯姆森—休斯頓公司（Thomson-Houston）合併，於 1892 年創立通用電氣公司（General Electric Company）。GE 於 2012 年的年營收有 950 億英鎊，且自認為是一家擁有多樣化技術、媒體和金融服務的公司。GE 是一家體現策略管理的公司，因為沒有任何組織如 GE 一樣投入公司層級策略的思考。

▲ 改變 GE 的公司層級策略

從 GE 的歷史可以看出大型企業發展策略管理的作法，同時也反映出公司議題的轉變以及執行長管理風格的改變。回顧 1940 年以來 GE 的策略規劃，奧卡西歐和約瑟夫（Ocasio & Joseph）觀察到每個執行長皆改變了策略規劃系統的設計，以配合自己的工作重點，反映自己的經驗、管理風格和背景，並考慮市場和機構環境的改變。

在 1960 年代和 1970 年代初期，弗雷德‧伯斯（Fred Borsch）將集團的策略管理，從原來以財務績效為基礎的形式，轉移到另一種考慮產業吸引力和競爭優勢的形式，並建立了大型的企業規劃部門，由中央統籌管理。他的接班人，雷金納德‧瓊斯（Reginald

Jones）更財務導向，具有超然獨立的管理風格；因為該公司的 SBU 行事深思熟慮，並向規劃核心單位報告。

1980 年代初期，GE 受到經濟衰退的衝擊，新任執行長傑克・威爾許將公司縮編，並裁撤企業規劃室。他進行部門改組，終結 SBU 的策略獨立性，以期 SBU 能夠配合中央的規劃。傑克・威爾許進行廣泛的併購，重新定位集團策略，脫離以商品化為基礎的策略，轉向加值型策略。

現任的執行長傑夫瑞・伊梅特（Jeffrey Immelt）延續大部分由傑克・威爾許留下的策略，但似乎更強調有機（內部）成長，而不是併購。該公司現在有四大主要事業：科技基礎設施（由航空、企業解決方案、醫療照護以及交通事業單位組成），能源基礎設施（能源、石油和天然氣、水資源和處理技術），GE 資本公司（航空金融服務、商業金融、能源金融服務、GE 融資、金融顧問服務）和 NBC 環球（有線電視、電影、網路，體育和奧運）。

GE 的策略

我們的策略是……方向性的。GE 打算擺脫商品化企業，朝向製造高加值科技產品或提供服務之事業進行發展。配合這種作法，我們將大幅提升 GE 的人力資源，持續著重於員工訓練和發展。當我們在 1970 年代被日本人擊敗之後，我們選擇了這樣的策略。他們有快速商品化的事業，而我們有合理的利潤，像電視機和空調……我們的品質、成本和服務等事業武器，在面對他們的創新和降價時，都不足以對應。……這是我們為何放棄像電視機、小家電、空調設備和猶他國際煤炭公司等事業的原因。這也是我們為何大力投資 GE 資本（GE Capital）、購買美國無線電公司（RCA，含 NBC）等公司的原因；並將資源挹注在發展電力、醫療、航空引擎、火車事業等的高科技產品。

處於環境變遷的時代裡，GE 二十多年來為何以及何以堅持使用一種策略呢？答案是只要策略朝向正確的方向而且涵蓋層面夠廣泛，就不用常常改變策略。為此，我們啟動四種方案以加強我們的策略——全球化、附加服務，六個標準差（Six Sigma）和電子商務。最重要的是，

我們的策略之所以一直持續,是因為它基於兩大強而有力的基本原則:商品化是邪惡的,人才是一切的根本。實際上,每一項資源分配的決策都是基於這些信念……

所以我的建議就是當你想到策略時,就想想去商品化。拼命地試著使產品和服務具有特色並提高客戶的黏著度。想想創新、技術、內部流程、附加服務如何具有獨特性,做得好的就代表犯的錯誤少,這就算成功了。這夠理論了。

傑克·威爾許時代,GE 資本的金融服務報酬率留下令人深刻的印象。該公司成立於 1920 年,提供分期付款服務,幫助客戶購買 GE 產品。然而,正因該公司投資房地產和商業貸款事業,當 2008 年發生全球金融危機時,致使 GE 股價下跌 70%,並失去了自 1965 年以來小心維護的 3A 評等。

▲ 企業使命

依據傑克·威爾許的想法,GE 的企業使命有時被外界誤認為是 GE 的策略:

> 從 1981 年到 1995 年,我們希望成為「世界上最具競爭力的企業」,成為每個市場屬一屬二的大企業,因此我們整頓、出售或結束每一個表現不佳、無法達到目標的事業。這項使命的意思或意涵無庸置疑,內容具體、詳加描述、不抽象,同時能展現全球的野心與抱負。

GE 將這項使命與 GE 事業分類的新架構做結合,取代了 GE—麥肯錫九宮格矩陣。該架構將 GE 事業分為三群,定名為技術、服務和核心。無法被歸類於這三群的事業,則歸到另一群(詳表 7.1 下方)。投資和成長事業群都是所屬市場第一大或第二大的事業;選擇成長和防衛事業群是 GE 未來重要的事業;收割事業群提供現金給前述兩個事業群;退出與放棄事業群則是將被出售的事業。

▲ 區域層級策略

GE 建議管理者利用以下三個步驟制訂區域層級策略。「在我的職業生

表 7.1 GE 的重點事業群

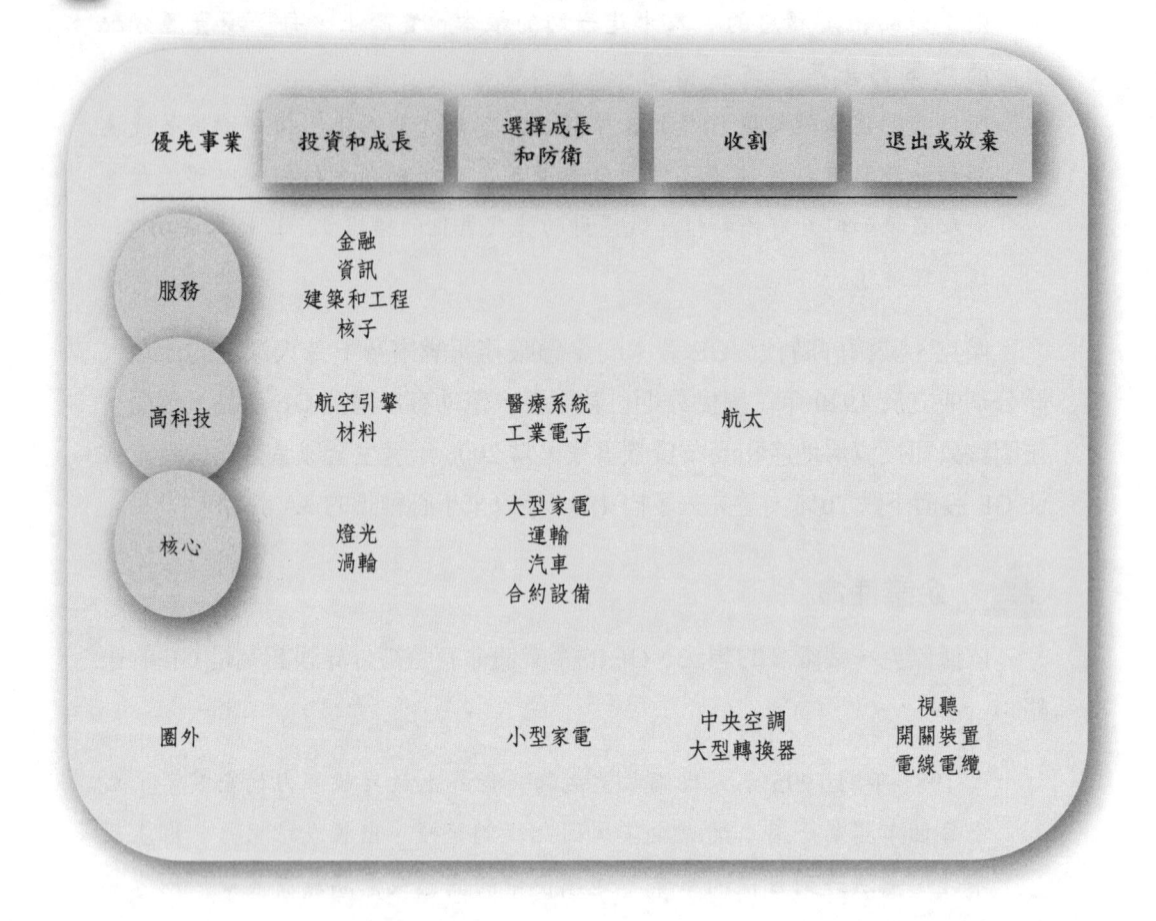

優先事業	投資和成長	選擇成長和防衛	收割	退出或放棄
服務	金融 資訊 建築和工程 核子			
高科技	航空引擎 材料	醫療系統 工業電子	航太	
核心	燈光 渦輪	大型家電 運輸 汽車 合約設備		
圈外		小型家電	中央空調 大型轉換器	視聽 開關裝置 電線電纜

涯中,這種方法對於橫跨不同的事業和產業、無論經濟好轉和經濟衰退,面對從墨西哥到日本的競爭情況都適用。」

這些步驟是:(1) 發想該事業的大創意〔傑克‧威爾許稱之為「啊哈」（aha）〕,這個創意必須明智、切合實際、並能迅速獲得持續性的競爭優勢;(2) 把合適的人放在合適的崗位上,以便向前邁進;(3) 毫不鬆懈地尋求最佳實務,以實踐策略（持續改善）。

討論問題

1. 運用網路查找有關 GE 的最新消息。試評論獲得「世界上最受人羨慕的公司」之一的名聲,GE 是否當之無愧。請考慮 GE 摒棄商品化事業而走

向加值事業,對其因應金融危機所引起的經濟衰退之幫助。
2 傑克‧威爾許相信,策略應該保持簡單。但若考慮到GE的規模和複雜性,這似乎很難做到。試評論這種看法,並與策略管理文獻進行對照。
3 試評價GE執行長的工作:如傑夫瑞‧伊梅特如何創造公司綜效?如何策略性管理GE這家公司?

第 8 章
全球層級策略

學習目標

1. 全球化
2. 國家競爭優勢
3. 全球層級事業的四大策略途徑：
   - 全球策略
   - 多國策略
   - 國際策略
   - 跨國策略
4. 微型多國籍公司
5. 當地公司策略
6. 國家文化的影響
7. 資本主義類型論
8. 策略聯盟和夥伴關係
9. 競合和策略平台
10. 私募股權

全球層級策略

第 **8** 章

全球化和全球層級策略

全球層級策略（Global-level strategy）是指組織〔以**多國籍企業**（multinational corporations, MNCs）為典型〕對多國營運進行策略管理。

商業場景

世界是平的

身為對全球化議題最有影響力的商業作家之一，湯馬斯·佛里曼（Thomas Friedman）在其暢銷書《世界是平的》（*The World is Flat*）當中，談到他如何想到這個書名。

佛里曼在書中描述參訪印孚瑟斯技術（Infosys Technology）這家印度公司，拜會行政總裁南丹·尼勒卡尼（Nandan Nilekani）的情形。他回憶說，該公司會議中心的一側，有一個大如牆壁、由40塊數位螢幕組成的大螢幕，可能是全亞洲最大的平面電視。印孚瑟斯公司用它來舉行虛擬會議。該公司全球供應鏈的重要人物，隨時都可以利用這個大螢幕討論任何議題。例如美

湯馬斯·佛里曼

國設計師可以透過螢幕,與印度的軟體工程師以及亞洲的製造商一起對話。

尼勒卡尼說:「我們可以坐在這裡,人員來自紐約、倫敦、波士頓和舊金山現場視訊決策,但在新加坡執行。就好像新加坡的人員在這裡一樣……這就是全球化」。

螢幕上方有八個時鐘,匯集印孚瑟斯公司的工作日:24/7/365。時鐘標示著美西、美東、格林威治(GMT)、印度、新加坡、香港、日本和澳洲各地的時間。

尼勒卡尼下了一個結論:「湯姆,競技的商場正在變平坦……」

佛里曼的意思是:

> 像印度這樣的國家,現在都能夠在全球知識型工作占有一席之地,這是前所未有的情況……我不停地咀嚼這句話:『競技的商場被夷為平地』。我認為尼勒卡尼說的是競技的商場將正被夷為平地。夷為平地?夷為平地?天啊,他正在告訴我,世界是平的!

有時被稱為多國籍公司或跨國公司的這些企業,活躍於多個國家,規模最大的幾家甚至於對當地經濟有很強大的影響力。整體而言,他們扮演著驅動全球化的角色。**全球化**(globalization)是一種改變大眾對於世界共通性和差異性認知的一種現象,世界正在變得愈來愈小,愈來愈相像,而且彼此之間有更多的連結。在討論四種國際策略類型之前,本章將對全球化的背景進行說明,然後再談論策略聯盟和夥伴關係,以及槓桿收購的興起。

全球化

全球化是一種世界現象,體現在連結性、關聯性、差異性和共通性等面向,這些面向將影響國際市場和國際產業的運作。全球化代表人類活動(特別是商業活動)正在聚合,而且世界各地的相互連結性變得更強。有一些觀察家

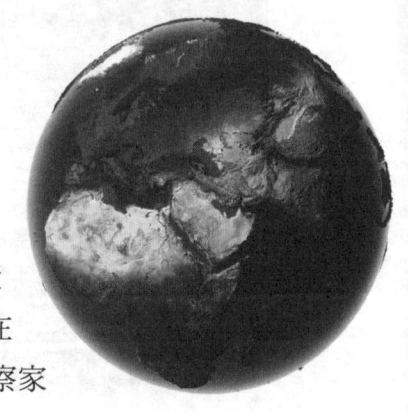

第 8 章 全球層級策略

稱現階段為後工業化或後現代化的時代：世界長得愈來愈像（或變得愈來愈平！），但同時也變得愈來愈全球化，風格也愈分歧。這種認知被世界傳播媒體的成長所強化。社會大眾普遍感覺到世界生態並不如我們過去想的那麼安全。如果將之稱為「全球化」，那麼全球化就是這個時代最重要的改變，與氣候變遷及地球經濟管理等國際爭論議題密不可分。

科技的發展，如衛星廣播、電腦、電子郵件和網際網路，以及貿易自由化和國

競爭觀點 8.1

全球化好嗎？

隨著世界經濟的聚合，世界各國可能變得更加富有，消費者的口味也可能改變，同時也可能顛覆了社會質疑傳統生活和思維的方式。許多人關心此狀況對社會經濟議題所造成影響，例如收入分配不均，和地球健康的生態影響。

尤其是美國的外交政策充斥著敵意以及某些企業集團的倫理問題，已經影響人們如何看待全球化，特別是品牌的影響力，如耐吉、殼牌（Shell）、沃爾瑪、微軟和麥當勞等全球品牌（請參閱 Klein 的 *No Logo* 一書）。

阿瑪拉塔·萊特（Amaranta Wright）研究南美洲年輕人對牛仔褲品牌李維（Levi's）的想法時，他擔心或許有一天，世界不會有真實的想法和感情留下；只剩下品牌，在需求存在之前，激發需求。

主要的因素可能在於董事會層級缺乏顧忌。胡柏兄弟（Kenneth and William Hopper）認為，美國的大型企業已經忘記創造利潤是為了服務社會的初衷。

目前，如股東價值、自由貿易、智慧財產權和利潤匯回等全球商業意識都尚未被普遍接受。網際網路的重要性、審查和操弄意識等威脅，已成為主要關注的議題。

全球金融危機也許是國際整合原則（例如：法令鬆綁和貿易自由化）的第一項大考驗。但情勢可能逆轉。國際論壇變得愈來愈重要，如創建於 1999 年，目前由大約 20 個國家組成的 G-20 將更加活躍。G-20 代表先進國家和具重要地位的新興經濟體，主要目的是為了提升國際金融的穩定。

👁 問題：未來的世界不但沒有愈來愈緊密，反而變得更加對立嗎？

際資本移動的平行發展，皆有助於推動全球化。透過國際銀行和其他金融機構集中投資活動，加上一部分投資商業組織之國際投資人的堅持，大型公司的規模應該成長，並採用全球實務做法，形成重大影響。

例如，回顧紙漿和造紙產業，莉莉亞和摩恩（Lilja & Moen）提出以下結論：

> 1990年代，領導廠商已經成為全歐洲，甚至是全球的生產系統代表……紙漿和造紙廠因此轉變成多國籍企業……投資銀行在這些公司之間扮演著建築師、訊息傳遞者和銀行等重要角色……這樣一來，領導廠商學會構建足以吸引跨國投資人和財務分析師的策略計畫。

組織管理國際化的壓力，幾乎在所有領域（包括政府、宗教、慈善和體育等）的管理活動當中可見，一直以來也都是重要的課題。世界聚合的觀念正影響人類活動的管理。然而，組織在要國際市場獲得成功，則必須有強大的母國做為後盾。

國家競爭優勢

美國政府於1980年代後期出資贊助麥克‧波特研究以強大的母國做為全球擴張基礎之重要性。該研究共調查12個國家，合計20個產業。結果發現，許多國際領導產業都有地理群聚現象。例如，全球最成功的電影業以及資訊科技（IT）業都集中在美國加州。波特的研究亦指出，提升供應商的地理集中度、培養供應商之專業資源以及在母國活動與將活動分散至國外兩者之間取得平衡等，皆有其重要性。波特認為，組織的競爭優勢部分取決集中在某些地理區域所形成的當地優勢。波特以鑽石模型呈現一個國家競爭強度的影響因素（見圖8.1）。

企業策略、結構和競爭強度

國內競爭激烈，迫使組織致力於提高生產力和創新，這種作法遵循著波特提出的產業競爭力概念（見第4章）。國家的資本市場是一個重要的因素。如果企業期待短期就能有投資報酬，例如美國，那麼投資週期短的產業將出線，例如電腦和電影產業。在投資週期較長的一些國家裡，例如日本，有利於投資躍進式的技術，如豐田自1990年代開始發展的油電混合車。

全球層級策略
第 8 章

圖 8.1　波特之國家競爭優勢的鑽石模型

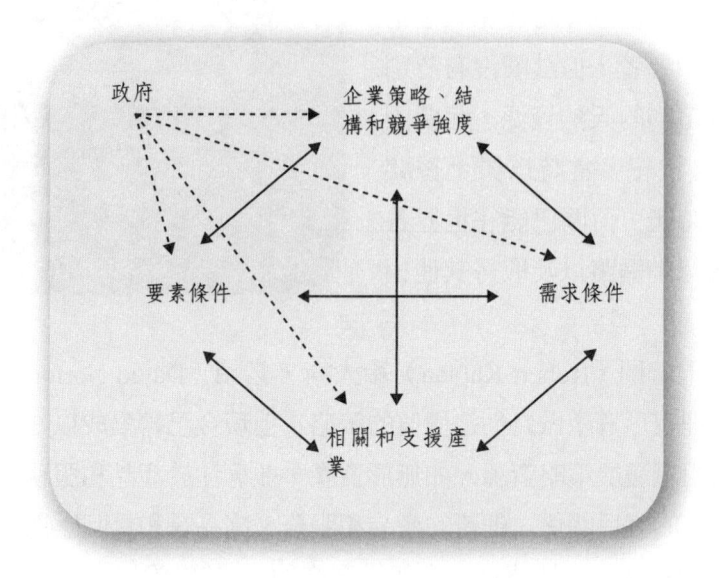

```
            政府              企業策略、結
                             構和競爭強度


         要素條件  ←——————→  需求條件


                 相關和支援產
                 業
```

需求條件

顧客的需求複雜且要求多，促使組織投入更多努力提升競爭力。受到公開競爭的影響，引發社會大眾對市場提供標準服務和產品的期待，因而刺激當地組織的創新和改善。在 20 世紀末，因市場開放，英格蘭東部的大型重要皮革和製鞋業必須與義大利和其他國家競爭，但因為多年來市場受到保護，無法創新，因此快速沒落。

相關和支援產業

這一項競爭優勢的來源，與企業對相關組織與支援組織的需求有關。產業要形成競爭優勢，不能缺少經銷商、供應商與其他組織。與上下游產業的近距離，可以促進產業活動。例如，米蘭的服飾批發商與時裝店為數眾多且近在咫尺，對義大利紡織業提供一個重要的跳板。

要素條件

國家要建立競爭優勢，必須要開發可取得的專業生產要素，包括技術性勞工、資本和基礎設施，但不包括一般用途的要素，例如非技術性的勞工、容易取得的原物料以及對國家競爭優勢沒有貢獻的要素，如通識教育，因為專業化的訓練，對於

263

能夠形成持久性競爭優勢的創新來說很重要。荷蘭園藝業是生產番茄和大理菊等花卉的世界領導者，但該國沒有特別適合種植這些植物的天然資源。荷蘭園藝業起源於 17 世紀，當時以鬱金香聞名國際。自那時起，荷蘭已能在世界各地建立專業的行銷網路以及取得其他相關資源。

羅伯特‧卡普蘭（Robert Kaplan）和大衛‧諾頓（David Norton）觀察到，過去企業多以管理有形資產做為創造價值的策略，但現今已轉變成以知識為基礎的策略；這有利於組織發展策略資源，如無形資產，並專注於產品和服務的差異化。這些策略包括緊密的客戶關係、創新的產品和服務、高品質和具回應性的營運流程、勞動力的技能和知識、支持連結組織與供應商的 IT 基礎設施，最後是鼓勵創新、問題解決和持續改善的組織氣氛。

因此，以知識為基礎的企業特別重視群聚，他們偏好與其他類似工作者共事的感覺。這種偏好意味著相似的組織集中在同一地區，能夠促進雙方彼此合作與競爭的環境，有利於新想法的創造和發展。競爭是驅動力，而合作則提供洞見。雖然實體項目由分散各地的工廠所製造，但知識是集中在技術性人員的網絡中。

政府的角色

根據波特的想法，政府是提供和促進經濟條件的催化劑，並以鼓勵企業為目的。政府限制直接合作的政策以及制定反托拉斯法令，將激發當地的競爭。在鑽石模型裡，政府被視為一個外圍的影響因素。這反映出波特的觀點，即政府的角色是中立的；換言之，政府可以是好政府或是壞政府。

然而，不可否認的是，政府的政策干預往往出現好的一面，如建置基礎設施、開發專業資源、促進投資，並鼓勵創新。根據肯尼思‧加爾布雷思（Kenneth Galbraith）的看法，美國國防工業的重大公共投資，一直是該國關鍵技術（如電腦和飛機）的主導者。日本與英國皆對於維持國家技術領導地位的創新產業給予支持，但日本成功，而英國卻失敗了。彼得‧杜拉克曾針對兩者的成敗進行比較。企業和社會相互依存、共創長期價值的意義深遠，亞當‧斯密（Adam Smith）在《國

富論》（The Wealth of Nations）裡也曾提及。

鑽石模型的效用

波特的**鑽石模型**（diamond model）並不是協助特定組織有效競爭的一種策略管理實務工具，而是用來瞭解一個國家當中，有些產業成功，而有些產業不成功的原因。然而，這可以幫助策略人員瞭解他們的組織如何利用母國的資源和網路，建立穩固的基礎，以取得全球市場的成功。

當然，區域群聚不一定長久。美國汽車業在全球競爭的壓力下，大舉撤離底特律。部分原因是，日本子公司的生產成本與區位成本，在美國新建地區（greenfield）投資相對較便宜。

波特的想法是國家比較優勢的延伸。一些經濟學家認為，「區域」比「國家」來得重要；拉格曼與克魯茲（Rugman & D'Cruz）提出涵蓋多個國家的雙鑽石模型，解釋小國之大型多國籍公司的成功。另有其他人認為，該模型與全球化本身的理念背道而馳，例如鄧寧（Dunning）主張組織可以從國外的要素條件獲得創新。自從波特提出鑽石模型後，似乎說明有良好的母國基礎才會全球化，因此重要性不如以往。

移往海外營運的供應面因素

新興經濟體的組裝和原物料等製造成本較低廉，加上有利的匯率，對大型國際公司（特別是大型多國籍企業）來說提供了比較優勢。因此，許多大型企業已將零組件移往低工資的亞洲國家生產。這種情形，部分是**商品化**（commoditization）造成的結果：將非複雜的生產和服務單位，從已開發經濟體移至勞動成本低廉的開發中國家，另外也反映出部分多國籍企業將營運縮編並外包，專心管理核心領域的供應商關係，以提升價值，如產品開發，行銷和服務。

芬蘭手機製造商諾基亞（Nokia），對於高價智慧型手機的迅速成功感到驚訝，尤其是蘋果公司的 iPhone，該公司在 2012 年削減歐洲和美國工廠的就業機會，將生產基地轉移到亞洲。行銷副總裁尼克拉斯・薩萬德（Niklas Savander）說：「將設備裝配線移至亞洲，主要的目的是為了改善產品上市的時間。經由與供應商更緊

密地合作,我們相信我們能夠更快速地將創新技術引進市場,最終成為更具競爭力的廠商。」

多國籍車廠在組織和管理國際供應鏈相當有經驗。某種程度反映出部分汽車製造商希望與所屬產業價值鏈的下游目標進行協調與整合（見第 6 章）。

類似的趨勢也發生在服務業。如銀行和保險公司已善用改良後的資訊科技,將全球規模的商業流程標準化。例如將客服中心的業務從國內移往其他海外地區。這些新建地區提供了開發低廉資源的機會,特別是勞動成本相對較低。境外活動可以由企業自行組織規劃,或者也可委託其他外部廠商處理。

英傑華（Aviva）是世界第五大保險集團,擁有近 5000 萬個客戶。2008 年,該公司將 6000 個工作項目移到印度,其中大多是客服中心的作業流程,如客戶要求英傑華其他海外據點提供服務。站在全球經營的角度,該公司必須要有將客戶輪廓與業務員的能力輪廓即時進行配對的能力,以便找出適合服務該客戶的業務員。英傑華曾與一家印度的商務流程外包公司（business process outsourcing firm, BPO。意指企業將一些重複性高的業務流程外包給供應商,以降低成本,同時提高服務品質）24/Customer 合作。英傑華必須有效掌握各地區的顧客類型、業務量以及業務員的素養和技能。

然而,也許是內部流程全球化做得太過頭。繼英國顧客抱怨客服中心的服務之後,英傑華將大部分的客服中心業務轉回公司內部執行,但仍留在印度當地。英傑華聲稱,客服中心的業務一直是公司外包政策的一部分,因為與 BPO 建立合作關係,對於初步建構全球能力是一種具經濟且低風險的方式。英傑華的 BPO 夥伴現在仍為一家獨立的公司,持續尋求與其他客戶建立關係並提供服務（也繼續執行部分英傑華的外包工作）。英傑華客服中心的業務仍然留在印度,該公司所做的就是將歸屬於全球策略的核心流程由公司自行執行,不僅管理容易而且還能維持必要的服務品質,以保持服務為基礎的核心競爭力,鞏固競爭優勢。

一些大型的美國多國籍企業陸續將生產活動移回母國。通用電氣投資家電業 10 億美元,並將大部分的家電製造基地從中國與墨西哥移回美國。蘋果的作法也是如此。這些舉措代表海外生產的比重很小,但是從原物料成本、產品上市時間以及品質掌控等因素來看,移回母國生產,對一些西方多國籍公司來說非常具有吸引力。

需求面的全球層級策略

需求面與供應面各有促進企業走向全球化的優勢。新興經濟體的人口數多,市場規模大且成長性強,可以擴大大型多國籍企業的銷售範疇,這是母國市場不可能有的規模。依據國際公司必須在經濟整合度低的情況下維持成本,以及回應當地和國家需要等壓力(見圖 8.2),全球層級事業的策略途徑共有四種類型:多國策略、全球策略、國際策略和跨國策略。

多國策略

將對國內市場或是對其他國外市場有效的策略,直接移轉到一個新的國家可能無法運作。因此,**多國策略**(multi-domestic strategy)考量世界各國或各地區的

圖 8.2　國際市場策略的四種類型

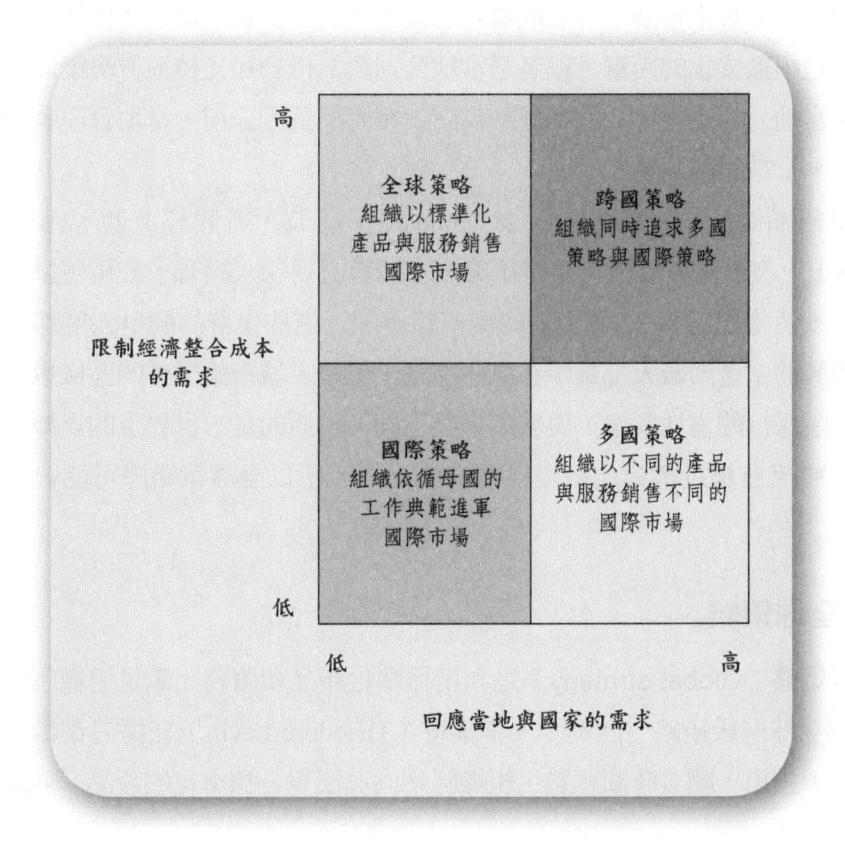

	回應當地與國家的需求 低	回應當地與國家的需求 高
限制經濟整合成本的需求 高	全球策略 組織以標準化產品與服務銷售國際市場	跨國策略 組織同時追求多國策略與國際策略
限制經濟整合成本的需求 低	國際策略 組織依循母國的工作典範進軍國際市場	多國策略 組織以不同的產品與服務銷售不同的國際市場

市場彼此明顯不同且各自獨立的情況，根據不同國家的不同市場，提供能夠滿足當地市場需要的產品和服務。多國策略應對當地環境具有敏感度，並將當地特性納入考量，例如不同的行為模式和態度，包括對食物的偏好，宗教習慣以及可用來定義該區域的其他特徵。

因此企業所發展的策略，必須考慮當地的情況，就算整合成本可能會很高，因企業必須給予當地管理者制訂策略和經營決策相當大的自主權。回應當地需求將可能產生額外的成本，因此這種作法必須要能提高營收。當地市場有時候會有特定需求出現，因此公司無法選擇，只能客製化，舉例來說，幾乎所有的國際媒體公司因國別差異，提供不同的全國性報紙、廣播和電視節目。

然而，組織要落實多國策略可能很困難。英國超市特易購（Tesco）因誤判美國購物者的需求，而自美國零售市場退出。特易購超市在國內市場經營的非常成功，旗下子公司 Fresh & Easy 零售商店，在 2008 年於加州開幕。Fresh & Easy 不採用傳統的業務型態，而以低價提供鮮食，以符合當地市場需求。不過，該公司誤解當地購物者喜歡拿起水果和蔬菜觸摸的需求，造成預先包裝產品的困難。

組織擴展海外市場時，可以收購熟悉當地狀況的公司，但這種作法可能也有風險。也許是組織文化的衝擊，或者是當地公司認為母公司支持地方決策過於緩慢，有可能使當地公司以當地知識和經驗為由，轉而反抗母公司。當地管理者對關鍵議題的干預，常被誤解為無知。

麥肯錫顧問公司（McKinsey & Company）認為，新興經濟體，如金磚五國（BRICS），發展國家層級策略是不夠的，仍有必要深入經營。公司應鎖定各大城市集群（麥肯錫已定義 22 個中國的城市集群）。這些集群的競爭強度都比大國還要高；新興的中產階級大都集中在這些區域。但是，城市集群外的區域也同樣有機會；只是所採行的當地策略，與城市集群不同。矛盾的是，世界上的巨型城市，因生活型態愈來愈趨近都會化而變得愈來愈相似，所以全球策略將可能會有變異出現。

▲ 全球策略

全球策略（Global strategy）是利用標準化產品和服務，滿足組織所有國際市場的一種全球層級策略。西奧多・李維特（Theodore Levitt）在探討市場全球化的相關文章中指出，隨著時間經過，組織將朝向發展單一標準化的產品，並以同樣的

方式在世界各地銷售。他認為，集中生產、配銷和行銷，將帶來巨大的規模經濟，因為消費者的生活型態和口味愈來愈相近。宜家家居不隨當地環境進行調適：當地人與母國人一樣，買同樣的東西，面對相同的消費情境，即售價最低、兼具美麗與功能的產品。全球知名品牌的案例相當多。

　　品牌（brand）是結合視覺設計或形象，用以區分產品、服務或辨識組織的一種名稱或商標。品牌附加各種正向屬性，經由傳播媒體和廣告的加值，將超越產品或服務的內在功能價值。品牌推廣若有成效，將提供極具吸引力的溢價價格給生產者，並建立顧客對品牌的強大忠誠度。

　　品牌對全球策略是很重要的，因為無論在哪裡購買，品牌代表標準化產品的提供以及一致性利益的承諾。全球知名品牌銷售世界各地。原本發跡於國內的一些概念品牌，經歷新傳播媒體的洗禮後，已發展成一個新的層次。體育運動全球化就是一個典型的例子。英國超級足球聯盟（English Premier Soccer league）雖然位在英國，但已不再是英國國內的比賽，而發展成為一個國際級的賽事。球隊常為外國人所擁有，且外國球隊經理和明星球員也來自世界各地。此競爭（可能）是世界上最美好的，但英國球員不再扮演要角。電視節目主持人，埃文‧戴維斯（Evan Davis）指出，經濟學家將這種現象稱之為溫布頓化（Wimbledonization），即比賽仍在英國，但種子球員都來自其他國家。英國已經不期盼在網球界有突出表現！

　　新的國際品牌如雨後春筍般出現，特別是中國品牌，對成熟品牌的威脅性也

> **競爭觀點 8.2**
>
> ### 全球策略或區域策略？
>
> 　　大型多國籍企業製造產品和提供服務的方法可能不完全是全球化或當地化，而是採區域導向，特別是以國家集群而非世界整體進行考量之際。麻省理工學院供應鏈管理教授大衛‧西奇—李維（David Simchi-Levi）認為：「許多公司正從全球製造策略轉換成區域策略。這跟我們看到 10 至 15 年前，企業所採行的策略完全不同」。其中一項重要的原因是，各區域之間的文化有顯著差異。再者，各區域的資本主義類型亦不相同，每個區域機構可能有其特定的工作方式。

潘卡‧格瑪瓦（Pankaj Ghemawat）發表於《哈佛商業評論》（*Harvard Business Review*）的文章指出，GE 執行長傑夫瑞‧伊梅特曾說，區域團隊是 GE 全球化創舉的關鍵，他利用區域總部的網絡，串接 GE 其他的精實產品部門結構。沃爾瑪總裁兼執行長的約翰‧曼哲爾（John Menzer）也曾告訴員工，全球槓桿原理就如下 3D 西洋棋──有全球、區域和地方等層級。格瑪瓦聲稱，許多人認為，如果區域區塊能夠推動並促成跨境整合，那麼區域區塊的崛起將是全球化過程的阻礙。

1985 年，大前研一（Kenichi Ohmae）提出世界被分為三大區域，包括美國、歐洲和亞洲地區，他稱之為三強鼎立（triad）。拉格曼和韋貝克（Rugman & Verbeke）認為，實質上，在每一種情況下……公司會發展三強鼎立為基礎的區域策略。首先會先做好本國市場，然後擴張到母國所屬的區域市場。亞倫‧拉格曼（Alan Rugman）對全球策略的根基提出質疑，他認為全球化的真正驅動者是大型多國籍企業的網路經理人。他們的事業策略屬區域性質，並訴求回應當地顧客。

從經濟聯盟、政治聯盟如歐盟（European Union），到較為寬鬆的自由貿易協定如東南亞國協（Association of Southeast Nations）等區域貿易區塊的成形，都特別著重機制協調和規範。

泰德‧李維特（Ted Levitt）、喬治‧葉等人，在《哈佛商業評論》所發表的全球化原始宣言提到，現今的企業認為自己應該全球化，除非它們能找到不走向全球化的好理由。謝里與葉（Schlie & Yip）認為，區域策略是邁向全球策略的一個步驟。

👁 問題：區域策略是實現全球策略的第一步嗎？或者兩者之間有顯著的不同？

較大。其中，最為著名的是成立於 1990 年的李寧（Li-Ning），該品牌係以曾為奧運體操選手的公司總裁名字命名，最初以仿效愛迪達（Adidas）和耐吉形象的新運動品牌，但目前已發展出自己的識別。舉例來說，為了擺脫山寨形象，李寧將原有口號「一切皆有可能」（Anything is Possible）改為「讓改變發生」（Make the Change），藉以劃清與愛迪達「沒有不可能的事」（Impossible is Nothing）雷同之處。新口號鼓勵每個人敢於求變、告訴每個人應該勇於突破，不需要昂貴的西方品

牌凸顯自己嚮往的價值。你可以先模仿，然後創造你自己。

然而，當地品牌有可能遭受面對多國籍企業競爭之苦。中國八大飲料公司已經有七家被可口可樂（Coca Cola）或百事可樂（Pepsicola）所合併。據估計，外國公司現約有九成的碳酸飲料市場占有率。為了善用國外的技術和管理經驗，一些中國企業選擇與外國公司合資，發展自己的品牌，但也因此失去主導權，當地品牌最終被外資品牌所取代。

▲ 國際策略

國際策略（international strategy）是指所有的子公司接受母公司的主導，以共通方式工作的一種全球層級策略。國際策略奠基於資源基礎觀點（resource-based view），以善用組織的核心能力和動態能力。多國籍公司為管理核心，旗下事業群皆遵循著共同的企業文化（或共享的價值觀）以及共通的工作方式。這反映了普哈拉和哈默爾的想法，組織依核心產品，而非依最終產品和服務，決定進行相關多角化（詳第 7 章）。真正重要的是，組織擁有能夠因應不同市場需要而善用創新的能力。

《財星雜誌》（Fortune）「全球最受尊敬的公司」調查顯示，採用國際策略的公司更著重中央集權管理。這類型的公司重視企業整體的目標，中央單位比較容易控管；再者，採用國際策略的公司更有可能由中央發展新做法，然後將其擴散到子公司。這些公司擁有集權式的薪酬政策，各國適用同一套激勵機制。高階管理者必須具有海外經驗。這些公司還表示，他們已在所有部門成功地建立一套組織文化。

寶齡改變其全球策略，轉移更多資源到海外的低收入市場。該公司採用新的消費者研究途徑，對母國的低收入消費者付出更多關注，並發展新的溝通方式。乍看之下，一般人似乎會認為寶齡竟然是一家專注於低附加值產品的組織。但是，該公司正利用核心競爭力，管理產出核心產品的先進技術與行銷作法，設計讓當地競爭者難以模仿的產品。例如，它生產一種價格不超過一個新鮮雞蛋（或十美分）的拋棄式尿布。

▲ 跨國策略

跨國策略（transnational strategy）是混合運用多國策略和全球策略，經營不

同國家市場的一種全球層級策略類型。當地與全球之間的相互作用與影響，有時也被稱為**全球在地化**（glocalization）——全球化與在地化兩個詞結合而成的混成詞。跨國策略認為，全球市場不只是一個單一同質的市場，而是包含許多具差異性的當地市場。雖然全球都可以觸及當地市場，但當地市場有各自的文化條件，需要進行更多地區性的調適。多國籍組織必須在當地管理需要以及制定當地策略決策兩者所追求的利益之間取得平衡。

依據索尼公司（Sony Corporation）董事長盛田昭夫（Akio Morita）的說法，一家公司要同時兼具全球化和在地化不是不可能：

> 對營運全球的公司而言，真正的在地化是邁向全球性企業的第一步。因此管理者必須考慮如何將各地的營運緊密地連結或整合，成為一個單一的企業實體。要達到這種結果，企業必須在開發和行銷產品的技術背後，擁有通用的管理理念。我提出了一個「全球在地化」的口號，讓索尼的人員知道這些概念的重要性。這個詞就像隨身聽（Walkman）一樣，是另一個能夠代表索尼的詞。誰知道這個詞可能有一天會出現在韋氏字典（Webster's dictionary）裡。我相信，我與可口可樂總裁戈蘇埃塔（Goizueta）先生分享著相同的概念，這與他過去所倡導的「全球思維和在地行動」想法相同。

可口可樂近乎一個世紀以來都是單一品牌的公司，目前旗下已經擁有超過200項產品，其中有許多是屬於當地品牌（中國有47個）。可口可樂給予當地行銷一定程度的自主權；然而，總公司的整體策略則是希望可口可樂進行全球擴張時，能在碳酸飲料市場外有更大突破。因此可口可樂在2005年收購俄羅斯第二大果汁製造商莫頓（Multon）。公司的整體概念正是「全球思維和在地行動」。可口可樂執行長道格拉斯·達夫特（Douglas Daft）認為，可口可樂不應將決策集權化或是實務作法標準化。「我們就像一家動作緩慢、被隔離、有時甚至不敏感的大型全球公司，在新的時代裡，敏捷、速度、透明以及對當地的敏感度，對企業的成功有絕對必要性」。

跨國策略是一種觸及未開發市場的方式。聯合利華有一段很長時間青睞授權，並給予當地管理者更多制定決策的自主權。該公司的食品事業績效佳，因為管理者可以調整產品，進而符合當地人的口味。但這種方式對居家及個人護理事業則效果有限，因為尿布、衛生紙、刮鬍刀等較容易行銷與銷售全球。儘管如此，印度聯合

全球層級策略

第 8 章

利華公司（Hindustan Unilever）在印度成功地銷售 Wheel 這個當地品牌的洗衣粉給低收入的消費者。普哈拉（C.K. Prahalad）認為針對經濟金字塔底層的消費者，需要提供低價格、低利益和高容量的產品。這樣新產品的周轉率才會快且大。

跨國策略的一種形式是基於彈性製造而來，彈性製造使用共同的生產平台，促進全世界使用相同類型的模組化組件。汽車產業就是最好的例子。1980 年代和 1990 年代，通用汽車和福特都尋求打造世界級的車款。雙方目的是希望藉由銷售相同的車款到世界各地，以取得規模經濟，而不是各自為每個地區單獨開發車款。最後，兩家公司發現世界的道路是不同的，對汽車的需求也不會一樣，因此放棄了這個理想，改採設計共同平台（或結構）以生產基本模型，再因應當地國情，進行裝配和行銷。兩家公司集中研發，再將生產活動分散至相對低成本的組裝單位和供應商來進行。

微型多國籍企業和天生全球化組織

微型多國籍企業（micro multinational）是維持國內經濟樞紐的中小型製造商，其產業客戶分散世界各地，主要在低工資地區進行生產。微型多國籍企業通常擁有對於大型產業至關重要的新技術，做為生存利基，且競爭對手通常數量很少。

溫蒂·奇爾頓（Wendy Chilton）經營奇爾頓（R.A. Chilton）公司，該公司是一家小型企業，發明並生產空氣軸承專用的塗層，它是一種機器上的小圓柱形設備，可在印刷電路板上鑽出細小的孔，通常被運用在手機等產品上。奇爾頓的技術加了銅的粘合層，可以讓組件以音速旋轉時，也不會鬆動。成千上萬的電子公司（許多位於中國）依賴奇爾頓的塗層。當然，小型企業必須永遠全心投入。溫蒂·奇爾頓認為，中國人有機會實現想法，但只要不斷地改進，就可以持續保持領先。

在網際網路出現之前，企業必須要夠大，才能觸及全球市場，但這種情況不再。不論是新創企業、企業家或是個體戶，都可以很少的初始成本進入國際市場。這樣的企業有時也被稱為天生全球化組織（born global organization）。雖然這些企業當中，過去都起起伏伏，但當中也有一些公司已成為全球知名的大型企業，如亞馬遜和 eBay。

策略管理

idea 實務作法 8.1

小型企業重生

吳芳芳（Wu Fangfang）於 2005 年創立了上海乾瑞服飾公司（Shanghai Qianrui Garment Company）經營女孩服裝品牌，摩登小姐（Miss de Mode）。她設計、製造商品並透過零售店推展品牌。2008 年，她僱用 30 位員工，但因全球金融危機，許多零售商不願意承包擴大銷售該公司的服飾。

因此，她決定從實體店鋪（a bricks-and-mortar）轉往網路（an online business）通路，利用中國電子商務集團阿里巴巴旗下的淘寶網（Taobao Mall）進行銷售。淘寶網係屬企業對消費者的線上交易平台，提供免費的線上支付系統和即時通訊功能。產品的售價可降至約實體店鋪的一半，而且該公司不斷地推出新的產品線。

吳芳芳的公司現在有一間新的工廠，僱用 200 名員工，接單約 100 萬英鎊左右。擁有自己的工廠意味著該公司可以快速地回應市場需求。公司股票只剩下不到 6% 還沒有售出。另外，吳芳芳也擁有 60 人的設計團隊以及負責電子商務訂單的 120 名員工。該公司已經從美國募得創業基金，並預計於 2014 年在香港或美國上市。

2008 年，當金融海嘯的威脅席捲該公司時，吳芳芳表示：「我沒有感到驚慌……我習慣於這種情況，能夠冷靜地評估我的商業模式，而且決定往長期看，所以我會沒事的，因為兒童服飾和電子商務在中國是不斷成長的兩種產業」。

👁 問題：網際網路是新興經濟體事業的未來嗎？

新興市場中的企業策略

尼拉吉・達瓦（Niraj Dawar）和湯尼・佛斯特（Tony Frost）提出一個策略架構，可讓當地企業評估其在新興市場上的競爭強度。分析考量的參數有二：產業本身邁向全球化壓力的程度和公司資產可移轉到國際市場的程度（見圖 8.3）。

假如全球化的壓力小而且當地公司的資產無法移轉，那麼公司應防禦自己的地位。達瓦和佛斯特以中國化妝品集團上海家化（Shanghai Jahwa）公司為例。該公司以傳統成分做為定位，開發出低成本的大眾市場品牌。如果全球化的壓力小，但公司的資產可以轉換，那麼公司可能就可以將該事業擴展到其他市場。快樂蜂食品公司（Jollibee Foods）是一家總部設在菲律賓，由家族擁有的速食連鎖餐廳。面對麥當勞的激烈競爭，該公司在香港、中東以及加州開設傳統膳食餐廳，提供外來人口飲食。

圖 8.3 新興市場中的企業定位

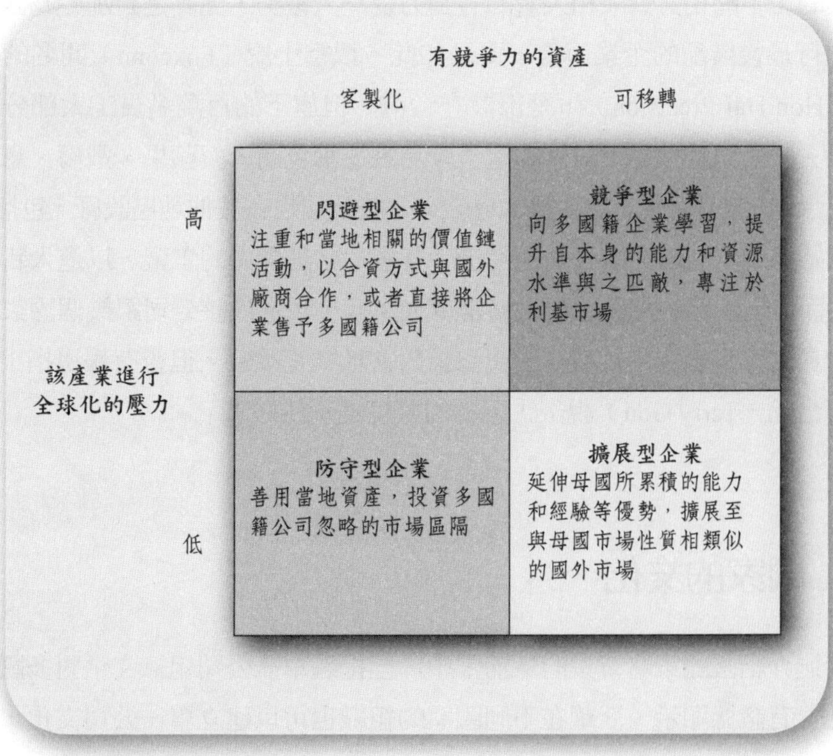

	有競爭力的資產	
	客製化	可移轉
該產業進行全球化的壓力 高	**閃避型企業** 注重和當地相關的價值鏈活動，以合資方式與國外廠商合作，或者直接將企業售予多國籍公司	**競爭型企業** 向多國籍企業學習，提升自本身的能力和資源水準與之匹敵，專注於利基市場
該產業進行全球化的壓力 低	**防守型企業** 善用當地資產，投資多國籍公司忽略的市場區隔	**擴展型企業** 延伸母國所累積的能力和經驗等優勢，擴展至與母國市場性質相類似的國外市場

假如全球化的壓力大,而且公司資產只適用於母國,那麼則需要進行資源和能力的重組,鎖定價值鏈中可善用當地資產的一環,閃躲多國籍企業的競爭。捷克共和國的汽車製造商 Skoda 與福斯成立合資公司;Skoda 被福斯收購,成為其旗下品牌之一。假如全球化的壓力大,而公司資產可移轉到國外市場,那麼就能夠與多國籍企業在全球較勁。台灣的宏碁(Acer)和韓國的三星是成功進軍國際市場的企業。

當地公司通常會利用成本優勢因應多國籍企業的競爭,而且做為某些市場的立足點。巴西政府於 1969 年所創辦的巴西航空工業公司(Embraer),已成為第四大商用噴射機和商用客機的製造商,銷售量僅次於波音、空中巴士(Airbus)和加拿大龐巴迪(Bombardier)。巴西的低勞動成本扮演重要的角色。2002 年,當時每位員工的薪水為 2.6 萬美元,與最主要競爭對手龐巴迪的 6.3 萬美元相較之下是非常低的。巴西航空工業公司的業務集中在最後的組裝,這是生產過程中,勞動力最密集的部分,該公司將其餘的生產活動外包給其他供應商。雖然花了很長一段時間,但該公司善用巴西低廉的勞動成本優勢,成功地與既有的飛機製造商競爭。有一些證據顯示,企業要在低收入市場營運,利用現有市場環境的優勢進行營運活動的調整,要比克服劣勢來得好。

同樣的,中國相對低廉和大量的勞動力是一大優勢,尤其是對那些為西方和日本公司進行最後裝配的企業而言,更是如此。以富士康(Foxconn)聞名的鴻海精密公司(Hon Hai Precision),總部設在台灣,但旗下的百萬名員工大部分都位在中國大陸。該公司是世界上最大的電子產品製造承包商,與蘋果、戴爾、惠普和索尼等公司合作,接單生產。除中國大陸之外,該公司也在其他地區設廠,包括歐洲,最近將開始擴展至巴西。該公司通常接手其客戶曾經營過的工廠,以進入新的地理區域。然而,富士康的獨裁管理風格常令人詬病,也造成該公司跟幾個國家(包含中國)的員工發生衝突。雖然富士康聲稱對當地文化敏感,但曾有報導指出富士康董事長郭台銘(Terry Gou)說:「惡劣的環境是一件好事」。

國家的文化

在前述介紹國際策略背景的章節當中,已提過單一公司組織文化對多國籍企業的重要性。有證據顯示,活躍在不同國家的組織也可以建立單一公司文化,日本企

全球層級策略
第 8 章

> **實務作法 8.2**
>
> ## 南韓財閥轉型為全球公司
>
> 斗山（Doosan）是一家成功的南韓企業集團，年營收超過 150 億英鎊，在 30 個國家僱用超過 3 萬名員工。1990 年代，該公司它經歷了一連串的危機，幾乎失敗；當時為家族經營的財閥，屬於傳統的韓國企業集團，旗下有多家獨立的公司，但都由一個家族所控制。1996 年該集團進行重組，將利潤豐厚的核心業務 OB 啤酒賣掉，從一家消費品公司轉型為一家工業和建築設備製造的領導廠商。
>
> 斗山保留了一些彼此不相關、國內市場導向，且具適度競爭力的事業群。該集團需要一種單一公司的文化。執行長朴勇滿（Yongmaan Park）曾說：
>
> > 你必須建立管理哲學和共享價值……如果你這樣做，你就可以成功地與母公司整合全球事業。
> >
> > 文化代表國家、種族、語言與歷史等。但是當你在文化前面加上企業二字之後，企業文化在大多數成功的全球性企業集團幾乎相同。評估和控制、策略規劃、人力資源等關鍵流程，都是基於績效驅動的文化、唯才是用與透明的思維。雖然我們來自不同國家的文化，但成功的企業共享非常相似的企業文化，所以我們需要構建相同的企業文化。我們想成為來自韓國的全球性公司。雀巢（Nestlé）是一個很好的例子。大多數人，甚至業界，看不出雀巢有瑞士的色彩和風格。它只是一家來自於瑞士的多國籍企業。我想讓斗山成為這樣的全球性公司。
>
> 問題：大型多國籍企業建構了一種獨特的資本主義之變異嗎？

277

業的經營方法和管理哲學可以在不同國家之間移轉。對組織而言，這很重要，像豐田汽車就採行競爭優勢的資源基礎觀點。假如國家文化是移轉組織核心競爭力和能力無法逾越的障礙，那麼以策略資源建立競爭優勢將會有風險。

豐田汽車執行副總裁木下光男（Mitsuo Kinoshitsa）承認，適應各種社會是企業的一大挑戰：

> 在印度，文化差異的現象與美國非常不同。印度人往往對批評非常敏感，他們排斥豐田這種經由問題確認、持續改善的文化，而且他們也不把作業期限當一回事……法國和日本的文化差異也很大……眾所周知，日本人的工作時間長，但在法國，對大多數專業人士而言，每週工作 35 小時很正常。

在策略管理上，高階管理者的國家文化是影響管理風格的一項重要因素。雷諾—日產（Renault-Nissan）執行長卡洛斯·高恩認為，雷諾面臨全球化的一項巨大挑戰是在管理上仍然抱持著法國心態。不消說法國文化是公司文化重要的一環，我們也絕不能忽視這一事實。但是，我們不能就此止步。

許多管理理論來自美國。然而，霍夫斯泰德（Hofstede）認為，因為各國的文化差異之故，所以沒有通用的管理方式。他提出國家文化影響組織管理的五大構面：

1. 權力距離：係指國家文化認為不平等是正常現象的程度。霍夫斯泰德發現這種現象在拉丁、亞洲、非洲和阿拉伯國家最明顯。北歐國家的程度低。美國位在中間。
2. 個人主義（Individualism）與集體主義（Collectivism）：係指國家文化認為人們關注自己和被他人關注的程度。經濟開發程度愈高的國家，個人主義最強。
3. 陽剛特質（Masculinity）與陰柔特質（femininity）：陽剛特質強調優越感、獨斷、成就與金錢等獲取，陰柔特質重視人、情感與生活品質。北歐國家在這兩種特質的差異最低，而在日本，陽剛特質非常強。
4. 不確定性迴避：係指國家文化對結構化情境與非結構化情境偏好的程度。拉丁美洲國家、南歐和東歐，包括德語國家和日本，不確定性迴避程度高。對英美、北歐和中國文化的國家，不確定性迴避程度較低。
5. 長期導向和短期導向：係指國家文化強調節省與堅持、重視未來勝於現在、尊重傳統和其他社會義務的程度，程度愈高，愈偏向長期導向。長期導向的觀念

源自於中國與日本，在英美國家、伊斯蘭國家、非洲和拉丁美洲國家的程度低。

上述的文化構面，與各國社會和經濟制度本質的差異有關，對大型組織（特別是多國籍企業）如何跨界組織和管理其策略管理作法有很大的影響。自 2008 年發生全球金融危機，有關資本主義危機的文章大量出現，尤其是對全球層級策略最適的資本主義類型論的探討最多。

資本主義的多樣性

經濟學家彼得・霍爾（Peter Hall）和大衛・索基斯（David Soskice）認為，不同國家的企業策略存在著系統性差異；他們區分兩種市場經濟制度以外的**資本主義多樣性**（Varieties of capitalism），希望解決組織如何協調資源這個主要問題，如下所述：(1) 企業如何與勞方代表協調與談判工資和就業條件；(2) 企業如何對擁有必備技能的勞動力提供保障，以及勞工如何決定要投資哪些技能；(3) 企業如何取得資金並且與投資人達成投資報酬之協議；(4) 企業如何與其他企業連結，特別是如何保證顧客對產品和服務有穩定的需求，確保供應商取得適合的投入要素和科技；(5) 企業如何與他人合作，發展必要的競爭力和能力，以達成企業的目的。

兩位學者指出一個重點是，國家資本主義的本質取決於經濟體內的機構和公司之間，策略的交互影響和互補性。這可以做為公司進行策略管理時，資源協調的優先考量。

霍爾與索基斯（Hall & Soskice）透過企業在不同經濟制度中的行為選擇，將資本市場經濟分為兩大類型，一種是**自由市場經濟**（liberal market economy），經由市場自由競爭進行五種運作方式的協調〔沿用威廉森（Williamson）的概念〕，另一種則是**協調市場經濟**（coordinated market economy），透過社會網路、非正式制度等合作機構關係進行協調，其作用是減少利害關係人長期目的的不確定性。這兩種經濟制度代表資本主義類型中兩種相反的類型，正如兩位學者所提，這是兩種理想的極端類型，在這兩個極端中會有一些變異出現自由市場經濟與協調市場經濟制度的融合。

在自由市場經濟中，企業首重財務利害關係人（主要為股東）的短期需求，高

實務作法 8.3

雷諾—日產聯盟

1999年，雷諾和日產以建立策略合作夥伴關係的方式(不採併購)進行結盟，至今仍為通用汽車和標緻雪鐵龍（PSA Peugeot Citroën）、標緻雪鐵龍和三菱（Mitsubishi），以及福斯和鈴木（後來在彼此不合作的指控中宣告失敗）等其他聯盟學習的典範。該聯盟後來還擴大到與德國戴姆勒（Daimler）、中國的東風汽車（Dongfeng Motor）以及俄羅斯的伏爾加（AvtoVAZ）之間的合作夥伴關係。

一開始，雷諾收購日產汽車36.8%股權（現為44%），成為該公司的大股東，而日產現在擁有15%的雷諾股權。雷諾的動機是為了減少對歐洲的依賴，而日產提供了進入北美和亞洲市場的管道。同時，雷諾也能接觸並瞭解日產的管理哲學和經營方法。日本的日產集團主要是一家物業公司，債務量本來就多，因此限制了汽車事業的投資能力。雷諾以54億美元收購日產股權，救回日產的投資等級地位。雙方達成三大協議：日產將保留其名稱；聯盟執行長由日產董事會任命，以及由日產負責主導復甦計畫（已證明非常成功）。

> 聯盟願景—最終目的
> 雷諾—日產聯盟是由兩家全球性公司，以交叉持股方式所組成的一個獨一無二的集團。
> 兩家公司透過和諧的發展策略、共同的目標和原則、績效驅動的綜效以及分享最佳管理實務，共同創造並提升業績。
> 他們尊重和強化各自的識別和品牌。
> 聯盟建立在相互信任和尊重的基礎之上，其組織是透明的。

聯盟保證：決策機制明確，講求快速回應、當責和高水準的績效；效率極大化，主要透過結合雙方優勢，並透過發展共同的組織、跨公司團隊、共享平台和組件，提升綜效。

聯盟吸引和留住了最優秀的人才，提供良好的工作條件和具有挑戰性的機會；造就人員既有全球意識亦有商業思維。聯盟為雙方股東帶來了豐厚的收益，

並樹立了公司治理的標準。

🔊 目標

聯盟發展並實施持續獲利成長的策略,並設定以下三個目標:

1. 在每一個區域和地區市場裡,就產品與服務的品質和價值方面,聯盟要成為世界各地顧客心目中最受歡迎的三大品牌之一。
2. 聯盟雙方各自要在專攻的領域成為卓越的領導者,從而使其在關鍵技術掌控方面躋身世界三大汽車製造集團之列。
3. 透過高營業利潤和持續增長,使聯盟的績效能名列全球前三大汽車集團。

👁 問題:除了取得管道接觸國際市場以及日產的管理能力外,雷諾還有哪些優勢(和劣勢)?

階管理者的重點工作之一就是維持股利在一定的水準以及高股價,保護公司免於惡意收購。政府的政策鼓勵自由競爭,並制訂法令,限制違背自由市場運作的企業合作和聯盟。

在協調市場經濟中,利害關係人包括商業和雇主協會、強大的工會以及分享支援與想法的專業網路。協調市場經濟的監理制度,主要以促進資訊和產業合作為目的。企業是否能吸引其他人與之合作,主要取決於是否能夠實現已協議的決策、過去是否擁有發展公司和產業專屬的技能以及開發其他策略資源。

霍爾和索基斯從經濟合作暨發展組織(OECD)國家當中,找出6個自由市場經濟體:即美國、英國、澳大利亞、加拿大、紐西蘭和愛爾蘭;以及10個協調市場經濟體,包括德國、日本、瑞士、荷蘭、比利時、瑞典、挪威、丹麥、芬蘭和奧地利。另外6個經濟體則處於模糊的立場,包括法國、義大利、西班牙、葡萄牙、希臘和土耳其。霍爾和索基斯指出,美國和英國的經濟特色在於具有自由市場的社會思潮,而德國經濟的特點在於企業、銀行、業主和員工之間的密切合作關係。同樣在日本,專業協會、商業團體,有時候甚至家庭、銀行和工業團體以及政府機構之間,也常見密切協調的合作關係。

理查·惠廷頓(Richard Whittington)曾撰文指出,1960年代至1990年代時期是協調市場經濟發展最成功的時候。那是一個大規模量產汽車、消費性電子產品以及化學品的時代,當時經濟穩定度高,策略規劃具重要性。這個時期的核心策略關

注持續改進品質、成本、交期和員工發展。但到了1990年代左右卻有了改變，直到2008年全球金融危機發生之前，自由市場經濟國家較為成功：身處自由市場經濟的盎格魯薩克遜國家，採行看起來是快速移動、靈活，有時候甚至是無情的策略，要比德國和日本細心的工具主義（instrumentalism）更適合21世紀的新興經濟狀況。

直到2008年全球金融海嘯發生之際，有一些策略家認為，多樣性正在聚合，多國籍企業正漸漸發展出自己的資本主義形式。國別差異造成策略領導風格本質的不同以及高階管理者在策略管理扮演的角色不同，已為發生危機埋下伏筆（詳第11章）。

國家資本主義（state capitalism）是由國家承擔商業和營利活動的一種形式，可以私人生產但由強而有力的政府控制，具有策略性意義的大型企業特別受青睞（例如，國家可以確保在戰時取得資源）。如果國家在高度協調市場經濟體制下，扮演管理上的領導角色，那麼即可被視為一種國家資本主義的形式。

中國在1990年代末的經濟成功，已經引起一些觀察家將其國家資本主義形式，視為對自由市場經濟的挑戰。據報導，中國積極提供資金支持企業進行海外投資，在能源和原物料項目進行交易，並建立新的多國籍企業，確保策略商品的供應；同時也對外國多國籍企業施加壓力，要求其移轉重要技術知識，得以進入中國市場。

策略聯盟和夥伴關係

策略聯盟和夥伴關係（strategic alliances and partnerships）是指兩家以上的獨立組織，進行正式或非正式的連結和合作。正式的聯盟涉及兩個組織之間具有法律約束力的合作，以達成特定目的（可能涉及重大計畫和共享資源）。形式上可以建立一個法定獨立的組織，如合資企業，合作夥伴擁有相同的股權。雙方協議的內容包括訂定共同的目的、標準和合約內容。合約內容涉及的事項包括許可、特許經營權、配銷權和生產協議等。另外，組織也可以採用非正式聯盟，包括與關鍵客戶、關鍵通路商、配合度高的供應商，大機構股東和其他利害關係人等合作。

企業結盟和建立夥伴關係的案例很多，而且原因各有不同，通常主要是分享新科技的知識。索尼和韓國的三星電子在2007年宣布投資20億美元進行合資，大量生產下一代平板電視的液晶螢幕。索尼在傳統映像管電視機的占有率領先，但隨著

平面電視成為市場主流之後，占有率逐漸下降。兩家公司透過合作都可受益，索尼將獲得三星的技術知識，而三星能夠利用索尼的市場力量。

聯盟還幫助企業發現其他公司的管理方式或是不熟悉的市場，還可以減少資金成本和分散風險，而且有時候管理者較能接受這種進入市場的形式。然而，聯盟並非沒有挑戰。中國針對合資企業的研究發現，主要困難點在於外國企業跟中國合作夥伴有文化差異和溝通的問題。1996 年中國杭州娃哈哈集團與法國達能集團（Groupe Danone SA of France）（擁有 51% 的股權）成立合資企業。中國的合夥人後來發展成為中國最大的飲料公司。然而，2012 年，達能指控合作夥伴未經其同意即使用娃哈哈的品牌發展事業（其中某一些為獨立企業），因為娃哈哈的商標使用權已被轉移到合資企業。中國對於外國多國籍企業接管本土品牌，已燃起了憂慮。

財團的夥伴關係可能涉及共同打擊競爭對手。2008 年，海尼根（Heineken）和嘉士伯（Carlsberg）這兩家獨立的啤酒製造商合資，收購蘇格蘭紐卡斯爾（Scottish & Newcastle, S & N）公司。海尼根的目標是希望在營運國家的啤酒市場，成為占有率第一或第二大廠，但在此之前，海尼根在英國市場只有 1% 的市占率；而收購品牌之後，現為英國最大的啤酒製造商。嘉士伯則在這次交易中，取得 S & N 在東歐和俄羅斯的重要業務。海尼根和嘉士伯的聯合收購案，主要是為了促使 S & N 這家遵循經濟聯盟競爭法律之英國公司的瓦解。這兩家公司都無法獨自進行收購。因此合力收購後，便分割 S & N，以降低競爭威脅。

通訊技術的快速變化（特別是網際網路），引發對聯盟的新思維。競合和以科技為基礎的策略平台是兩大重要發展。

競合（競爭與合作）

競合（co-opetition）一詞，是由諾威公司（Novell）創辦人雷・羅諾達（Ray Noorda）所提出，為描述企業間競爭與合作的關係，靈感來自電子商務

（e-business），他將英文中「競爭」（competition）與「合作」（cooperation）兩個字拆解出來，組成「競合」一字（co-opetition）。在 IT 產業被廣泛採用，代表企業活動的一種形式，組織之間相互競爭，也需相互合作。例如，位於同一個策略群組的組織可以攜手合作，建立新競爭者或外部競爭者的進入障礙。布蘭登伯格與奈勒波夫（Brandenburger & Nalebuff）在其《競合策略》（*Co-Opetition*）一書，利用電子化經濟（e-economy）和賽局理論的概念，舉例說明競爭對手之間如何在競爭又合作的情形下，獲得雙贏。

組織應該要思考如何利用顧客、供應商與競爭者網絡，提升產品和服務的價值，包括辨識潛在和實際的互補組織（藉由其他組織的產品來強化自身的產品和服務），例如競爭對手的軟體產品可與組織的硬體產品互補，反之亦然。電子經濟讓企業的策略思維改變，從講求有形資源的實體 (brick and mortar) 做法，轉變成強調組織間網絡互動等無形的部分。組織必須決定彼此關係如何互補，以及如何利用互補關係維持競爭優勢。

以技術為基礎的策略平台

以技術為基礎的策略平台（technology-based strategic platform）是一種標準化的技術系統，財產權可能屬於某一組織，但其他組織（有時候是競合的競爭對手）可以利用這個平台，開發自己的產品和服務。微軟的策略之所以成功，係基於各家軟體可以使用微軟桌上型電腦的作業系統，透過這個平台開發並使用自己的產品。微軟前執行長比爾・蓋茲一直堅持 MS-DOS 或 Windows 等作業系統的改版，但他也不希望客戶放棄他們現有的程式和附屬軟體，所以增加了開發的複雜性和成本，也因此使得 Windows 的可靠度降低。比爾・蓋茲激進的策略，激怒了微軟一些最有才華的程式設計師，專業的程式設計師不會撰寫出程式碼太多、內容不精簡的程式。但對企業而言，包山包海的程式是一個非常有效的競爭武器，因為產品永遠不會是過去式。

以技術為基礎的系統當中，元件之間的功能依存度強，大衛・蒂斯稱之為多邊市場（multi-sided market）現象。例如，電子遊戲機要內建遊戲，需要其他組織的專業協助，而平台供應商則必須將相關活動納入策略決策當中。

法國電信局推出的迷你電信系統 (Minitel) 是網際網路的先驅

　　但是如果沒有與其他組織建立聯盟，一起協調並回應市場的變化，那麼這樣的平台就很難落實。法國迷你電信（Minitel）的可視數據檢索系統（videotext system）是法國政府所主導的一個通訊平台，由硬體製造商、軟體設計師和資訊提供者所形成的聯盟。聯盟有利於促進組織能力的共同發展，使法國迷你電信可以透過網路平台提供新產品。但英國其他類似的服務卻是失敗的，大部分是因為沒有發展策略平台，因此也就無法透過資訊供應商進而獲利。

私募股權公司

　　私募股權公司與槓桿收購（leveraged buyouts）有關，也就是公司買下一家上市公司並私有化，以致於被收購公司的股票不再上市。私募股權公司藉由大量借貸，籌資購買其他公司，之後為了打消成本，將被收購公司重新包裝後，部分或全部售出。有時候也會把其他公司納入〔稱之為補強併購（bolt-ons）〕，一起出售給另外的公司。傳統上，許多私募股權公司會提供創業資本給新的企業，但愈來愈多的私募股權公司只收購然後出售，不做持股。

競爭觀點 8.3　國家文化重要嗎？

談到日產—雷諾聯盟，馬吉（Magee）舉出日本和法國國家文化如何影響溝通的例子：

每一種文化的溝通方式和溝通習慣大不相同，就算使用共同語言，也可能造成不同的認知結果。舉例來說，當與日本人交談時，日本商人通常會一直說「是」來回應對方說的話。這只表示他們知道而且也瞭解彼此的對話內容，而不是他們贊同對方所說的話。請想想發生混淆的可能性。

法國人：我們認為應該要關閉工廠。

日本人：是。

法國：那工作將不保。

日本：是。

法國：我們別無選擇。必須這樣做。

日本：是。

談話結束後。法國人就開始進行關廠準備計畫。但日本人只是準備開始考慮要不要關廠。日本人說「是」，只是簡單地做為對話的確認而已，讓法國人明白我們知道了你要說的事情。混亂從沒有像現在這個時候那麼大，但文化溝通的差異，有時候造成高級主管會議以及討論時的一些小插曲。

👁 問題：全球管理者的概念似乎是一個遙不可及的理想。隨著全球化的腳步，是否可能出現新一代的全球管理者呢？

全球層級策略

第 8 章

　　帕米拉（Permira）是歐洲最大的私募股權集團，旗下擁有數個知名品牌，包括鳥眼（Birds Eye）、AA汽車協會（Automobile Association）和新像（New Look）零售商。世界上最大的買斷案發生在 2008 年，當時由 1986 年成立的黑石集團（Blackstone）花了 198 億英鎊買下美國最大的商業地產集團權益辦公物業公司（Equity Office Properties）。然而，收購往往跟財團有關，而不僅僅是單一公司或買家。

　　私募股權公司因為投資人出資少，透過大額借貸（有時會用融資交易）進行槓桿操作，因此被批評為點石成金，謀取暴利，被冠上金融禿鷹之惡名，另外投資人喜於隱藏身分〔其中曾有人有意聯合其他勢力收購曼聯（Manchester United），從單純球迷晉身為實際經營者〕、採短線操作，而不是長期的策略管理。但有些人覺得私募股權公司雖然無情，卻能夠幫助經營不善的企業轉型、重回經營正軌。英國私募股權公司銀鑑（Silverfleet），在 2004 年收購了荷蘭一家專門提供外包管理服務的供應商 TMF。銀鑑進行了 50 多次補強型收購並重組事業後，於 2008 年出售，投資報酬高達六倍之多。

　　另一種私募股權的形式是主權財富基金（sovereign wealth fund），又稱主權基金；大多由政府成立專門投資機構，將握有的投資基金，向全球尋找投資標的。這些基金的歷史可以追溯到至少 1950 年代早期，但近期之所以受到大量關注，主要是因為參與私人股權的收購行列。阿布達比（6350 億）、挪威、新加坡、科威特、中國和俄羅斯等國家的主權基金規模都相當龐大，其中一些國家的基金來自於石油收入。目前主權基金占全球金融資產的比例仍低，未來有希望成為全球化的一項重要特色，但從另一個角度來看，如果有敵意的國家以私募股權，掌控策略重要性高的公司，也會引發各國的焦慮。

　　直到 2008 年全球金融危機之前，私募股權一直快速地成長。私募股權資金在 2000 年約占全球併購市場的 4%，2007 年攀升到 20% 以上。私募股權的重要性居高不下，但到什麼程度才會恢復平穩仍值得商榷。

本章小結

1. 全球層級策略被認為不利於驅動全球化，但全球變遷的情況仍不明朗，因此組織應該加以調適。

2. 公司的競爭優勢，部分取決於在區域當地化產業中取得當地優勢。
3. 全球層級事業有四大策略途徑：多國策略、全球策略、國際策略和跨國（全球在地化）策略。
4. 新興市場企業的定位取決於所屬產業進行全球化的壓力以及其競爭資產。
5. 國家文化對於國際策略的選擇有很大的影響力。
6. 組織透過策略聯盟和夥伴關係能夠瞭解技術、管理作法和新市場。
7. 策略平台是提供適應性或互補性產品和服務的基礎。

延伸閱讀

1. 推薦對全球化議題有興趣者，必讀湯馬斯・佛里曼《世界是平的》（*The World is Flat*）一書，詳 Friedman, T. (2005), *The World is Flat: A Brief History of the Globalized World in the 21st Century*, London: Allen Lane. 這一本書是全球化議題最具影響力的商業書籍之一，大型圖書館一定有館藏。
2. 欲進一步瞭解全球層級策略管理，請參閱 Bartlett, C. and Beamish, P. (2013), *Transnational Management: Text, Cases and Readings in Cross-Border Management*, (7 edn) London: McGraw-Hill 以及 Segal-Horn, S. and Faulkner, D. (2010), *Understanding Global Strategy*, Andover: Cengage Learning. 當中有深入的探討。
3. Tian, X. (2007), *Managing International Business in China*, Cambridge: Cambridge University Press. 是中國最佳國際企業書籍之一。欲瞭解母國經濟對多國籍企業進行策略管理之影響，請參閱 Witcher, B. J. and Chau, V. S. (2012), 'Strategic management and varieties of capitalism', *British Journal of Management*, 23 (March), S58–73.

課後複習

1. 全球層級、全球策略和全球化之間有何差異？
2. 西方經濟體的主導地位即將結束了嗎？

3. 國家競爭優勢的四種驅動力量為何？
4. 國際策略的四種策略途徑為何？
5. 當地企業如何在新興經濟體競爭？
6. 國家文化會影響策略管理嗎？
7. 何謂策略平台，其互補者為何？
8. 聯盟的優勢和劣勢為何？

討論問題

1. 試比較國家文化如何鼓勵和阻礙全球層級策略，請分別就四種策略類型進行說明。
2. 可以將國際型組織視為一個單一公司進行管理嗎？假設此一公司可適應單一公司文化。
3. 像中國和印度這樣的國家較適用盎格魯撒克遜的策略管理模式，而非德國／日本模式的策略管理模式嗎？試比較這兩個模式，並列舉美國、英國、德國和日本的例子做說明。

章後個案 8.1

塔塔鋼鐵的全球策略管理

塔塔集團的背景

塔塔集團（Tata group of companies）是一家大型跨國集團，2011年僱用大約40萬名員工，營收接近540億英鎊。該集團由近100家公司組成，是印度最大的民營企業集團，其業務範圍橫跨七大產業領域：資訊系統、通信、工程、材料、能源、消費品和化學品。塔塔集團建立於19世紀中期。自那時起，該集團便宣稱其目的是要探索和開拓商機，並協助印度的發展。

1990年代印度經濟自由化，塔塔重新思考其策略管理制度。經檢視後發

現,集團因為內部管理太鬆散而導致無法全球化,因此藉由國際化的活動,例如收購有全球品牌的海外公司,並採用全球商業方法和管理理念,讓集團減少暴露在印度經濟的風險。為了做出改變,塔塔集團必須重組經營型態。

塔塔集團的核心是塔塔控股公司(Tata Sons),由三個慈善公益信託和塔塔家族擁有所有權;董事長身兼塔塔集團 CEO 的角色。塔塔控股公司擁有塔塔姓名權和商標權,並持有其他公司的少數股權。塔塔集團旗下的公司彼此交叉持有股份,各個公司有相當大的自主權(以獨立的法人實體營運,並擁有獨立董事會和高階管理者)。

塔塔集團旗下的公司大部分是印度的小型企業,數量由約 300 家減少至 90 家(其中 28 家是公開上市公司)。做出這些改變是有意讓集團更具向心力和競爭力。該集團一直遵循著全球收購策略,1991 年至 2005 年之間共收購了 29 家公司;2006 年和 2010 年之間,再收購其他 36 家公司。比較大的收購案,像是 2000 年塔塔茶葉(Tata Tea)以 2.9 億英鎊收購英國代表性品牌泰特利(Tetley)、2007 年塔塔鋼鐵(Tata Steel)以 78 億英鎊收購歐洲第二大鋼鐵製造商康力斯(Corus);又過一年之後,塔塔汽車(Tata Motors)為了買下捷豹(Jaguar)、荒原路華(Land Rover)而支付 15 億英鎊給福特汽車。

塔塔集團的策略目標是每家公司都應該 (1) 實現高於資金成本的報酬;(2) 成為所屬產業前三大公司,以及 (3) 在全球市場實現高成長。依據塔塔控股公司總監庫馬(R. K. Krishna Kumar)的看法,全球品牌是組織自然進化的方向之一。日本與韓國也開始走這樣的模式,因此不需要問這種途徑是否正確。對企業和國家而言,要進化就要這樣做,這具有策略必要性。品牌可以提供雙重優勢:不僅增加產品的附加價值,同時藉由控制品牌,塔塔集團能夠增加對個別公司管理的影響力。

1990 年代中期,塔塔控股公司推動品牌權益和事業推廣協議,要求旗下公司支付其年收入的百分之一,做為使用塔塔品牌名稱等相關權利的費用。另外,旗下公司也必須遵守集團的行為準則〔包括塔塔的一般原則和倫理、塔塔事業卓越模式(TBEM)〕。塔塔控股公司參考波多里奇卓越架構(Baldrige Excellence Framework)制訂 TBEM 模式,用以傳達集團策略方向並驅動企業改進。旗下公司可按照內容說明,得知最佳全球事業流程和實務做法的要領。

全球層級策略

第 8 章

該集團的策略管理觀點主要訴求保持合作和新創,而不是控制和依賴慣例。但是,如果各公司都可以自由地追求自己的策略,那麼將很難維持塔塔品牌的獨特性。例如,在不同地區,集團似乎需採用不同的途徑:進入開發中國家,塔塔可能要採非相關多角化,但在已發展國家,這麼做反而適得其反(企業集團可能在開發中的環境具有優勢,但在產業中卻不見得是)。

▲ 塔塔鋼鐵 2007 年的願景

塔塔鋼鐵(Tata Iron and Steel Company)於 1907 年成立,現在是世界第三大鋼鐵公司,粗鋼年產量約 2,800 萬噸,在 24 個國家僱用約 8.3 萬名員工。2002 年,該公司推出名為願景 2007 的五年策略計畫(見圖 8.4),塔塔鋼鐵的目的放在最頂端,為價值、策略目標與策略所支撐。

願景 2007 有兩大目的:正向增加塔塔鋼鐵的經濟價值,並改善員工與營運所在地社區的生活品質。該公司或許已成為全世界鋼鐵成本最低的供應商,但增加經濟價值卻有問題。

2001 年 7 月,時任塔塔集團 CEO 的拉坦・塔塔(Ratan Tata)說:「我們認為遺憾的是,鋼鐵產業的報酬無法高過資金成本。如果你必須投資……就如我們將工廠現代化之後,並沒有得到等同於資金成本的報酬,那麼我們就是減損股東價值……我們必須做更多,使鋼鐵業成為一個對投資人有吸引力的事業」。

塔塔鋼鐵的六大策略目標包括:(1) 從商品為基礎的事業,邁向品牌之路;(2) 正向增加核心事業的經濟價值;(3) 持續保持成本最低的鋼鐵製造商;(4) 與客戶和供應商建立合作夥伴關係,以創造價值;(5) 擁有熱情和快樂的員工;(6) 獲得持續性成長。

為了達成這些目標,塔塔制定以下策略:(1) 知識管理;(2) 將影響公司競爭優勢來源的事業領域外包;(3) 鼓勵創新和風險控管的文化;(4) 善用 TBEM;(5) 發揮人的潛能、拔擢能夠創造未來的領導者;(6) 投資具有吸引力並與鋼鐵業互補的新事業;(7) 保證持續性的安全和環境;(8) 棄撤長期績效不佳的非核心事業,而購併可增加綜效以及加速組織成長的事業,視為利潤中心。

推動的新措施包括推出塔塔冷軋鋼(Tata Steelium)、塔塔鍍鋅瓦楞板(Tata Shaktee)、塔塔鋼管(Tata Pipes)等新品牌並成立利潤中心,另

策略管理

■ 圖 8.4　2002-2007 的願景

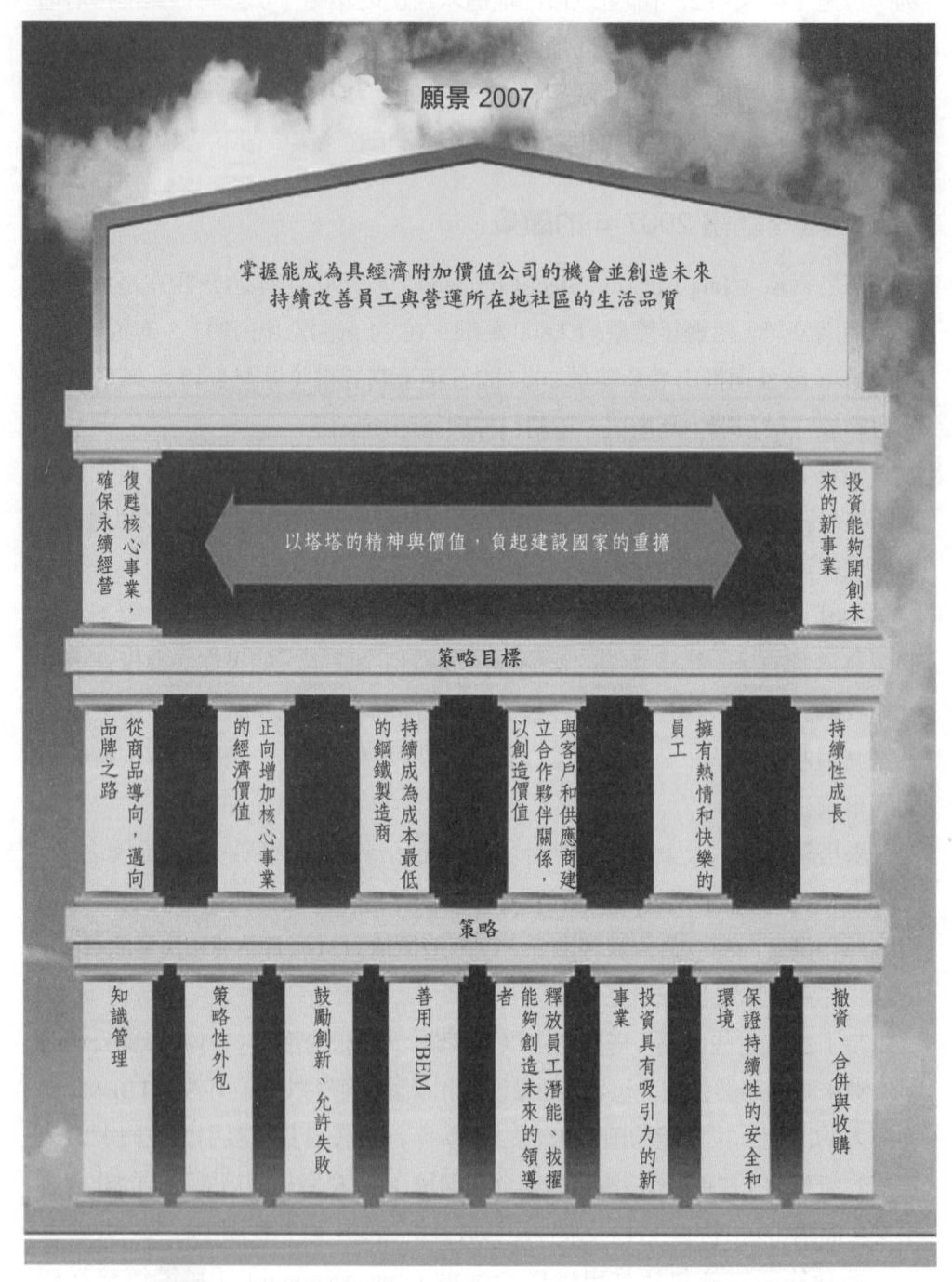

願景 2007

掌握能成為具經濟附加價值公司的機會並創造未來
持續改善員工與營運所在地社區的生活品質

以塔塔的精神與價值，負起建設國家的重擔

策略目標

| 復甦核心事業，確保永續經營 | 從商品導向，邁向品牌之路 | 正向增加核心事業的經濟價值 | 持續成為成本最低的鋼鐵製造商 | 與客戶和供應商建立合作夥伴關係，以創造價值 | 擁有熱情和快樂的員工 | 持續性成長 | 投資能夠開創未來的新事業 |

策略

| 知識管理 | 策略性外包 | 鼓勵創新、允許失敗 | 善用 TBEM | 釋放員工潛能、拔擢能夠創造未來的領導者 | 投資具有吸引力的新事業 | 保證持續性的安全和環境 | 撤資、合併與收購 |

TATA　　　　TATA STEEL

外還有改善供應鏈整合。2007 年，塔塔鋼鐵以 67 億英鎊收購英國康力斯（Corus），以利進入歐盟市場，並擴展高價值鋼鐵產品的營運。2005 年，該公司收購了新加坡大眾鋼鐵（NatSteel）和泰國千禧鋼鐵（Millennium Steel），以利在不斷成長的亞洲市場裡，強化其高價值製成品的產業地位。

策略管理流程

TBEM 屬於年度的管理流程，包括確認和評估塔塔集團的核心價值、涵蓋的商業方法和管理哲學，如客戶驅動流程、長期角度和系統觀點。策略規劃程序是其中一項關鍵：公司如何發展策略，包括其策略目標、行動計畫和相關的人力資源計畫，以及計畫如何部署和績效追蹤（其流程請參照表 8.1）。

表 8.1 策略管理程序

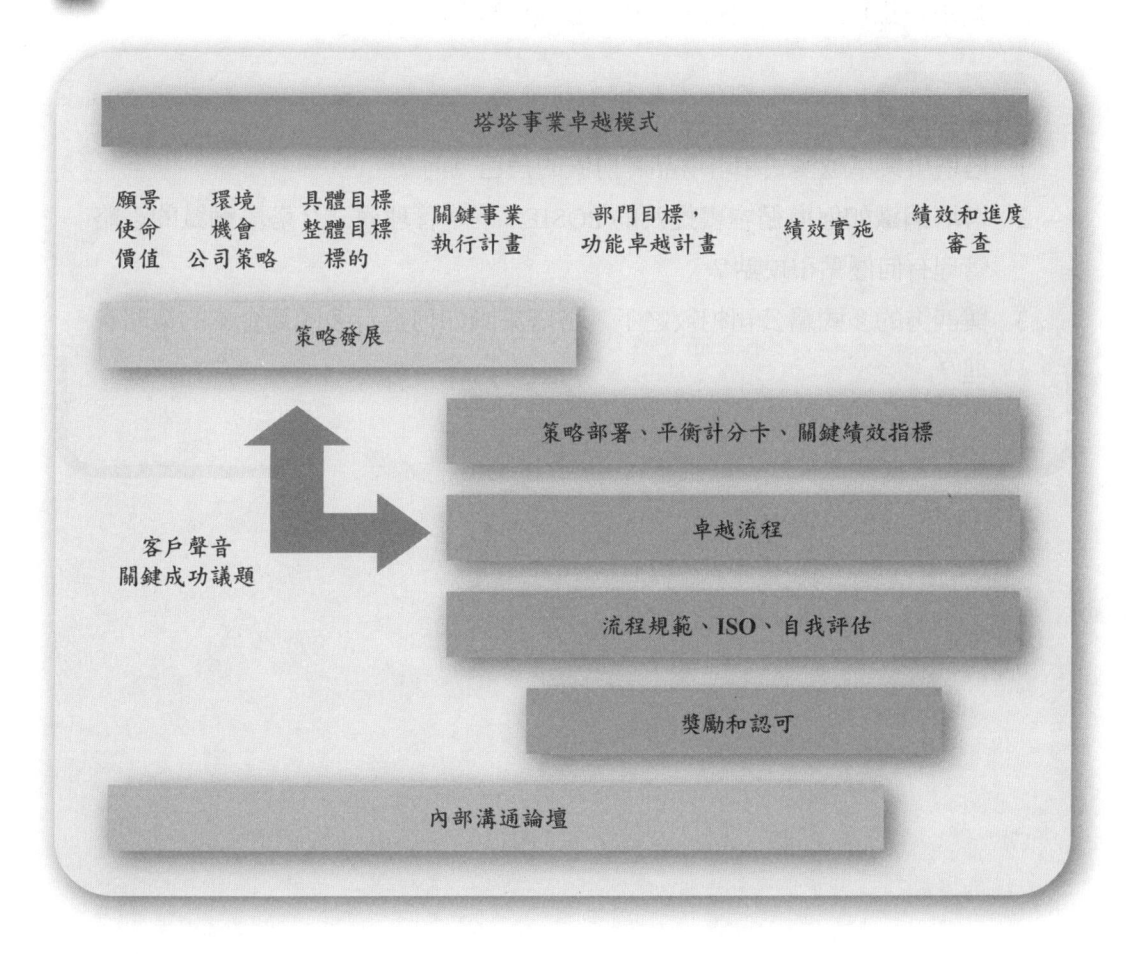

塔塔事業卓越模式				
願景 使命 價值	環境 機會 公司策略	具體目標 整體目標 標的	關鍵事業 執行計畫	部門目標， 功能卓越計畫	績效實施	績效和進度 審查

策略發展

客戶聲音
關鍵成功議題

策略部署、平衡計分卡、關鍵績效指標

卓越流程

流程規範、ISO、自我評估

獎勵和認可

內部溝通論壇

表8.1列示七大策略任務，由左邊的目的之陳述（願景、使命、價值觀），一直到左邊的績效和進展之檢視。圖表下方包括完成這些任務的時間軸（從左到右）。塔塔鋼鐵經過思考組織目的、分析環境與機會、制定相關目標、關鍵策略行動和功能卓越計畫後，才發展出策略（所以策略是考量營運效率而發展出來的）。

塔塔鋼鐵利用平衡計分卡，從策略目標導出關鍵任務，策略目標又與關鍵利害關係人需求進行連結。客戶聲音和關鍵成功因素，在跨部門的整合以及績效管理與檢視方面皆具有重要性。獎勵和認可係指人力資源規劃的調整，公司整體策略發展和部署成效可以透過內部溝通討論得到回饋。

塔塔鋼鐵可以參考 TBEM 架構，瞭解策略如何應用以及如何下放到作業層級有效運作。塔塔集團旗下公司的管理人員必須參與年度稽核活動，評估塔塔鋼鐵遵照集團品牌權益和事業推廣協議準則行事的程度。透過地區性論壇，塔塔鋼鐵可以得到回饋，以利推動最佳實務作法。

討論問題

1. 塔塔事業卓越模式和塔塔品牌扮演的角色為何？
2. 塔塔鋼鐵如何遵循本書提及的 POSIES 策略管理模式？塔塔鋼鐵的策略管理有何優點和缺點？
3. 與西方的多國籍公司相較之下，塔塔集團如何進行多國籍企業的策略管理？

重點筆記

做好計畫管理,有助於減少令人討厭的震驚。
巴利・威奇＆文恩・周
(Barry Witcher and Vinh Chau)

以行動落實策略管理

4

9　落實：組織策略

10　執行：策略績效管理

11　策略領導

本篇介紹策略行動的三個重要領域，包括企業如何組織以實施策略，以及組織如何在日常管理活動中，管理策略和控制策略。最後，策略管理是否能夠成功，取決於組織的領導者。

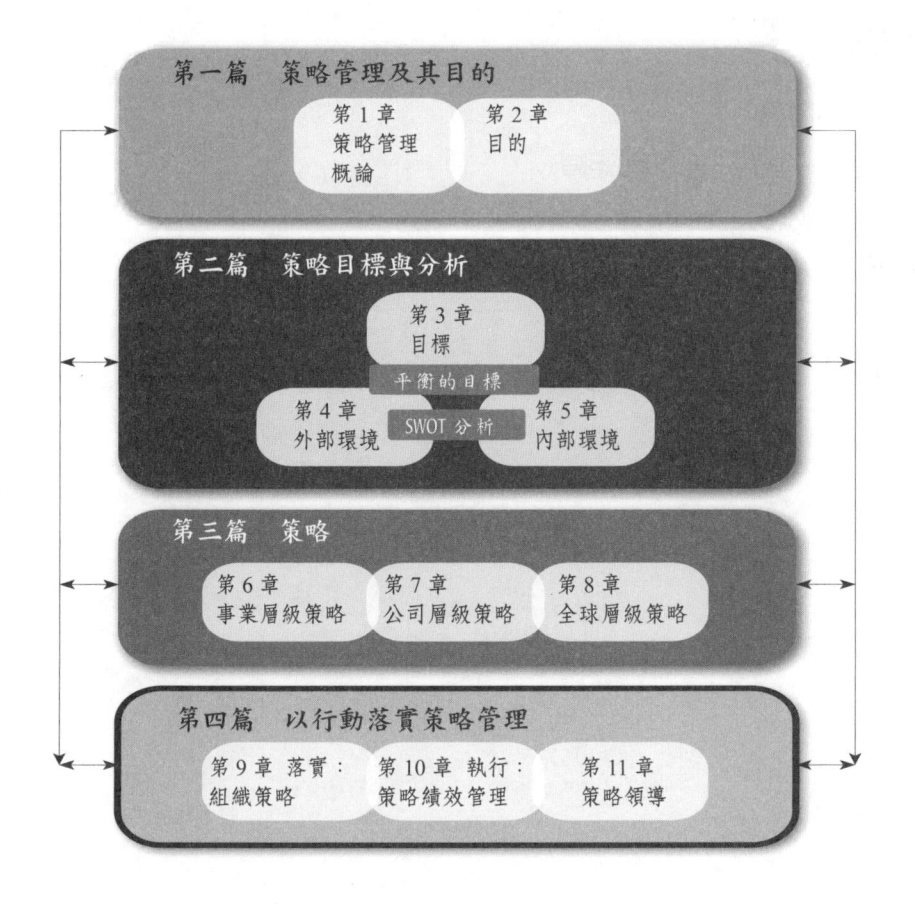

```
第一篇　策略管理及其目的
    第1章            第2章
    策略管理          目的
    概論

第二篇　策略目標與分析
              第3章
              目標
            平衡的目標
    第4章     SWOT分析     第5章
    外部環境              內部環境

第三篇　策略
    第6章        第7章         第8章
    事業層級策略  公司層級策略   全球層級策略

第四篇　以行動落實策略管理
    第9章 落實：  第10章 執行：  第11章
    組織策略      策略績效管理   策略領導
```

第 **9** 章

落實：組織策略

學習目標

1. 結構是組織能力的體現
2. 組織結構的類型——功能、部門和矩陣
3. 組織的形式，包括網絡和內部市場
4. 麥肯錫 7S 架構
5. 跨功能結構
6. 企業流程再造

落實：組織策略

第 **9** 章

組織結構

結構是組織中人與事的安排，以使組織人員合作與業務運作的實體。層級是結構特有的特徵之一，決定承擔責任的順序；只有非常小的企業，沒有結構也能運作。**結構**（structure）可以依照幅度、決策授權的程度、管理階層的個數，以及報告方向的層級等進行分類。

商業場景

適合石油公司的結構

英國石油公司（BP）及其主要競爭對手埃克森美孚（ExxonMobil），進行策略性組織編制的程度有所不同。經過一連串的營運災難（最引人注目的是墨西哥灣事件）之後，英國石油公司告訴投資人，公司在結構上有系統性的營運問題，必須徹底改變，預計改造時間需要五到十年，希望公司重新組織之後，能夠成為該產業最有效率的成本領導廠商。這樣做可能影響公司的安全和維護作業，造成內部技術短缺的情形。收購阿科（Arco）與阿莫科（Amoco）會使情況變得更為複雜。雖然英國石油公司改進阿莫科的安全紀錄，但也坦承無法完全整合不同的安全系統。所屬工廠的安全流程仍遷就當地習慣和實務作法。

中央與地方似乎不同調。中央試圖建立明確的經營原則，但地方著重的是每日的營運績效。BP 的組織結構是由許多的事業單位所組成，每個事業單位都是一個利潤中心。對比埃克森美孚公司的舊式學院風格，BP 採行更中央集權的結構。

埃克森美孚的組織結構能夠承擔巨型技術性挑戰的專案，也是唯一一家採用這種結構的石油公司。埃克森美孚的成功源自於 1989 年阿拉斯加（Alaska）埃克森瓦爾迪茲號油輪漏油事件的痛苦經驗。公司大刀闊斧地修正安全制度並集權管理與制衡旗下事業，同時建立內部溝通系統，從財務合理性一直到實體設備和技術創新等層面進行改善。師承陶氏化學（Dow Chemical）的方法，埃克森美孚目前在世界各地的組織結構都一樣。因此，

員工不必在每一次調動時，重新學習埃克森美孚的政策和程序。這也有助於公司整體溝通，其他人可以幫忙，或至少可以學習。

負責埃克森新生產與開發專案的埃克森美孚開發公司（ExxonMobil Development Company）總裁馬克・阿爾伯斯（Mark Albers）說道，集權式的結構是公司成功的關鍵。所有埃克森美孚的大型專案，從概念到生產，都由休士頓（Houston）管理。

總公司提供給每一個分支機構的管理和服務都在一個地點完成，這代表總公司提供給安哥拉（Angola）、薩哈林（Sakhalin）或是卡達（Qatar）子公司的服務，都是相同的世界級服務。某員工剛拿下樓的文件，當中的資訊可能由另外一位在世界其他地區參與相同專案的同事所提供，因此資訊以及最佳實務的傳遞都是具有立即性。

他指出，埃克森在籌資當時預估，專案的單位時間成本可以控制在3%以內，而該公司最後比原先預計的進度快5%完成。

落實：組織策略

第 9 章

當地結構（組織的功能單位和分散式的單位）和策略結構之間（組織的整體結構）有時會有差異。概括地說，組織的整體結構可分為四種主要類型（詳圖9.1），可以功能、產品、區域和矩陣形式來表示。框與框之間的線條代表主要報告路徑。這也反映出企業集團管理的風格（第 7 章已討論過）。

功能結構是基於**功能性管理**（functional management），而將工作進行專業性的劃分，通常劃分成採購、生產、行銷，財務等部門。每個部門的員工皆有其負責的專業活動，當工作被劃分成幾個部分之後，每個人就能夠有效地完成工作。在工作被劃分之後，中央單位必須有效地進行整合與協調，以使組織能夠以一個的完整系統進行運作，因此組織結構必須分層，而核心單位居於組織最頂端，控制著投入轉變成產出等轉換過程的整體設計。

有些組織因為規模擴大，成為多元產品、多元市場的企業，基於產品和地理區

競爭觀點 9.1

策略重要還是落實重要？

許多觀察家認為，策略管理無效的原因主要與執行不力有關。查蘭和科爾文（Charan & Colvin）認為，70％陷入困境的組織，不是因為策略錯誤，而是實施不力而產生了問題。佛洛伊德和伍德里奇（Floyd & Wooldridge）認為，問題是由中階和作業層級管理所引起的，不是不瞭解情況，不然就是純粹不支持。這可能是組織結構設計的問題，不鼓勵跨功能管理，無法促進公司整體的理解和努力。巴尼主張，組織實施策略的能力，就是組織自身持久性競爭優勢的來源。

程序主義或策略學習學派（見第 1 章）則認為，策略和落實之間不應該有區別。明茲伯格認為，策略和營運之間有嚴重脫節的情形：事實上，這是因為高階管理者不瞭解他們的組織。

◉ 問題：策略要能完全落實，主要任務是什麼？

圖 9.1　組織結構的四種基本類型

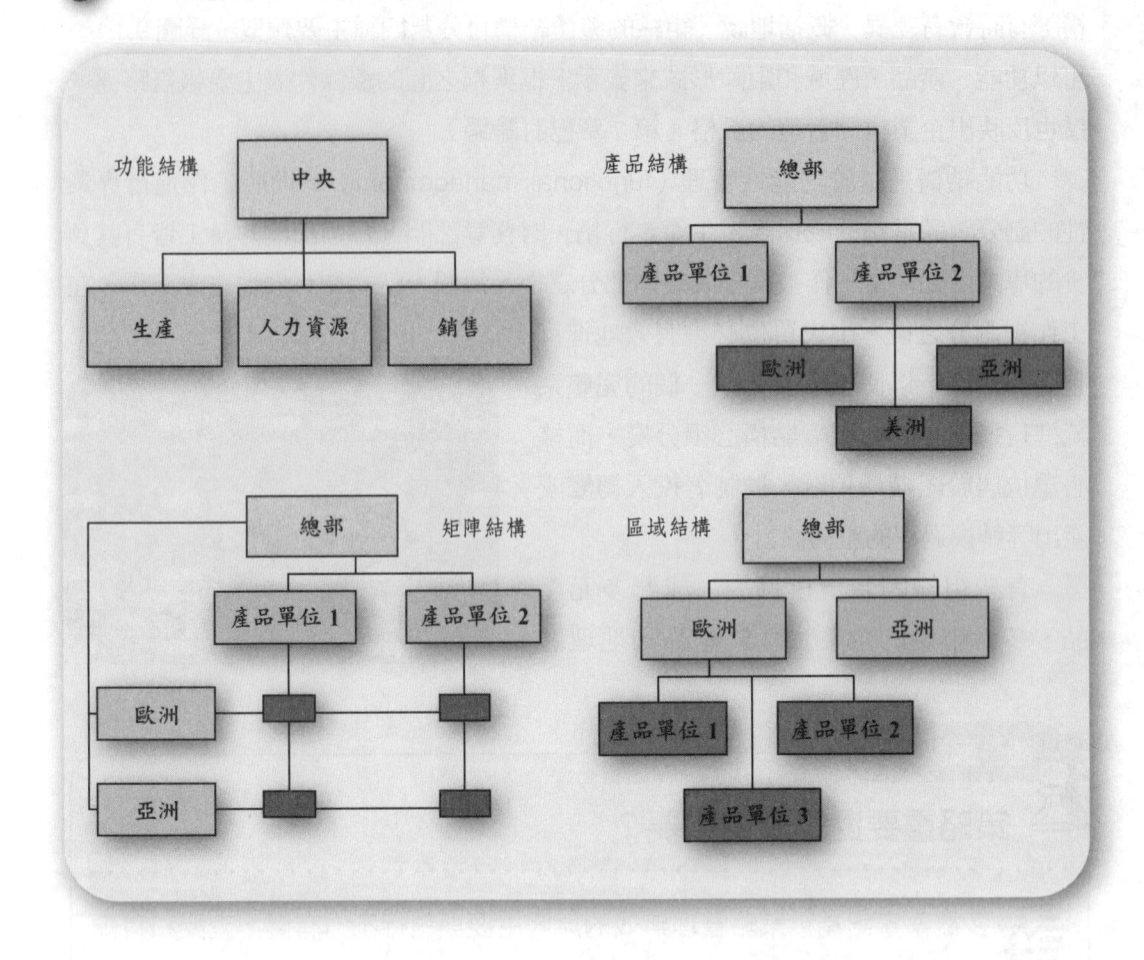

功能結構
- 中央
  - 生產
  - 人力資源
  - 銷售

產品結構
- 總部
  - 產品單位1
  - 產品單位2
    - 歐洲
    - 亞洲
    - 美洲

矩陣結構
- 總部
  - 產品單位1
  - 產品單位2
- 歐洲
- 亞洲

區域結構
- 總部
  - 歐洲
    - 產品單位1
    - 產品單位2
    - 產品單位3
  - 亞洲

域，他們將經營活動以部門進行劃分。這些部門有各自的功能性活動，自己進行協調，通常由總經理經管，然後向總公司報告。多元部門形式的組織結構係由提供通用汽車公司和杜邦（DuPont）企業成長說明的經濟歷史學者亞佛雷德‧錢德勒（Alfred Chandler）率先闡述。組織科學家稱多部門結構為 **M 型組織**（M-form organization）。

　　M 型組織使每個部門專注於特定的產品（或品牌），或者是不同的區域市場。各部門能聚焦並貼近顧客，因此可以快速地得知並因應市場需要。總公司的管理者擔任部門間整體協調的角色。但是，如果部門間需要相互合作與協調，則較難以產品和區域結構形式實現這樣的需求。例如，如果不同的市場需要不同的產品，那麼

就需要成立跨事業部或跨部門的專案。如研發或行銷等專案團隊可能在總公司的支持下成立，成員來自於各個部門。跨事業部專案若是以組織的核心事業為主力，那麼可以成立**矩陣結構**（matrix structure）。此時專案團隊和事業單位需同時向產品和區域管理當局報告，並就專案工作與他人進行協調。

全球電機產品公司艾波比（ABB）針對旗下數百個位於世界各地的事業單位，以產品線加上地理區的矩陣結構進行編制，於1990年代紅極一時。在新的結構下，每個當地事業單位同時需向該國管理單位以及全球事業管理單位報告。這種組織結構，使得該公司能夠得到產品群集中協調、發揮功能別專長、實現經濟規模的好處，同時也能夠使當地事業部保持行銷和銷售活動的自主權和企業家精神。矩陣組織已被證明管理不易，因為高階管理者將處於同時負責管理行與列的利益，必須權衡所造成的緊張關係，而單位管理者會在所屬行列之高階管理者偏好之間掙扎，從而導致更多的困難、衝突和業務延遲。矩陣組織的最終責任和職權來源是不明確的。

組織層級的多寡與程度，因組織而異。錢德勒認為中央單位應該制定策略，而事業部只涉及營運。傳統的策略管理認為策略與營運是不同的概念：策略規劃主要是一種核心與長期的功能，而策略的實施則是經由短期管理的控制和營運來完成。**中階管理**（middle management）（錢德勒認為是由領導各事業部的總經理所組成）的編制，主要是將營運進度計畫向中央呈報，然後將中央決定改變之處，向營運部門傳達。

明茲伯格和昆恩對上述的組織觀點提出反對意見，他們對於中央單位想要以分離分析和合理的策略部署來控制事業部的想法存疑。20世紀最後幾年，這種狀況變得更加明顯，許多大公司也開始減少層級或使組織扁平化。總公司減少中階管理的規模及功能，使得這個階層的重要性降低。這種作法反映出組織縮減範疇的潮流（詳第8章），但也反映出對日本企業流程和客戶為基礎的組織方式的注意，例如全面品質管理和精實生產（詳第5章）。

功能性組織的問題

從策略管理的觀點來看，功能別的運作方式有很多缺點。關鍵企業流程會被切割成多個不相連的部分，分散到多個專業部門，使得策略工作重點可能變得零碎。

策略管理

> **idea 實務作法 9.1**
>
> ### 不要以專業化進行組織編制
>
> **彼**得・杜拉克認為，功能別的思維不利於整體觀點。有人問三個石匠在做什麼：
>
> 第一個石匠回答說：「我在謀生賺錢」。
>
> 第二個石匠繼續敲擊，他說：「我正在做整個國家裡最好的工作──石材切割」。
>
> 第三個石匠抬起頭來，眼睛散發出一道光芒，他說：「我正在建造一座大教堂」。
>
> 只有第三個石匠，才是真正的管理者。第一個石匠知道自己想要從工作中得到什麼，並設法去做。做一天工作，領一天工資。但他不是一位管理者，也永遠不會是管理者。
>
> 第二個石匠的回答則有個問題。做工是基本，沒有它就沒有大顯身手的機會……但這樣有危險：「有專業才是真正的工人」的想法，使他相信他正在完成一些事情，但實際上他只在打磨或蒐集石材而已。企業應該鼓勵努力工作，但這些努力必須要跟整體的需求有關。任何企業的管理者大部分都像第二個石匠，努力將專業性工作做好。
>
> 👁 問題：企業應該要如何組織或編制，才能使專業人員更具策略性？

這樣可能導致活動之間的多次切換，延長策略工作完成的時間；造成趕工的負擔，增加協調和管理成本。另外，組織也必須面對工作細節在分割後被遺漏的風險。再者，將目標分散至各功能別，也可能會忽略活動的策略急迫性，員工只是執行工作而已，不會確認工作是否被確實完成。

落實：組織策略
第 9 章

流程組織

企業流程（business process）係指為了實現企業目標，所必須進行的一系列工作。組織科學文獻裡所謂的「流程」，一般是指非正式的跨功能活動，這些活動在組織的垂直和層級結構中水平流動。層級結構與流程的區別在於層級結構提供一個穩定的工作框架，而流程則是工作框架內實質的組織編制活動。日本組織的企業流程，多直接以客戶的需求拉動進行組織編制，而許多西方組織，因客戶的要求不那麼即時，所以組織可以由上而下的規劃和設計進行組織編制。兩種組織編制活動的實務差異在於日本組織採由下而上的作法，流程係由公司專業人員的需要而定。

依據歐洲和日本組織形式之主要國際研究結果，安德魯‧佩提格魯（Andrew Pettigrew）等學者認為：「目前有一個我們可以理解的情況是：組織有捨棄使用名詞的傾向，而使用更多更具活力的動詞，嘗試不斷地創新⋯⋯組織編制和策略規劃目前被認為是真正具有互補性的活動，甚至可以說，組織編制的形式可能是公司策略的同義詞了」。

跨功能結構

事實上，大型日本組織的流程導向還是以功能性結構為基礎，但組織對於企業流程進行策略管理，考慮由上而下的工作重點。日本組織由上而下的結構根深蒂固，有可能阻礙橫向關係的發展。解決方法是組成跨功能委員會，針對關鍵策略性的跨功能（cross-functional）目標給予支持。石川（Ishikawa）認為就像紡織業的織布活動一樣，必須將橫向紗（稱為緯紗）與縱向紗（稱為經紗）相互交錯，才能強力結合成紡織品如圖 9.2 所示，企業的各個功能列示於圖的最上端，而委員會審查的工作項目則列示於圖的左側。

跨功能委員會為中央編制的組織，多由高

305

圖 9.2　跨功能的緯線與功能別的經線交錯圖

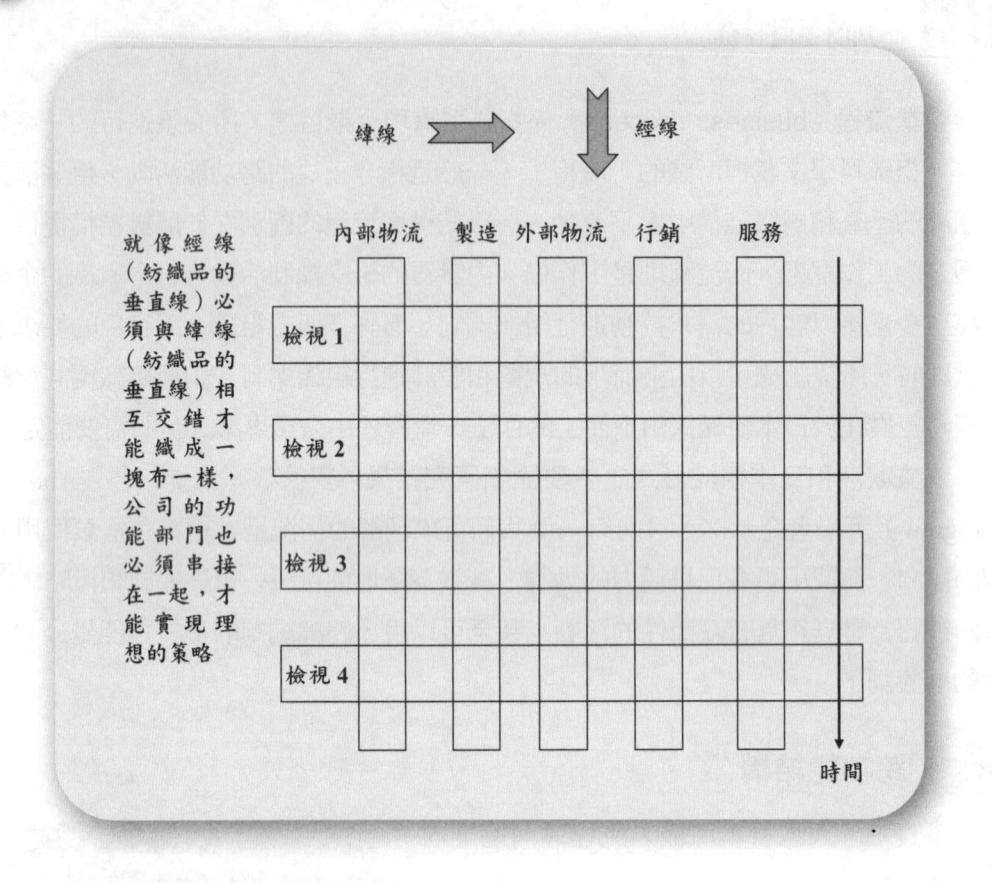

就像經線（紡織品的垂直線）必須與緯線（紡織品的垂直線）相互交錯才能織成一塊布一樣，公司的功能部門也必須串接在一起，才能實現理想的策略

緯線　→　經線 ↓

	內部物流	製造	外部物流	行銷	服務
檢視 1					
檢視 2					
檢視 3					
檢視 4					

時間

階管理者組成，主要的工作是定期檢視組織策略目標的進展狀況。這些有限的目標以類似平衡計分卡（見第 3 章）觀點的方式來描述，如品質、成本、運送和教育。其中，品質是指那些與顧客要求直接相關的目標；成本則與財務目標有關；運送與核心事業流程的策略需求有關；教育則跟勞動力的成長和學習需要有關。

　　日本剛開始導入跨功能結構的時候，西方企業已經不太採用由上而下的委員會管理制度，而朝向對企業控制權的下放著手。事實上，西方企業從來沒有真正使用緯經結構檢視策略目標，反而使用矩陣式組織，在各地專門成立多技能團隊，負責與策略相關的專案工作。

　　事實上，日本也採用矩陣式組織，但專案小組的工作包括檢視現有跨功能結構的進展。在此脈絡下，近藤（Kondo）建議日本組織不要與西方同業一樣，擁有太多的核心功能，如品質規劃、協調和審核等。但實際上，這些活動都由線上人員負

責執行,線上人員必須接受教育訓練,以有效管理策略目標。他指出,日本典型的核心部門通常規模小,而且只負責執行有限的活動,包括目標的部署,檢視和提供諮詢服務。

縮編

一些觀察家認為,由於全球化,環境動態性和不確定性不斷提高,因此組織需要更多的彈性,所以組織編制應更小甚或有新的組織編制形式出現。這對存在超級競爭的產業尤其重要。**縮編**(downsizing)是公司實體規模的減小,反映出組織思考方式的改變:從官僚金字塔到耶魯大學社會學者理查·塞納特(Richard Sennett)所稱的新資本主義的彈性組織(the flexible organization of the new capitalism):

> 新銳企業和靈活的組織需要可以學習新技能,而不是墨守陳規的人。動態組織重視處理和解釋變化的資訊以及實務因應作法的能力。……一個人的工作潛力存在於他或她將問題延伸問題、從主題延伸主題的能力。

這造成許多組織的總公司規模小,總公司人員角色縮減的情形。然而,縮編備受負面批評,特別是大規模的組織。例如,英國電信(BT)1990年有23.2萬名員工,縮編後,1995年只剩14.8萬名員工。縮編造成勞資關係變差,根據英國電信的調查,五分之一的員工認為管理者是無法信賴的。

縮編與企業流程再造(business process re-engineering, BPR)有關。企業流程再造最初定義為組織運用資訊科技,徹底重新設計企業流程,但是很快地變成意指企業流程中任何突破性的變革,企業重新設計企業流程中的一系列活動,以創造顧客,而非只回應顧客,活動包括建立高階管理專案團隊,反思如果公司要從頭開始、重新組織與編制的話,應該要如何建構呢?其重點在於創建一個全新的組織,消除因為過度專業化所衍生的費用。雖然這樣可以創造一種具有彈性的新組織形式,但因為通常伴隨著減少層級的情況,使組織扁平化,因此就會減少中階管理人員的角色和影響力,同時侵蝕組織結構的主要支柱,降低企業的集體記憶。

縮編也跟外包有關。組織會將不直接對價值產生貢獻而且交於外部組織執行可

以更有效率的活動委外。例如，寶鹼將人力資源、會計和資訊科技等被認為是後台作業的活動外包；該公司原本僱用 8000 人來執行這些業務。如果委外活動產生問題，而組織又無法控制外包商，外包就有風險。英國航空（British Airways, BA）將空廚業務委外，交由門美食（Gate Gourmet）負責，但在 2005 年，這項外包業務發生糾紛，延誤 BA 的航班並造成大量的負面宣傳。

網絡

如果組織處於動態變遷的環境裡，企業記憶將變得較不重要。組織摒棄傳統的層級結構走向模組與網絡組織，形成新型態的學習能力和企業知識。**網絡**（Networks）是許多個人所組成的非正式群體，這些人通常來自於組織的每個不同的地方，有時候可能是組織外部。不過，他們是公司核心的集合。

全錄指派專業人員管理跨功能網絡，這些網絡由來自不同事業單位，在不同事業單位扮演 IT、品質和人力資源等領域之顧問角色的專家所組成。這些跨功能的網絡是非正式的，專家們透過論壇交流、分享組織的最佳實務作法與想法，就共同關心的問題進行討論與意見交換，促進組織內部的學習。全錄也利用這些網路來管理全錄管理模式（Xerox Management Model；詳第 5 章）以及策略目標的部署（詳個案 10）。

幾乎所有的企業都會有某種形式的非正式網絡，這些非正式網絡具有準社會（quasi-social）特性，而且往往橫跨正式結構。與強調職權、指揮與呈報的層級結構相較之下，非正式網絡著重於資訊的溝通與支援。在某些國家，非正式網絡深受國家文化所影響，具有相當的重要性（詳第 2 章：中國人強調關係）。

系統和系統思維

系統（systems）通常是指正式和文件化的規章、政策和程序，而組織將之視為正常或最佳工作方式的規定。系統對層級結構是非常重要的，層級結構利用系統確認責任與報告程序。然而，**系統思維**（systems thinking）是不同的概念。廣義

落實:組織策略

第 9 章

> **idea 實務作法 9.2**
>
> ### 透過組織編制實現成功
>
> 足球運動員吉米・格里夫斯（Jimmy Greaves），為英國踢進大部分的進球分數。在他的自傳中，將英國在 1966 年世界杯的成功，歸功於英國隊經理所採用的新方法。
>
> 觀察英國在足球史上成就，球員的專業以及球員的專業表現功不可沒。球隊經理阿爾夫（Alf）曾經制訂一個比賽計畫，並依計畫挑選適合的球員。但他沒有做到的是依計畫中的球員風格，制訂一套適合該球員的比賽計畫。每個球員在比賽計畫中，都有各自負責的工作。
>
> 英國隊成功奪得世界杯冠軍。在比賽計畫中，每個球員在某種程度上可以自由發揮，但是卻無法在比賽中，凸顯自己的特有踢球風格。這項面對群眾的比賽，沒有一個人可以特立獨行。球員必須專業，而且做好他們被交付的工作。最近 50 年來，英國足球的現代化，已使球隊拾回動能。即使 1966 年之前，教練們對球隊應該如何比賽以及球隊應該有更好的組織編制有較大的發言權……球員若在比賽過程中充分展現自我，意味著該球員的死亡喪鐘將響起。球隊將「專業」的思維滲入到比賽的潛意識中，在比賽過程中過足戲癮、譁眾取寵的球員都被認為是不專業的。
>
> 英格蘭 1966 年世界杯最佳陣容
>
> ⊙ 問題：自 2008 年以來，新資本主義仍然適用於組織嗎？

來說，系統思維是將組織視為一個有機體，需從整體脈絡觀察而非局部檢視，才能瞭解組織的問題。組織擁有子系統，就像有機體一樣。許多人彼此橫跨對方的疆界，許多人彼此相互連結，一同工作。系統思維方式意味著人們將觀察全貌，但在由上而下的功能性組織裡，總會出現亞於最佳化的危險。組織結構的每個部分都會為自身利益而行動，而自身利益可能與顧客利益、組織整體利益背道而馳。系統方法強調使用整合的概念框架來指導策略決策，以一致性和全面性的觀點看待組織活動。其中，最知名的是麥肯錫顧問集團所提出的 7S 架構。

麥肯錫的 7S 架構

麥肯錫的 7S 架構（McKinsey 7S framework）是由沃特曼（Waterman）等人，於 1980 年所發表，幾年後，因湯姆・彼得斯（Tom Peters）和羅伯特・沃特曼（Robert Waterman）的暢銷書《追求卓越》（*In Search of Excellence*）提及而普及。這些作者都是麥肯錫的管理顧問，當時深受日本企業強調整體組織和整合的變革管理觀點所影響。麥肯錫顧問認為，將組織視為一個整體來看待時，有七個變數非常重要，值得公司重視。基本上，這七個變數是相互連結的。企業在其中一個領域有明顯改變而在另一個領域卻沒有變化是不太可能的。這七個因素當中，到底是哪個因素造成特定組織在特定時間改變的驅動力不容易顯現。圖 9.3 列出這七個變數，圖中的線則代表變數之間的相互連結性。

- 策略：組織為回應、預測或改變外部環境、顧客和競爭者所計畫的行動。
- 結構：任務分配及協調。
- 系統：促進組織運作之正式和非正式的流程或程序。
- 風格：高階管理團隊創造組織對其自身的整體認知。
- 人員：商場上，管理者的社會化。
- 技能：組織專長、主導屬性或能力等特性。
- 共享價值觀（或上級目標）：組織建構的指導信念或基本思想

策略和結構可以快速地變革，至於其他要素，尤其是與核心價值觀（見第 2 章）概念相同的共享價值觀，則必須進行策略性管理，才能配合改變。這些要素

落實：組織策略

第 9 章

圖 9.3　強調相互連結性的組織編制

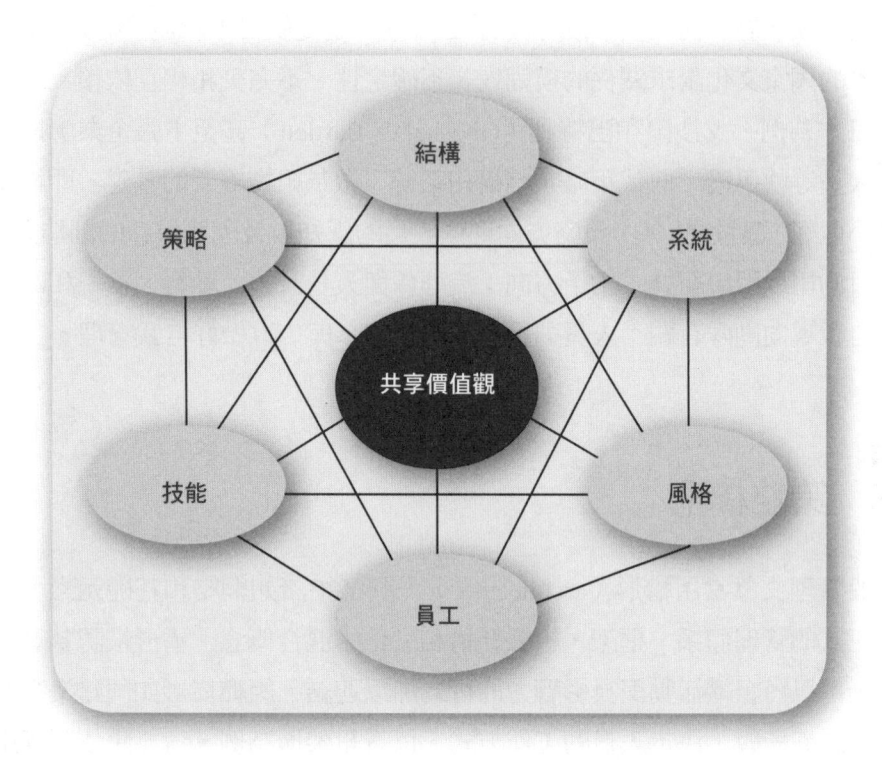

```
         結構
    ／  ／│＼  ＼
  策略─────────系統
    ＼╳╳ │ ╳╳／
       共享價值觀
    ／╳╳ │ ╳╳＼
  技能─────────風格
    ＼  ＼│／  ／
         員工
```

的改變可能需要幾年的時間才能完成，所以改變的實際速度都是這七個變量的影響因素。

軟硬兼施的策略管理

麥肯錫諮詢顧問帕斯卡和阿托斯（Pascale & Athos）使用 7S 架構探討日本管理的本質。他們發現，若從策略、結構和系統等管理層面來看，日本和西方組織之間的差別不大，但日本在其他變數則有較高的承諾。帕斯卡和阿托斯將策略—結構—系統稱為硬手段（hard-ball）變數，其他則稱為軟手段（soft-ball）。彼得斯和沃特曼運用類似的概念，稱之為寬嚴並

311

濟（loose–tight）屬性，以描述最佳實務作法。《追求卓越》等書強調，競爭優勢係來自於軟硬兼施。納入軟手段變數的 7S 架構，是促使日本新競爭勢力崛起之因：因為日本的國家文化講求關係的模糊性、不確定性、不完美和相互依賴。

以日本為例，戈沙爾和巴特利（Ghoshal & Bartlett）甚至主張企業應以目的、流程和人員等軟手段，取代策略、結構和系統，做為組織經營的基礎，即組織層級應該愈小愈好，盡量扁平化；策略方向則依人員的感知以及因應機會的創造力而定。因此，目的用以引導組織，給予方向；流程係與人員計畫、執行、檢視和改進自身工作的自我導向團隊有關；人員則是提高承諾和參與，以做好自我管理。

策略構形

一般管理文獻常用構形（architecture）一詞意指諸如網絡和基礎元素，包括正式和非正式的管理體系、框架、組織結構和文化的混合概念。構形被認為具有協調的特性，可以將組織活動與具影響力的行為加以連結。組織構形如同建築物的設計影響人的動線一般，決定人員的工作方式。以資訊架構為例，資料庫依照應用的方式進行設計，將決定人員工作的方式。

哈默爾和普哈拉認為**策略構形**（strategic architecture）扮演著一個核心的角色：公司需要有未來觀點，對未來有想法（企業遠見），並構建出可實現未來的藍圖（策略構形）。其中，藍圖就是建立核心競爭力的框架，並必須確保現有的核心競爭力，不因橫跨多個企業事業單位而碎裂。策略構形的作用是加強組織的動態能力：是企業重新配置和保持核心競爭力或者策略資產的整體能力（見第 5 章）。

協同管理

協同管理（Joined-up management）是試圖匯集政府部門和機構，以及各種私人組織和志願團體，進行跨組織疆界合作與共事的一種策略，目的是為了以全面和整合的方式，處理複雜的社會問題，如社會排外（social exclusion）和貧困。雖然這些問題有著長久的歷史包袱，特別是關係到政府的協調問題。聯合政府

落實：組織策略

第 9 章

（joined-up government）一詞在 1990 年代後期，常見於公部門管理的討論，批評功能部門化的作法。然而，公部門的策略管理漸趨捨棄此一觀念，朝著找出具競爭性的影響力，以激勵公共服務，提高完善服務的可能性。

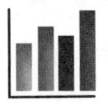

內部市場

組織可以創建內部市場，視為準市場（quasi-markets），即在單一組織或集團

競爭觀點 9.2

彈性組織和一般策略資源

從官僚主義轉變到快速變動、敏捷的新型態組織，耶魯大學社會學者理查・尚納特（Richard Sennett）認為，此舉將減少機構的忠誠度，員工之間的信任，並削弱了機構知識。他將官僚金字塔與新彈性組織進行對比：就文化面來看，他認為新銳企業（cutting-edge firms）希望員工能夠學習新的技能，而不是固守舊的競爭力。

員工是人力資源，有能力延伸問題與議題；屬於一般資源，而非公司特有的資源。根據資源基礎觀點，組織（以及某種程度的產業）資源，如核心競爭力，是組織特有、具有價值的經驗，能鞏固企業的競爭優勢。

在自由市場經濟中，一般性的策略資源較易於在組織之間做轉換，但在協調市場經濟則不然。協調市場經濟可能擁有更多專屬資源以及固定的策略資源。組織易於合併和切割。策略決策權集中在組織少數的高階管理者手裡，因此領導者可以很快速地執行決策，任何伴隨而來的重組可以很快地實現。

依照尚納特（Sennett）的觀察，僵固性是官僚金字塔的一項缺點，辦公場所固定，人員知道公司對他們的期望。但是，這種制度也累積了系統運作的相關知識，過去的經驗和信任：官僚制度讓組織學習如何使官僚制度運作。具彈性的公司組織架構正影響著政府，但這種組織形式可能不適合於那些尋求傳遞安全和福祉給國民的公共機構。

👁 問題：資源基礎觀點下的組織，缺乏管理變革的動態能力嗎？

313

（如大型公司）內部模擬市場行為，透過正式合約的簽訂或是成為成本領導者以提高效率。這種做法在英國一直深受部分公部門的偏愛，特別是國家健保局（National Health Service），服務提供者必須與內部的供應商和某些型態的客戶談判與簽約。主要的目的是為了創造一個更注重成本、有成本意識導向的組織環境，但是這可能是訴求「病人關懷」之組織文化的組織要付出的代價。更一般地來說，如果激勵機制和獎勵鼓勵的是個人主義而不是集體行為，那麼鼓勵學習和技術轉移合作的努力可能受到損害。

鬆散結合的策略管理

卡爾・韋克（Karl Weick）以另一種流動的觀點看待策略性組織編制，他認為每個組織要素的結合頻率和鬆散程度，決定組織如何以一個實體進行運作。運用源自於生物學相關的概念，韋克認為經常可以看到組織利用不同的方法，都能導致相同的結果，因此，方法跟結果之間是鬆散結合的，這代表組織可以有替代途徑來達成想要的結果。與管理科學的古典觀點相較之下，合理性和不確定性都被西蒙（Simon）所接受，即複雜的系統應該被分解成許多穩定的組件。韋克認為，鬆散結合具短暫性、消散性和默示性；但都是連結不同組織的黏著劑。韋克在他的論文中，這樣比喻鬆散結合系統（loosely coupled systems）：

> 想像你在一個非傳統的足球比賽當中，擔任裁判、教練、球員或觀眾等任一角色：比賽場地是圓形的；有幾個球門隨意散布在圓形場地的周圍；任何人可以隨時進入和離開比賽，可以隨意丟球，可以任意指定自己的射球球門！整個比賽在一個傾斜的場地進行；而這個遊戲的玩法似乎有它的道理。現在，假如你把裁判換成校長，教練換成老師，球員換成學生，觀眾換成家長，足球換成學校教育，你已經找到了一個等同於學校組織的非傳統描述。這個描述的絕妙之處在於捕捉了一些教育機構的實際情況，比以官僚理論的觀點來描述教育機構更為貼切。

舊有的觀念認為組織就像一部汽車，組裝零件、加滿油，然後開走，但從許多方面來看，策略管理與韋克的非傳統足球比賽情況更相似。

落實：組織策略

第 9 章

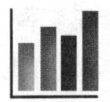

策略規劃——回顧

　　一個人，特別是為組織工作的人，可以因為組織的運作一團亂而被諒解，或者是因為組織混亂而以自己的方式做事，這也可以被體諒。面對這些情況要如何進行策略規劃呢？這樣的狀況如何深思熟慮呢？規劃者在組織的核心單位進行長期的策略、結構和系統等策略規劃工作的日子早已過去。以石油產業為例，羅伯特‧格蘭特（Robert Grant）認為，策略計畫已經變為更短期、以目標為導向，減少聚焦於行動和資源的分配。在策略管理中，策略規劃系統的角色也改變了，少談策略決策，但對於協調和管理績效有較多的著墨。

　　策略落實（Strategy implementation）係指組織策略的實現。透過組織的結構和

競爭觀點 9.3

競爭對結構的重要性

　　許多撰寫策略相關議題的文章都隱含著一個假設：競爭強度增加，使得組織透過提供誘因進行強勢領導與變革，削減組織結構及其管理。當組織的結構設計是為了鼓勵、刺激競爭行為時，這種信念將衍生問題。組織（和層級）邏輯是（市場的）競爭行為將不利於多數目的：請參閱艾羅和威廉森（Arrow & Williamson）的著作。

　　競爭和優良管理之間的關係是不確定的。當財務觀點主導策略組合途徑時，企業集團內 SBUs 之間的競爭可能會鼓勵短期行為（見第 7 章）。

　　層級結構為組織（organizing）非市場性活動創造了空間。組織的獨特競爭力來自於核心競爭力和動態能力；結構對於組織這些能力著實重要。大衛‧蒂斯認為，能力或競爭力的本質是它們無法很快地通過市場而組成。

　　組織導入市場影響力，藉以實現混合結構，與組織想要維繫層級結構產生互補性，但組織以這種作法試圖扭轉層級，朝向根本轉換，已被證明運作不佳。

👁 問題：沒有足夠的證據證明結構能夠提升競爭力；你能想到任何激勵員工的有效方法嗎？

控制系統落實,而實施的結果會在日常管理中做修正。「落實」和「執行」經常交替使用。然而,組織的結構和系統在策略執行之前必須到位,不然策略與作業活動之間將不具一致性。今日的策略規劃主要是許多大型和複雜的組織為了實施活動,並依中期計畫(medium-term plans)營運而生。

策略平衡計分卡的目標可以列入中期計畫之策略議題或挑戰項下。中期計畫對組織近期的未來提供了方向的導引或評價的標準,做為組織制訂功能層級之年度工作重點的基礎。這些計畫始於高階管理層級,並轉化成未來三年的目標,因為中期目標與長期平衡計分卡目標有關,因此通常以類似的方式被歸類到記分卡的四個對應觀點之內。哈默爾和普哈拉解釋這些中期計畫就是組織為了達成長期策略意圖的挑戰,或稱階段(見第3章)。中期目標是從高層在其他組織單位或層級的中期計畫所發展出來的。目標的界定和發展並不意味著是推動者之間的約定或形成的規範。當長期策略以一個鬆散、方向性的形式,引導重視細節的短期行動規劃時,策略規劃的現代觀點與明茲伯格所青睞的程序化觀點(見第1章)以及傘型策略(umbrella strategy)類似。中期計畫本質上是指導細節的框架,日常管理層級在年度規劃時會制訂更多的細節,這個主題將於下一章討論。

本章小結

1. 組織層級的基礎是結構,有四種主要類型:功能結構、產品結構,區域結構和矩陣結構。
2. 扁平化組織與決策權下放有關,也與彈性編制等新組織編制形式有關,如縮編和企業流程再造。
3. 跨功能結構具有整合組織水平(功能)和垂直(檢視)領域優勢的好處。
4. 麥肯錫 7S 架構是以系統觀點來看待組織,將組織的關鍵領域視為一個整體。
5. 策略、結構和系統是硬手段,而技能、員工、風格和共享價值是軟手段。
6. 協同管理關注政府和民營機構進行跨組織疆界的結合,用以解決複雜的社會問題。
7. 不同方法可以導致相同結果;這種認知和管理的想法被稱為鬆散結合管理。

落實：組織策略

第 9 章

延伸閱讀

1. 關於結構和系統的經典文章，請參閱 Daft, R. (2009), *Understanding the Theory and Design of Organizations*, Andover: Cengage Learning。卡爾·韋克（Karl Weick）常在很少或沒有現成參考架構的組織議題提出自己的想法，有助於對組織有更多的瞭解，請參閱 Weick, K. (1995), *Sensemaking in Organizations*, Thousand Oaks CA: Sage。
2. 組織研究的幾個領域已利用比喻法來瞭解和管理組織。葛雷思·摩根（Gareth Morgan）使用圖像，如工廠，做為意識建構的工具進行組織分類，並且瞭解不同組織形式的本質，請參閱 Morgan, G. (2006), *Images of Organization*, (updated edn), London: Sage.
3. 亨利·明茲伯格提出了一個瞭解組織結構的新途徑，稱之為構型（configurations），請參閱 Mintzberg, H. and Waters, J. A. (1985), 'Of strategies, deliberate and emergent', *Strategic Management Journal*, 6: 257–272, and Mintzberg, H., Lampel, J., Quinn, J. B. and Ghoshal, S. (2002) (eds), *The Strategy Process*, (4 edn), London: Prentice Hall。

課後複習

1. 何謂組織結構？為什麼組織結構很重要？
2. 請列出組織結構的四種主要類型。
3. 何謂企業流程？組織如何促進企業流程？
4. 日本組織結構有何特徵？
5. 為什麼企業流程再造（BPR）無法博得美名？
6. 「硬手段」和「軟手段」變數之間的區別為何？
7. 請說明鬆散結合之策略管理內涵？
8. 策略規劃有何改變？

討論問題

1. 組織若要發展一個有效的、適合組織整體策略的組織結構，需要考量哪些事情？
2. 請利用 7S 架構檢視兩家截然不同的組織。請考慮各種情況下，系統觀點如何改善策略管理？7S 架構有什麼缺點嗎？
3. 將結構視為策略的時間點為何？

章後個案 9.1

豐田的跨功能結構

豐田的組織編制是圍繞其策略管理作法而生。一般認為，該公司的競爭優勢奠基於豐田生產系統，即精實生產方式。事實上，全球所有的汽車製造商都有自家版本的豐田生產系統。在日本，企業反而會說，豐田的競爭優勢是基於該公司的跨功能結構，而精實生產只是其中的一部分而已。

跨功能委員會

豐田的跨功能結構始於 1961 年，當時只是做為確保部門層級工作品質控制之用。品質保證和成本管理被認為是目的性的活動（組織的核心），而工程（產品規劃和產品設計）、生產（製造準備和製造）和商業（銷售和採購）等其他方面，則被稱為手段性的活動（推動因素）。這與波特在價值鏈當中，區分支援活動和主要活動的情形類似。

每個活動領域都有正式的審查人員，但審查人員不會是該部門的人員，雖然這些人都是委員會的成員。但是這兩種類型的人員都必須向公司高層報告。跨功能委員會依據跨功能審查的結果，制訂公司的策略決策，而由部門負責執行這些策略決策。部門在得知跨功能政策之後，將建立自己的計畫並舉行內部會議。跨功能會議的確切型態和成員關係，會依據跨功能委員當時所關注議題的急迫性與範圍而有所不同。跨功能審查構成了一種正式、永久

落實：組織策略

第 9 章

豐田英二，豐田汽車公司的前主席

的結構安排，雙月和每月召開品質和成本會議（先安排需討論的議程，再召開會議）。召開會議的主要目的是針對計畫和檢視的結果採取補救行動。另外，豐田也會在年中與年底評估年度計畫的達成狀況，高階管理者、功能與部門管理者皆會參與其中，針對功能政策給予回饋。

從下圖可知，豐田的策略管理始於豐田的總體目的，願景與價值觀的陳述內容就是該公司行事的指導原則，也是豐田發展基本政策與方針的參考框架（圖9.4），這些基本政策與方針正是制定中期計畫的基礎。豐田就是利用上述所談論的跨功能結構進行管理。豐田的方針管理（政策管理）是一項關鍵因素，這種政策執行的途徑，在第 10 章有更詳細的討論。高階管理者會將中期計畫的內容轉換為各個部門的行動指導原則與目標（稱為方針）。

圖 9.4　豐田的組織金字塔

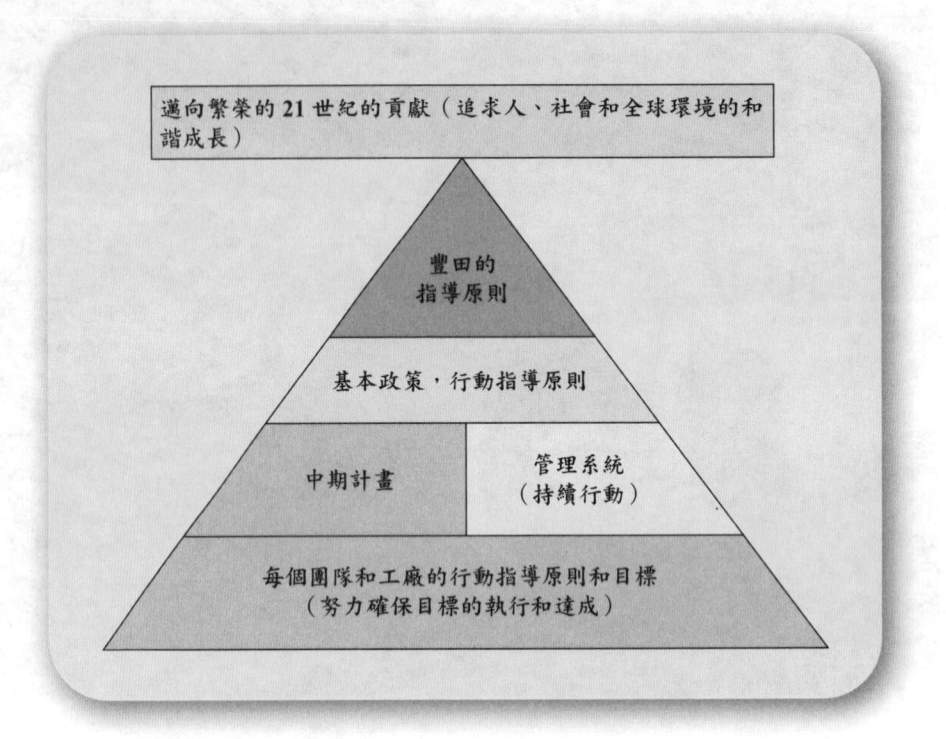

```
         邁向繁榮的21世紀的貢獻（追求人、社會和全球環境的和諧成長）

                    豐田的
                    指導原則

               基本政策，行動指導原則

         中期計畫          管理系統
                         （持續行動）

      每個團隊和工廠的行動指導原則和目標
         （努力確保目標的執行和達成）
```

豐田的指導原則

- 尊重每個國家的語言和法律精神，以公開、公正的企業活動，成為世界各地優秀的企業公民。
- 尊重每一個國家的文化和風俗習慣，並透過當地社區的活動，促進經濟和社會發展。
- 專心致力地提供乾淨和安全的產品，並透過活動強化各地的生活品質。
- 創造和開發先進的技術，並提供滿足全球客戶需求的卓越產品和服務。
- 培養加強個人創造力和團隊合作價值、勞資雙方的相互信任和尊重之企業文化。
- 經由創新管理，追求全球社會和諧的成長。
- 與企業夥伴合作研發，以獲取穩定與長期成長和互利，同時對夥伴關係採取開放的態度。

基本政策釋例：環境政策

豐田首要關注的議題是環境政策。然而，很少有公司能像豐田一樣設定相關目標和方法，針對環境政策的執行進行管理。該公司的高階管理者在總裁擔任主席的高階管理委員會中，就環境政策制定三大基本政策，為期5年。每個政策會與數個行動指導原則相連接，高階管理委員會後續將持續管理或改善這些行動指導原則（promoted；日本用語）。

每一個行動的指導原則，將依序轉換成數個行動項目（action items），彙總所有的行動項目即為中期（五年）計畫。通常在日本公司，一個項目就代表一個控制項目，因此在這個示例當中，豐田就利用這些項目控制這三個政策的實施。

中期計畫賦予每個項目所屬的行動政策，並界定其目標和執行項目，高階管理者會持續檢視進展狀況。以三個基本政策的其中一個為例，說明如下：

> 體認汽車製造與地球環境密不可分。結合本公司與各地供應商和經銷商等團隊的優勢，共同合作開發對環境低度衝擊的技術，並促進環境保護。

本政策涵蓋七大行動指導原則，包括永續關注環境。環境保護促進方案包括(1) 開發低污染的車輛以及(2) 發展低污染的生產過程。

每一項行動指導原則都有其對應的行動項目或聲明，引導尋找實現政策的方法。因此，舉例來說，(1) 開發低污染車輛的行動指導原則，有五個行動項目：

- 減少廢氣排放
- 減少噪音污染
- 提高能源效率
- 開發環保能源車輛
- 使用替代性冷媒

2001/2005年的中期計畫中，有7項行動指導原則，合計共有23個行動項目，每個行動項目都有所屬的行動政策，以及特定目標和執行項目。例如，針對「減少廢氣排放」行動項目，中期計畫有以下幾點：

▲ 行動政策

考量每個國家與地區的城市需求，促進適當的排氣減量：

- 促進科技發展，挑戰零排放量
- 在已開發國家立法之前，響應法規
- 在開發中國家立即擴充排放控制檢測

部門或事業單位會將具體目標和執行項目轉換成當地的中期計畫。以日本的事業單位和工廠為例，地方單位將中期計畫轉化成年度工作重點或目標，通常在 QCDE 目標下進行分組，每個人可以自我對應，並整合到日常管理活動當中。

特定目標和執行項目（僅限日本）：進一步減少汽油車的排放量。

- 從 Prius 開始，系統性地導入低排放車款，其排放量僅為日本 2000 年法規允許排放量的四分之一。

開發和推出環保柴油車：

- 因應日本新法規，於立法之前推出環保柴油車。
- 超清柴油車的開發。

豐田經由中期計畫以發展環境政策的作法，也用於發展其他政策。一旦中期計畫制訂完成，該公司仍連續運用高階管理委員會審查和推動行動政策。檢視活動是一種具持續性、跨功能的活動，優先於部門和功能領域的工作重點，屬於豐田管理系統的核心，詳圖 9.4。

▲ 世界第一台油電混合車

豐田環境政策的最大成就是油電混合車，1997 年在日本首度推出，兩年後在美國銷售。前豐田董事長豐田英二（Eiji Toyoda）相信，豐田必須投入時間與金錢，為下一代客戶、股東和員工創造獨特的產品。豐田的工程師一直努力開發混合動力引擎技術，藉由整合電力，以減少汽油用量的系統。

落實：組織策略
第 9 章

經過幾年的發展，該專案成果展現傲人的創造出革命性的 Prius 房車。豐田運用自身的混合動力技術，稱為油電複合動力系統（Hybrid Synergy Drive），並取得專利設計，成就 Prius 為世界第一輛真正的 21 世紀汽車，可以量產銷售。Prius 在全球產品設計、工程與製造等方面都是史上最困難的挑戰之一。總成本（包括開發混合動力技術）超過 10 億美元。過程中出現的困難不曾少過，但該專案得到豐田最高層級強大的鼓舞和指導。……

在 Prius 專案期間接掌公司的前豐田總裁奧田碩（Hiroshi Okuda）說：「早期在發動車子時，就能感覺到重大的意義，這款車可能會改變豐田的未來，甚至汽車產業的方向。」

一些汽車產業的觀察家曾經認為，開發大眾市場的新型車款是一種昂貴的錯誤。油電混合的小型車沒有需求，尤其是成長的世界經濟體似乎偏愛大型車。然而，當初的賭注得到了代價，油電混合車大放異彩，位於受歡迎車款之列。至於豐田，現在被廣泛認為是替代運輸的領導者，此時此刻，世界正關注全球暖化與油價上漲的議題。

討論問題

1. 豐田如何運用組織結構以落實策略？
2. 採用豐田金字塔，對一家大型跨國企業有哪些優勢和劣勢（見圖 9.4）？
3. 豐田是一家真正有遠見的組織嗎？其競爭優勢為何？

第 **10** 章

執行：策略績效管理

學習目標

1. 策略檢視和檢視輪盤
2. 策略績效管理
3. 策略執行的 FAIR 階段
4. 策略績效管理途徑之案例：
   - 方針管理
   - 電腦統計分析／城市統計
   - 傳遞單位
   - 策略的控制槓桿

策略執行

策略執行（execution）係指組織將策略目標向下傳遞，並納入日常管理與作業當中。策略執行時，將依循中期策略計畫或方案所制定的內容與實施作法，組織架構與系統皆須到位。

商業場景

將細節追蹤納入一般變革當中

任何組織都無法保證策略是可以被管理的，從一國閣揆一直到企業執行長都面臨同樣的狀況。

英國前首相布萊爾（Blair）說：

有人把我推動改革的規模和野心不夠宏大與熱情這件事情刻在花崗岩上。但不論遇到多大的困難，我都一直努力推動。我必須要解決政策細節的棘手問題，將細節納入一般變革當中，並追蹤組織是否已導入變革以及變革導入的方式。

……在國內政策方面，公共服務系統的改變不可避免地代表著以一種抽絲剝繭的方式，深入傳遞和績效管理的細節。愈來愈多的國家閣揆與大型公司的執行長或董事長一樣，必須訂定政策方向；必須看到政策已被遵循；必須取得資料以判斷政策是否被遵循；必須衡量結果。

美商高樂氏（Clorox）副總裁暨策略與規劃負責人丹‧辛普森（Dan Simpson）觀察到：

執行問題往往是策略上游（發展過程）常面臨的困境，即策略程序未能實際地評估當前的狀況，未能忠實地瞭解組織能力，讓關鍵人員與實際作業人員彼此配合，或在一天結束的時候，創造一個引人注目、由外部驅動成功的願景。

策略的實施與運作是策略管理中最困難的部分。

策略管理

組織必須確保每個人的日常工作必須涵蓋策略工作重點,並能夠落實。這不純粹只是作業面的事情,也關乎一個組織如何管理其例行事務,以提升對組織整體策略需求的敏感度。

策略檢視

卡普蘭和諾頓指出,**策略檢視**(strategic reviews)在執行團隊的策略學習過程中扮演關鍵性的角色。領導者透過檢視制度、聚焦改善,不要只做營運維護這種例行工作,應該多投入一些時間進行改善和學習,以建立公司的未來。然而,卡普蘭和諾頓也提出警告,策略檢視可能過於狹窄。他們以肯亞商店(Kenyon Stores)為例,指出該公司的策略會議討論的營運、作業面議題太多,訂定目標是為了監控計畫績效的好壞以及啟動短期行動,這些只是回頭檢視組織是否依循著計畫內容進行,缺乏對組織策略是否有效運作與落實的過程進行學習。

也就是說,以診斷性的途徑考量策略目標,其實是好的,但這些會議必須考慮目標(包括長期目標)的進展可能對其他目標所造成的影響。目標之間的關係必須被組織成員所理解,所以組織應該清楚營運檢視會議和策略檢視會議之間的區別。另外,高階管理者也應該瞭解多層級檢視機制的整體架構並做好檢視的工作。

策略管理的檢視輪盤

組織必須要區分 (1) 長期目的、目標和策略;(2) 短期的實施和執行;以及 (3) 針對 (1) 和 (2) 進行整體的策略控制(詳圖 10.1:POSIES 模型)。圖 10.1 左上角的陰影方框列示策略管理的長期要素。右上角的陰影方框表示短期的部分。另外,圖中亦列出幾種檢視的形式。監督與檢視工作進展狀況是良好管理的基礎,圖中的 PDCA 循環就是其中一種方式:所有的企業流程應該訂定管理計畫(Plan),針對執行(Doing)內容進行工作進度的監測,確認(Check)工作進展狀況,以及採取任何必要的後續行動(Action)。

圖 10.1 列出幾個檢視層級。在**檢視輪盤**(review wheel)中,檢視的第一個層

執行：策略績效管理

第 10 章

圖 10.1　策略管理的 POSIES 模式

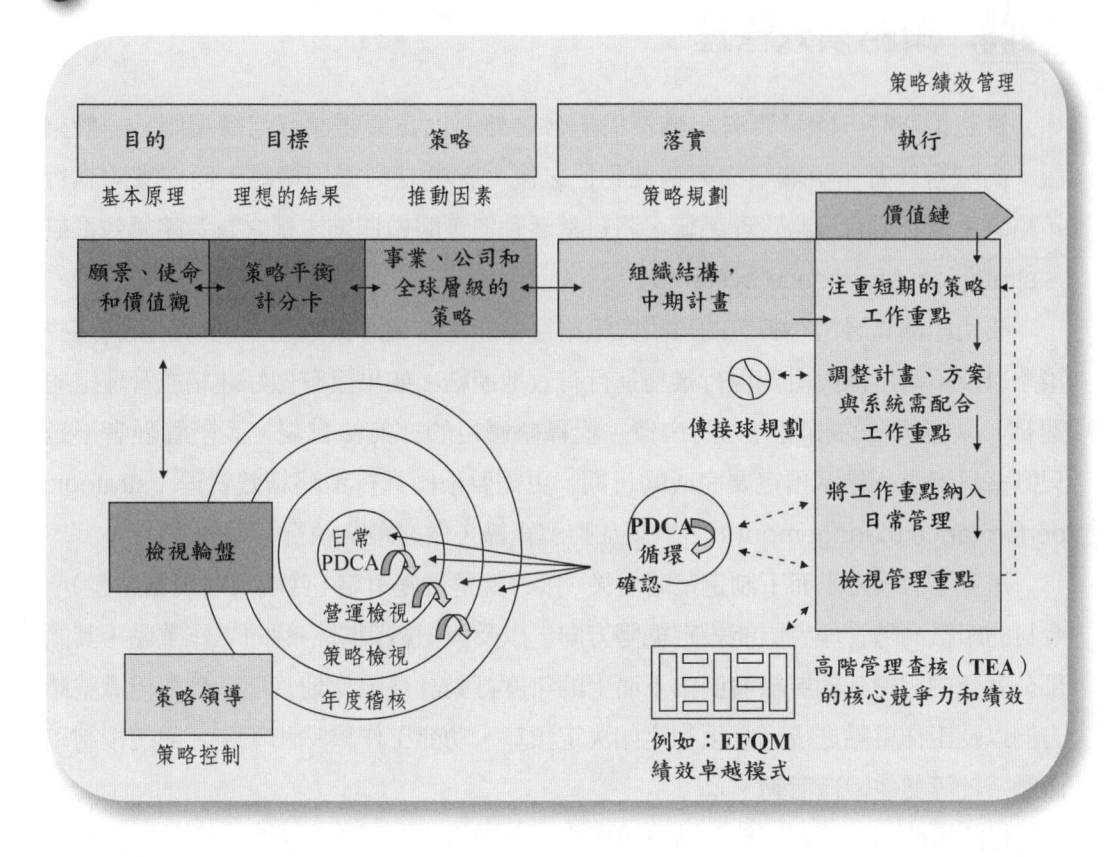

級是日常和作業層級，這些都是自然的單環和開發型學習的過程（見第 5 章），主要關注管理例行事務以及作業面議題。第二個層級涉及定期策略檢視策略工作重點之進展狀況，主要是雙環和探索型學習的過程。最後一個層級則針對重要企業流程管理進行年度稽核，包括如何將長期策略轉化成短期的工作重點以進行管理，屬於三環學習的過程，將長期策略、外部環境變化及組織能力作整體考量並加以管理。

　　如何管理這些檢視機制，形成了**策略控制**（strategic control）的基礎：包括策略目的、目標和策略等管理之監測和檢視，且在必要時調適與管理後續行動。長期要素的策略控制應屬於引導、反應和測試性的活動，而短期管理策略工作重點的策略執行部分，則與行動有關。

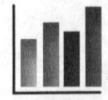

策略績效管理

實施策略時，除了要有組織結構配合之外，也必須要進行組織編制。一般來說，高階管理者在組織結構與系統到位之後，就會立刻實施策略，而在實際執行策略時，還必須有策略管理系統，將日常活動與策略做連結，稱之為**策略績效系統**（strategic performance systems）。

要使組織高層精心制定的策略與策略目標能在作業層級中運作，則必須將這些策略以及策略目標與組織現行業務進行有效地連結。如果沒有做好連結並管理這些連結，以往所做的相關努力將白費，組織整體目的亦無法實現。高階管理者不是只盯著日曆上所標示預定要完成的日期，更需要積極進行**策略績效管理**（strategic performance management），以更加瞭解組織，做好策略執行管理的工作。

這並不假設由上而下制定策略之後，接著就是實施策略（傳統策略規劃途徑）。今日的組織高階管理者更能設定總體方向，以及與組織策略相關的工作重點，其餘部分就交由組織其他層級發展由下而上的年度行動計畫。當地管理者參酌組織整體方向以及工作重點之後，必須制定如決定預算、功能工作重點和策略、部門控制和激勵系統等其他組織活動。

好的策略績效管理能夠動員整體組織，共同實現四個主要項目：聚焦、調整、整合和檢視（FAIR；見圖 10.1 的右側和圖 10.2）。策略實施管理涉及以組織中期

圖 10.2　策略實施的 FAIR 管理架構

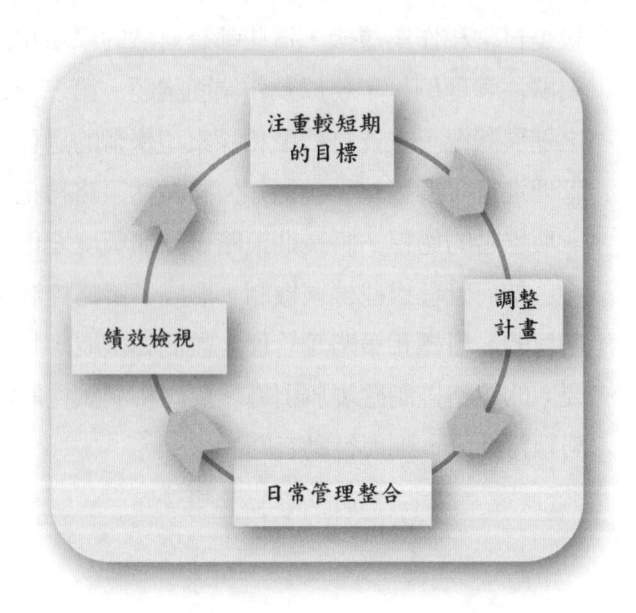

執行：策略績效管理

第 10 章

計畫的需求為準，制定相關目標，組織其他層級依據這些目標調整行動計畫；計畫經由日常管理，讓目標有進展，期末檢視績效並按照達成狀況修訂下一期的目標。

聚焦（Focus）

聚焦階段主要的參與者是高階管理者（見圖 10.3）。高階管理團隊（圖中左上方）通常由部門和功能別首長組成。制定年度目標時，首先要先釐清各部門的需求（部門與組織價值鏈之間的關係顯示在圖的最上方）。高階管理團隊參酌組織的長期目標（願景、使命和價值觀）、策略目標（平衡計分卡）以及整體策略框架，以組織的需求為核心，推展下一個年度的中期計畫，包括建立並讓各部門瞭解為了達

圖 10.3　短期目標的決定

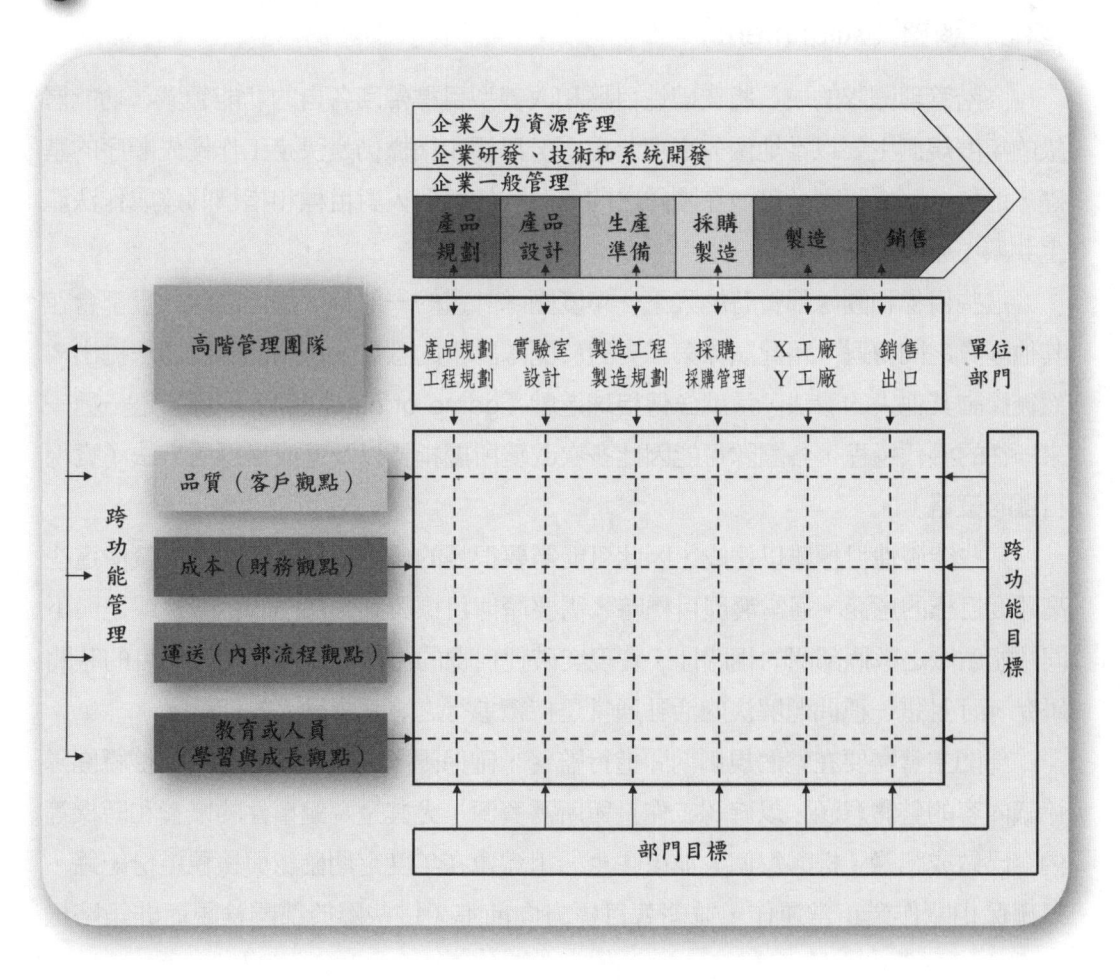

成計畫目標，各部門需要面對的機會與威脅、強勢和弱勢。

第二個要考慮的是，按照跨功能的目標，找出中期計畫的關鍵需求，這可以從平衡計分卡（見圖的左方）的四個觀點加以探討。兩者匯集決定跨功能目標，不僅對組織而言具有重要性，同時也符合功能領域的實務。（圖中矩陣直線的交叉點）。有一些組織會制定兩組目標：少數的突破性（或革新型）目標，以及多數的年度改善目標。

組織制定突破性目標是為了鼓勵探索型的組織學習，要求組織重新思考其例行事務。改善型目標是漸進式的目標（或關鍵績效指標），主要目的是鼓勵開發型的組織學習，通常不涉及現行例行事務的再思考。建立短期策略重點的原則是維持目標數量，尤其是突破性目標的數量要是可管理的數量，而且具有重要性，能夠讓組織成員容易瞭解一定要實現這些目標的緣由。

調整（Alignment）

高階管理團隊的成員將突破性目標和改善型目標帶回各自的功能領域。功能層級的年度規劃主要以當地優先事項為重，但目標和指標仍是決定工作優先順序的基礎，這包括草擬行動計畫並在團隊之間傳遞，使每個人對目標和指標的達成作法產生共識（見圖10.4）。

這些目標和團隊都暫時納入下一年度團隊計畫的一部分。每個團隊計畫都會在其他團隊之間傳遞，藉此試探第三方對於團隊計畫的意見。每個團隊將想法拋出，然後探詢其他人的看法，這就像**傳接球遊戲**（game of catchball）一樣，是一種一來一往的疊代過程，各團隊可能因此多次改變所屬指標以及達成目標的方法（實現目標的策略）。

某些突破性目標難以達成，因此可能需要很長的規劃或發展期間，以釐清這些高難度目標的意涵。通常發展目標時，需要釐清目標與某一部門的相關性或是與不同功能領域之數個部門的相關性。實現突破性目標的方法可能需要花幾個月的時間研究，而且這一種問題解決的活動通常是持續進行之專案會納入的活動。

部門主管需要在整個規劃期間進行監督，確保團隊間能達成共識，並檢視團隊協議內容的整體意涵，以確認工作量與所需資源，尤其是關鍵事件的職責和時機等內容已做成紀錄，提醒每個人加以注意。組織會在年度定期確認與檢視這份紀錄，以確保相關作業正常運作，並朝著目標方向前進（這些屬於部門檢視而非策略檢

圖 10.4　共識團隊計畫

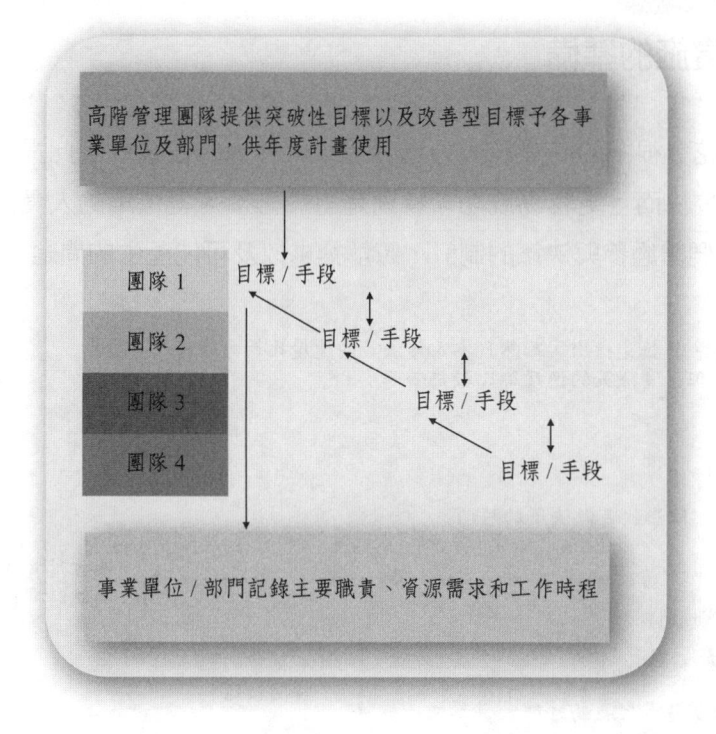

```
┌─────────────────────────────────────────┐
│  高階管理團隊提供突破性目標以及改善型目標予各事  │
│  業單位及部門，供年度計畫使用                  │
└─────────────────────────────────────────┘
              │
              ▼
    ┌──────┐  目標 / 手段
    │團隊 1 │ ←─────→
    ├──────┤      目標 / 手段
    │團隊 2 │    ←─────→
    ├──────┤         目標 / 手段
    │團隊 3 │       ←─────→
    ├──────┤            目標 / 手段
    │團隊 4 │          ←─────→
    └──────┘
         │
         ▼
┌─────────────────────────────────────────┐
│  事業單位 / 部門記錄主要職責、資源需求和工作時程  │
└─────────────────────────────────────────┘
```

視，詳下文）。部門主管除了必須確保其預算和人員考核等管理體制能夠配合目標與相關的工作內容之外，也要確保每個人沒有工作負荷過重的情形，並可以取得發展所需的支持。

整合（Integration）

一旦計畫完成，各個團隊會將新目標或指標整合至日常管理的活動當中，以進行流程管理。流程管理當中有關持續改善的變革來源，詳第 5 章全面品質管理（TQM）的討論。這種工作管理的途徑通常是以 PDCA 循環為基礎。然而，營運流程變革的真正驅動力並非來自於將工作做得更好，而是致力於達成策略和中期計畫衍生而來的目標和指標。換句話說，營運流程深受策略思維所影響，與滿足現有客戶之立即需要一樣。例如，高階管理者精心打造年度目標，鼓勵組織建立營運作業的獨特優勢，以打擊重要競爭對手的活動。

管理目標的組織原則是工作應該參照類似 PDCA 的路徑進行，界定所需執行

實務作法 10.1

策略實施的準備

日本人花費很多的時間及人力進行提案與計畫的協議，因此提案與計畫的實施較快而且更容易成功。特別是對於必須落實決策的人員而言更是如此，因為他們曾經參與決策的制訂，瞭解需求以及可能產生的問題。

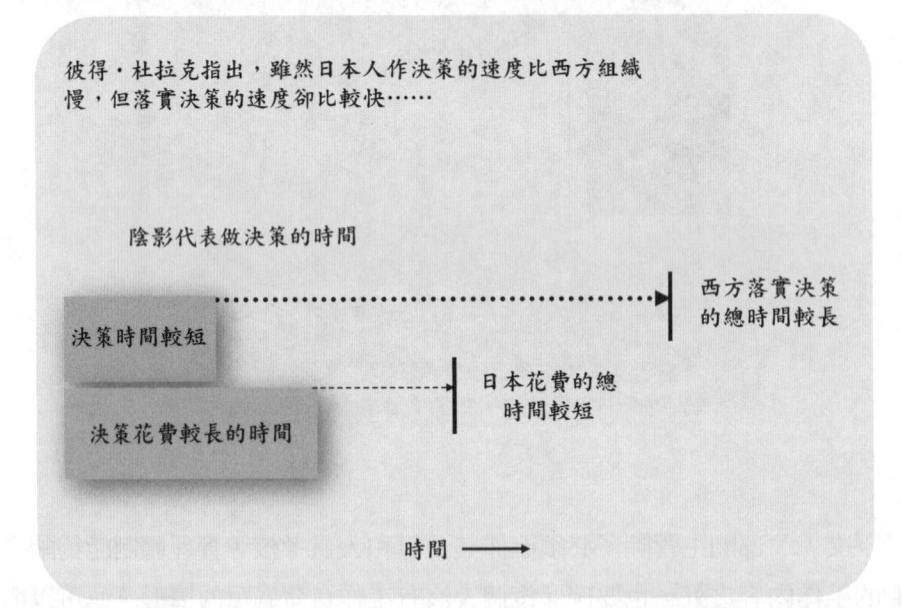

彼得·杜拉克指出，雖然日本人作決策的速度比西方組織慢，但落實決策的速度卻比較快……

陰影代表做決策的時間

決策時間較短 ┄┄┄┄┄┄┄┄┄┄→ 西方落實決策的總時間較長

決策花費較長的時間 ┄┄┄→ 日本花費的總時間較短

時間 →

決策時間視根回（nemawashi）的條件而定──準備提案理由的活動。在正式會議提案之前，會花很多與組織成員（包括上司和下屬）做非正式的諮詢和討論。這種作法的好處在於可以揭露一些意想不到的議題，並避免衝突公開。這種作法在本質上不是為了達成協議，而是讓成員有瞭解彼此角色的機會，使得溝通與依賴更為容易。

👁 問題：根回可能阻止了公開爭論，但有可能限制創造力嗎？

執行：策略績效管理

第 **10** 章

> **競爭觀點 10.1**
>
> ## 福特與豐田
>
> 策略如何有效傳遞，在相當程度上取決於組織的編制。汽車製造商福特，在20世紀的前期開發一種大量生產的系統，延伸科學管理的理念，並且影響世界各地裝配線的運作，這就是大家所熟知的福特主義（Fordism）。此系統大量生產標準化產品，使用專用機械和無技術的勞動力。亨利·福特把專業分工的理念發揮到極致，將工作劃分至最小單位，以提升生產力，致使福特可以支付雙倍於競爭者的工資給員工。
>
> 第二次世界大戰後，日本經濟重建，因為競爭者眾，因此國內汽車市場萎縮；福特的大量生產模式難以發揮作用。工廠要提高生產力，需要不同的工作系統配合，裝配線在小批量和不同車款製造之間靈活切換。豐田基於戴明與全面品質管理等戰後想法，發展了一套生產系統。包括及時管理在內的相關理念和方法論也強化了這一套系統。這些新的工作方法涉及管理者—員工之間的協調程度，帶給組織一個嶄新的概念——知識型工作者，與過往非技術性工作者的觀念大相逕庭。
>
> 自從1980和1990年代起，豐田生產系統的有效性已影響世界各地的汽車業者，包括福特汽車公司在內。所有的汽車業者皆採用相似的作法。
>
> 然而，如果人員共事之後，將限縮組織議題，限制討論與探索替代方案，那麼人員應該共事並共同強化目標的想法就值得商榷。麥克·波特等人的想法是日本管理的關鍵，學者認為取得共識的過程對策略定位有反效果存在。
>
> 首先，如果組織需要取得大多數人的認可，那麼大膽或具獨特性的策略將永遠不會出線。組織要做出僅滿足一個單位或一個部門的策略選擇之機率幾乎微乎其微。第二，一旦多數人在某個決策上簽字背書後，要退出不成功的產品線或事業就非常困難。
>
> 加拉漢與史都華（Garrahan & Stewart, 1992）在一份針對日產的研究中指出，精實工作無法反映出福特主義做出真正的改變，指揮和控制直線員工變得更有壓力了，因為透過團隊工作訴求品質和彈性的想法，使得員工不僅要執行工作，而且決定要使用何種方式完成工作的責任也在他們身上。

> 豐田在某種程度上已經意識到：「當冗員被削減之後，及時（JIT）系統實際上迫使留下來的員工工作更為辛苦並造成嚴重的工作壓力。生產力的改善可以導致人的疏離」。豐田在 JIT 管理中，融入「尊重人性」（respect for humanity）的概念，包括衡量工作負荷、創意產生以及員工提案。「改善工作環境是提升員工生活品質的最大來源」。
> 　　戴明主張，高階管理者應驅除員工的恐懼，鼓勵員工解決問題，而不要隱藏問題或是責怪他人；他相信績效主要是系統因素造成的結果，而這些根本的因素已超出個人所能控制的範圍。他主張，因為員工採取以團隊為主的工作方法，因此組織應該要廢除對個人的績效認定和評價。但是少有組織遵循這個建議。
> 👁 福特主義和豐田生產系統之間是否真的有差異？再者，就策略而言，管理員工的方法真的有其重要性嗎？

的工作可以做為監測工作進展之用，而且如果事情不先規劃，那麼有可能干擾問題解決的原因。如果需要改變目標和手段以完成工作，那麼組織裡的每個人都必須瞭解改變的意涵並據此採取行動。這是管理目標，而不是目標管理。目標應該由人員進行管理，以促進工作的完成，目標不應該置於其他情境。在管理目標中，目標彼此透明且相關（或稱目標的近似性），決定人員如何策略性的共事。

　　目標管理（management by objectives, MbO）是一種非常不同的方法，目前仍被組織廣泛應用。MbO 是將目標細分並下達至組織各層級的一種部署方法，上級的目標成為下屬的子目標，下屬再將部分子目標下傳給他的下屬，依此類推。

　　目標管理最初強調的是釐清目標的意義以及目標管理的自我管理層面；這種方法被認為是協調個人目標與策略目標的一種方式。然而，管理者常利用此法做為指揮和控制部屬，使其達成數字目標並掌控負責工作內容之用。透過由上至下的目標（策略目標為數極少），組織依照層級賦予職權。基於這些原因，MbO 現在已不被組織所信任。

檢視（Review）

　　在日常管理層級中，策略檢視的類型有兩種：首先是**定期策略檢視**（periodic strategic reviews），每二到三個月進行一次年度目標進展狀況的監測，第二種則

是年度能力檢視。這兩種檢視方法的性質，與作業檢視及部門檢視的性質不同，作業檢視及部門檢視主要用於功能管理，做為監督並提出立即議題之用。策略檢視通常是一項正式的活動，多由單位管理者向單位外的高階管理者進行簡報。透過策略檢視活動，高階管理者檢查該單位年度策略目標的進展情況；提供必要的援助和諮詢，如有必要，及早承諾後續行動的資源，以確保該組織的中期計畫最後得以實現。

例如，惠普的組織整體規劃和檢視系統是基於以下信念：「規劃過程是否成功係衡量組織是否達成目標以及是否能夠（以及有到位的預警機制）適時地採取修正的行動，逐步朝向關注的目標前進」。

定期策略檢視旨在僅就進行中的議題角度考量策略目標。**能力檢視（capability review）**則是針對組織管理能力進行高階的年度稽核，關心組織如何管理核心領域或流程、是否擁有發展良好實務的目的（有時與組織標竿連結；見第 5 章）。這個過程通常由定期策略檢視以及員工、顧客提供相關證據加以證明審查的結果，但關注的焦點主要還是在績效和良好管理實務的推動因素。

組織通常安排於年底進行稽核，由高階管理者擔任稽核人員（某些組織會請董事會主席與非執行董事擔任）。這是一項協請高層檢查組織如何行事以實現組織目的的重要活動。換句話說，這也是高階管理者持續瞭解組織如何管理核心事業領域的重要機制。高階管理者的參與是很重要的，因為這可以讓他們實際接觸組織當前的業務。

組織通常使用績效卓越架構檢視其核心領域的管理情形。然而，某些組織則使用能力檢視做為發展組織核心競爭力的動態能力。日產汽車運用高階管理稽核發展其中一項核心競爭力：事業單位如何在日常管理做好策略目標的管理（見章後個案 5.1）。日產將稽核活動與方針管理搭配使用。

方針管理

　　方針管理（Hoshin kanri）是部署與管理高層政策、發展完成日常工作之手段的一種組織整體的方法論。方針管理並不等同於策略規劃，策略規劃是一種落實長期目標和總體策略的大型體制。方針管理是替代短期政策的部署和管理，通常以年度政策重點進行日常管理，以回應當前的策略需求。西方公司也運用方針管理，但名稱各有不同，如美國銀行（Bank of America）和惠普稱為方針規劃；寶鹼的目的、目標、措施與衡量；以及聯合利華的策略轉化行動（Strategy into Action）。醫療照護產業也廣泛應用方針管理，例如英國皇家博爾頓（Royal Bolton）醫院（稱為政策部署）和美國的泰德康醫療集團（ThedaCare）。

　　方針管理的發展最早源自於1960年代初期的日本製造業，當時做為組織進行跨功能政策部署之用。方針是實現特定策略目標之組織整體政策的簡要陳述。原來漢字「方」（ho）指的是方法，而「針」（shin）指的是羅盤指針的反射光，用以顯示前進方向。方針管理的基本原則是每個人都應該讓自己的例行工作，對方針做出貢獻，使得組織整體能向目標有一定程度的邁進，而這是無法經由常態性工作達成。基於這個原因，方針有時候被稱為突破性目標。

　　方針管理通常是被應用於精實工作、講求PDCA-TQM的組織環境裡。方針可帶來外部影響力以進行改善或持續改進。因為方針與策略連結，因此方針優先於其他營運目標，而且也是精實生產變革的主要驅動力，並且是組織整體決策的參考框架，例如經常被模仿的豐田由下而上的決策。

　　雖然方針管理應用的細節會隨著脈絡和組織的不同而變化，但方針管理仍有一組共同的工作原則。首先是方針的數量不可過多，應盡可能的少──也許不超過四個或五個。方針的內容應該淺顯易懂，而且應該有突破的迫切需求：例如，需要趕上組織事業計畫所訂定的績效目標，或者是對外部環境突然和無法預知的改變快速做出回應。通常組織的高層想要實現的目標太多，造成方針為數眾多，導致複雜性和衡量指標快速成長而失去控制。

實務作法 10.2

豐田的方針管理：由下而上的決策

參與豐田方針管理實務的人，說明了豐田如何做決策：

在我的經驗裡，新計畫的目標設定是由員工、工程師和工作人員共同完成，然後將建議提交主管核准。所有的新行動都是由此開始。在整個過程中，主管應避免如往常一般告訴所有人到底該怎麼做。正如我在豐田的第一位管理者和導師告訴我，「永遠不要告訴你的員工要做什麼。當你這樣做，你將承擔他們應該承擔的責任」。因此，一個好的豐田管理者絕少告訴員工要做什麼；他們會丟出一個問題，要求大家分析或給建議，然後停下來，簡短地說：「就這樣做」。獲得問題的員工（實際上，找出問題通常也是他的工作）會發展數個解決方案回報管理者。管理者第一次的回答通常是「不行」。員工會回到他的辦公桌重做建議案──來回三次、五次，如果有必要的話甚至十次。管理者如同法官和陪審團，而員工則是律師與證人，必須提出和分析所有可行方案以證明他的建議是對的。這花了我三年的時間才弄清楚這是怎麼一回事。

這就是日本著名的「由下而上的決策」行動化。我最初的反應是失望，認為由下而上的決策是一個巨大的謊言。「由下而上」不是一種民主、開明的自我管理的形式，基本上讓人們做自己想要做的東西嗎？過了好一會兒，我知道這不是一個謊言，這就像目標管理，儘管如此它仍然強而有力：沒有人會告訴別人怎麼做。對所有大型組織面對控制─彈性兩難之際，這是一個多麼漂亮的答案：公司可以對所需的企業目標獲得基本的堅持，員工可以自由地探索任何想要瞭解的問題並得出最有可能的真正解。

……政策管理 [方針管理] 經常與政策部署混淆，簡單來說，政策部署是高階管理者（公司）先將願望和目標部署到整個組織（員工）的過程。這是一個好的開始。但是，豐田式的政策管理是一種更加動態的過程，組織較低層級參與政策的制定與實施。

問題：方針的部署和管理之間有何區別？

策略管理

　　第二個原則是方針計畫和專案的內容必須每個人都同意，因為每個人都可能受計畫或專案的影響，或者是被期待對計畫或專案做出貢獻。西方公司將此稱為傳接球活動，但在日本，這種決策形成的類型被認為是一種近乎自然的過程，稱之為**根回**（nemawashi）。根回是園藝界的一個專有名詞，描述某植物已準備移到新花園的過程。日本組織制定重要策略之前，需要長時間的準備。方針管理的一個關鍵特性是成員在討論可能採用的方法時，政策及其相關目標總會一併討論。如果目標沒有參酌方法就進行部署，那麼方針的發展就類似目標管理的指揮和控制。

　　第三個原則是解決問題必須基於現有的數據，考量現實和當前的弱點，並使用帕累托法（Paretian approach）確保一切的努力已投入在最重要的議題上，因為最重要的議題給予組織的回報最大，可用資源最多，得到的效果也最大（這已將跨功能對跨組織疆界所造成的相關影響考慮在內）。但也不應該導致過分強調特別任務團隊。方針專案應該透過原有組織進行部署，團隊成員應來自所有階層。此時組織需要採行便於管理的形式，以提升工作效益。

　　第四個原則是高階管理者必須監控作業層級方針進展之策略檢視活動。此外，在組織年度結束之際，執行長和其他高階管理者需進行組織整體能力、經營方法和管理理念（核心競爭力）的稽核活動，這些都需要方針管理，特別是在那些需要契合目的的關鍵領域。高層必須同時瞭解微觀和宏觀的數據所代表的意義。對西方組織而言，這並不容易，因為西方組織通常視方針管理為一種微觀管理的形式。方針管理不僅需要組織高層負起完全的稽核責任，同時要求一定程度的參與，擔任稽核人員，獲得對例行工作的見解並與其他層級的員工交談。

　　方針管理或許是目前使用最廣泛的傳遞系統。但尚有另外兩種傳遞系統被證明在公共行政領域具有影響力。其一是英國中央政府使用的傳遞單位，其二是以城市為基礎的系統，最初用於紐約市，稱為電腦統計分析。

電腦統計分析／城市統計

　　魯道夫‧朱利安尼（Rudolf Giuliani）於 1993 年擔任紐約市長，當時的紐約市是美國最不守法的城市之一。直到 2004 年，朱利安尼離開市長一職後，這個城市已經變成為世界上最安全的城市之一。他用了一種稱為**電腦統計分析**（CompStat）

的方法，此法較電腦統計或比較統計法陽春。電腦統計分析法據說與破窗理論（broken window theory）一同興起，此理論源自警察基金會（Police Foundation）贊助的紐瓦克（Newark）徒步巡邏研究（study of foot patroals）。癥結點在破窗，破窗看似如廢棄建築物中的破碎窗戶一般，這種小事竟直接導致社區治安嚴重惡化。

朱利安尼認為領導者應為小事而流汗，因為看似不太嚴重的事情往往影響大局；藉由解決這些問題，領導者也許能夠因此觸及重大議題的癥結點，如嚴重的犯罪。朱利安尼的警察局長威廉‧布拉頓（William Bratton）擔任紐約市交通警察負責人，在打擊逃票犯罪首次運用了這個概念；這是交通系統最大的破窗。之前看起來似乎不值得這麼做，因為警察的時間成本高，而票價成本很低，但後來發現，許多被逮捕的人都曾經在地鐵滋事。身為局長，布拉頓利用民法強化現有法規，以打擊騷擾、攻擊、威脅、行為不檢和破壞財產等不法情事……在犯罪發生之前，阻止[嚴重]犯罪。

依據朱利安尼的描述，電腦統計分析的運作方式為：

警員在街上進行呈報，並將內容輸入所屬轄區的線上投訴系統。該報告傳送至電腦統計分析主機系統：(1) 在地圖上顯示犯罪活動地理區域的分布，並按時間（包括小時、天）和犯罪類型來排序；(2) 每週彙整犯罪抱怨紀錄，並依每週對每日、每月對每日、每年對每日等不同週期顯示各種趨勢，另加總當年度的數字，與去年進行比較，顯示百分比的變化。如果數字準確，這些資料將產生一個有意義的結果。我們實施稽核制度……對不真實的績效統計做註記，使我們能夠深入探究其準確性。甚至曾有分局長刪除對這些數字的修補。

電腦統計分析不只是一種以電腦為基礎的資訊系統，還能發揮策略性意義。高階管理者、警察分局長和業務負責人每週（一開始每週兩次）舉行檢視會議，討論有關城市策略的進展，辨識新興和成熟犯罪、生活品質等趨勢、偏差和異常情況，並且透過不同轄區的比較，促進討論和學習。業務負責人及警員採用簡報方式討論相關人事物證，有助於事主瞭解事件全貌。檢視會議有助於高階管理者瞭解業務、評估中階管理的能力和效率，並協助資源配置以持續改善。因為高層決策者都在場，他們可以迅速承諾資源以排除障礙，並避免高度結構化的官僚組織普遍造成延誤之情形。

每個轄區的分局長隨時可能被召回進行簡報（大約每個月一次）。朱利安尼認為這個方法旨在培養團隊解決問題，並採用簡報和目標設定做為鼓勵當責的一種激勵和競爭工具。他也表明管理者必須全心全力使用系統進行工作。績效欠佳的人員可能試圖掩蓋不利的統計數字，或是操弄統計數據以掩蓋真實的情況，但如朱利安尼所述，定期稽核活動會找出這種缺失。

批評者指出電腦統計分析可能不是降低犯罪的唯一原因。朱利安尼上任之前，國家犯罪已經開始下降，而且在同一時期，其他主要城市的犯罪情形也因經濟改善而減少。同樣地，在澳大利亞的轉變也使犯罪減少，而犯罪率已經下降。此外，還有其他因素使得紐約犯罪下降，如擴大招募警員。紐約犯罪率比其他地方下降得更快，另外破窗專案警務亦是使暴力犯罪下降的最好證據。

紐約將此想法擴展至其他城市的警務機構。美國的某些城市現在已經有了自己的版本：洛杉磯已經由布拉頓引進，費城應用於教育，巴爾的摩稱為城市統計。哈佛大學甘迺迪政府學院的羅伯特・貝恩（Robert Behn）認為這些應用有其效益，但他提出一些可能發生的危險。檢視會議可能都沒有明確的目的，而且責任的界定可能也不清楚。會議地點不固定，沒有任何人被授權安排與執行會議；行政支援缺乏，尤其是專業分析人員；也沒有人進行追蹤。貝恩指出，警政機構似乎發現要導正殘酷和乏味等缺乏平衡的領導風格有困難。領導風格似乎是對電腦統計分析特別重要。

> 紐約市警察局（NYPD）的電腦統計分析和巴爾的摩的城市統計制度皆以對績效不佳採取強硬和不妥協態度而聞名……然而，某些轄區和單位反應過度……特意嘗試使會議過程盡可能和諧。這樣一來，他們的會議已淪為制式的大拜拜場合。

一個好的領導者應該會想瞭解「什麼是錯的」要比「什麼是對的」多。電腦統計分析／城市統計似乎是任何人會期待的策略檢視做法。也就是說，高階管理者應該經常和定期舉行會議，掌握目前數據，以檢視和探討事件真正的進展狀況，並與中階管理者及部屬討論可能的後續行動。訣竅在於不僅要加強各機構和單位的能力，使他們累積經驗及向他人學習，同時也幫助高層多加瞭解組織。電腦統計分析與其他方法的區別在於，電腦統計分析制度將高階管理團隊與中階管理者齊聚一堂，通盤檢視作業情形。對大多數組織而言，將檢視會議訂為例行活動非常罕見且困難。通常，大家都太忙以致於無法在同一時間在同一地點出現。

實務作法 10.3

破窗理論用於整頓地下經濟

紐約市長朱利安尼的首位警察局長威廉·布拉頓已受破窗理論所影響。一件看似就像廢棄建築物中的破碎窗戶這麼微小的事情,直接導致社區治安嚴重惡化。朱利安尼認為,這種概念不僅與犯罪有關,對企業而言更是普遍:領導者應該關心雞毛蒜皮的事情,因為看似不太嚴重的事情可能左右大局。

布拉頓利用生活品質議題,協助整頓重大犯罪。輕罪和小型犯罪常被忽略,因為它們似乎不重要,但就像提供細菌滋生的溫床一樣,惡劣的環境開始鼓勵更多且往往更嚴重的犯罪,以致落入惡性循環。

布拉頓以前是紐約市交通警察業務首長,負責打擊逃票犯罪。由於警力的時間成本高,票價成本小,所以看起來似乎不值得,但後來發現,許多被捕者都曾經在地鐵滋事。當他成為朱利安尼的警察局長後,他利用成文法強化現有法規。

一次又一次,警察盤查在街上喝酒的人或是一群在街角喝酒的孩子,請他們趴下搜身並找到一支槍或刀,這種作法已經阻止兩、三個小時之後,相同一群人喝醉了,掏出那把槍或刀滋事。我們在事前阻止犯罪發生。紐約市警方預防措施……。

1995 年紐約市前任警察局長威廉·布拉頓

👁 問題:領導者是否想知道枝微末節的小事,只因為這些小事常與微觀管理有關?

首相傳遞小組

典型的**政策傳遞單位**（policy delivery units）協助組織執行層級追蹤組織策略目標與指標，瞭解進展狀況。在英國，麥克・巴伯（Michael Barber）在東尼・布萊爾（Tony Blair）政府第二任期開始之際，設立了首相傳遞小組（Prime Minister's Delivery Unit, PMDU）。布萊爾政府大部分的政策目標在第一任期內沒有實現。首相傳遞小組僱用人員不到50人，直接向首相報告。PMDU的任務是追蹤少數關鍵目標的傳遞情形。最初目標約15項，主要與健康、教育、治安和運輸等政府部門達成提升公共服務品質的責任有關。

> PMDU一次專注一個議題，制定計畫，以解決相關部門關心的問題，然後針對解決方案進行績效管理。過程中可獲得初級資料，經過彙整，每隔一個月左右，我會親自提交部長和主要承辦人員。小組會出具一份進度報告，並且依授權執行任何必要的行動……面臨的挑戰是系統性的，需要通盤的改變公共服務方式，而不是依中央或官僚體制行事。

首相傳遞小組關心的不是政策（布萊爾政府已設置策略小組探索和發展策略），也不是要告訴政府部門應該如何營運（政策小組協助部門規劃）。首相傳遞小組對部門工作的貢獻是定期安排指標檢視並撰寫傳遞報告。PMDU設定臨時的傳遞目標，並與部門合作，提供各種傳遞地圖和傳遞計畫、傳遞鏈的識別、追蹤指標進展的軌跡、績效稽核和各部門的總排名表。

首相傳遞小組第一次的任務為接收即時的數據並進行追蹤，如果有必要則排除障礙或調整政策。負責部門傳遞的人員知道他們被監控，能力好的人員經過考核，可以成為合作夥伴。現有的政府檢查和評估報告需要花幾個月甚至幾年才能公布並傳遞，但小組的宗旨是，任何議題都要在一個月內結束調查。此一過程將涉及傳遞鏈的運作，視其對政策執行的視野，以列出參與者的因果鏈。

> 對於任何既定目標，由相關部門和傳遞小組約五至六人共同組成的聯合審查小組……[將]匯集所有跟該議題有關的數據，並針對關鍵性問題產生一些假設和答案：我們在追蹤目標傳遞的情形嗎？如果是這樣，會有什麼風險？如果不是，為瞭解決這個問題，我們可以做些什麼？

執行：策略績效管理

第 10 章

……然後，[他們]將實際走訪，瞭解線上服務的情況。通常他們會參訪進展良好的地方，並問為什麼，也會參訪進展不佳的地方，並問相同問題。他們會問每個遇到的人同樣的問題：你瞭解目標嗎？成功是什麼？障礙是什麼？需要什麼樣的行動來加強傳遞嗎？最後，他們將邀請受訪者辨識提交給首相的前三大訊息——很少有人能夠抗拒這樣的邀請。團隊可以依賴這種作法測試和改進他們的假設。他們會檢查傳遞鏈的每一個環節，找出強化的方法。

這個作法與跨越組織疆界的聯合政府概念一致，可以提出複雜的社會問題（如社會排斥和貧困），以全面整合的方式，並盡可能包括所有的利害關係人，使政策更具正當性。巴伯（Barber）彙總 PMDU 最重要的工作事項，包括持續關注國內政策重點；重視「如何把事情做好」，而不是「做什麼事情」；建立相信數據與證據重要性之強大信念；這個想法已經其他國家複製引用。

競爭觀點 10.2

目標有用嗎？

在[首相]布萊爾的第二任期，目標文化幾近瘋狂。審計署聯盟依據「人均庫存量」的概念為[地方政府]議會進行評分，記錄政府提供每 1000 個成年人多少天的喘息服務。他們記錄每半年需要準備特殊需要兒童陳述書的百分比。為避免有人質詢，審計署聯盟聘用 KPMG 會計師事務所執行稽核工作。半官方機構也招募內部和外部稽核人員，擔任美國財政部的公部門稽核師。公共服務首長特恩布爾（Turnbull）是目標的防衛者，嘲笑保守派的公共行政人員為「勇敢的專業人員，把好的裝備留給自己」。他認為醫生、教師、警察局長和政府官員一直享受著舒適的服務特權。特恩布爾說，「目標使得公務員聚焦努力，要求他們與其他人的溝通更為緊密。然而，他也承認目標有時顯得過於由上而下，貶低專業標準，鼓勵賭注，破壞信任，扭曲工作重點。」

回顧擔任首相期間，布萊爾記得：

……公部門充斥著許多關於目標的誇張廢話。……我過去告訴部長和公務員……削減〔目標〕回歸基本，釋放任何衝突，給予一個合理的自由裁量

權以決定如何配合——但不要瞬間以為在生活中，花了大把鈔票就可以要求相對的產出。

但史帝夫‧凱曼（Steven Kelman）提到，目標與機構的目的做連結，稱為價值注入。然而實務上，人們往往將自己定位過於狹窄，僅能達成的是一個指標，而不是其根本目標，因此常常發生目標位移的情形。

品質大師戴明說：「你和我必須要有目標，但為其他人設定數字目標，卻沒有達成目標的路徑圖，效果將不如預期」。指標通常鼓勵賭注和產生資源浪費。

設定目標的管理者如果不瞭解執行者如何實現目標，沒有設定目標的準則或軌跡，那麼所設定的目標可能無效。經常性目標可以達成，但卻不是設定目標者在意的方式。如果管理者不理解落實目標的實務問題，那麼管理者也不太可能能夠告訴我們，目標達成是否真的符合他們的期待。

約翰‧塞登（John Seddon）區別目標和衡量之間的差異。他認為，目標基本上是主觀的，表達出由上而下的願望，衡量是適用局部，有助於確認工作進度。「系統方法的核心是改變衡量方式。從客戶的角度來看，衡量的選擇係由服務宗旨主導。」

👁 問題：公部門的目標太困難嗎？

策略控制的槓桿

羅伯特‧西蒙斯（Robert Simons）提出一個架構，描述高階管理者如何利用四種方式收集有關策略運作，以及發現新策略議題之機會的方法。他指出，控制系統不僅必須適應意圖策略，同時也必須配適經當地實驗和員工提案產生的策略。他認為，這樣的系統應該做好四件事情：「示意員工應該尋找機會、加強計畫和目標的溝通、監控計畫和目標的實現，並保持訊息流通，提供新發展訊息或得到回饋」。

上述這四種以資訊為基礎的活動，每一種都是維持或影響組織行為模式的控制系統。高階管理者可以利用這些活動，發揮槓桿作用，導引組織朝向所需的策略地位，因此這四種活動又稱為組織的四個**策略槓桿**（strategic levers），包括信念系統、疆界系統、診斷控制系統和交互控制系統（圖10.5）。

執行：策略績效管理

第 10 章

圖 10.5　策略控制的四個槓桿

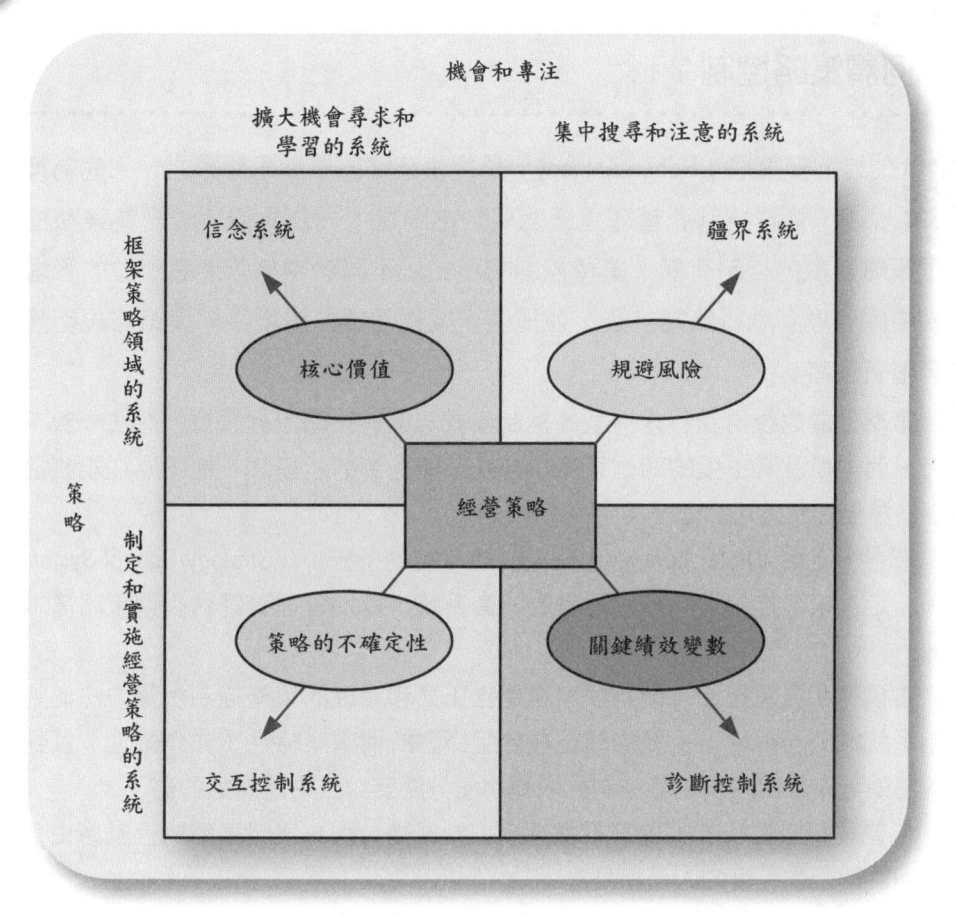

```
                          機會和專注
         擴大機會尋求和              集中搜尋和注意的系統
         學習的系統

框              信念系統                    疆界系統
架
策
略
領           ┌─────────┐              ┌─────────┐
域           │ 核心價值 │              │ 規避風險 │
的           └─────────┘              └─────────┘
系
統                      ┌──────────┐
策                      │ 經營策略 │
略                      └──────────┘
制
定           ┌──────────────┐         ┌──────────────┐
和           │ 策略的不確定性│         │ 關鍵績效變數 │
實           └──────────────┘         └──────────────┘
施
經
營
策              交互控制系統              診斷控制系統
略
的
系
統
```

　　原則上，信念系統用以啟發和引導新機會的搜尋；疆界系統對機會尋求行為設定限制條件；診斷系統激勵和監控當前行為，以朝向特定目標的實現前進；交互控制系統鼓勵提出新想法以刺激組織。西蒙斯認為，位於四個象限左側的兩個槓桿為陽面（代表溫暖、實證主義和光，屬正向力量）的控制槓桿，而在右側的兩個槓桿為陰面元素（代表寒冷和黑暗，屬負向力量）。陽和陰兩種張力來自道教易經哲學，易經義理講求陰陽平衡。

　　與策略框架有關的信仰系統和疆界系統此兩個槓桿，必須與策略制定和實施有關的診斷控制系統和交互控制系統這兩個槓桿維持平衡。若能保持平衡，可以促進組織策略目標的達成。

345

> **競爭觀點 10.3**
>
> ## 何謂策略控制？
>
> 羅伯特‧安東尼（Robert Anthony）是經營策略的早期思想家之一。他為策略規劃、管理控制和營運這三個概念之間畫了一條界線，並認為策略控制只跟策略規劃的控制有關。這種控制的形式是不同於中階管理者所做的管理控制。中階管理者執行策略計畫，並提供作業性回饋予重視長期與策略規劃設計之高階管理者。
>
> 策略形成之後再執行是典型的控制模式，這與策略設計學派的想法一致。羅伯特‧西蒙斯及其主張的四個策略槓桿是策略控制的新模式，他認為在規劃之前就應該控制。
>
> 彼得‧洛朗（Peter Lorange）在其《策略控制系統》（*Strategy Control System*）一書，定義策略控制是支援管理者的一套系統，協助管理者評估長期策略需求的績效。
>
> 古爾德和昆恩指出，能夠找出與建立正式和明確的策略控制衡量方法並納入控制系統的公司很少。主要的問題在於組織對於何謂策略性（非作業性）感到困惑。洛朗等人舉出將規劃和控制此兩種功能分開安排且缺乏溝通的例子。
>
> 卡普蘭和諾頓認為，主管不應直接控制部屬，因為策略連結的行動應由負責追蹤與說明工作進度的人員所控制。
>
> 👁 問題：「控制」這個名詞的意義等同「管理」嗎？

槓桿 1：信念系統

信念系統是一套明確的組織定義，說明高階管理者透過正式溝通，並及經由系統性強化，提供組織的基本價值和方向。這套系統啟發和幫助導引員工尋找新的機會。信念系統的概念涵蓋組織生存目的、深根於組織的價值觀。雖然西蒙斯在他早期作品未針對控制系統迫切性做討論，但後期心態的改變可能反映出現代重視組織領導以及領導對願景和價值觀的重要性。原生性的文章可以明確寫入這些內容，或者內隱於工作性質之中。

若組織目的具外顯性，則信念系統可以透過目的的陳述表達，以文字表達組織

的基本價值觀和方向。但如果組織目的隱晦、不甚清楚,則信念系統必須激勵和指導組織尋找與發現目的;例如,組織可以利用信念系統激勵成員發現為組織創造價值的新途徑。目的陳述的內容與信念系統能夠正式銜接,變得比陳述組織成長更為重要。而在規模較小的組織,成員對於組織目的的瞭解較為清楚,但當組織的複雜性增加,清楚程度將會減弱,因此有必要做正式記錄,將信念文件化。然而,信念系統的陳述通常都過於簡化且模糊,以致於無法確實引導落實,因此需要疆界系統這項控制槓桿。

槓桿2:疆界系統

疆界系統涵蓋了限制搜尋的規則和罰則,有助於組織釐清應該規避的風險領域。換句話說,疆界系統限制了找尋機會的行為。克服障礙而為公司創造價值的成員就是機會搜尋者,他們在呈報這些機會時,必須先處理所搜尋到的新資訊和情況。若以汽車做比喻,疆界系統就像汽車的煞車,車子跑得愈快,就必須有更好的煞車配備。然而,高階管理者不可能瞭解所有可能的情況和問題,因此疆界系統必須要有足夠的穩健性,以彈性因應一定範圍內的可能機會。其中有一種方法是不要明確的告知成員要做什麼事情,反過來告訴他們不該做什麼。因此,疆界系統對於組織的機會和活動給予限制。

當新的情況出現時,組織可能會用無過去經驗值的作法加以回應,而到底要採取哪種作法,也受各種組織因素的影響,如嚴格的具體行為規範。這些因素等同於主導利害關係人監督公司的運作,影響議題的可行性,這些因素可能包括法制單位所頒布的法規,以及政治和公眾意見。儘管如此,這些規範或因素都與公司的核心價值觀有很強的相似性,有利於公司的運作。高階管理者扮演陳述和串接組織的核心價值觀和願景、分析事業風險並界定競爭範圍的角色,以減輕部屬的工作負擔。

槓桿2和槓桿3併同操作,為組織提供了策略領域,但是為了維持資源和組織優勢,管理者必須專注於組織定位,以符合市場的競爭挑戰。因此,組織也需要其他兩個槓桿的幫助。

▲ 槓桿 3：診斷控制系統

診斷控制系統是執行策略或相關計畫時，監控目標進展的正式系統。這些系統可以協助組織進行診斷性檢查，以確認策略運作的方式，另外也用於激勵、監測和獎勵特定目標的達成。組織可利用診斷控制系統協助可預測目標的達成。診斷控制系統係屬回饋系統，是管理控制的核心。管理者得到來自部屬的回饋，進而調整組織活動，避免偏離組織目標。

管理診斷控制系統有三個原則：第一，衡量工作進展與相關產出的能力；第二，需事先設定標準，以與實際結果進行比較；第三，利用標準調整偏差。這三項原則確保管理者為控制產出，精心挑選投入，並且能處理代表特定策略重要構面之關鍵績效變數。關鍵績效變數的形式很多，不只有財務指標，同時也可包括客戶滿意度和品質變數。

診斷控制系統可以下放至當地管理。與疆界系統不同之處在於，在管理者同意的流程界定範圍內，個別成員擁有自由裁量權以完成期望的目的。過程中，如果績效開始偏離原始界定的範圍之內，流程團隊可以進行干預，令其採取修正行動。高階管理者只視例外參與。

▲ 槓桿 4：交互控制系統

交互控制系統是管理者定期親自參與部屬決策活動的正式資訊系統。交互控制系統的形式很多，通常交互使用，但重要因素是高階管理者親自參與部屬會議，每月檢視進度與行動計畫。運用交互控制系統能使高階管理者嘗試並提出變革的可能性。這項活動有助於形成讓部屬廣泛討論與辯論的空間，包括從外部例行管道收集資訊。

控制系統可使組織隨著變遷的外部環境進行調適，因為管理者會進行環境掃瞄，搜尋改變組織結構、能力和產品技術等需求訊號，以進行破壞性變革。為使交互控制系統能正常運作，組織整體需參與其中。組織確認外部機會和威脅後，一件重要的事情是，組織成員要能對組織能力如何改變提出意見，並找出投入的資源，以配合變革的需求。

基本上，有四個特性形成交互控制系統的骨幹：(1) 資訊必須由系統產生並由高階管理提出；(2) 作業層的管理者與組織其他階層必須經常檢視這些系統；(3) 產生的數據必須在各階層會議做面對面的討論；(4) 系統必須是組織所有行動計畫的催化劑。

第 10 章 執行：策略績效管理

交互控制系統必須考慮到各種因素。依賴技術的公司，身處技術進步快速的時代，高階管理者必須專注於回應客戶的需求。擁有複雜價值鏈的公司，採用以會計為基礎的衡量提供了機會和威脅，但這種方式相形簡單，組織只需要關心投入和產出的衡量即可。但對受監督的公共事業而言，西蒙斯具體指出，企業必須重視公眾情緒、政治壓力以及新興條例和立法。

策略槓桿是高階管理者可以管理組織策略績效的方式。當然，高階管理者如何運用每一種策略槓桿，或者說他們使用策略績效管理的普遍傾向，終將取決於其策略領導和管理風格（詳第 11 章）。

本章小結

1. 良好的策略績效管理能夠動員整體組織，共同努力實現四項主要事物：聚焦、調整、整合和檢視（FAIR）。
2. 從中期需求轉換而得的目標是兩大類型：極少數重要的突破性目標以及大量的改善型目標。前者需要探索性的思維和例行事務的重新運作。後者僅涉及漸進的改變。
3. 這些目標推動日常管理的改善。突破性目標帶來外部影響力，做為內部流程管理的動力。
4. 管理目標比目標管理更有效。
5. 日常管理層級的策略檢視方式有兩種：定期策略檢視和年度能力檢視。
6. 傳遞系統對公部門的策略管理相當重要，透過訂定檢視紀律以及追蹤得以運作。

延伸閱讀

1. 有關傳遞的執行與管理等相關文獻，請參閱 Kaplan, R. S. and Norton, D. P.（2008）, *The Execution Premium; Linking Strategy to Operations for Competitive Advantage*, Boston MA: Harvard Business Press. 政府策略工作重點的傳遞之進一

步說明,請參閱 Barber, M.（2008）. *Instruction to Deliver: Fighting to Transform Britain's Public Services*,（revised paperback edn）, London: Methuen.

2. 有關策略績效管理的廣泛論述,包括目標和策略的定義以及 KPI 衡量等內容,請參閱 de Waal, A.（2007）, *Strategic Performance Management: A Managerial and Behavioural Approach*, London: Palgrave.

3. Akao, Y.（ed.）（1991）, *Hoshin Kanri Policy Deployment for Successful TQM*, Cambridge MA: Productivity Press. 是介紹日本方針管理的重要著作,但內容較為技術性,適合專業人士閱讀,初學者建議閱讀 Witcher, B. J.（2003）, 'Policy management of strategy（hoshin kanri）', *Strategic Change*, 12, March-April, 83–94.

課後複習

1. 何謂 FAIR？
2. 目標為什麼必須保持在最低的數字水準？
3. 突破性目標和改進型目標之間有何區別？
4. 管理目標和目標管理之間有何區別？
5. TQM 如何使目標管理更為容易？
6. 績效卓越架構和高階管理稽核之間有何區別？
7. 電腦統計分析過於專制？
8. 何謂四個控制槓桿？

討論問題

1. 試評估平衡計分卡的策略目標如何轉化為策略性年度目標／手段。哪種類型的計分卡可以輔助 FAIR,做為日常管理之用？
2. 請組成一個團隊並制訂議程,以進行定期策略檢視,能力檢視以及策略檢視等管理工作。並列出檢視會議的管理指導原則。
3. 使用傳遞和檢視系統以推動社會目標是有爭議的。其中一個問題就是有了策略

執行：策略績效管理

第 10 章

重點將意味著忽略人們期望的一般服務。若公部門要做好績效管理，真的要有「目標」嗎？「管理」的角色又是什麼？

章後個案 10.1

全錄的服務 FAIR 方針管理

▲ **方針管理（政策管理）**

本個案說明在 FAIR 架構下，全錄如何進行方針管理。英國全錄是全錄有限公司的銷售、行銷與支援子公司，其組織結構係由辦公文件系統、辦公文件產品、文件製作系統和印刷系統等四個事業開發單位所組成。該公司採用 FAIR 階段法進行方針管理（見圖 10.6）。

圖 10.6　全錄方針管理的 FAIR 階段

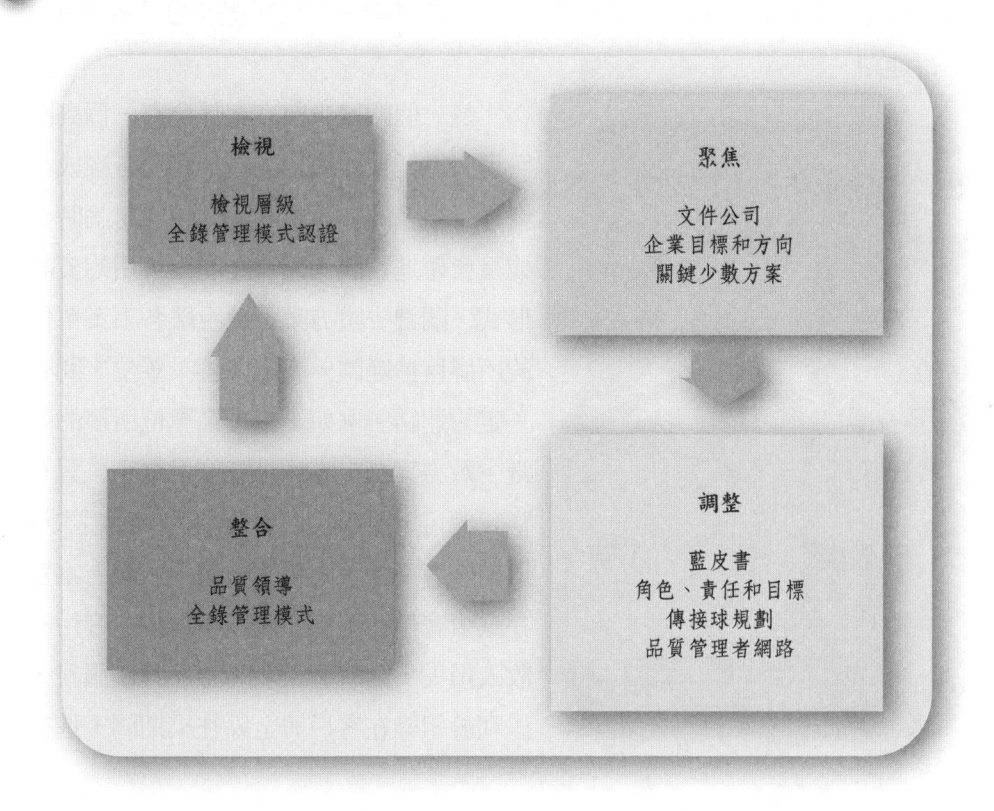

```
┌─────────────────────────────────────────────┐
│                                             │
│   檢視                      聚焦             │
│   檢視層級                  文件公司         │
│   全錄管理模式認證          企業目標和方向   │
│                             關鍵少數方案     │
│                                             │
│                                             │
│   整合                      調整             │
│   品質領導                  藍皮書           │
│   全錄管理模式              角色、責任和目標 │
│                             傳接球規劃       │
│                             品質管理者網路   │
│                                             │
└─────────────────────────────────────────────┘
```

351

▲ 聚焦

　　位於美國的全錄母公司設定願景、事業目標和方向，並傳遞至集團所屬企業。願景陳述組織所想要達成的理想狀態，即成為文件公司（The Document Company），藉由提供強化企業生產力的文件解決方案，全錄將成為全球文件市場的領導者。

　　為了推動願景，全錄採用四種類型的企業目標：客戶滿意度、員工積極性和滿意度、市場占有率和資產報酬率。全錄視目標為達成目的之手段，衡量決定長期成功之關鍵領域的工作進展，整體方向必須與目標一致。例如，1997 年是獲利性收入成長。全錄要求旗下公司發展與整體方向一致的少數關鍵方案（方針）。

　　英國全錄董事會在七月舉辦為期兩天的計畫會議，決議數個關鍵方案。本次會議決議事業計畫以及少數關鍵方案的輪廓。事業計畫主要是由財務與事業單位組成，就收入、利潤等面向設定指標與衡量方式。關鍵少數方案都是由組織個別進行考量，再由總公司人員與高階管理者一起開發，年底時，將工作細節與關鍵少數方案宗旨（已於 1 月在事業單位的啟動年度會議簡報）進行連結。

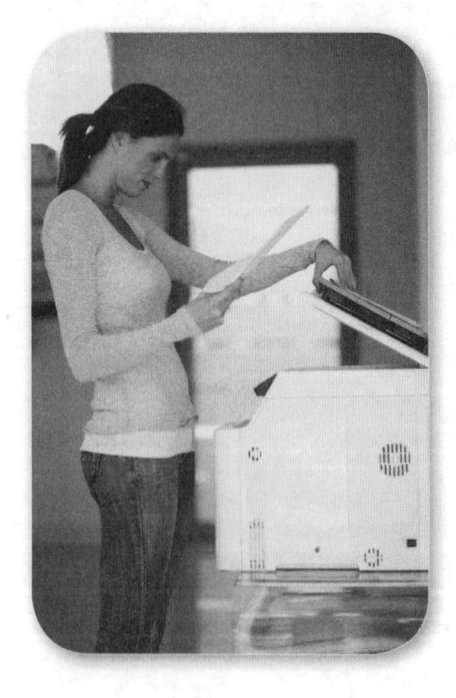

　　每一個關鍵少數方案都會有一個高階管理者擔任贊助人。高階主管與方案成員會進行很多的非正式討論，每次討論時，成員會帶進資訊，改寫並產出可用的資訊形式。關鍵少數方案不會脫離各事業單位的所屬目標範圍，方案與事業單位之間有一定的連結。例如，該事業單位所屬的關鍵少數方案訂定客戶滿意度目標，「只有當我們可以證明我們忠於客戶，我們才可以期望客戶給予忠誠的回報。」該方案旨在減少客戶的不滿，並極小化現有客戶的收入損失，同時導入新的客戶關懷服務，以利於組織在客戶與全錄往來期間，進行

客戶接觸管理與監控。

　　幾年下來，關鍵少數方案所涵蓋的主題，存在著一定程度的延續性。把這些方案逐年進行整理後發現，這些方案持續五年沿著同一主題落實，但每年會些微的調整。

調整

　　各事業單位和團隊開始向地方層級溝通與協調關鍵少數方案時，會製作並分發所謂的藍皮書以及政策部署員工指導手冊等文件。這正好讓單位的品質經理及時準備啟動會議。藍皮書也適用於管理者，因為他們有責任將關鍵少數方案的相關資訊提供給所屬團隊。1997年版的藍皮書詳細列出每個方案、贊助人及範圍等細節。藍皮書當中另有安排章節說明每個主要事業單位的關鍵事業活動與政策。另外，也有章節闡明管理者在方案溝通的角色。單位和團隊管理者期望藍皮書能有當地語言版，更能夠讓地方確認他們的目標，另外也能確保個人的工作與目標更為貼近。

　　全錄為了讓每位員工瞭解方針管理與關鍵少數方案，將藍皮書翻譯成政策部署員工指導手冊，以資料夾的形式呈現；另外也有口袋版，附上個人所屬角色、責任和目標（RRO），採單頁紙張彙整個人貢獻關鍵少數方案的角色及其（或所屬團隊）主要工作功能的摘要。因此內容也涵蓋個人負責之關鍵活動和專案，標準、目標和衡量，即決定成功推展並完成工作的相關準則。全錄期望所有員工都有一個RRO，包括高階管理者和執行者。因為RRO用於評核，是個人績效與方案進展之間的直接連結。

　　由於RRO為流程部署以及連結員工發展的一部分，因此每年需要更新。自我管理團隊自行進行自我評核。評核制度要求關鍵少數方案要能夠確保員工可以計劃發展任何需要的新技能。年底會再度進行考評，同時也會對個人發展是否達成一併進行正式的檢視。

　　在啟動年度會議上，全錄會安排人員講解藍皮書和員工指導手冊的內容，然後再進入關鍵少數方案的細節簡報。基本上，每一個單位可以決定要著重一個或多個關鍵少數方案。管理者會參考這些資訊，然後為自己的團隊發展更多的細節。這在大型啟動年度會議召開時就會開始進行，然後經由每一個團隊的管理者傳達給所屬的團隊。

某些方案會跟某些成員比較有關係,因此,雖然某些人員會專注於某一特定的方案,但其他人也會因為負責的工作和所處環境的性質,而對此特定方案提出不同的看法。所以,對於關鍵少數方案如何得到支持與解讀很難一概而論。例如:

我們準備全面落實的事情之一為顧客至上訓練,因此每個人都需要知道它的存在。我們也做數位技能訓練,這種活動將觸及小型社區,所以會有一些不一樣。我們會利用所有可以接觸到的各種不同網絡進行這項活動,之後打進這個領域。對個人來說,例如工程師對於文件要具備什麼內容,可能不會有太多明確的想法;但他們知道「加速技能提升」是關鍵少數方案之一,他們可能會轉而學習有關個人電腦的知識,做為彌補個人技巧的缺口。其中一些方案屬於觀念的轉換,而並非是詳細的計畫。其他當然會有屬於每個人工作角色一部分的詳細計畫,所以個人必須加以落實。這些都是變革的開始,會有一整年的時間進行推展。

組織必須清楚地瞭解可以達成什麼結果。如果有太多需要二次部署的方案、串接範圍又更廣,那麼事情可能會很快失控,人員會失去焦點。但是,如果團隊正在努力做好全面品質管理(TQM),那麼他們將會有優先考慮的重點技術,所以政策部署可以管理。客戶滿意度管理小組提供了問題解決優先順序的一個示範實例。這個單位負責公司整體滿意度的保證,也負責追蹤客戶滿意度,並且是全公司客戶滿意度的權責單位。

這個單位在啟動年度會議召開時,所專注的領域是客戶滿意度和忠誠度的關鍵少數方案,其首要工作為該單位的當前績效進行情境分析。每個人會參與一連串的腦力激盪會議,利用SWOT分析是得出該單位現有的優勢和劣勢,機會和威脅,找出對方案有貢獻之處並思考後續行動,包括掌握通路的客戶聲音、改善客戶回流率,客戶溝通與諮詢解析等,藉由根本原因分析,評估各種因素之間的彼此關連性與衝擊性。另外,利用柏拉圖分析(Pareto analysis)決定行動重點(所選擇的四個行動,每一種行動皆被賦予理想狀態以及一組方法)

以上述方式制定行動重點之後,必須請受影響的第三方進行確認。此時,有時候會導致衝突,雙方對於方法有歧見,但到了最後,單位和團隊必須在

符合現有預算下，取得行動重點的共識。這種反覆的計畫部署過程就是一種傳接球的計畫形式。單位與團隊間的討論不在於評論與修正企業關鍵少數方案目的的正確性，而是應該集中於討論如何達成方案的實務議題。討論活動雖然不是一個正式的過程，但人員將受到鼓舞。

公司內的每個單位都有一個品質專家或品質管理者，透過非正式網路做協調，所扮演的關鍵角色是提供如何將工作重點納入地方行動的相關建議，以利部署。他們在啟動年度會議扮演積極的角色，負責非正式監督監督關鍵少數方案的年度進展狀況。品質管理者沒有執掌的規劃流程，但他們被認為是方針管理流程的核心，扮演組織良知的要角，偵測與檢查任何事情，並評估作業階層的理解程度。他們在組織編制以及關鍵少數方案進展檢視的追蹤，也扮演了一個重要的角色。

▲ 整合

方針管理的本質是人員應該將這些活動納入日常工作當中，這是策略成功的關鍵。這不僅關乎關鍵少數方案的部署，同時也跟日常管理有關。這代表日常流程應以這種方式進行管理，已確保處於控制之下。因此，根本上，全面品質管理就是以品質進行領導，在全錄，全面品質管理的核心稱為全錄品質政策，被整個集團認為是全錄價值觀的陳述，其目的為透過顧客所重視的品質，創造並維持組織的競爭優勢。

> 全錄是一家重視品質的公司。品質是全錄的基本經營原則。品質代表著全錄提供全方位滿足內外部顧客需求的創新產品與服務。品質改善是全錄每一個員工的工作。

TQM 一開始採用羊浸法（sheep-dip approach），為每個人進行概念上的訓練。實際上，訓練完成後，想法會被遺忘，但人員繼續用同樣的方式行事，所以針對瞭解 TQM 之後喪失士氣或遭遇挫折的人，組織應該提供工具以利改變。當管理者對於品質管理的想法轉換為全錄品質管理的思維之後，這才是真正的開始。關鍵要素在於導入全錄管理模式（Xerox Management Model, XMM），以釐清和定義全錄的管理方式。

XMM 是 1994 年全錄進行 TQM 改版所導入之部署全錄願景和目標的方

法，其目的是將品質納入全錄的一般管理方法之中，是協助管理者辨識關鍵流程，以進行企業管理的一個架構。XMM 包含五大類：領導力、人力資源管理、企業流程管理、客戶和市場焦點、資訊利用和品質工具等（見圖 10.7）。做好這五大領域的管理實務，將促進四種企業目標的達成。

為了實現企業目標，全錄必須有好的領導者進行全面性的管理，使組織成員以正確的流程、運用正確的資訊和工具，以及聚焦客戶的期望和希望有效地工作。如果組織能夠正確地管理這五項推動因素，應可獲得成果。圖中的雙箭頭強調管理層級與其他成員之間必須有持續性的對話。

全錄針對每一類推動因素皆界定良好實務要素。例如，客戶和市場聚焦的要素是：

- 顧客至上
- 顧客需求
- 顧客資料庫

圖 10.7　全錄管理模式

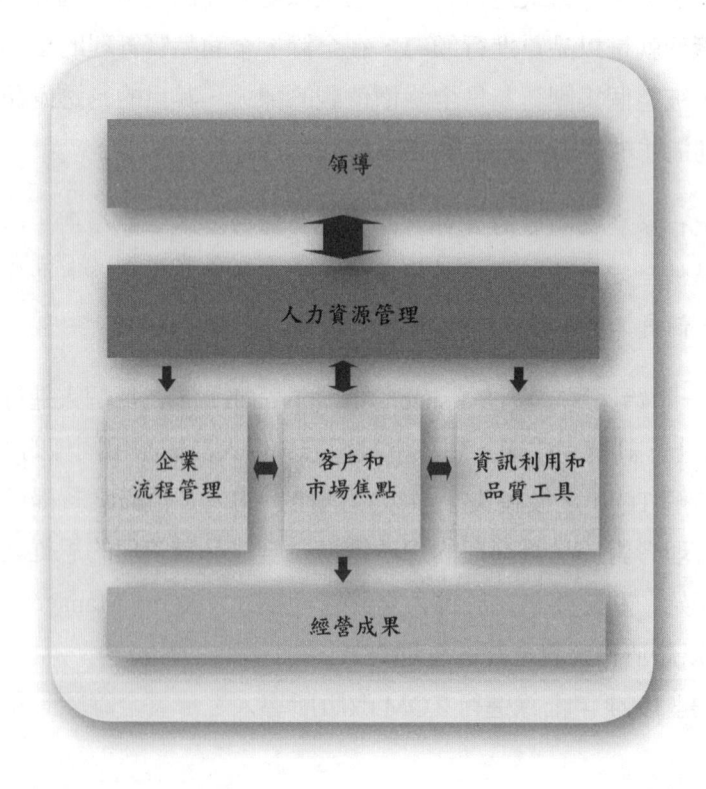

執行：策略績效管理
第 10 章

- 市場區隔
- 顧客溝通
- 顧客諮詢和抱怨管理
- 顧客滿意度和忠誠度
- 顧客關係管理
- 顧客承諾

檢視

　　全錄的管理檢視包含三個層次。前兩個層次類似公司高層以及事業單位所運用的管理會議。每一個事業單位會有一個管理團隊負責每個月進行短期行動的檢視。品質管理者需確保檢視如期進行，以及檢視應檢視的事情。公司層級也有類似的會議，由管理總監暨旗下團隊（單位和網路負責人）檢視公司整體進度。這兩種檢視活動關心一般性事務，不會只著重關鍵少數方案。另外，全錄也有營運檢視，高階管理者每季檢視各個單位的總經理與成員的績效，主要以關鍵少數方案之作業為檢視重點。日常工作事項是一個標準檢視，目的在達成策略方向的一致性。每個單位指派代表簡報當前的計畫，評估負責行動計畫的進展狀況，如果有需要，則修改和增加當地計畫。

　　一般而言，進展狀況會透過專家網絡向組織成員報告，公司會利用溝通媒體傳遞最佳實務作法以及成功案例等資訊。透過品質管理者這種專家網絡，溝通組織所發生的事情，可以促進組織學習。另外，全錄的全面品質管理採用了戴明（PDCA）循環管理事業流程，持續進行工作的監督與確認：目的在於將關鍵少數方案的需求，轉變成每日監控與管理的流程目標。

　　在年度的最後幾個月，全錄會進行事業單位的年度稽核活動，對於人員管理的整體組織成效給予回饋，並提供資訊，做為下一個年度調整關鍵少數方案之用。這項活動被稱為 XMM 認證，因為這個模式是查核單位管理成效的一種架構。各單位進行自我評核，但該公司請其他單位的總監和高階管理者進行驗證並給予認證。取得認證代表該單位重視 XXM 推動因素，並展現出高度遵循以及良好的業務成果。XMM 認證呈現出各單位關注的主要事件。

管理方針管理

本質上,方針管理是一種有機並且橫跨數個年度的活動,活動結果取決於高階管理如何促進組織成員的參與。例如,1996年英國全錄的方針管理計畫竟未產生任何影響。變調的主要原因在於關鍵少數方案的數量太多。當年度的計畫設定八個方案,但這些方案依次展開為24個「關鍵要素」。這24個關鍵要素要能夠具體、清晰並與最多員工人數進行串連,並激勵人員聚焦思考方案如何達成。這種作法造成藍皮書的內容非常複雜,對XMM、品質工具與部署程序的樣版、關鍵少數方案都有詳細的描述,甚至列出主要事業單位的RRO清單。文件總頁數共35頁文件(與前一年的15頁份量相當)。其中一位全錄的品質管理者彙總問題如下:

> 我們在關鍵少數方案奮鬥許久,我覺得其他公司應該沒有做這麼多,我們的聚焦的目範圍較廣泛(因為行銷工作性質的關係),所以我們會告訴大家很多方法,但你要怎麼做由你自己決定。以前的管理總監不同意方案少於八個。問題在於當人員面對24個關鍵要素時,就是開始失焦。我認為我們沒有方針管理,我們有一些公認可以溝通的事情,但是我們實際溝通的事情卻值得商榷。我們導入關鍵要素,因為我們有八個關鍵少數方案,但這八個關鍵少數方案的範圍太廣泛,以至於串接到個人身上時,有相當的困難。

許多單位在執行工作時,並未清楚的考量與關鍵少數方案之間的連結性,而事業單位所設計的方案更貼近當地而非總公司層級的工作重點。新任管理總監將關鍵少數方案減至四個,並簡化了文件,因此隔年的成果有顯著的改善。

討論問題

1. 請具體說明全錄方針管理流程FAIR四個不同階段的內容。
2. 試說明全錄管理模式與歐洲卓越模式和波多里奇準則有何相似與相異之處。
3. 試指出全錄的方針管理經驗中,可以記取的教訓有哪些?

重點筆記

第 **11** 章
策略領導

學習目標

1. 領導和策略領導的本質
2. 四種領導能力
3. 四種領導風格：
   - 轉型領導
   - 交易型領導
   - 魅力型領導和願景型領導
   - 參與型領導和幕後型領導
4. 領導與管理的區別
5. 管理理念落實的成效視同專業
6. 領導議題如何隨組織規模和成長而改變
7. 領先的策略變革

策略領導

第 **11** 章

領導者

進行策略管理以及確保策略管理有效運作是組織最高層級的主要責任。執行長和其他高階管理者必須領導組織,以實現組織目的。有效的策略領導是成功運用策略管理過程的基礎。

商業場景

古代的智慧型領導者

《道德經》是一本中國古典典籍,內容記載著道家經典思想與源流;早在西元前 1 世紀,史學家司馬遷《史記・老子列傳》問世之前的幾百年就已經出現《道德經》。

> 太上,不知有之;
> 其次,親而譽之;
> 其次,畏之;
> 其次,侮之;
> 信不足焉,有不信焉。
> 悠兮其貴言。
> 功成、事遂,
> 百姓皆謂我自然。

所謂的聖人就是今日西方圈子裡面所說的智慧型領導者,使他人在完成工作之後會說「我們完成了自己的工作」。依據英國日產汽車(Nissan Motors UK)創辦人兼 CEO 彼得・威肯斯(Peter Wickens)的說法,領導就是「讓他人做你想要他們做的事情,因為他們想要為你做這些事情」。

361

策略管理

要使組織的每個層級與每個單位的目的、目標和策略具有一致性與恆常性，組織需要進行策略領導，以建立與維持團隊對整體組織付出努力。**領導**（leadership）是指一個人或一個群體影響他人達成組織目的與目標的能力。不同的組織發展階段，特別是組織規模（高階管理者已遠離日常管理），領導的本質會有差異。此外，領導風格也會根據高階管理者的個性和團隊動力，以及他們對個人目標的期許和動機而有不同；執行長尤其如此。然而，不論採取哪種形式和風格，策略領導應努力促進整體組織的綜效與和諧。

一般普遍認為領導者是被他人追隨的人。追隨的原因很多，但通常是領導者運用權力影響事件。在策略管理的脈絡下，所謂的**領導者**（leader）係指有能力影響他人，使他人朝向組織目標共同努力的人。基於這個邏輯之下，組織裡面最有權力的人，當然就是做出最重大的決定以推動組織朝向目標邁進的執行長和其他高階管理者。然而在這樣的決策基礎下，可能涉及更多組織成員，也許在衝突和許多妥協之後，最後僅由組織高層為組織整體作決策。

---

idea 實務作法 11.1

組織可以沒有老闆，但一定要有很多的領導者

美商戈爾（W.L. Gore & Associate）是一家私人擁有的國際工業化學品公司。旗下 8000 名工作夥伴都可以成為領導者。

這是一家幸福的公司──在民調中經常被票選為最佳職場企業之一。蓋瑞·哈默爾（Gary Hamel）在其《管理大未來》（*The Future of Management*）一書中，即以戈爾做為案例，為未來的領導進行預言：

> 走在戈爾的大廳或是出席公司會議，你不會聽到任何人使用老闆、執行長、經理或副總裁這些字眼。這些名詞違背戈爾的平等主義，所以戈爾禁止談話中使用這些稱呼。

策略領導

第 11 章

在戈爾，雖然沒有等級或職稱，但有些同事會獲得領導者這個簡單的稱謂。在戈爾，資深領導者不會任命或安排資淺領導者。領導者係從同事中產生，只要同事認為某個人可以擔任領導者，那麼他就是領導者。只要能夠展現把事情做好的能力並善於領導團隊，領導者就能夠發揮影響力。在戈爾，對於團隊成功做出不成比例的貢獻而且貢獻不止一次的人，就能吸引追隨者。戈爾技術纖維小組的製造領導者里奇·白金漢（Rich Buckingham）說：「我們用腳投票。當你召開會議，而有人參與會議，你就是一個領導者」。

重複被別人要求提供協助的人以及部落領袖都可以自由在名片裡放上「領導者」。約 10% 的戈爾成員有這樣的稱號。

戈爾稱之為「以團隊為基礎的扁平點陣組織」（Team-Based, Flat Lattice Organization）：

> 我們在戈爾工作，使我們與眾不同。自從比爾·戈爾（Bill Gore）於 1958 年創辦公司以來，戈爾一直是以團隊為基礎的扁平點陣組織，促進個人積極主動。戈爾沒有傳統的組織結構圖，沒有指揮鏈，也沒有預定的溝通管道。相反地，我們彼此直接溝通，並對我們的跨專長團隊成員負責。我們鼓勵針對決策專案進行實作創新。團隊布滿機會，而且領導者可以出線。這種獨特的企業結構已證實對成員的滿意度與定著率有顯著的貢獻。
>
> ……這一切是如何發生的呢？組織僱用成員（不是員工）從事一般領域的工作。在贊助人（不是老闆）給予指導以及對機會和團隊目標的瞭解增加之後，成員將對符合其技能的團隊給予承諾。在自由合作以及自主提升綜效的環境裡，所有的一切自然發生。
>
> 每個人都可以快速贏得界定與推動專案的信譽。贊助人會協助成員描繪其在組織的方向，以滿足成員的成就感並對組織產生最大的貢獻。組織藉由追隨力（followership）定義和任命領導者。透過展現推動企業目標達成的特定知識、技能或經驗，領導者經常自然出線。

👁 問題：組織如何策略性管理像戈爾一樣的點陣網路組織？

策略領導

策略領導（strategic leadership）是指高階管理者闡述組織目的、目標和策略，進而影響組織目的、目標和策略的實施和執行所呈現的風格和普遍方法。然而，每一個組織層級都有具備領導素質和能力的人：例如，領導單位、部門、團隊的人以及具備重要領域知識和能力的專業人員都是。這當中有許多是**策略領導者**（strategic leaders），他們散布在組織的各個地方，但是藉由影響他人以及賦權他人，在必要時創造策略變革，運用策略管理流程，協助組織目的的實現。管理人員的能力很重要，尤其是發展核心競爭力。

彼得・聖吉（Peter Senge）在論述學習型組織的重要著作中，主張分散式領導（dispersed leadership）；管理者與員工加強制訂策略決策技巧具有重要性。在聖吉的觀點裡，領導者這個字眼不是高階管理者的同義詞，而是一種更為複雜的概念，應用在組織脈絡裡，領導者是指能夠實現三種角色的人。首先，領導者必須是生存系統的設計師（designer），或者說，領導者需清楚如何調整工作行為，以讓組織成員說出「我們自己做到了嗎？」。第二是教師（teacher）的角色，領導者協助他人，朝向組織重點方向進行自我發展。第三個角色是成為組織宏大目的的僕人（steward），對他人的渴望賦予深度的意義。策略領導所需的技能包括為所有人建立共同的願景；這是一種讓願景浮上檯面並測試人類心智模式的能力，即個人工作背後所持有的信念。最後，使用系統思維觀察和瞭解重要的組織相依性，以決定行動和關係。

聖吉強調，良好的成全領導（enabling leadership）具有反射性質，能強化人際間的關係。戈爾曼（Goleman）等人在著作中提到，一個好的領導者必須依照所面對的情況，在不同的領導風格之間進行巧妙的轉換。這種能力（至少有一部分）與領導者的**情緒智商**（emotional intelligence）有關，也就是認識和瞭解自己與他人情緒的能力。構成情緒智商高低的品質屬性有：

- 自我意識（公開表達感情的能力）；
- 自我管理（良好控制和使用情緒，因應得宜的能力）；
- 社會意識（同理心的能力）。

策略領導

由於管理領導本質的關係，一般不太有機會展現，只有少部分的大型組織員工能與高階管理者有經常性接觸的機會。因此在這種情況下，領導的展露也很重要。政治哲學家尼可洛·馬基維利（Niccolo Machiavelli）在 16 世紀初期的著作中提到，他觀察到「人常以外表評斷他人，每個人都用眼睛看，但真正有洞察力的人卻很少；每個人只看到他人的外在，很少用心去看他人的內涵」。

到底什麼能夠代表領導者所做的領導表現呢？尤其是跟他們有關的象徵和人為事務，如策略計畫、報告，目的之陳述、公共關係等，也跟能夠代表他們的可靠性和正當性的事物一樣重要，這些都有助於協助領導者制定策略決策或行動。

義大利烏菲茲美術館的馬基維利雕像

領導的四個能力

華倫·班尼斯（Warren Bennis）認為，領導者應展現四種領導能力（four competences of leadership）。首先是注意力的管理（management of attention）：這是一種吸引他人，使他人保持注意自己與激發自己的能力。通常與魅力領導（見下文）有關，但是實際上，領導者最初的吸引力源自於領導者本身的願景。這是一種說服他人，使他人深信未來應發生且也會發生某事的能力。

第二個是意義的管理（management of meaning）：將許多明顯無關的元素，組成一個連貫和可被理解的整體，以使他人瞭解基本模式的意義。追隨者看到前進的方向，整備精力並聚焦。領導者僅將願景告知追隨者是不夠的，另外還必須透過語言與視覺化標語等形式，將之具體傳達給追隨者。領導人善於將複雜和混亂等抽象概念，以簡單的方式轉變成實際可掌握或感受的事物，讓追隨者擁有明確的支持標的。

第三個能力是信任的管理（management of trust）：領導者是可靠、具有恆常性的。就算隨著事件的發展而必須週期性的改變方向，領導者必須忠於自己的根本

原則。這些根本原則可能難以展露，但或許可以用類似的一句話和標語傳達。追隨者要能掌握領導者的立場或主張才能維持忠誠度，領導者的立場不定，容易讓追隨者覺得被出賣。

第四個能力是自我的管理（management of self）：領導者清楚知道自己的能力，並且不會擔心做決定或是煩惱進展和成果。他們坦然面對失敗，從錯誤經驗中學習，並快速地再度向前邁進。這種自信的態度，帶給他人的是舉止和行動踏實的涵養。

轉型領導和交易型領導

政治科學家詹姆斯‧伯恩斯（James McGregor Burns），在他的經典著作《領導力》（Leadership）一書中，將管理人員的領導風格劃分為兩種類型，一種稱為**轉型領導**（transformational leadership），另一種稱為**交易型領導**（transactional leadership）。轉型領導是利用追隨者的動機和內在需求，鼓舞追隨者並允許追隨者全員參與的一種領導機制。他認為，大多數領導者和追隨者之間的關係是屬於交易型的，領導者運用對價關係與成員進行交換，可以用討價還價來形容大多數領導者與追隨他們的團體和政黨之間的關係。

伯恩斯的觀點已經被用來解釋一般組織管理的領導角色〔詳貝斯（Bass）之研究〕。轉型領導屬於魅力型領導，透過訴求集體願景的方式鼓勵他人，將個人的自我利益與組織較大的願景進行關連。良好的轉型領導創造情緒的鼓舞，提升挑戰改變的熱情。而交易型領導者著重使命和明確的管理系統，闡明期望和協議，並提供具建設性的績效回饋意見。伯恩斯活躍於美國的政治舞台並主張強而有力的領導，他偏好願景式的領導風格。

魅力型領導或願景型領導

魅力型領導或願景型領導（charismatic or visionary leadership）是基於領導者對於組織目的和行為之願景，進而培養組織文化和策略管理的一種個人化的策略領導形式。其中最知名的例子是亨利‧福特，他清楚自己為何要創辦汽車公司。

策略領導
第 11 章

1907 年，就在福特汽車公司成立兩年後，公司的公開說明書中有一段話提到福特：

> 希望為大多數人製造大至家庭、小至個人都足以使用的汽車。公司將僱用最優質的員工，奉行最簡約的設計理念，運用現代化的工程技術及最佳的材料加以打造。但是，汽車的價格低廉，不會讓有不錯薪水的人無法擁有自己的汽車，每個人都可在上帝創造的空間裡，與家人共享快樂的時光。

坐在 T 型車裡的亨利・福特

在提出這個願景的前幾年，福特生產 T 型汽車，並開發現代化大量生產的裝配線，讓福特的願景成為可能。

有時候，領導者的願景與他的價值觀有更大的關係。大家從未看過理查・布蘭森（Richard Branson）繫領帶，他也留著長髮；他用外表描繪出屬於維珍集團（Virgin Group）非傳統性識別。維珍長年投資許多產業，而且一直以做不同的事情或者挑戰現行規則為宗旨。維珍文化裡常出現的一句話是『為什麼不做？』，而不是『為什麼要做？』──布蘭森似乎將自己的個性投入維珍，將維珍人格化，這暗示著維珍有別於競爭對手的本質。

維珍集團的創始人和董事長理查德・布蘭森爵士

例如，當維珍唱片公司與 EMI 競爭時：

> 維珍工作室的利潤是 EMI 的兩倍以上，而原因不難想見。EMI 的獎勵制度是精算過的，管理者先設定目標，等到年底才依據其績效表現領取薪酬；而維珍根本沒有正式的獎勵制度。然而，維珍的管理更加積極，也更在乎小錢，而 EMI 的管理者只需要設定低到很容易被打敗目標就好。

另一種與領導相類似的形式稱之為**創業領導**（entrepreneurial leadership），

競爭觀點 11.1

鼓舞人心的領導者和微觀管理

麥可・巴伯（Michael Barber）曾提到他在管理政府策略重點傳遞工作的時候所觀察到的兩件事，一是鼓舞人心，二是分析，他覺得這兩件事情讓他在工作上遭受一些打擊。首先，引用美國總統西奧多・羅斯福（Theodore Roosevelt）的話，即「榮耀是屬於在戰場上流血流汗、埋頭苦幹、屢戰屢敗的強者身上，過程中不斷犯錯，但他們依舊努力不懈……就算[領導者]落敗了，但起碼他努力嘗試過，雖敗猶榮。強者跟那些根本不知道勝利是什麼、冷血又膽小的靈魂，從來不會有交集」。

第二是關於實施：「忽略執行議題不會只是一個簡單的錯誤：它可能理性反應一個事實是：我們的政治體系偏好對象徵性的事物和一般論點做精明的部署，多過於詳細的實際分析和預測」。

某些領導者非常肯定自己，瑪格麗特・柴契爾（Margaret Thatcher）就是如此，她是一位魅力領袖，很清楚她想要的東西，一定會使用象徵和一般論點影響他人，讓他人不會質疑她想要的東西。柴契爾夫人時期的政府官員麥可・波蒂略（Michael Portillo）就曾說過，若有三個行動方案可以選擇，我從不會懷疑要採取哪一個，因為你總是知道瑪格麗特想要的。隨著時間過去，因為柴契爾夫人的干預，所以許多的資深官員因而辭職。

2011年，英國國會請魯珀特・默多克（Rupert Murdoch）到聽證會說明旗下報業《世界新聞報》（*The News of the World*）非法活動的原因。身為龐大媒體事業帝國的董事長，他強調他無法瞭解《世界新聞報》所有管理實務的細節，那只是他新聞集團（News Corporation）公司業務的一小部分而已（約占全球收入的百分之一）。他大多數的時間都在管理全球集團的事業。他認為，負責報紙業務的高階管理者竟允許此類活動的發生，這已經打破了他的信任。他的反應是結束這份報紙的發行。

當責的核心是信任。如果人們要負責任，那麼他們就必須負起管理工作的責任。管理者監督或是干預的程度，有賴於管理者的判斷。然而，從微觀管理的角色來說，過度管理是危險的。管理者緊密地觀察或控制部屬的作為，也是一種管理風格，這將導致過分專注於細節，導致管理者未能把重點放在最重要的策略議題上。

👁 問題：若考量信任，領導者要如何知道組織真正發生的事情呢？

實務作法 11.2

馬雲——中國互聯網的教父

馬雲（Jack Ma）來自中國杭州，出社會後的第一份工作是英語老師，現在則是中國最重要的創業家之一，阿里巴巴集團（以互聯網事業為基礎）董事長。該集團的使命是讓天下沒有難做的生意（make it easy to do business anywhere）。阿里巴巴集團是全球最大的企業網路交易平台，在大中國區、印度、日本、韓國、英國和美國等約 70 個城市僱用 2.4 萬名員工。阿里巴巴成立於 1999 年，一直以來，馬雲鼓吹互聯網的重要性，說服許多公司付費，以便在阿里巴巴的網站上提供他們的產品。

他的領導風格被《金融時報》（Financial Times）形容為充滿活力和頑強。如果他底下的管理者做出他不喜歡的決定，他會說：「假如我能忍受，我會觀察看看。但假如它是錯的，那麼我會認為這是愚蠢的決定，並再做修改」。

馬雲堅持著價值觀和願景，他大部分的心思和時間都花費在試圖確保這份集團的價值觀和願景深根於每個員工的心中。新進員工必須參加以訴求注重公司使命，願景和價值觀的新生訓練以及團隊建立專案，透過正規的訓練、團隊建立活動以及公司大記事等強化員工的思維和行為。「不管我們的規模有多大，強大的共享價值觀使我們能夠保持一個共同的企業文化和社群。」

阿里巴巴集團的董事長馬雲

略帶憔悴、外表像鳥一樣嬌小的馬雲，於 1994 年試圖在中國新興的互聯網上銷售廣告。人們都帶著懷疑的態度和疑慮的眼光看著他。他用乾瘦的手指比畫著，他說：「大家都認為我瘋了。」

1995 年，他成立中國黃頁（China Yellow Pages），線上的中國企業名錄。阿里巴巴成立四年後，專注於經營中小型企業，採固定付費制，該公司提供中國供應商在阿里巴巴網站占有一席之地。馬雲認為，大多數的中小型企業可以從互聯網獲益，因為這是他們接觸買方的管道，否則的話，他們只能藉由參加商展接觸買方。隨著獲得更多的客戶，阿

> 里巴巴也減少了對市場主導客戶的依賴。
>
> 　　馬雲說：「這些會在重要時刻出手的買家，像是沃爾瑪，會扼殺很多的中小型企業買家。但是因為互聯網的關係，現在大部分的中小型企業買家和賣家，透過互聯網，使得業務遍及全球。因此，我認為世界已經改變。我堅信小就是美。」
>
> 👁 問題：馬雲的領導風格為何？

這是種跟中小型企業管理有關的領導風格。創業領導強調個性的展現，通常是單一的所有權人或者有時候是幾個合作夥伴，將創新想法，納入企業經營觀點。創業領導也可以用來描述一個在大型組織裡，具有遠見的創新領導者。創業領導和願景領導兩者已被引用為轉型領導的例子。近年來，這些領導類型已被普遍看好，反映出現代經濟需要改變的步伐。然而，這些風格可以鼓勵適用於小型企業的主流管理形式的形成：隨著事業的成長，企業家需要聘請專業經理人做為自己的副手，但執行長往往很難做好他們的工作。企業家的本能就是想要做每件事。

　　胡柏兄弟感嘆，他們稱之為美國管理的黃金時代（Golden Age of American management）已逝去，執行長變成一個深思熟慮的聽眾，他讓團隊成員共同分擔責任，而他的薪水只比團隊成員多一些。現在，他們認為這種學院派的領導風格已經由大型企業帝國的執行長承接。瑞安航空的魅力執行長麥克．奧萊利認為他會傷害帝國的外在表徵：

> 你愈成功，就愈有可能忽視令你成功的事物……二十年前有人在美國寫了一本書，內容提到你可以隨時拿來訴說的三件事，包括當公司從成功轉為失敗的時候：公司設立企業總部，有玻璃惟幕的豪華總部辦公室、直升機停機坪就在辦公室外以及公司執行長出書的時候。所以我覺得，只要我們遠離上述這些事情，我們就會活得很好。

　　歷史上充滿了許多似乎因為信仰而實現了不可能任務的例子。但也有（可能更多）例子證明，意志和樂觀的力量對於任務的完成，似乎沒有比資源充足性的現實來得重要。所有的領導者都需要好的部屬，盡可能參與他們並與他們互動是明智的選擇。

策略領導
第 11 章

參與型領導或幕後型領導

參與型領導或幕後型領導（Participative or backroom leadership）走低調和謙虛的風格，會與同事共同形成目的、目標與策略等決策；他們悄悄地從幕後協助，不會公開、大聲地引導。比爾·柯林斯（Bill Collins）研究績效落於平均水準以及高於平均水準的公司後發現，績效高於平均水準的公司，其領導者既不強行改變，也不會嘗試直接激勵成員，但他們相當強調成員理解組織核心價值觀的重要性（見第2章）。他們建立有紀律的文化，以維持長期的成果。領導者不需要指揮和控制，但要求成員堅守一貫的工作制度：

……在這個制度的框架裡，成員享有自由和責任……[一個有紀律的文化]不只有行動，而是讓有紀律的人從事有紀律的思想，然後再採取有紀律的行動。

這種領導風格是低調的，如果有正確思考的人員到位，領導者並不需要付出很大的努力以提升動機和承諾。

顯然地，從優良邁向卓越的公司的確展現出令人難以置信的承諾和調整，這些組織熟練地管理變革，但卻從來沒有真正花很多時間思考變革。我們瞭解在適當的條件下，承諾、調整、動機和變革的問題會消失。他們大部分僅關注自己……嚴守個人紀律的CEO，因純粹的個性使然，通常無法產生持續的結果……[領導是]一種安靜、深思熟慮的過程，試圖找出需要做的事情並完成它。

領導和管理有別

領導與策略以及管理與控制兩者之間具有差異性，領導與策略是高階管理者主動積極關注的議題，而管理和控制則是管理者為確保組織依然符合目的而進行的診斷性活動。英國政治家約翰·里德被要求找出一個功能運作不良的政府部門，他很

表 11.1　領導風格及領導者的特質

轉型領導	領導者必須對目的有明確的想法,清楚未來想要達成的狀態為何。他們更關心目標所引導的大方向,而不是細節,細節留給別人決定。
交易型領導	領導者必須對目的如何達成使命有其看法。他們更關心目標與變革有明確的連結,以確保人員知道組織對他們的期待。
魅力型領導或願景型領導	領導者體現強大(通常是個性化品牌)的鮮明形象。他們掃描外部環境中的機會和領悟目的,有時做為創業行動之依據。
參與型領導或幕後型領導	領導者的目的在於讓他人理解組織的核心價值觀,共享共通的工作方式(核心競爭力),並參與目標的設定,使成員許下致力完成工作的承諾。

　　清楚自己扮演高階管理者的角色,而他的官員則是扮演管理者的角色。他提到,就資訊科技、領導、管理、系統和流程等方面來說,他認為部門並未符合組織目的,的確需要適當地管理,但這件事不是他該做的工作,而是領導者的工作。雖然他也進行領導、提供策略和方向,但他明確表示他希望官員能夠正常運作。

　　「策略與管理有別」的想法根植於策略的落實追隨策略的制訂這種古典概念(見第1章)。從一般商業和管理文獻中可以得知,領導是不同於管理的概念。亞伯拉罕‧索茲尼克(Abraham Zaleznik)是第一位主張領導與管理兩者角色不同(發表於1970年代的《哈佛商業評論》)的學者之一:領導者是主動的,會形成各種想法;而管理者責專注於流程、團隊合作並於現有組織裡工作。領導者是變革的塑造者和推動者。

　　索茲尼克的想法係源自於組織行為和人力資源管理教授約翰‧科特(John Kotter),科特強調儘管領導和管理有別,但兩者之間卻是需相輔相成並且相互依賴。在實務上,領導者必須明確表達組織的願景,以釐清與強化組織成員的價值觀。但是,每個人也應該參與決定如何實現願景,使其擁有一種控制感。這都需要領導者經由回饋、輔導和角色扮演活動給予支持,協助成員職能發展,並透過成功的認可與獎酬,強化成員自尊。這種作法不僅能夠建立成員的成就感,同時也讓成員知道組織關心他們。

　　科特認為,此時工作本身將轉化為內在的激勵。組織培育領導者時,應透過增

策略領導 第 11 章

加授權，給予年輕員工挑戰的機會，並且發展以領導為核心的組織文化，先不用擔心領導品質是否夠好，那是另外一回事。領導可以學習。

沃倫·班尼斯（Warren Bennis）列出了管理和領導活動（詳表 11.2）之間的差異。影響他人朝特定方向前進並促使他人踏上特定的行動路線就是領導。而管理是採取行動，完成工作職責。管理偏向由內向外，而領導則是由外向內。管理是做正確的事情，而不是決定正確的事情。管理思想的開山鼻祖亨利·費堯將管理功能為分為規劃、組織、命令和指揮，協調和控制。而亨利·明茲伯格的研究發現，管理者的工作有簡短（brevity）、多樣化（variety）和瑣碎（discontinuity）等三大特性，具行動導向，不喜歡反思。表 11.3 列示管理工作的兩種對比觀點。明茲伯格的研究發表於四分之一個世紀之前，當時的時代有顯著的變化；曾有人問他，管理者的工作多年來是否發生變化，他說，他認為活動的步調有增加，但事情並沒有什麼改變。

明茲伯格的意思是，高階管理者會預先安排行動和活動，而不是反思和規劃，

表 11.2　班尼斯：領導和管理的相異點

領導者	管理者
・創新	・管理
・發展	・維持
・調查	・接受事實
・重視人員	・重視系統和結構
・激發信任	・依賴控制
・長期觀點	・短期觀點
・常問什麼和為什麼	・問如何和為什麼
・斷面審視	・看基本面
・首創	・模仿
・挑戰現狀	・接受現狀
・做自己	・是典型的「好兵」

表 11.3 管理工作的本質

管理者應該是	管理者實際上是
• 計劃、組織、協調、控制	• 以不懈的步伐工作,以行動和多樣性為導向,不喜歡反思
• 能夠反思、講求系統、專注於策略,而不是例行職責	• 善用軟性資訊完成例行職責
• 依賴正式的資訊系統	• 利用口頭、電話與會議溝通,工作充滿零星瑣碎的事物。
• 瞭解管理是一門科學和專業的學問	• 將任務記在心上,以經驗和直覺做判斷

而且在最壞的情況下進行微觀管理。如果是這樣,那就表示高階管理者偏向作業性的策略檢視,而不是策略關注。然而,領導與管理的真正爭論點在於,與穩定的策略和商業模式的管理方式相較之下,策略變革管理可能需要更多的領導品質挹注。當然,組織若要進行有效的策略管理,則必須瞭解組織如何管理,尤其是如何管理那些能夠建立組織關鍵競爭優勢,以及配適組織目的的核心事業領域或是流程。

領域知識(domain knowledge)對領導者來說很重要,領導者必須瞭解組織如何運作以及組織營運的知識和經驗,但這對外來領導者可能很困難。雖然這些人在其他公司有成功的經驗,是符合資格的領導者,但來到新的組織,則必須依賴他人重新瞭解新組織的工作內容和脈絡。如果要求外來領導者能夠瞭解建構組織競爭優勢的特定策略資源,這是一大缺點。

日本屬於特殊案例,並且從其他大多數國家中脫穎而出。日本高階管理者普遍具有高水準的領域知識,客戶接觸流程和工程尤其重要,因此較少依賴專業管理和財務功能。基於個人成就的領導較少,承諾反而占整體的一大部分。傳統上,升遷取決於管理者對組織的長期承諾,所以,擁有在同一家公司的工作經驗很重要。在日本,領導與管理不會切開,日本組織希望領導者成為管理者。

競爭觀點 11.2

轉型領導或管理主義？

專欄作家斯特凡‧史恩（Stefan Stern）於 2008 年 2 月上旬在《金融時報》（*Financial Times*）發表文章，反駁對於管理是無聊的活動以及領導帶領我們到樂土（Promised Land）的想法。他認為白宮需要一位能幹的管理者。

民主黨進行初選的時候，有人批評參議員希拉蕊‧柯林頓（Hillary Clinton）是一個講求政策和訴求細節的管理者，而參議員巴拉克‧歐巴馬（Barack Obama）卻表現出一副令人振奮、有願景的領導者的樣子。當別人批評他的演說內容遠景陳述多，但具體訴求少時，歐巴馬則反駁說他的領導所帶來的成果更為重要。

希拉蕊認為，總統的角色不僅是要提供有願景的領導，但同時也要控制聯邦政府的運作，以確保政策有效實施。希拉蕊在她丈夫的第一個任期內，累積了醫療改革行動負責人的經驗。當時把複雜的改革計畫以及執行細節全部放在一起，卻造成利害關係人的高度不滿，導致立法不通過，致使計畫告吹。

歐巴馬認為，總統的工作應該完全專注於提出領導的願景、判斷力和鼓舞人心。聯邦政府機構向他報告，而他授權職責予聯邦政府。他自己將保持超然的態度，而讓機構負責人對他們的績效以及公務員管理負全責。

參議員希拉蕊‧克林頓與美國總統歐巴馬

👁 問題：斯特凡‧史恩是對的嗎？

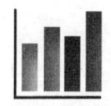

管理是一種專業

　　管理專業化在企業、學術界甚至於社會都是一項普遍的活動，將管理視為一組知識技術的特定組合，需要專業人士有效完成任務的一種活動。自大約 1970 年代以來，這種觀點，尤其在西方公司已蔚為主流。這種想法可能與教育和訓練管理者管理任何事業類型有關。然而，因為管理知識的內容係屬一般，而非特定領域，因此領導風格涉及控制財務部門的手段，繁瑣的工作和運用領域知識則授權給低階管理者。按某些情況看來，早期組織的管理成效不彰，更遑論延伸至社會。

　　這樣的觀察雖然粗糙，但卻千真萬確，當組織的規模變大，管理工作更難以協調時，領導與管理就愈加複雜，格雷納（Greiner）的成長階段模型有助於瞭解這種情況。

領導、規模和組織成長

　　格雷納的成長階段模型建議，組織經歷成長的五個階段，每個階段都需要適當的策略加以配合（見圖 11.1）。每一個階段都因一個領導危機而結束，而由另一個新的領導形式解決危機，直到最後，規模日益增加又帶來了另外一個領導危機。小型組織通常具有非正式、個人和創業家精神的領導風格，並且透過創造力獲得成長。隨著組織的成長，原來的所有權人兼任管理者，致使工作過量，加上負責局部工作之下，發現公司難以管理，因此發生領導的危機。

　　當所有權人將某些功能管理的權力下放後，領導的危機結束，此時組織的領導變得正式，而且導入更多詳細的程序與標準流程，涉及行銷、會計和財務的角色吃重。方向性的領導帶領組織成長。高階管理形成的決策鏈壓力增加，而作業層級和市場層級的管理者發現無法觸及核心決策，因此產生到底誰可以有效做出最佳決策的自主性危機。

　　透過新的委任方式可以解決此一危機，也就是授權給個別部門，由各部門負責自己的事業策略。核心單位保持距離，有效管理：監控（財務）績效以及定期檢視。只有例外發生時才直接介入。這種領導形式不具規模經濟。愈來愈多的半獨立事業

圖 11.1 領導和組織的五個階段

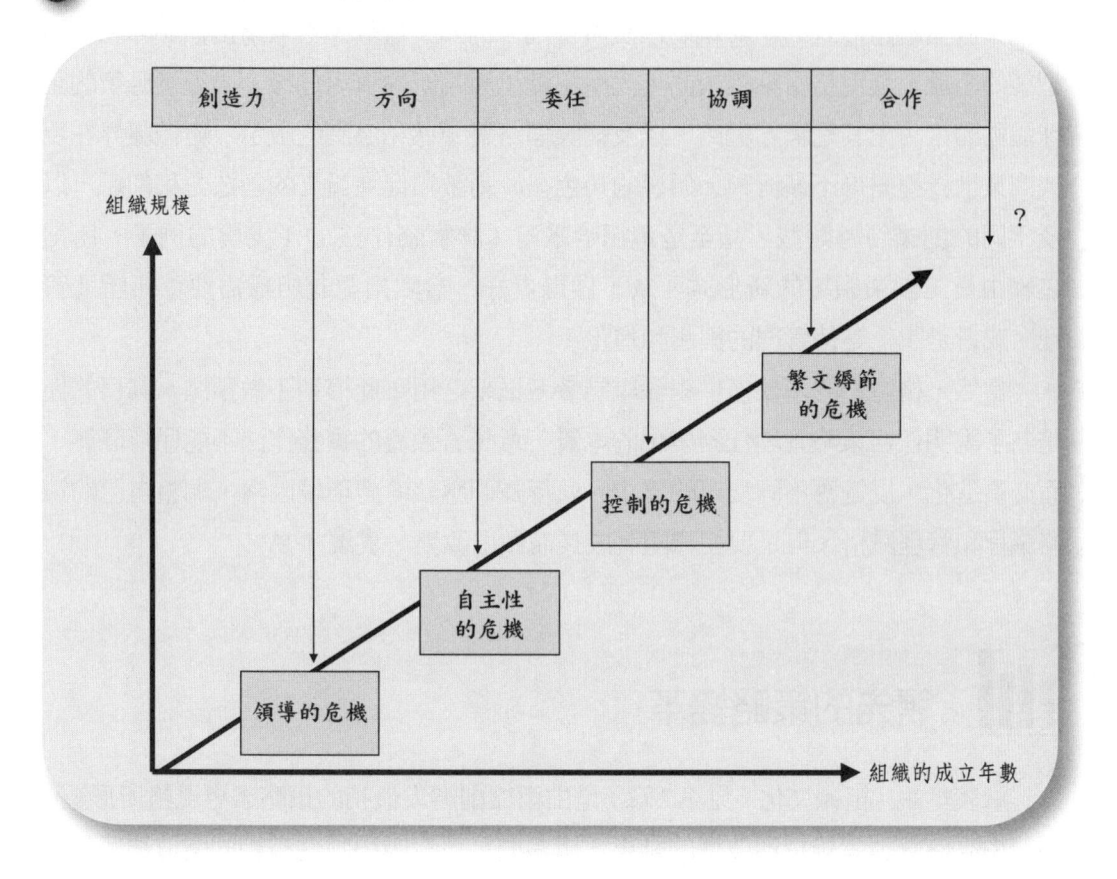

| 創造力 | 方向 | 委任 | 協調 | 合作 |

組織規模 ↑

- 領導的危機
- 自主性的危機
- 控制的危機
- 繁文縟節的危機
- ?

→ 組織的成立年數

群難以控制，組織希望發揮群體綜效有難度：這就是所謂的控制危機。

綜效的產生需要組織各個部門緊密的連結。監控是必要的，不僅是為了績效，也是為了強化能夠產生績效的活動。組織綜效的最大好處在於活動與流程的推展。領導扮演協調、爭取核心單位的支持、給予諮詢並進行正式規劃的角色。然而，隨著進一步的成長，跨部門的呈報以及許多組織單位之間的正式連結令人困擾。因此出現繁文縟節的危機。

格雷納模型的最後一個階段是經由合作而成長，透過組織的劃分，使得危機趨緩。團隊和專案在形成和發展重大決策時扮演重要的角色，特別是跨功能任務團隊被授權提供支援功能。格雷納後來修正原始模型，增加第六階段，提出內部成長的危機，進而尋求其他的組織和網絡領導。

許多有關人員管理的文獻指出，專制或者是指揮和控制形式的領導，已被更多組織下放與網路形式的組織編制作法所替代。例如，蓋瑞‧哈默爾提倡點陣和網路型態的組織。套用格雷納的術語，大型組織正面臨新的資訊危機，必須適應新的全球驅動因素，尤其是網際網路，以及網際網路對領導和協調的啟示。組織疆界在現代商業世界裡變得不甚清晰。領導的角色在於刺激和促進員工的創造力和創新，以及不同的創業領導類型，甚至是遵循哈默爾（詳實務作法 11.1 戈爾的例子）所提之經由員工創業領導的新形式。為了做得更好，哈默爾認為組織需要重新塑造管理，或者是說，等待管理的興起和進化。

當然，格雷納的基模僅供組織編制參考框架之用，此模型不做預測，其目的僅是為了說明任何策略管理任務變化的本質，意味著領導的實務作法不能保持靜態，而必須進化，以適應不同變革的需求。執行長們應該考慮環境因素，調整自己的策略議程和管理風格，但是要組織隨著成長而做出改變，實屬不易。

領先的策略變革

廣義地說，組織文化（見第 2 章）是由組織創辦人最初的策略領導風格所形塑，而後由高階管理者維持與改變的結果。組織成長可以吸引那些被相同價值觀所鼓舞的新員工；因為組織通常偏好並招募能夠共享組織價值觀的人，當組織成員變得更相似，組織文化就愈容易凸顯。好處是相似思維的管理作法以及勞動力不僅在策略上有別於競爭者，而且更易於整合和協調。

隨著組織目的成功地進化以及後續活動的開展，組織生命初期所訂定的核心價值觀可能會背離或超出創辦人與早期管理者的想法。宜家家居是世界上最大的家具零售商，擁有超過 300 家賣場，員工人數近 14 萬人。宜家家居的總體目標是每年增加 10% 左右的銷售量。但是，如果目標是持續在世界各地展店（目前分布於 37 個國家），堅持並維持現有策略和識別將是一大挑戰。現任的執行長邁克‧奧森（Mikael Ohlsson）不得不應付宜家家居 86 歲創辦人英格瓦‧坎普拉 (Invar Kamprad)（IKEA 的 IK）公開地批評公司試圖展店太多以及冒著組織文化的風險。IKEA 過去曾因擴張太快，導致集團陷入困境：例如，瑞典的床墊對美國人來說太硬、瑞典的眼鏡對美國人來說太小。本書撰寫時，奧森展店數量應該趨緩了。

第 11 章　策略領導

約翰‧科特制定管理變革的八階段框架（eight-stage framework for managing change）。在科特的觀點裡，僅留意變革計畫中最常見的錯誤是無法成功的，要變革成功，所有階段都必須落實。

1. 建立迫切感：使別人意識到變革的必要性，給予強烈動機促使快速行動；克服自滿。
2. 建立指導聯盟：集合有力人士組成群體以推動變革，以團隊方式展開工作。
3. 發展變革願景：給予變革一個方向性的引導，並發展策略以達成願景。

競爭觀點 11.3

領導者和伊卡洛斯弔詭

米勒（Miller）主張伊卡洛斯弔詭的存在。從克里特（Crete）國王米諾斯（Minos）之手逃出的伊卡洛斯，不顧父親的建議，飛得太高且太靠近太陽，使得支撐羽毛的蠟融化，因此墜入了海中。這個故事所帶來的啟示是，成功的企業最後都有可能過度伸張，因為它們持續照著過去的模式，認為過去的成功將形塑未來的成功。它們下意識地表現出它們知道成功的法則。他們建立控制、衡量、獎酬制度，以加強並鼓勵現有的成功秘訣，以至於最後，組織變得盲目而需要變革和替代方案。

驕兵必敗，換句話說，成功使得領導者太過自信（傲慢的一種），許多歷史悠久企業的領導者面臨新創網路公司（dot.com）的競爭時，確實如此。

> 當新的證據顯示不適合……我們將之過濾出來，但我們歡迎大家批評指教……各行各業的執行長都特別容易受到影響，因為他們必須迅速作出決定，因為過往的成功增強他們的自信心，也讓他們討厭別人的批評。過去愈是成功，就愈危險……沒有抑制的聲音提醒這些強人，他們也只是凡人，不擅長面對令人不舒服的真相。

宮廷小丑的角色是使皇帝和國王檢視自我的雄心壯志看起來很傻。實際上，傲慢可能有利於創業家，但對於成功組織而言，傲慢可能導致重要的錯誤。

👁 問題：過去是否存在小丑和傻瓜的企業？

4. 與他人溝通願景並令其接受：應盡可能讓他人多加瞭解並接受願景及相關策略。溝通10次、100次，甚至1000次。
5. 跨組織進行賦權：移除變革的障礙，改變嚴重削弱的系統和結構；鼓勵冒險和非傳統的想法、活動和行動。
6. 產生短期的勝利：成功實現的計畫應該要被大家所看見，事後也要認可和獎勵參與計畫的員工。
7. 永不鬆懈：不斷地維持和強化變革的信心；招募、晉升成功者、培養成功者以及落實願景的員工。利用新專案、議題和變革代理人重振變革的流程。
8. 將變革納入組織文化：變革的文化需維持。新方法必須被成員所看見，並與傳統方法比較；敘明新行為和組織成功之間的關連性；發展新方法以確保領導能夠發展和成功。

組織可能並不完美，但仍然需要管理

每個組織的人員是不相同的，領導者必須記住，大多數組織都有日常例行事務，但是不管是組織成員或是顧客都只是人！有時候很難記住這一點。正如英國媒體人史蒂芬‧弗萊（Stephen Fry）寫道：

> 無論是在英國廣播公司（BBC）、軍隊、學校或大醫院等大型組織生存與工作的任何人，都知道奶油和浮渣一樣，都會浮在最上面；浮躁、無望、封閉、半盲、無知和無能隨時都可能在這些地方的行動和治理當中出現。賤女人的行為、貓窩和競爭使得合作、良好的友誼和信任遭受挫折。

誠然，組織和人很少是完美的。領導者必須認知這一點，而且要有堅韌的外在和開放的心胸。重要的是，無論如何，他們都必須領導和管理他們的組織。領導和管理對大型組織生計的絕對重要性不能被遺忘。例如：觀察麥肯錫全球研究所貝克和亞伯拉罕（Baker and Abrahams）的研究報告可知，「1990年代後期，美國所創造的生產力奇蹟裡，沃爾瑪的改善管理可能要比大量投資高速運算電腦和企業光纖電纜扮演更重要的角色」。該報告指出，要提高生產力，最重要的不是商業機會，而是組織如何管理。這代表策略管理的核心事業流程必須被瞭解，而且組織需針對流程進行有效

第 11 章　策略領導

地管理，以實現和推動組織目的。

　　策略管理要有效，領導者需從外部和內部環境瞭解組織的全貌與局勢，考量對比、衝突的資訊對可能性和成果所產生的影響。領導者必須既明確又務實。領導者必

💡 實務作法 11.3
紐約的領導作為

魯道夫・朱利安尼是一位成功的紐約市長。在《領導力》（Leadership）這一本著作當中，他暢談了他的領導觀點。

> 領導並非全然自然發生，領導需要傳授、學習與發展。影響我的一些人……對我的哲學／理念提供了有價值的元素。
>
> 領導的方法很多。有些人喜歡富蘭克林・羅斯福（Franklin Roosevelt），他的演說能夠鼓舞並啟發人心。其他的像喬・迪馬喬（Joe DiMaggio）講求以身作則。溫斯頓・邱吉爾和道格拉斯・麥克阿瑟（Douglas MacArthur）也都是非常勇敢和優秀的演講者。隆納德・雷根（Ronald Reagan）有著強勢和堅毅的個性，人們因為相信他而跟隨他。
>
> 最後，你會知道什麼方法和途徑的效果最好——那些希望你來領導他們的人會告訴你。「讓他人完成他必須完成的事」這一種能力有多強，大部分取決於他人看著你或聽你說話時，你帶給他人的感覺。他們要看到誰比他們強。
>
> 領導者必須在壓力下控制自己的情緒。我在市長任內，少數情況下，一些為我工作的人會在某些場合使用「恐慌」這個字，來描述當他們的轄區存在危機時，他們所處的狀態。我明確表示，這將是他們最後一次使用這個字……你不能讓自己在任何情況下陷入癱瘓。這關乎平衡。
>
> 我試圖經營這個城市就像經營企業一般，利用商業原則加強政府機關當責。設定可以衡量成功與否的指標目標，可以讓政府負起責任，我不懈地追求這個想法。

👁 問題：城市經營的原則是否與經營大型商業組織一樣？

須用一致且明確的方式進行動態性的思考和行動，才有足夠的彈性，以啟動和管理變革。重要的是，他們必須以策略管理做為框架，檢視能使組織成員管理變革的內外部活動。

本章小結

1. 策略領導者散布在組織的各個地方，但策略領導是執行長和高階管理者的責任。
2. 領導類型有兩種：轉型領導和交易型領導。
3. 願景領導是一種轉型領導，取決於領導者個人的風格。
4. 參與式領導和幕後式領導係屬交易型領導，依賴集體紀律。
5. （大型）策略變革管理可能要比穩定的策略（商業模式）管理需要更高的領導品質，但穩定的策略管理則需要更高的管理品質。
6. 策略領導需要整合性的瞭解長短期策略，以同時管理長期策略並從短期行動獲得回饋。
7. 策略管理的成功與否取決於誰是領導者以及領導者如何管理組織。

延伸閱讀

1. 領導本身就是一門學科，也是人力資源管理和組織行為等其他學科的重點之一。領導的定義相當多，在策略管理脈絡下，最經典的定義與內容可參閱 Senge, P. (2006), *The Fifth Discipline: The Art and Practice of the Learning Organization* (revised edn), New York: Doubleday。
2. 對大型企業和跨國公司發展的一般和深入評論，可參閱 Hopper, K. and Hopper, W. (2009), *The Puritan Gift; Reclaiming the American Dream Amidst Global Financial Chaos*, London: I. B. Tauris & Co。

課後複習

1. 何謂策略領導者？
2. 魅力型／願景型領導者以及參與型／幕後型領導者也分別是轉型和交易型領導者嗎？
3. 何謂情緒智商？
4. 領導者不同於管理者嗎？
5. 領導者是天生的，而不是後天培養的嗎？
6. 組織規模、組織成長與領導風格之間有何關係？
7. 何謂科特管理策略變革的八個階段？
8. 一般組織進行策略管理是否太困難？

討論問題

1. 請列出 10 位領導者清單，並按照你認為的知名度進行排序。多問問自己幾次為什麼他們的知名度很高？認真思考過後，請按照你認為的優秀管理者再排序一次。試解釋第一次排序與第二次排序之間的任何差異。
2. 旅館、酒店和餐飲業、軍隊、航空公司、家電業以及小型電腦軟體所需的領導風格有何差異，試比較之。在這些組織中所使用的策略，會因為組織處於產業生命週期的不同階段，而需要不同的領導風格嗎？
3. 請至網路搜尋有關發生企業醜聞和企業經營失敗的案例。試評估與分析領導在這些案例當中所扮演的重要角色。試想，管理良善的組織都不會失敗嗎？

策略管理

章後個案 11.1

史蒂夫・賈伯斯和蘋果

蘋果公司執行長史蒂夫・賈伯斯（Steve Jobs）於 2011 年 10 月去世。或許近期沒有其他企業的領導者像他一樣有如此多的爭議。該公司非常成功，而賈伯斯個人的反文化性格似乎也反映出該公司的精神特質。賈伯斯的領導為我們帶來什麼樣的啟示呢？

> 我認識史蒂夫・賈伯斯已經超過 30 年了……史蒂夫的領導本質可以從蘋果兩個字的標語看得出來：不同凡想（Think Different）……[他的意思是]一切源自於東方的傳統智慧：深思熟慮。深思熟慮意指專注你此刻的體驗……放下你所有的理論和成見。透過你的五感和心靈，感覺目前的真實狀況。你會因此發現洞見和智慧。

史蒂夫・賈伯斯力求完美的設計。他讓他人嘗試著不可能的事。當這些不可能的事物真的實現的時候，人們變得更加忠誠。至於他是如何做到這一點仍有爭議。他的領導風格充滿著欺凌和虐待。而他可能也知道人際關係經

營不善，因為他似乎是個過於急躁、固執、挑剔的人。雖然他可以吸引別人的忠誠，但是他並不總是那麼忠於他的同事和朋友。

史蒂夫・賈伯斯勇於冒險；他是一個在歷經多次失敗之後，仍然持續保有勇氣的人。他富有遠見的產品的確改變了我們的生活方式和許多行業的發展方向，包括電腦、出版、電影、音樂和行動電話等產業。

賈伯斯與他人共同創辦的蘋果公司是全球最大的公司之一。但是，隨著公司的成長，他變得更難與他人共事，最後他被董事會解僱了，而他的角色被更專業的約翰・斯庫利（John Scully）所取代。不過，斯庫利後來也被解僱，因為過度投資於創新的牛頓（Newton）事業，而且公司再次專注在麥金塔（Macintosh）上。這些決策的結果導致蘋果瀕臨破產。在此期間，史蒂夫・賈伯斯曾協助打造了 NeXT 和皮克斯（Pixar）〔皮克斯後來被迪士尼（Walt Disney Company）收購，而賈伯斯亦成為第一大股東〕。經過十幾年後，賈伯斯再度回到蘋果。他削減了一些計畫團隊，並注重他的設計團隊，也造就了 iPod。

但是，如果你需要鼓勵，你不應該指望從史蒂夫・賈伯斯那裡得到任何的幫助，只有少數非常厲害的人，才能待在蘋果成為他的 'A' 級員工。賈伯斯以「現實扭曲」著稱──一種不確定感，驅策著設計團隊而不理會一般常識。他挑戰並批評團隊，實現了不可能的事情。

> 很少有像賈伯斯這樣的高階領導者重視產品和設計的細節。他總是把簡單、功能和吸引消費者置於成本效益、銷售量、甚至利潤之前來思考。這一種專注，從該公司的整體策略和行銷能力可見一斑。賈伯斯欽佩迪士尼（Walt Disney）和蘭德（Edwin Land）兩人的創業模式。

他是技術推動而不是市場拉動導向；他覺得「客戶不知道自己想要什麼，直到我們呈現產品在他們面前時，客戶才會知道」。賈伯斯認為控制是非常重要的。他的策略是設計封閉的系統，將作業系統與公司的硬體產品綁在一起，而不採用開放平台，讓他人開發應用程式。1980 年代，蘋果就沒有將麥金塔的作業系統授權他人。而微軟將作業系統授權給硬體製造商，最終獲得市場主導權。然而，賈伯斯從未讓蘋果失去產品差異化的力量：「我喜歡全盤掌握用戶的體驗。我們這樣做不是為了賺錢。我們這樣做是因為我們想做

出偉大的產品,而不是像安卓(Android)這種蹩腳貨」。

然而,蘋果公司現在可能更為創新,而不是激進:「最新的 iPhone 和 iPad 與前幾代的產品看起來差異不大。這使得蘋果有服務差異化的壓力,以便於與許多模仿者有所區隔。」當然,就在他生命的最後時刻,賈伯斯一直尋找下一個大機會,而他看到 iCloud,一種生態系統的服務。因為「我們下一個大洞見……就是我們要降低 PC 和 Mac 的等級,當成一種設備,移轉至雲端的數位中心進行存取」。

個人的特質造就賈伯斯的遠見。在最後,他指出:

是什麼驅動著我?……很多人都希望對人類有所貢獻,而在這過程中加入一些東西。這大概是大多數人試著要表達一些東西的唯一方式──因為我們無法寫出鮑勃・迪倫(Bob Dylan)的歌或是呈現湯姆・史托帕(Tom Stoppard)的表演。我們試圖用我們所擁有的才能,確實表達更深的感情,展現我們對於前輩的貢獻表示讚賞,並在這過程中加入一些東西。就是這個驅使著我。

……我真的願意相信某些東西存留下來,也許就是你意識的延續。……但在另一方面,也許它就像一個開關。一經切換!你便不見了……也許這就是為什麼我從來不喜歡把開關設計在蘋果的機器設備上面。

討論問題

1. 史蒂夫・賈伯斯不是一般人:做為一個領導者,他是否是一種反常的現象?谷歌、臉書、推特、領英(Linkedin)等企業的領導故事有什麼不同嗎?

2. 過去索尼的領導者曾經採用先進的技術開發全新的產品,如隨身聽(Walkman)和 Discman,但是四年下來沒有獲得利潤。沒有創辦人盛田昭夫(Akio Morita)的影響,該公司似乎已經失去了創業的熱情。這種狀況可能在蘋果發生嗎?

3. 最好的產品不見得會成功,反而是最穩健且表現在平均水準之上的產品能夠成功。是發明家要求完美呢,還是只是創造者的自負而已?

重點筆記

詞彙表

Acquisition 收購 一個組織購買另一個組織的所有權,並建立一個更大的實體組織,或是重組被收購組織後,出售獲利。

Agency theory 代理理論假設 除非代理人被給予適當的誘因,否則代理人基於自利動機,會有追求個人效用極大化的舉動發生,而非以主理人(例如股東)的利益行事。主理人應賦予代理人以長期的角度追求公司績效的權利,通常是透過配股或者是給予長期績效獎金來實現。

Analyzer organizations 分析者組織 先驅者與防衛者策略的組合,希望規避過多的風險同時又能夠提供創新產品和服務。

Balanced scorecard 平衡計分卡 透過四大構面,將策略轉換成一組目標與可衡量指標的一種策略性工具。

Benchmarking 標竿 將某組織的做法與其他組織進行比較,以找出改進意見和採取有效的做法,有時候也會拿來比較相關的績效標準。

Best-cost differentiation hybrid generic strategy 最佳成本差異化混合的一般性策略 旨在提供卓越的價值給顧客。組織在滿足顧客對於關鍵產品和服務屬性期待的同時,也提供超越顧客期待的

價格。

Black swans 黑天鵝 無法預測，但若一旦發生，將令所有人感到驚訝的事件。具有三個特性：發生時，衝擊力道強；不可預測性（發生機率低），以及一旦發生後，大家會編造出某種解釋，來說明其實事件是會發生的。

Blue ocean strategy 藍海策略 企業不應該在過度擁擠的市場競爭（稱為紅海策略），彼此廝殺血流成河，反而應該開拓如同藍海一般的平靜空間，尋找機會。

Board of directors 董事會 是一個組織的管理委員會。

Bounded rationality 有限理性 因決策問題的複雜度、決策有時間限制以及缺乏決策之必要資訊，使管理者在制定理性決策時受到限制。

Brand 品牌 結合視覺設計或形象，用以區分產品、服務或辨識組織的一種名稱或標示。

BRICS 金磚五國 巴西、俄羅斯、印度、中國和南非等五大經濟體的崛起。

Business audit 企業查核 通盤檢視組織重要事業領域及管理領域（例如策略、領導等）的一種組織能力。

Business Ethics 企業倫理 組織依據當時所採用或遵循的專業和社會道德而訂定的倫理系統。

Business-level strategy 事業層級策略 企業在特定產業內保持競爭優勢的基本方法。

Business model 商業模式 組織做生意，產生收入、賺取利潤的途徑或方法。

Business process 企業流程 為實現企業目標，所必須進行的一系列工作。

Business process re-engineering（BPR）企業流程再造 原指組織運用資訊科技，徹底重新設計企業流程，後指企業流程中任何突破性的變革，企業重新設計企業流程中的一系列活動，以創造顧客。

Capability review 能力檢視 針對組織管理能力進行高階的年度審查，關心組織如何管理核心領域或流程、是否擁有發展良好實務的目的。

Catchball 傳接球 一種一來一往的疊代規劃的過程，計畫草案來回在受影響的各方之間，直到達成協議。

Chief executive officer（CEO）執行長 綜理組織一切業務的正式職位。

Charismatic or visionary leadership 魅力領導或願景領導 基於領導者對於組織目的和行為之願景，以培養組織文化和策略管理的一種個人化的策略領導形式。

Cooperatives and partnerships 合作和夥伴關係 由組織成員和員工所擁有的組織。

Co-opetition 競合（競爭與合作） 描

述企業間競爭與合作的關係。

Commoditization 商品化 將單純的生產和服務單位，從已開發經濟體移至勞動成本低廉的開發中國家，而將更多加值產品和服務保留在母國。

Competitive advantage 競爭優勢 能夠提供特定組織獲取高於平均水準的利潤以及優於競爭對手提供之顧客價值水準的基礎。

Competitive strategy 競爭策略 在對手和潛在對手之間維持競爭優勢的策略。

Complementarities 互補性 可以在其他地方增加回報的一種活動。

CompStat 電腦統計分析 短期性的電腦統計或比較統計。

Coordinated market economy 協調市場經濟 透過社會網路、非正式制度等合作關係進行協調，其作用是減少利害關係人長期目的的不確定性。

Core competences 核心競爭力 人員擁有的組織特定能力，組織成員通常用以工作、學習和應用知識，以及管理策略重點，以創造和維持競爭優勢。

Core values 核心價值觀 對該組織的營運有基本的策略性理解。

Corporate governance 公司治理 由一群領導組織的管理者以及被推舉的外部人士組成董事會，以監督和管理組織的一種機制。

Corporate identity 企業識別 組織所管理的自我形象，可以用來溝通、表達組織目的。

Corporate image 企業形象 社會大眾以及其利害關係人對組織有抱持的一種普遍的認知。

Corporate-level strategy 公司層級策略 策略性地管理跨事業組織的公司策略或母公司策略。

Corporate parenting 集團管理 管理當局扮演母公司角色，培養旗下事業群能夠成為互相依賴、產生整體綜效的實體。

Corporate Social Responsibility（CSR）企業社會責任 大型（特別是國際）組織應該履行企業（和世界）公民角色的觀點。

Corporate sustainability 企業永續經營 除強調長期之外，組織活動的意涵也必須將未來世代的福祉納入考量。

Corporate synergy 企業綜效 企業整合個別部分所創造的整體績效，大於企業個別部分績效的加總，即獲得 2 + 2 = 5 的效果。

Cost-leadership generic strategy 成本領導的一般性策略 組織嚴格控制單位生產成本，以成為產業內（包括現有競爭對手以及潛在進入者）最低成本的領導廠商為目標。

Critical success factors（CSFs）關鍵

成功因素 主導組織成功達成策略性目的的因素。

Cross-functional 跨功能 管理或結構的水平層級，涉及整個組織的功能領域工作。

Cultural fit 文化配適 用於併購的名詞，用以描述若被收購組織的文化與收購公司相容。

Customer 顧客 付出代價，以取得產品或服務者。

Customer Value 顧客價值 顧客從購買或使用一項產品或服務中獲益而感到滿意。

Daily management 日常管理 組織例行事務的管理，通常發生於作業層級。

Defender organizations 防衛者組織 鎖定較為狹窄的市場，並將重點放在如何生產產品和服務以傳遞價值的工程議題。

Deliberate strategy 深思熟慮的策略 高階管理者為了讓組織其他層級落實所設計、規劃的策略。

Deutero learning 再學習 組織學習如何學習，包括監控與檢視人員如何學習管理——這是適應組織的一個重要前提。

Diamond model 鑽石模型 波特所提出的架構，用以辨識國家競爭優勢的四種力量。

Differentiation industry-wide generic strategy 全產業差異化一般性策略 組織對所屬產業的顧客提供獨特價值，不以成本差異化的方式，以使該組織能夠賺取高於產業平均水準的利潤。

Disruptive innovation 破壞性創新 利用革命性的產品來取代現有的競爭方式。

Diversification 多角化 組織積極活躍於不同類型的事業領域。

Domain knowledge 領域知識 個人根據自身的經驗以及對任職組織運作的理解所形成的知識。

Double loop learning 雙環學習 雙環回饋不僅將偵測的錯誤連接到策略和假設，同時也會對定義的績效規範產生質疑。

Downscoping 縮小範疇 組織將跟公司策略不相關或非核心之事業進行撤資、分拆或其他消減事業的方式。

Downsizing 縮編 公司實體規模的減小。

Dynamic capability 動態能力 組織整合、構建和重新配置核心競爭力，以滿足變化的一種能力。

Eight-stage framework for managing change 管理變革的八階段框架 科特提出的一種領導框架，用以管理策略變革。

Emergent strategy 突發策略 在實施深思熟慮策略時，高階管理者沒有預見

的策略。

Emotional intelligence　情緒智商　認識和瞭解自己和他人情緒的能力。

Entrepreneurial leadership　創業領導　跟中小型企業有關的一種領導風格。強調個性，通常是單一的所有權人，或者有時候是幾個合作夥伴，將創新想法納入企業經營觀點，但也可以用來描述一個在大型組織裡，具有遠見的創新領導者。

Execution　執行　在日常管理中，進行策略的傳達和溝通。

Execution　策略執行　組織將策略目標向下傳遞，並納入日常管理與作業當中。

Exploitative learning　開發型學習　發生在組織的日常流程中，並以經驗和現存的知識為基礎。

Exploratory learning　探索型學習　來自於新的和不熟悉的訊息，必須從現有組織慣例經驗外獲得。

External environment　外部環境　組織外部的條件，包括人員和組織，這些條件影響了組織所屬產業的外在變化。

FAIR　意指聚焦、調整、整合和檢視的縮寫，為年度策略績效管理循環（特別是方針管理）當中的一部分。

First movers　先行者　成為被大眾所接受、且在所屬產業取得主導地位的廠商。

Five competitive forces　五種競爭力　包含現有競爭者之間的競爭強度、新企業的威脅、顧客的議價能力、供應商的議價能力以及替代產品和服務的威脅。這些力量決定產業的競爭強度和產業內所有組織的長期獲利能力。

Focus generic strategy　集中的一般性策略　鎖定所屬產業某一特定部分為基礎，例如某一市場區隔或利基，較競爭對手更加緊密地滿足顧客的需求。

Four competences of leadership　四種領導能力　包括注意力的管理、意義的管理、信任的管理、自我的管理。

Franchising　特許經營　母公司（特許授予者）與其合作夥伴（特許經營者）之間的一種契約關係，界定特許經營者可以控制、共享與使用特許授予者的策略資源。

Functional management　功能性管理　將工作進行專業性的劃分，通常劃分成設計、採購、生產、行銷、財務、人資或資訊管理等部門。

General Electric–McKinsey matrix GE─麥肯錫矩陣　麥肯錫顧問公司為 GE 所開發的工具，為公司事業組合的一種管理架構，以產業吸引力和事業優勢將事業進行群組。

Generic strategy　一般性策略　基於競爭優勢和競爭範疇下，可通用於各產業的競爭策略共有四種。

Global-level strategy　全球層級策略　組織〔以多國籍企業（MNCs）為典型〕對跨國營運進行策略管理。

Global strategy　全球策略　利用標準化產品和服務，滿足組織所有國際市場的一種全球層級策略。

Glocalization　全球在地化　當地與全球之間的相互作用與影響，為全球化與在地化兩個詞結合而成的混成詞。

Groupthink　群體迷思　團隊或群體在決策過程中，成員避免讓自己的觀點與團體的意見不一致，使得整個團體缺乏真正的討論，因而做出具有偏見或膚淺共識的現象。

Growth–share matrix　成長一占有率矩陣　波士頓顧問集團提出的一種事業組合分析方法。

Guanxi　關係　建立人際關係網路並以互惠方式進行連結。

Horizontal integration　水平整合　組織以收購、合併競爭者或其他組織以獲取互補性產品和服務，甚至是進入所屬產業以外的事業以取得成長。

Hoshin kanri　方針管理　意指政策管理部署與管理高層政策、發展完成日常工作之手段的一種組織整體的方法論。

Hybrid strategy　混合式策略　一般策略的混合。

Hypercompetition　超競爭　講求短期，用以解釋持續不平衡和改變的一個動態競爭狀態。

Implementation　實施　建立適當的組織架構來實現組織的策略。

Improvement change　改善式的變革　一種漸進式的變革，而且通常是為了配合維持和提高生產力與客戶價值等日常管理活動之需要而啟動。

Industry life cycle　產業生命週期　把產業比喻成一個有生命的有機體，歷經導入期、成長期、成熟期和衰退期等階段，每個階段都有鮮明的特色。

Inside-out　由內而外　視內部的策略性資源為成功策略的一項重要影響因素。

Internal environment　內部環境　包括組織內部的條件，含策略資源、能力和管理能耐。

International strategy　國際策略　所有的子公司接受母公司的主導，以共通方式工作的一種全球層級策略。

Joined-up management　協同管理　試圖匯集政府部門和機構，各種私人和志願團體，跨組織疆界合作與共事的一種策略，目的是為了以全面和整合的方式，處理複雜的社會問題。

Just-in-time management　及時管理　精實作業的一種進階形式，涉及流程管理，可以回應等候線下一位顧客的需求，只要該顧客有需要。

Key performance indicator（KPI）　關鍵績效指標　組織較低階層所使用的策

略相關目標。

Lagged measures　落後指標　衡量過去績效的指標。

Lead measures　領先指標　推動未來績效的指標。

Leader　領導者　有能力影響他人，使他人朝向組織目標共同努力的人。

Leadership　領導　一個人或一個群體影響他人達成組織目的與目標的能力。

Lean working　精實作業　確保排除任何非價值創造活動的一種管理系統。

Leveraged buyouts　槓桿收購　公司買下一家上市公司並私有化，以致於被收購公司的股票不再上市。

Liberal market economy　自由市場經濟　經由市場自由競爭進行五種運作方式的協調。

Logical incrementalism　邏輯漸進主義　低階管理者透過執行幾個小步驟，有邏輯的回應當地環境，因而形成了策略。然後經過一次一次的累積，漸漸凝聚成組織的整體模式之後，高階管理者將引導組織進行實際的策略變革。

Loosely coupled systems　鬆散結合系統　方法／途徑跟結果之間鬆散結合，仍導致相同的結果。

M&As　併購　合併與收購。

M-form organization　M型組織　一種多元部門形式的組織結構。以部門進行功能性活動的劃分，各部門有自己功能執掌，自行協調，由總經理經管，然後向總公司報告。

Management by objectives（MbO）以目標進行管理　將目標細分並下達至組織各層級的一種部署方法，上級的目標成為下屬的子目標，下屬再將部分子目標下傳給他的下屬，依此類推。

Matrix structure　矩陣結構　除原事業單位外，成立跨部門的專案團隊，成員來自於各部門，專案團隊和事業單位需同時向產品和區域管理當局報告，並就專案工作與他人進行協調。

McKinsey 7S framework　麥肯錫7S架構　一種管理變革的架構，包含七個相互連結的變數。

Measures　測量指標　目標進展狀況的指標。

Medium and mid-term plans　中期計畫　3-5年目標（有時包含方法的指導原則）的聲明書。

Merger　合併　兩個組織達成協議，整合營運，在所有權合為而一之後，結合為一個組織。

Micro multinational　微型多國籍企業　維持國內經濟樞紐的中小型製造商，其產業客戶分散各世界地，主要在低工資地區進行生產。

Middle management　中階管理當局　由領導各事業部的總經理所組成的編制，主要是將營運進度計畫向中央呈

報，然後將中央決定改變之處，向營運部門傳達。

Mission　使命　組織對於現在主要活動的陳述。

Multi-domestic strategy　多國策略　根據不同國家的不同市場，提供能夠滿足當地市場需要的產品和服務。

Multinational corporations (MNCs)　多國籍公司　有時稱為多國籍公司或是跨國公司，積極於多個國家營運的企業。

NGOs (non-government organizations)　非政府組織　包括活躍於地方、多以小團體為主且從事無償活動的社區組織以及多為正式成立的志工組織。

Nemawashi　根回　準備決策與建立行動共識的一種日式活動。

Network　網絡　許多個人所組成的非正式群體，這些人通常來自於組織的每個不同的地方，有時候可能是組織外部。

Non-profit organizations　非營利組織　非商業性組織，不以營利為主要目標。

Objectives　目標　組織想要的策略成果。成果好壞的責任在於高階管理者。

Organizational Culture　組織文化　從經驗所學習而得來的一種共享的基本假設和信念。

Outside-in　由外到內　視外部環境為成功策略的一項重要影響因素。

Participative or backroom leadership　參與型或幕後型領導　走低調和謙虛的風格，會與同事共同形成目的、目標與策略等決策；他們悄悄地從幕後協助，不會公開、大聲地引導。

PDCA (plan–do–check–act) cycle　PDCA 循環　一種管理工作流程的原則：擬訂工作計畫、執行工作計畫、檢查並採取修正行動，包括改變計畫，重頭開始並再次進行循環。

Performance excellence models　績效卓越模式　用以審查事業關鍵領域之良好實務作法及績效的一些評估架構。

Performance measurement (management)　績效衡量　以人力資源角度所為之工作目標、進展和結果的衡量。

Periodic strategic reviews　定期策略檢視　每二到三個月進行一次年度目標進展狀況的監測。

Perspectives (of the balanced scorecard)　（平衡計分卡）觀點　依據與四種領域（財務、顧客、流程和人員）之相關性所形成的目標和衡量指標。

PESTEL　PESTEL 架構　一個用於策略管理，輔助記憶總體環境因素，以協助策略家尋找一般性的機會和風險的方法，包含政治、經濟、社會、科技、環境和法律等環境因素。

Policy delivery units　政策傳遞單位

395

協助組織執行層級追蹤組織策略目標與指標，瞭解進展狀況。

POSIES model　POSIES 模式　目的—目標—策略—執行—評估—策略領導。

Prospector organizations　先驅者組織　致力於新機會的掌握以及選擇正確的產品和服務，新市場的開發帶動組織的成長。

Purpose　目的　組織存在的主要和基本原因，若要瞭解整個組織的話，可以先從瞭解目的開始。

QCDE　代表品質、成本、傳遞和教育，約當平衡計分卡的四種觀點，用於群組目標。

Reactor organizations　反應者組織　沒有系統化的方法因應改變，對外部環境的掌控力也不夠。

Related diversification　相關多角化　在不同的事業領域上提供許多不同的產品和服務，但這些產品和服務都是相關的。

Resource-based view of strategy（RBV）　策略的資源基礎觀點學派　認為競爭優勢來自於策略資源；即組織獨有的或對競爭優勢有其重要性的內部資源（或稱資產）。

Review　檢視　謹慎確認工作內容，以瞭解計畫或目標如何達成，加上有必要的後續行動與追蹤。

Review wheel　檢視輪盤　一種組織全面性的整合檢視系統。

Shared Value　共享價值　當企業推行政策和營運活動以強化競爭力時，也應該同時促進其經營所在地之經濟和社會條件。

Single loop learning　單環學習　組織成員回應和更正錯誤，並解決問題，以維持工作的目前方式的情形。

SMART objectives　SMART 目標　實用的目標應具備具體、可衡量、可行動、實際以及有時間限制的特性。

Social entrepreneurs　社會創業家　領導組織基於社會與環境目的從事交易，有盈餘時再投資，而不是將盈餘回饋所有權人和股東。

Stakeholders　利害關係人　接受組織所提供的價值而直接獲益的個人或群體。

State capitalism　國家資本主義　由國家承擔的商業和營利活動的一種形式。

Straddler　兩面討好者　採用部分成本加上部分差異化這種混合策略，當成競爭優勢來源的組織。

Strategic alliances and partnerships　策略聯盟和夥伴關係　兩家以上的獨立組織，進行正式或非正式的連結和合作。

Strategic architecture　策略架構　組織架構的藍圖，決定人員的工作方式。

Strategic balanced scorecard　策略平衡計分卡　為實現願景所設計的一種平衡

計分卡。

Strategic business units（SBU） **策略事業單位** 集團企業設立之高策略獨立性部門。

Strategic change **策略變革** 將精力與資源投注在幾個關鍵成功因素或優先事項上，藉此帶領組織邁向一個理想的境界。

Strategic control **策略控制** 策略目的、目標和策略等管理之監測和檢視。

Strategic fit **策略配適** 組織內部能力配合外部環境機會的過程。

Strategic groups **策略群組** 一個產業內，共享類似競爭特性的一群組織。

Strategic intent **策略意圖** 日本企業用來攻擊強大競爭對手的一種非常宏大且似乎不實際的長期組織目標。

Strategic leader **策略領導者** 散布在組織中，影響或授權其他人參與策略管理的領導者。

Strategic leadership **策略領導** 高階管理者闡述組織目的、目標和策略，進而影響組織目的、目標和策略的實施和執行所呈現的風格和普遍方法。

Strategic levers **策略槓桿** 四種以資訊為基礎的活動，高階管理者可以利用這些活動，發揮槓桿作用，導引組織朝向所需的策略地位。

Strategic lock-in **策略套牢** 發生於核心競爭力沒有彈性且難以迅速改變的時候。如果知識和學習變得過於制度化，組織將眼見其核心競爭力落入核心僵固的風險。

Strategic management **策略管理** 組織在面對長期目的、總體目標和策略的要求下，對組織進行管理並引導方向。

Strategic map **策略地圖** 以圖示的方式顯示產業中各策略群組的相對位置。

Strategic objectives and measures **策略目標和衡量指標** 用於維持和促進組織目的之目標和衡量指標。

Strategic performance management **策略績效管理** 高階管理者用以執行和管理策略重點等日常管理活動的一種策略性管理系統。

Strategic performance systems **策略績效系統** 實際執行策略時，將日常活動與策略做連結的系統。

Strategic planning **策略規劃** 在某一段特定的時間內，針對為了達成組織的目的、目標和策略，設計安排一連串的活動，並進行責任與資源的配置等管理的過程。

Strategic portfolio analysis **策略組合分析** 高階管理者用於公司層級、評估公司事業組合績效的一種工具，將公司的多元事業視為對一組各種不同投資進行管理之框架。

Strategic reviews **策略檢視** 策略性相關目標的過程之定期檢視。

Strategic resources 策略資源 有形資源（具經濟性和交易性）和無形資源（例如組織文化和人們的工作方式，通常變化很大，沒有什麼對外價值）的結合或組合。組織的策略資源是競爭對手難以理解和模仿的。

Strategic restructuring 策略重組 組織大幅地改變旗下事業的組成分，或是將組織分割成數家不同公司。

Strategic risk management 策略風險管理 組織針對可能嚴重傷害其達成長期目的之外部事件和趨勢進行管理的一種系統化和全面性的方法。

Strategizing 謀劃策略 思考、制訂策略以實現或化為可能。

Strategy 策略 引導組織持續營運的方法，是一種訴求長期的方法和政策，藉以達成組織的目的和目標。

Strategy implementation 策略實施 組織策略的實現。

Strategy map 策略地圖 幫助策略家思考計分卡涵蓋觀點、目標和衡量的一種圖示參考框架，用以探索可能的因果關係和緊迫的議題。

Structural break 結構性突襲 一般環境中的基本和不可預知的事件，組織可能面臨必須突然重新思考組織目的和策略的情況。

Structure 結構 透過任務分配及協調，形成工作實體。

Supply chain 供應鏈 為組織提供原物料和服務等主要來源之外部組織所形成的鏈結。

SWOT 有助於記憶組織之優勢、劣勢、機會和威脅的分析方法。

Systems 系統 通常指正式和文件化的規章、政策和程序，而組織將之視為正常或最佳工作方式的規定。

Systems thinking 系統思維 將組織視為一個有機體，要從整體脈絡觀察，而非局部檢視，才能瞭解組織的問題。

Takeover 收購 當目標組織未尋求收購，但卻發生收購的情形，稱之為惡意收購；當目標公司的董事會支持出售的條件，並向股東要約與推薦，稱之為友善收購。

Target 指標 一個短期的目標，指的是戰術或操作的結果。

Technology-based strategic platform 以技術為基礎的策略平台 一種標準化的技術系統，財產權可能屬於某一組織，但其他組織（有時候是競合的競爭對手）可以利用這個平台，開發自己的產品和服務。

Thresholds 門檻 組織應擅長其中一種一般策略，維持在適當的基礎上，作為差異性的競爭策略。

Top executive audit (TEA) 高階管理者查核 高層進行事業全面稽核，檢視組織核心競爭力。

Total quality management　全面品質管理　持續改善產品／服務品質，以滿足客戶的需求的一種組織哲學及一套管理原則。

Transactional leadership　交易型領導　領導者運用對價關係與成員進行交換，滿足成員的需求與期望，以使成員努力完成工作。

Transformational leadership　轉型領導　利用追隨者的動機和內在需求，鼓舞追隨者並允許追隨者全員參與的一種領導機制。

Transnational strategy　跨國策略　混合運用多國策略和全球策略，經營不同國家市場的一種全球層級策略類型。

Unrelated diversification　非相關多角化　在不同的市場和產業提供對比的產品和服務，彼此之間相關性低或者不相關。

Value　價值　顧客和其他利害關係人購買和使用產品／服務以及貢獻組織所得到的回報，包括滿意度和利益。

Value chain　價值鏈　分解和顯示組織策略相關活動，以瞭解成本、現有及潛在的差異化資源等行為的一種組織架構。

Value curve　價值曲線　評估市場競爭者在價格、交貨、品質、產品功能和服務等價值創造層面之作法，在紅海中尋找缺口，以創造新型態的事業。

Values　價值觀　組織對於成員所期待的共同規範與行為。

Varieties of capitalism　資本主義的多樣化　市場經濟的一般類型，以連續帶表現，一端為自由市場經濟，另一端則為協調市場經濟。

Vertical integration　垂直整合　組織為了擴大營運，朝供應鏈的上游（向前）至主要原物料供應來源，或下游（向後）至最終顧客進行整合。

Vision　願景　組織對於未來想要達成的狀態或理想的想法。

VRIO framework　VRIO架構　策略資源的辨識準則，包括價值性、稀少性、獨特性以及可組織性。

索引

A

Acquisition　收購　231
agency theory　代理理論　60
analyzer organizations　分析者組織　229
Benchmarking　標竿學習　171
black swans　黑天鵝　122
Blue ocean strategy　《藍海策略》　141
bounded rationality　有限理性　19
brand　品牌　269

B

BRICS　金磚五國　113
Business Ethics　企業倫理　56
business model　商業模式　204
business process　企業流程　305
business process re-engineering（BPR）縮編與企業流程再造　307
business-level strategy　事業層級策略　188

C

capability review　能力檢視　335
commoditization　商品化　265
competitive advantage　競爭優勢　25
complementarities　互補性　207
CompStat　電腦統計分析　338
co-opetition　競合　283
coordinated market economy　協調市場經濟　279
Core competences　核心競爭力　157
core values　核心價值觀　48
corporate governance　公司治理　60
corporate identity　企業識別　55
corporate image　企業形象　55
corporate parenting　集團管理　247
corporate social responsibility（CSR）企業社會責任　59
corporate sustainability　企業永續經營　59
corporate synergy　企業綜效　224
corporate-level strategy　公司層級策略　222

cost-leadership generic strategy　成本領導策略　191

critical success factors（CSFs）　關鍵成功因素　83

cross-functional　跨功能　305

customer　顧客　46

customer value　顧客價值　45

D

defender organizations　防衛者組織　229

deliberate strategy　深思熟慮的策略　17

deutero learning　再學習　174

diamond model　鑽石模型　265

differentiation industry-wide generic strategy　全產業差異化的一般性策略　192

disruptive innovation　破壞性創新　138

diversification　多角化　238

downscoping　縮小範疇　246

Downsizing　縮編　307

dynamic capability　動態能力　160

E

emergent strategy　突發策略　17

execution　執行　8

exploitative learning　開發型學習　174

exploratory learning　探索型學習　174

external environment　外部環境　112

F

first movers　先行者　125

five competitive forces　五種競爭力量　127

focus generic strategy　集中的一般性策略　194

franchising　特許經營　249

functional management　功能性管理　301

G

game of catchball　傳接球遊戲　330

generic strategy　一般性策略　190

Global strategy　全球策略　268

globalization　全球化　260

Global-level strategy　全球層級策略　259

glocalization　全球在地化　271

groupthink　群體迷思　56

growth–share matrix　成長—占有率矩陣　240

guanxi　關係　57

H

horizontal integration　水平整合　232
Hoshin kanri　方針管理　336
hypercompetition　超競爭　137
Implementation　實施　8

I

improvement change　改善式的變革　24
industry life cycle　產業生命週期　123
inside-out　由內而外　26
internal environment　內部環境　151
international strategy　國際策略　271

J

Joined-up management　協同管理　312
Just-in-time management　及時生產管理　163

K

key performance indicators（KPIs）　關鍵績效指標　84

L

Lean working　精實作業　162
leveraged buyouts　槓桿收購　285
liberal market economy　自由市場經濟　279
logical incrementalism　邏輯漸進主義　19
loosely coupled systems　鬆散結合系統　314

M

M&As　合併和收購　231
management by objectives（MbO）　目標管理　334
matrix structure　矩陣結構　303
medium-term plans　中期計畫　316
Merger　合併　231
M-form organization　M型組織　302
micro multinational　微型多國籍企業　273
middle management　中階管理　303
mission　使命　40
multi-domestic strategy　多國策略　267
multinational corporations（MNCs）　多國籍企業　259

N

Nemawashi　根回　338
Networks　網絡　308

O

objectives　目標　8
organizational culture　組織文化　51
outside-in　由外到內　26

P

PDCA cycle　PDCA 循環　166
performance excellence models　績效卓越模式　169
performance measurement　績效衡量　87
periodic strategic reviews　定期策略檢視　334
perspectives　觀點　85
PESTEL framework　PESTEL 架構　114
policy delivery units　政策傳遞單位　342
POSIES　模式　7
Prospector organizations　先驅者組織　229

purpose　目的　7

R

reactor organizations　反應者組織　229
related diversification　相關多角化　238
resource-based view of strategy（RBV）策略的資源基礎觀點　152
review wheel　檢視輪盤　327

S

shared value　共享價值　46
single loop learning　單環學習　174
SMART objective　SMART 目標　78
social entrepreneurs　社會創業家　63
stakeholders　利害關係人　44
state capitalism　國家資本主義　282
straddle　兩面討好者　196
strategic alliances and partnerships　策略聯盟和夥伴關係　282
strategic architecture　策略構形　312
strategic balanced scorecard　策略平衡計分卡　99
strategic business units（SBU）　策略事業單位　245
strategic change　策略變革　24
strategic control　策略控制　327

strategic fit　策略配適　142
strategic leadership　策略領導　8
strategic levers　策略槓桿　344
strategic lock-in　策略套牢　159
strategic management　策略管理　1
strategic map　策略地圖　138
strategic objectives and measures　策略目標和衡量指標　85
strategic performance management　策略績效管理　328
strategic performance systems　策略績效系統　328
strategic planning　策略規劃　14
strategic portfolio analysis　策略組合分析　240
strategic resources　策略資源　152
strategic restructuring　策略重組　246
strategic reviews　策略檢視　326
strategic risk management　策略風險管理　123
strategy　策略　8
Strategy implementation　策略落實　315
strategy map　策略地圖　91
structural break　結構性突襲　120
structure　結構　299
supply chain　供應鏈　201
SWOT　175
Systems　系統　308
systems thinking　系統思維　308

T

technology-based strategic platform　以技術為基礎的策略平台　284
thresholds　門檻　202
total quality management　全面品質管理　165
trade-off　抵換關係　206
transnational strategy　跨國策略　271

U

unrelated diversification　非相關多角化　238

V

value chain　價值鏈　196
value curve　價值曲線　141
values　價值觀　41
Varieties of capitalism　資本主義類型　279
vertical integration　垂直整合　232
vision　願景　40
VRIO framework　VRIO 架構　154